模态试验技术与实践

陈　阳　编著

机 械 工 业 出 版 社

模态试验是解决结构共振问题的重要方法，是结构动力学设计过程中不可或缺的重要环节。

本书分 10 章分别介绍了模态理论基础和模态试验技术。第 1 章 ~ 第 5 章为理论基础部分，详述了振动系统的概念、组成和系统特性，包括单自由度系统、两自由度系统和多自由度系统的动力学特性及计算模态分析方法，以及振动工程中常见的反共振现象和阻尼饱和现象的原理，并介绍了信号处理的相关内容。第 6 章 ~ 第 10 章为模态试验技术部分，介绍了模态试验涉及的数据类型、模态试验中需要使用的仪器和设备，并重点阐述了模态试验的具体流程、试验中容易出现的错误以及正确的模态试验操作方法，讲解了模态试验的分析方法等内容。

本书可供航空、航天、船舶、汽车、机械及家电等领域的工程技术人员使用，也可作为高等院校相关专业的教材。

图书在版编目（CIP）数据

模态试验技术与实践/陈阳编著. —北京：机械工业出版社，2020. 11
ISBN 978-7-111-66884-8

Ⅰ. ①模…　Ⅱ. ①陈…　Ⅲ. ①结构动力学-模态-试验-教材
Ⅳ. ①O342-33

中国版本图书馆 CIP 数据核字（2020）第 219747 号

机械工业出版社（北京市百万庄大街 22 号　邮政编码 100037）
策划编辑：孔　劲　责任编辑：孔　劲
责任校对：王　延　封面设计：马精明
责任印制：孙　炜
保定市中画美凯印刷有限公司印刷
2021 年 1 月第 1 版第 1 次印刷
184mm×260mm · 14. 75 印张 · 360 千字
0001—2500 册
标准书号：ISBN 978-7-111-66884-8
定价：69. 00 元

电话服务　　网络服务
客服电话：010-88361066　　机　工　官　网：www. cmpbook. com
010-88379833　　机　工　官　博：weibo. com/cmp1952
010-68326294　　金　书　网：www. golden-book. com
封底无防伪标均为盗版　　机工教育服务网：www. cmpedu. com

序

数字经济——第四次工业革命是中国制造转型升级的战略机遇期。要抓住这一历史机遇，培养复合型新工科人才是关键。除了传统工程学科基础之外，工业软件的应用技能是一个倍增器。西门子数字化工业软件作为全球领先的工业软件公司，在中国一直致力于投资和推进复合型人才培养。通过我们遍布全国的智能制造创新中心网络，与教育部及国家发展和改革委员会的数字化工业教育合作，与众多大学、职业技术学院、教学实验器材提供商合作，西门子数字化工业软件大中华区顾问学院等积极培养面向数字经济时代的制造业人才。我们坚信，只要长期坚持人才与智力的投资，厚积薄发，让全球消费者受益的"中国创造"，指日可待。

西门子数字化工业本着融合物理世界和数字世界的战略愿景，专注于帮助客户打造从芯片到城市的、综合性的、多物理场的、闭环的数字孪生。2012 年，西门子数字化工业软件并购了在工程仿真和模态试验领域全球领先的比利时 LMS 国际公司，并将其产品整合到 Simcenter 产品线。模态试验是产品在动力学设计过程中的关键一环。在航空、航天、船舶、兵器、汽车乃至家电和工程机械领域，模态试验都是结构动力学设计过程中延长产品寿命并降低结构振动噪声等级的重要手段。30 年来，在模态试验领域，西门子的解决方案一直处于领先地位，全球各行业模态试验系统均采用西门子的试验解决方案作为第一选择，Simcenter 试验方案拥有庞大的用户群。每一轮模态试验的技术革新，从 PolyMAX 到 PolyMAX-Plus 再到 MLMM，西门子都发挥了引领作用。

陈阳博士于 2010 年加入比利时 LMS 国际公司，并于 2012 年随 LMS 公司一起加入西门子数字化工业软件。十年来，他主持了百余项模态试验系统的具体规划与实施，同期作为高级技术顾问解决了数十项产品设计过程中的结构动力学问题，并主导了全球最大和全球第二大模态试验系统的设计和实施。根据工程中存在的实际问题并基于多年来在模态试验中总结的经验，陈阳博士编著了该书。该书既有系统的理论讲解，也有大量详细的工程案例分析。相信无论是模态试验的专家，还是模态试验的初学者，通过学习本书都会受益匪浅。

梁乃明

西门子数字化工业软件

全球高级副总裁兼大中华区董事总经理

作者序

《模态试验技术与实践》一书是在振动噪声试验专家尹亦阳先生的鼓励和帮助下完成的。本书自2012年开始准备至2020年完稿，期间数度中断，如果没有尹亦阳先生的鼎力支持，这本书至今都无法完成，而且尹亦阳先生对本书进行了通篇的审阅。在此对尹亦阳先生表示衷心的感谢。

作者自2005年开始振动和模态的相关学习与研究。在学习和工作中发现，制约振动和模态试验结果精度的主因并不是理论算法，而是试验的具体操作和相关设备的使用方法。比如，作者曾经设计过一款隔振器，在仿真软件中计算得到的隔振器基频为180Hz，但是在对实物样机进行试验后发现，隔振器的基频为18Hz。另外，作者在亲自参与的某次模态试验时发现，试验得到的频响函数充满了噪声毛刺，经过逐项排查，发现是激振器冷却风机的振动影响了力传感器的激励信号。而让作者印象最深刻的一件事是，对同一结构在同一天的不同时刻进行试验，得到的结果竟然无法对应。原因是两次试验之间下过一场雨，空气湿度引起结构边界的间隙发生了变化，从而导致被测结构的边界刚度增加。

从试验中得到的教训让作者认识到，试验结果的精度往往与试验人员的经验成正比，而试验人员的经验常常就是在工作中经历过的错误。如果让每一个试验员都通过犯错增长经验，那么这种成长效率是非常低的。为了避免让刚入门的试验人员走太多的弯路，也为了让刚刚接触模态试验的工程师和在校学生能够快速掌握模态试验的基本操作方法、步骤和模态试验过程中的注意事项，作者编写了这本《模态试验技术与实践》。

作者编写本书的另一个原因是现阶段鲜有关于模态试验的书籍，大多数著作都是关于模态理论或模态实验的。与模态试验不同，模态实验的重点是验证模态参数辨识算法是否准确高效，在模态实验的著作中对如何获取结构频响函数的方法往往一带而过，读者能够获取到的测试方法和注意事项非常少。

本书在编写过程中，得到了中国兵器工业第208研究所王佳高级工程师和沈阳飞机工业（集团）有限公司动力室主任迟英高级工程师的支持和帮助。王佳高级工程师是作者的良师益友，他除了在工作中给作者以支持外，还在本书成书过程中提供了非常重要的建议，在此表示深深的感谢。迟英主任是作者在地面共振试验方面的老师，感谢迟英主任对作者GVT试验的悉心指导。

感谢西门子工业软件（北京）有限公司孙卫青博士在本书编写过程中提供了大量的修改建议，感谢西门子工业软件（北京）有限公司技术总监方志刚先生和何安定博士的大力支持与帮助。

感谢由孙卫青博士领导的西门子工业软件（北京）有限公司试验部专家组李旭东博士、

李凌寒博士、苏彬先生、张长辉先生、焦吉祥先生、王谛博士、张武先生和王振先生对作者工作上的支持和帮助。

《模态试验技术与实践》在出版过程中得到了机械工业出版社孔劲老师的鼎力支持。得益于孔老师的专业能力，加之孔老师的热情相助，才使本书能够顺利面世，作者在这里表示衷心的感谢。

作　者

于晨烟亭

前　言

结构共振是造成结构使用寿命缩短的重要因素之一。解决结构共振问题有两种方法，理论计算和模态试验。因为实际结构的动力学特征非常复杂，所以在进行理论计算时会根据模态理论的基本假设将实际结构的动力学模型进行简化。简化后的理论模型和实际结构之间存在差异，理论分析的结果并不能完全反映实际结构的动力学特性。所以目前理论计算还无法完全取代模态试验。

模态试验是使用外部设备激励实际结构，通过激励信号和结构响应信号辨识结构动力学参数的过程。因为模态试验的结果直接反映实际结构的动力学特征，所以模态试验是结构动力学设计过程中不可或缺的重要一环。

模态实验和模态试验都由模态测试和模态分析组成。模态实验的目的是验证理论算法是否正确，所以模态分析在模态实验中占有非常大的比重。模态试验的目的是准确快速地获取被测结构的动力学参数，所以模态测试是模态试验的主要内容。

经过商业公司多年的开发，工业软件中的模态分析功能已经非常成熟，目前影响模态试验结果的主要因素是模态测试过程中的测试方法。当前已面世的模态相关书籍以模态理论和模态实验为主，这些书籍在模态分析部分着墨较多，对模态测试方法、步骤和注意事项的描述比较少。所以对于刚接触模态测试的试验人员来说，这些书籍的内容过于深奥，有不少读者在阅读这些书籍后仍然无法掌握具体的模态测试方法。为了解决这个问题，本书以模态试验为主线，首先介绍模态基础理论，然后介绍模态测试方法和模态分析方法。

书中在理论基础部分介绍了单自由度系统和多自由度系统的振动特性（因为实际工程中很少有比例阻尼的结构，所以对比例阻尼的相关内容未加介绍），还介绍了模态试验中常见的反共振现象，以及结构阻尼多自由度系统中的阻尼饱和现象，帮助读者了解减振和隔振系统中容易被忽视的问题。

在试验技术部分介绍了模态试验的基本方法和操作步骤，而且在第 6 章详细介绍了不同类型响应输出的频响函数特性，论证了使用不同类型响应频响函数进行模态试验的注意事项。在第 7 章介绍了当前模态试验中所用设备和仪器的基本原理和注意事项。

本书面向一线工程师，在测试部分尽量减少理论推导及复杂的公式演绎，多用图示替代公式介绍模态试验的方法与流程。本书所述的试验方法受到出版时技术水平的限制，随着试验技术的不断发展和进步，书中试验部分所述的试验仪器和测试方法必将会有所改进或被完全替代。所以请各位读者不要局限于书中所述的内容，应该使用最先进的试验设备并采用对应的试验技术进行模态试验。作者会将最新的试验技术定期发布在公众号上，欢迎各位读者关注公众号“试验那点事”和“NVH 老枪”。受作者水平所限，书中不妥之处在所难免，敬请各位读者和同行专家不吝指正。

陈　阳

目　录

第1章　振动力学基础

1.1　引言

振动力学是一门重要的动力学学科，因 1940 年 Tacoma Narrow Bridge（塔科马海峡吊桥）在中速风载下的共振坍塌而得到广泛关注。塔科马海峡吊桥坍塌的主因是共振，共振是指当系统所受激励的频率与该系统的某阶固有频率接近或相等时，系统响应振幅显著增大的现象。共振的危害非常大，所以必须使用技术手段防止结构发生共振。

结构的固有频率、阻尼比和振型统称为**模态**（Mode）。模态是结构本身的固有属性，获得结构的模态信息有助于避免结构发生共振，所以本书主要关注如何通过试验手段获取结构的模态信息。

模态理论的基础是振动，本章主要介绍振动的基本概念、振动理论的基本假设、振动系统的组成和常用的数学公式。

1.2　振动的基本概念

1.2.1　简谐振动

振动是物体围绕其平衡位置的往复运动。如果描述振动的物理量是力、位移、加速度等力学量或机械量，那么这类振动则称为**机械振动**。研究结构在动力荷载作用下振动问题的学科称为**结构动力学**。

如图 1-1 所示，将沙漏横向拉起一定角度后释放，沙漏会在重力作用下以悬挂点的铅垂线为中心自由摆动（横摆）。如果在沙漏横摆时将木板从沙漏下匀速抽出，那么沙漏在木板上留下的沙子形状就是正弦曲线（近似），沙漏绕静平衡位置的往复运动就是**简谐振动**。在数学上经常使用正弦函数或余弦函数描述质点或结构的简谐振动。

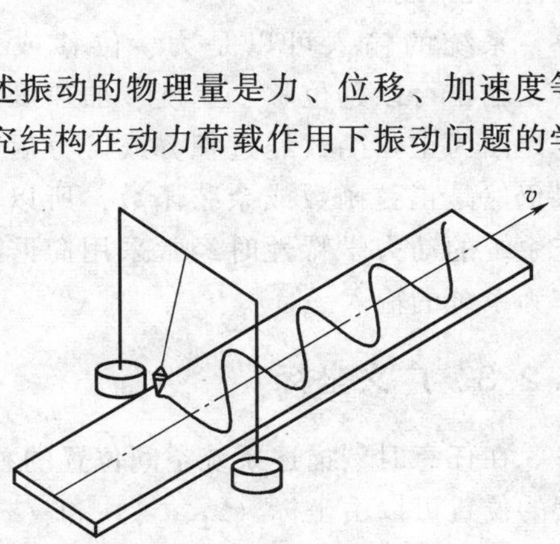

图 1-1　沙漏横摆与简谐振动

如图 1-2 所示，电动机转子的质心有偏心现象。当电动机匀速转动时，转子的质心围绕电动机的几何中心做匀速圆周运动，转子质心在竖直方向的位移 $x(t)$ 随时间 t 变化的曲线就是正弦曲线。所以从图 1-2 中不难看出，转子做匀速圆周运动产生的振动也是简谐振动。

如果将沙漏和电动机的质心统一简化为质点，将质点的位移投影到坐标轴上，用正弦函数表示图 1-1 和图 1-2 中质点的运动规律，那么质点的位移随时间变化的表达式可以写为

$$x(t)=X\sin(\omega t+\alpha) \tag{1-1}$$

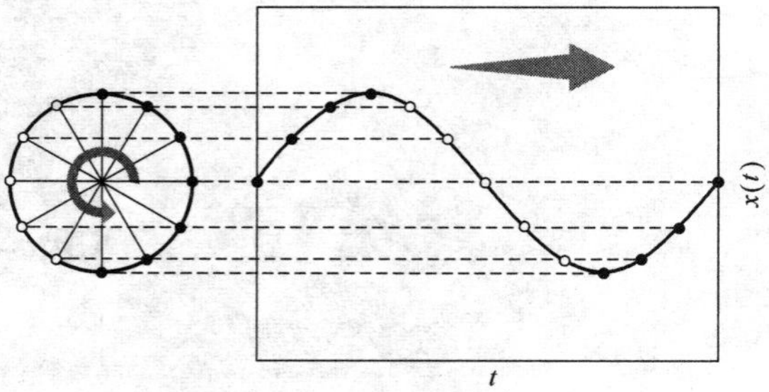

图 1-2 匀速圆周运动与简谐振动

式中，$x(t)$ 是质点随时间变化的响应，单位为 m；X 是质点振动的**振幅**，单位为 m；ω 是**圆频率**，单位为 rad/s；α 是**初相位**，单位为 rad。

圆频率 ω 和频率 f 的关系是

$$\omega=2\pi f \tag{1-2}$$

式中，f 是**频率**，单位是 Hz。

因为圆频率 ω 和频率 f 的意义相同，所以后续章节中将 ω 也称为频率。将质点在同一位置重复出现的最小时间间隔定义为**周期**。周期 T 和频率 f 的关系是

$$T=\frac{1}{f} \tag{1-3}$$

式中，周期 T 的单位是 s。由式（1-3）可以知道，频率的意义是 1s 内振动重复的次数。

1.2.2 输入与输出

将振动的研究对象统一定义为**系统**。系统可以是基本元件，或由基本元件组成的部件，也可以是完整的机械设备。将外界对系统的**激励**定义为系统的**输入**。将系统在外激励作用下产生的响应定义为系统的**输出**，如图 1-3 所示。

系统的输入可以是力、位移或加速度，输出可以是位移、速度、加速度或噪声。因为正弦函数经过积分或微分后的结果仍然是正弦函数或余弦函数，所以在研究系统的动力学特性时经常采用简谐激励作为系统的输入。

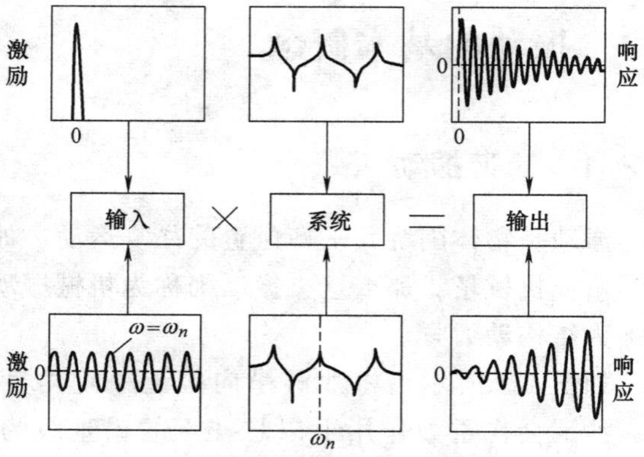

图 1-3 输入和输出

1.2.3 广义坐标

在任意时刻描述系统空间位置的独立坐标称为**广义坐标**。如图 1-4 所示的双摆系统，双摆的位置可以由坐标（x_1，y_1）和（x_2，y_2）表示。

根据勾股定理可以得到坐标 x_1 和 y_1 的关系

$$x_1^2+y_1^2=L_1^2 \tag{1-4}$$

式中，L_1 是图 1-4 中顶端单摆的长度，单位是 m。

同理，坐标 x_2 和 y_2 满足

$$(x_2-x_1)^2+(y_2-y_1)^2=L_2^2 \tag{1-5}$$

式中，L_2 是图 1-4 中底端单摆的长度，单位是 m。

将 x_1，y_1 表示为 L_1 和 θ_1 的函数

$$\begin{cases} x_1=L_1\sin\theta_1 \\ y_1=-L_1\cos\theta_1 \end{cases} \tag{1-6}$$

式中，θ_1 是图 1-4 中顶端单摆和竖直方向的夹角，单位为 rad。

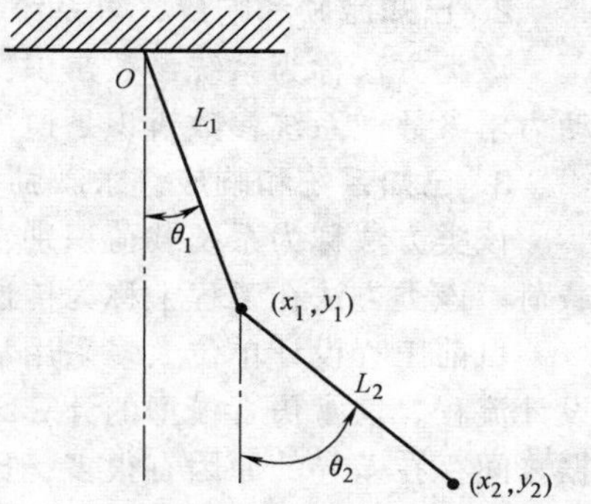

图 1-4　广义坐标

将 x_2 和 y_2 表示为 L_1、L_2 和 θ_1、θ_2 的函数

$$\begin{cases} x_2=L_1\sin\theta_1+L_2\sin\theta_2 \\ y_2=-L_1\cos\theta_1-L_2\cos\theta_2 \end{cases} \tag{1-7}$$

其中，θ_2 是图 1-4 中底端单摆和竖直方向的夹角，单位为 rad。

从式（1-6）和式（1-7）中可以知道，双摆的位置可以由常量 L_1、L_2 和角度坐标 θ_1、θ_2 确定。所以描述双摆系统空间位置的独立坐标只有两个，独立的角度坐标 θ_1 和 θ_2 就是双摆系统的广义坐标。

1.2.4　自由度

描述系统空间位置的广义坐标可以是平动的位移，也可以是转动的角度，如图 1-5 所示。在图 1-5 中，轮盘的位置需要由旋转方向的广义坐标 θ_1 和 θ_2 表示，振子的位置需要由平动方向的广义坐标 x_1 和 x_2 表示。在任意时刻确定一个系统空间位置需要的广义坐标个数称为系统的**自由度**。所以图 1-5 中轮盘系统（左图）和弹簧-振子系统（右图）的自由度都是 2。

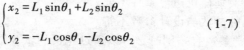

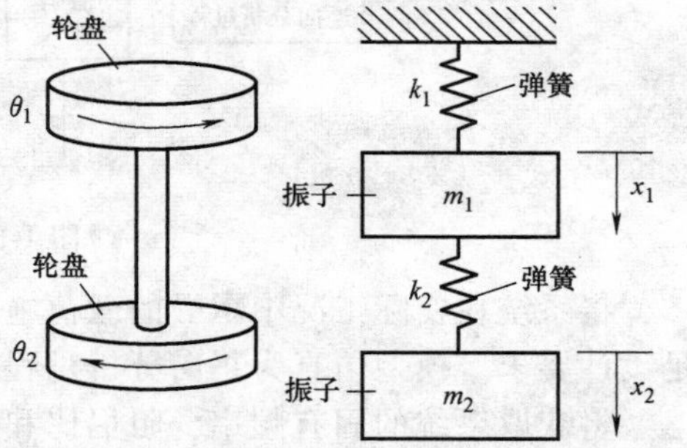

图 1-5　轮盘系统和弹簧-振子系统的自由度

在实际工程中，平动方向的共振比较常见，但是除了平动方向的共振还有扭转方向的共振，将系统在扭转方向上的共振称为**扭振**。扭振的原因是作用于转轴上的主动力矩与负载力矩之间失去平衡，从而导致转轴上合成扭矩的方向反复变化。扭振是增加转轴疲劳损伤，降低使用寿命的重要原因。扭振的测试方法和平动方向的模态试验方法有所区别，本书主要介绍平动方向的模态试验方法。

1.2.5　分析方法

分析系统动力学特性的方法可以归纳为三类。

1. 已知激励和系统，求响应

该类方法称为动力响应分析，分析方法是根据已知的激励和系统参数预测系统的响应。动力响应分析是正向分析过程。

2. 已知激励和响应，求系统

该类方法称为系统参数辨识，辨识方法是通过激励系统并采集系统的响应来获取系统的动力学参数。系统参数辨识是逆向分析过程。

3. 已知系统和响应，求激励

该类方法称为系统载荷识别，计算方法是基于已知的系统参数和响应反推系统所承受的载荷。该类方法在工程上称为传递路径分析。

目前工程设计单位大多采用从产品模型设计到模型仿真计算，然后进行实物样机试验的设计流程。通常仿真模型的计算结果和实物样机的试验结果之间会有比较大的差别。导致数据之间存在差异的原因有很多，比如：

- 用于计算的仿真模型与实物样机的动力学参数不同。
- 仿真计算使用的边界条件与实物样机边界条件不同。
- 实物样机加工误差造成样机的参数与设计参数不符。

当仿真模型和实物样机的动力学参数有差别时，可以通过样机的试验结果来修正仿真模型，使仿真模型的参数最大限度地接近实物样机。首先可以根据试验获取的激励和响应识别实物样机的动力学参数，然后基于实物样机的动力学参数修正仿真模型，如图 1-6 所示。

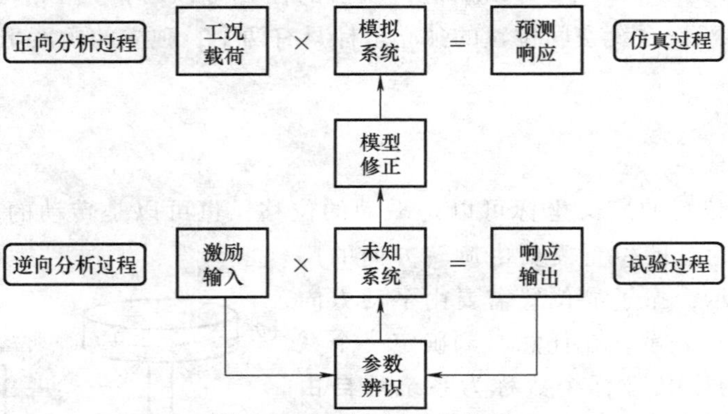

图 1-6　仿真和试验的关系

将系统在实际工况中承受的载荷施加于修正后的仿真模型就可以预测系统的响应是否满足设计要求。模型仿真为正向分析过程，实物试验为逆向分析过程。

将获取系统的固有频率、阻尼比和振型的试验称为**模态试验**。对于模态试验来说，系统的动力学参数是未知的，模态试验的目的就是获取这些系统参数。

因为大型结构的仿真模型通常比较复杂，所以在设计过程中需要对仿真模型进行多轮修正。一般将模态试验结果修正仿真模型的流程分为三轮，如图 1-7 所示。

修正顺序	第1轮	第2轮	第3轮
试验内容	部件模态试验	子系统模态试验	整机模态试验
修正目的	修正部件模型	修正部件连接	修正边界条件

图 1-7　试验数据修正仿真模型流程

1）基于实物部件的模态试验结果修正部件的仿真模型。

2）当部件的仿真模型被修正完成后，将实物部件连接为子系统样机，并对其进行模态试验，目的是修正部件模型间的连接条件。

3）最后验证整机模型的边界条件。

使用通过模态试验获取的系统参数来修正仿真模型，是目前模态试验最主要的作用。所以本书主要介绍通过系统输入和输出辨识系统模态参数的模态试验方法。

1.3 基本理论假设

在对系统进行模态分析之前必须检验系统是否满足基本理论假设。模态分析要求机械振动系统必须满足的三个基本假设是：

- 系统是**线性**系统。
- 系统是**定常**系统。
- 系统是**确定**系统。

1.3.1 线性系统

假设系统的输入为 $x(t)$，输出为 $y(t)$，而且输入和输出满足关系

$$y(t)=f[x(t)] \tag{1-8}$$

定义常数 C_1、C_2，将系统输入 $x(t)$ 表示为 $x_1(t)$、$x_2(t)$ 的线性组合 $C_1x_1(t)+C_2x_2(t)$，如果系统的输出 $y(t)$ 满足

$$\begin{aligned} y(t) &= f[C_1x_1(t)+C_2x_2(t)] \\ &= f[C_1x_1(t)]+f[C_2x_2(t)] \\ &= C_1f[x_1(t)]+C_2f[x_2(t)] \end{aligned} \tag{1-9}$$

那么就称该系统为**线性系统**。

线性系统的意义是系统的输入和输出满足叠加关系（见图 1-8）。系统的输入和输出满足线性叠加关系是可以对系统进行模态分析的基础，只有在线性系统中才能基于模态叠加法进行频响函数的模态展开。

1.3.2 定常系统

定常系统也称**时不变系统**，是动力学参数和固有特性不随时间改变的系统。线性时不变系统有两个含义：

1）当系统的初始条件为 0 时，在任一时刻对系统施加激励，只要输入的激励相同，系统输出的响应就总是相同的。

2）无论激励输入的类型是否改变，系统本身的固有特性是不变的。如图 1-9 所示，输入的激励 $f(t)$ 不同，但对应的系统圆频率 ω 与频响函数 $H(\omega)$ 的关系不变。

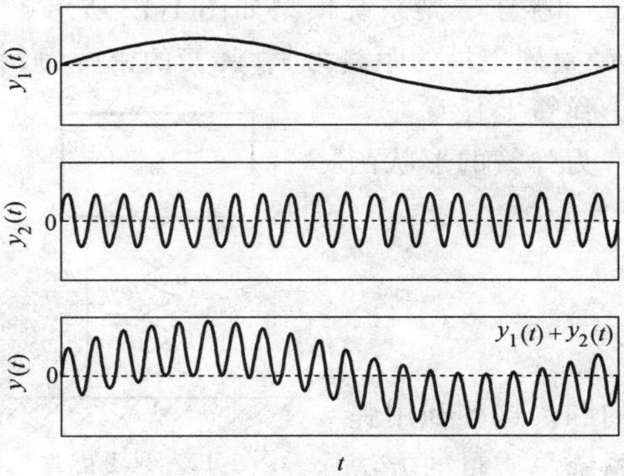

图 1-8 线性系统

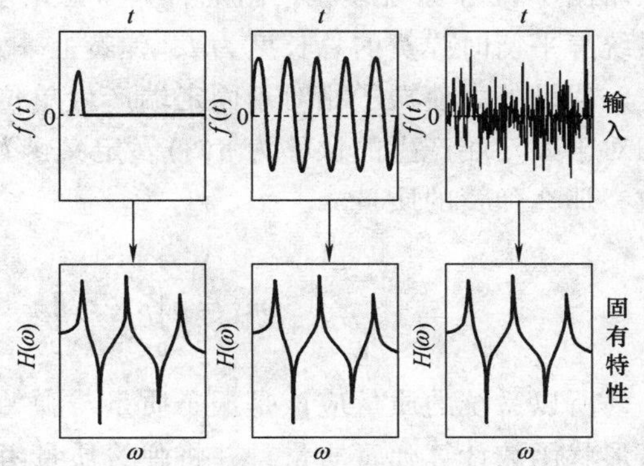

图 1-9 时不变系统

如果系统不满足时不变条件，那么在不同时间对系统施加相同的激励时，系统的响应就会产生变化。试验时间不同，如果得到的模态数据结果有差异，就需要检查被测结构和试验条件是否发生了改变。不满足时不变条件的模态试验结果没有可对比性。

1.3.3 确定系统

可以基于模态理论进行模态分析的系统必须是**确定系统**。确定系统是指可以用确定的微分方程描述系统的运动状态，如图 1-10 所示。

区别于确定系统，随机系统的运动状态不能由确定的时间函数描述，只能通过概率统计描述系统的运动规律。

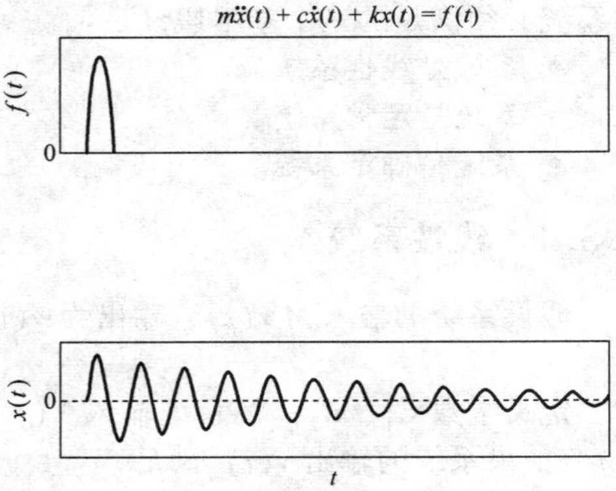

图 1-10　确定系统

1.4 振动系统的组成

图 1-11 所示的系统模型是弹簧-振子模型，它只沿竖直方向运动，所以只需要一个广义坐标描述系统的运动状态，即系统只有一个自由度。将只有一个自由度的振动系统称为**单自由度系统**。

单自由度系统是最简单的振动系统，系统由质量单元（振子)、弹性单元（弹簧）和阻尼单元组成。下面分别介绍每种单元在振动系统中的特点。

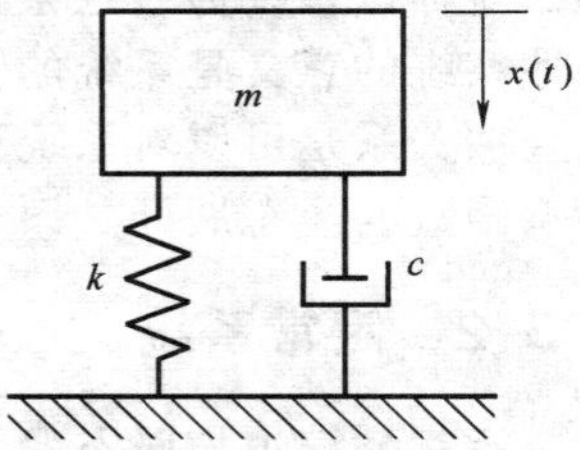

图 1-11　弹簧-振子模型

1.4.1 质量单元

图 1-11 中弹簧-振子模型的物理参数包括振子质量 m、弹簧刚度 k 和物理阻尼系数 c。质量单元是振动系统中的惯性单元，在系统振动时提供惯性力 $f_m(t)$。根据牛顿第二定律，得到惯性力的表达式为

$$f_m(t)=-m\ddot{x}(t) \tag{1-10}$$

在分析工程实际问题时除考虑振子的质量外，有时还需要考虑弹簧质量对系统的影响。忽略图 1-11 中系统模型的阻尼，只考虑系统的弹簧和振子，则系统模型如图 1-12 所示。设系统静平衡时弹簧的总长度为 l，弹簧上 a 点距离弹簧固定端的距离为 s，弹簧的密度为 ρ。

假设外力使振子相对于固定端产生单位位移，弹簧上任意一点相对于固定端产生的位移为 $p(s)$。定义函数 $p(s)$ 为弹簧的形状函数，那么弹簧的质量 m_k 为

$$m_k=\rho\int_0^l p^2(s)\mathrm{d}s \tag{1-11}$$

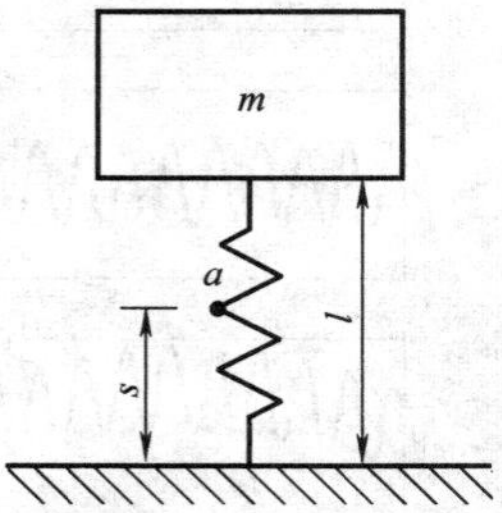

图 1-12　只考虑弹簧和振子的系统模型

所以系统的质量应该是振子质量与弹簧质量的和。这种利用弹簧形状函数计算弹簧质量，并将弹簧质量考虑进系统总质量的方法叫作瑞利法（Rayleigh)。

1.4.2　弹性单元

1. 等效刚度

在振动系统中，弹簧为弹性单元，对振子起支承作用。当弹簧一端固定时，弹簧的弹性力 $f_k(t)$ 由振子的位移 $x(t)$ 决定，且有

$$f_k(t) = -kx(t) \tag{1-12}$$

式中，k 是弹簧的刚度，单位为 N/m，是指弹簧发生单位变形时所产生的弹性力。

在实际工程中，经常出现多个弹性单元同时支承结构的情况，此时需要将多个支承的刚度进行等效并简化。多个弹簧的连接方式有两种：串联和并联，如图 1-13 所示。

首先推导串联弹簧的等效刚度。假设对振子施加力 F，那么弹簧 k_1 和 k_2 的变形分别为

$$l_1 = \frac{F}{k_1} \tag{1-13}$$

$$l_2 = \frac{F}{k_2} \tag{1-14}$$

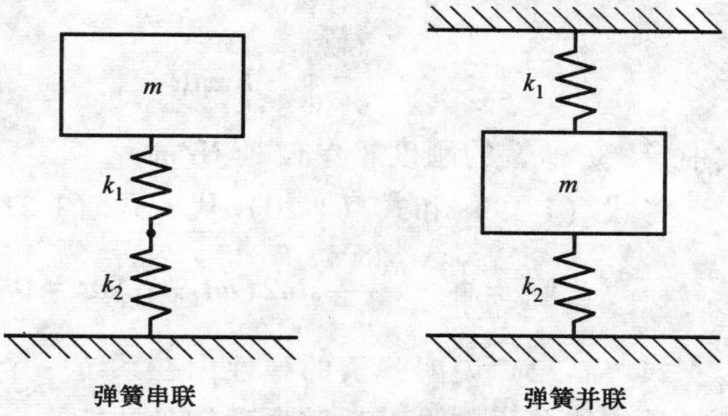

图 1-13　弹簧的连接方式

式中，k_1 和 k_2 是弹簧的刚度，单位是 N/m；l_1 是弹簧 k_1 的变形量，单位是 m；l_2 是弹簧 k_2 的变形量，单位是 m。

因为弹簧串联，所以弹簧的总变形 l_s 为

$$\begin{aligned} l_s &= l_1 + l_2 \\ &= \frac{F}{k_1} + \frac{F}{k_2} \\ &= F\left(\frac{k_1 + k_2}{k_1 k_2}\right) \end{aligned} \tag{1-15}$$

根据式（1-15）得到串联弹簧等效刚度 k_s 的表达式为

$$k_s = \frac{k_1 k_2}{k_1 + k_2} \tag{1-16}$$

下面推导图 1-13 中并联弹簧的等效刚度。对振子施加外力 F，振子由力 F 引起的位移为 l_p。当振子平衡时，外力 F 等于弹簧 k_1 和 k_2 的弹性力合力

$$\begin{aligned} F &= F_1 + F_2 \\ &= k_1 l_p + k_2 l_p \\ &= l_p(k_1 + k_2) \end{aligned} \tag{1-17}$$

所以，并联弹簧等效刚度 k_p 的表达式为

$$k_p = k_1 + k_2 \tag{1-18}$$

根据式（1-16）和式（1-18）可以知道，串联弹簧的等效刚度比其中任何一个弹簧的刚度都要小；并联弹簧的等效刚度为所有弹簧刚度之和。

2. 弹性力做功

弹簧的弹性力随振子位移的变化如图 1-14 所示。设振子的运动为简谐振动，振子位移

响应 $x(t)$ 的表达式为

$$x(t)=X\sin(\omega t+\alpha) \tag{1-19}$$

式中，X 是振子位移响应的振幅，单位为 m；ω 是振动频率，单位为 rad/s；α 是振动的初相位，单位为 rad。

振子的速度响应 $\dot{x}(t)$ 为

$$\dot{x}(t)=\omega X\cos(\omega t+\alpha) \tag{1-20}$$

弹簧在一个振动周期内做的功为

$$\begin{aligned} W_k &= \oint -kx\mathrm{d}x \\ &= \oint -kx\dot{x}\mathrm{d}t \end{aligned} \tag{1-21}$$

式中，k 是弹簧的刚度，单位是 N/m。

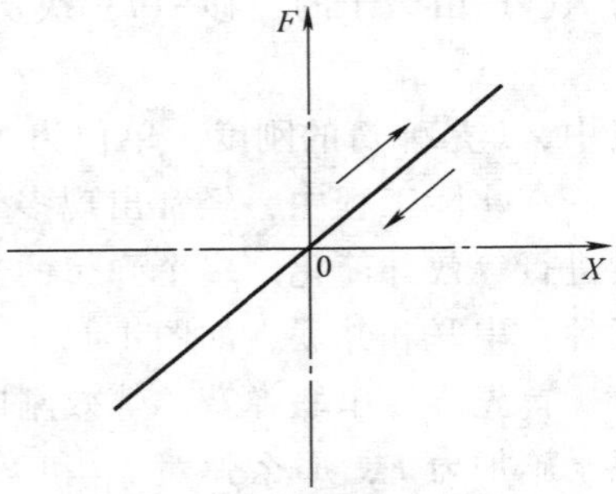

图 1-14　弹簧的弹性力 F 与振子位移 X 的关系

将式（1-19）和式（1-20）代入式（1-21），得到

$$W_k=\oint -\frac{k\omega X^2}{2}\sin 2(\omega t+\alpha)\mathrm{d}t=0 \tag{1-22}$$

式（1-22）说明弹簧的弹性力在系统一个振动周期内做的功为 0，说明弹性力在系统振动时是储能单元，没有耗散振动能量的能力。

1.4.3　黏性阻尼

1. 阻尼力做功

阻尼是振动系统中的耗能单元，典型黏性流体阻尼器的结构如图 1-15 所示。当阻尼器 A、B 两端存在速度差时，活塞会相对阻尼器缸体发生位移，阻尼器内的黏性流体就会通过活塞孔在阻尼缸内流动。黏性流体流过活塞孔时会产生黏性阻尼力，系统通过阻尼器提供的黏性阻尼力耗散系统的振动能量。

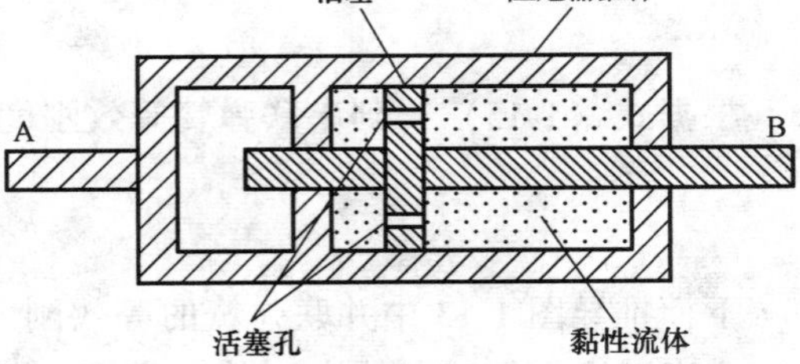

图 1-15　典型黏性流体阻尼器的结构

黏性阻尼力 F_c 的幅值和活塞相对阻尼缸的速度 $\dot{x}(t)$ 成正比，方向和速度相反，有

$$F_c=-c\dot{x}(t) \tag{1-23}$$

式中，c 是黏性阻尼的阻尼系数，单位为 N·s/m。

将式（1-20）代入式（1-23），得到黏性阻尼力的表达式，

$$F_c=-c\omega X\cos(\omega t+\alpha) \tag{1-24}$$

根据式（1-19）和式（1-24），可知

$$\frac{x^2(t)}{X^2}+\frac{F_c^2}{(c\omega X)^2}=1 \tag{1-25}$$

根据式（1-25）可以知道，系统振动时黏性阻尼器两端的位移和阻尼力围成的曲线是长短轴都在坐标轴上的椭圆。阻尼是系统抑制振动并使系统恢复为静止状态的能力，系统的恢复力 F 等于阻尼力 F_c，这种由位移 X 和恢复力 F 围成的曲线叫作**滞回曲线**。黏性阻尼的滞回曲线如图 1-16 所示。

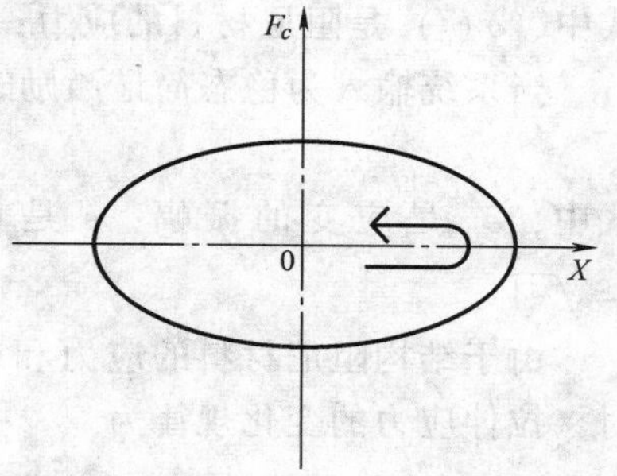

图 1-16 黏性阻尼的滞回曲线

图 1-16 中，滞回曲线包络的面积 E_c 为

$$E_c = \pi c\omega X^2 \tag{1-26}$$

黏性阻尼力在一个振动周期内做的功 W_c 为

$$\begin{aligned} W_c &= \oint -c\dot{x}(t)\,\mathrm{d}x \\ &= \oint -c\dot{x}^2(t)\,\mathrm{d}t \end{aligned} \tag{1-27}$$

将式（1-20）代入式（1-27），得到黏性阻尼力在一个振动周期内做的功

$$\begin{aligned} W_c &= \oint -c[\omega X\cos(\omega t+\alpha)]^2\mathrm{d}t \\ &= -\pi c\omega X^2 \end{aligned} \tag{1-28}$$

通过式（1-28）可以看出，黏性阻尼力在系统一个振动周期内做的功为负功，说明系统发生振动时，黏性阻尼可以消耗振动的能量。对比式（1-26）和式（1-28）可以知道，滞回曲线包络的面积就是黏性阻尼力在一个振动周期内耗散的能量。滞回曲线包络的面积越大，说明阻尼消耗振动能量的能力越强。

2. 等效黏性阻尼

在实际工程中，阻尼的形式非常复杂，很难用简单的数学公式表示阻尼力的变化规律，所以工程上为了便于计算和分析，经常将复杂阻尼等效为黏性阻尼。等效原理是将复杂阻尼在一个振动周期内做的功等效为黏性阻尼在同一周期内耗散的能量。

假设复杂阻尼系统处于简谐激励下的稳态振动，则复杂阻尼在一个振动周期内耗散的能量 E_q 等于等效黏性阻尼在相同周期内耗散的能量 E_c。黏性阻尼在一个振动周期内耗散的能量就是黏性阻尼力在一个振动周期内所做的功 W_c。所以等效黏性阻尼在一个振动周期内耗散的能量 E_q 是

$$E_q = E_c = \pi c\omega X^2 \tag{1-29}$$

等效黏性阻尼系数 c_q 可以表示为

$$c_q = \frac{E_q}{\pi\omega X^2} \tag{1-30}$$

1.4.4 结构阻尼

1. 结构阻尼复刚度模型

图 1-17 所示是一种利用黏弹性阻尼材料变形消耗振动能量的阻尼器。当外力作用于阻尼器使阻尼材料发生剪切变形时，阻尼材料内部分子之间会发生摩擦，振动系统正是利用这种分子间的摩擦耗散系统的振动能量。

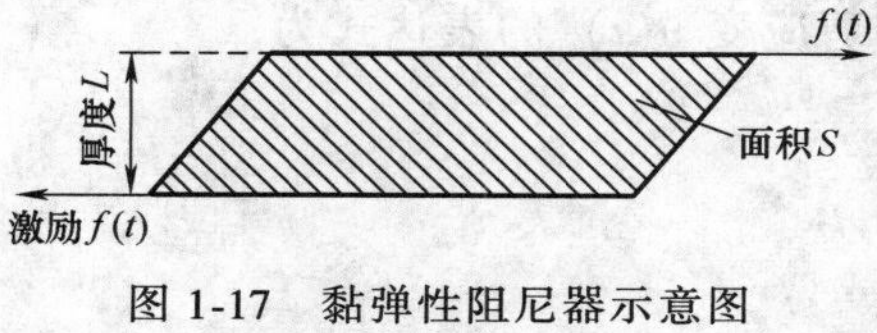

图 1-17 黏弹性阻尼器示意图

将这种以阻尼材料内部分子摩擦方式耗散振动能量的阻尼称为**结构阻尼**，橡胶就是典型的结构阻尼材料，其应力-应变关系可以表示为

$$\sigma(t) = E\varepsilon(t) \tag{1-31}$$

式中，$\sigma(t)$ 是阻尼材料的应力；E 是阻尼材料的弹性模量；$\varepsilon(t)$ 是应变。

当系统输入为稳态简谐激励时，假设

$$\varepsilon(t)=\varepsilon_0 e^{j(\omega t-\alpha)} \tag{1-32}$$

式中，ε_0 是应变的振幅；e 是自然常数；ω 是激励频率；α 是应力和应变的相位差；$j=\sqrt{-1}$。

由于结构阻尼材料的应力和应变之间有相位差，当简谐激励使阻尼材料产生拉伸变形时，拉伸应力的变化规律为

$$\sigma(t)=\sigma_0 e^{j\omega t} \tag{1-33}$$

式中，σ_0 是应力的振幅。

将式（1-32）和式（1-33）代入式（1-31），得到弹性模量的表达式为

$$\begin{aligned} E^* &= \frac{\sigma(t)}{\varepsilon(t)} \\ &= \frac{\sigma_0 e^{j\alpha}}{\varepsilon_0} \end{aligned} \tag{1-34}$$

式中，弹性模量 E^* 是**复模量**。

定义**储能弹性模量** E' 为

$$E'=\mathrm{Re}\left[\frac{\sigma(t)}{\varepsilon(t)}\right] \tag{1-35}$$

定义**耗能弹性模量** E'' 为

$$E''=\mathrm{Im}\left[\frac{\sigma(t)}{\varepsilon(t)}\right] \tag{1-36}$$

所以复模量 E^* 可以表示为

$$E^*=E'+jE'' \tag{1-37}$$

因为弹性模量和剪切模量之间存在关系

$$E=2G(1+\theta) \tag{1-38}$$

式中，θ 是泊松比。

将式（1-37）代入式（1-38）并整理，得到复剪切模量的表达式，为

$$\begin{aligned} G^* &= \frac{E^*}{2(1+\theta)} \\ &= G'+jG'' \end{aligned} \tag{1-39}$$

式中，G' 是**储能剪切模量**；G'' 是**耗能剪切模量**。

结构阻尼器通常利用阻尼材料的剪切变形提供阻尼力。由剪切变形引起的剪应力 $\tau(t)$ 和剪应变 $\upsilon(t)$ 的表达式为

$$\tau(t)=\frac{f(t)}{S} \tag{1-40}$$

$$\upsilon(t)=\frac{x(t)}{L} \tag{1-41}$$

式中，$f(t)$ 是激励；$x(t)$ 是阻尼材料在激励 $f(t)$ 作用下产生的剪切变形；S 和 L 分别是阻尼器中阻尼材料的面积和厚度。

根据刚度的定义可以知道，阻尼器的刚度 k^* 是激励和阻尼材料变形的比值

$$k^*=\frac{f(t)}{x(t)}=\frac{S\tau(t)}{Lv(t)} \tag{1-42}$$

由应力-应变关系，有

$$\tau(t)=G^*v(t) \tag{1-43}$$

将式（1-43）代入式（1-42），得

$$k^*=\frac{S}{L}G^*=\frac{S}{L}(G'+\mathrm{j}G'') \tag{1-44}$$

将式（1-44）中的刚度 k^* 定义为结构阻尼的**复刚度**。将复刚度的实部 $k'=SG'/L$ 称为结构阻尼的**储能刚度**，复刚度的虚部 $k''=SG''/L$ 称为结构阻尼的**耗能刚度**。将复刚度表示为

$$k^*=k'+\mathrm{j}k'' \tag{1-45}$$

式（1-45）就是结构阻尼的数学模型。

2. 结构阻尼材料损耗因子

定义结构阻尼材料的**材料损耗因子** β 为

$$\beta=\frac{E''}{E'} \tag{1-46}$$

则复模量 E^* 可以表示为

$$E^*=E'+\mathrm{j}E''=E'(1+\mathrm{j}\beta) \tag{1-47}$$

同时复剪切模量 G^* 也可以表示为

$$G^*=G'+\mathrm{j}G''=G'(1+\mathrm{j}\beta) \tag{1-48}$$

其中，材料损耗因子 β 为

$$\beta=\frac{G''}{G'} \tag{1-49}$$

当单位体积的阻尼材料发生剪切变形时，其一个周期内的弹性应变能 W_u 为

$$W_u=\frac{v_0G'}{2} \tag{1-50}$$

阻尼材料在一个周期内的阻尼应变能 W_d 为

$$W_d=\pi v_0G'' \tag{1-51}$$

整理式（1-50）和式（1-51），得到储能剪切模量和耗能剪切模量的表达式为

$$G'=\frac{2W_u}{v_0} \tag{1-52}$$

$$G''=\frac{W_d}{\pi v_0} \tag{1-53}$$

将式（1-52）和式（1-53）代入式（1-49），得到材料损耗因子β和应变能的关系

$$\beta=\frac{W_d}{2\pi W_u} \tag{1-54}$$

所以，材料损耗因子的物理意义是，在一个振动周期内，阻尼消耗的能量与最大弹性势能的比值。也就是说，材料损耗因子越大，则该阻尼材料的耗能能力越强。

当阻尼器产生变形时，阻尼力$f_g(t)$的表达式为

$$\begin{aligned} f_g(t) &= -k^* x(t) \\ &= -(k'+\mathrm{j}k'')x(t) \\ &= -k'(1+\mathrm{j}\beta)x(t) \end{aligned} \tag{1-55}$$

从式（1-55）中可以看出，阻尼器的反力包含弹性力和阻尼力，说明阻尼器在耗散振动能量的同时还提供支承系统的刚度。所以结构阻尼是一种同时具备弹性和黏性的阻尼模型，其滞回曲线是一个倾斜的椭圆，如图1-18所示。

由式（1-44）和式（1-54）可知，影响结构阻尼器耗能效果的参数为阻尼材料的面积S、厚度L和材料损耗因子β。在材料损耗因子不变的条件下，增大阻尼材料的面积或减小阻尼材料的厚度都可以增大阻尼力。因为阻尼材料通常为固定厚度的橡胶层，所以工程中经常以增大阻尼材料面积的方式增大阻尼器的阻尼力。

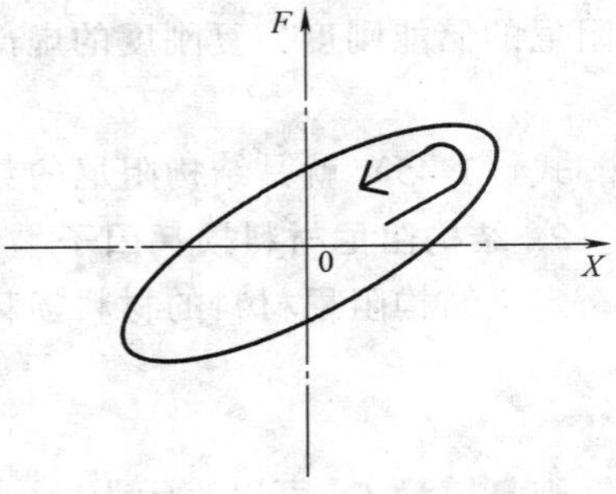

图1-18　结构阻尼滞回曲线

1.5　常用数学公式

1.5.1　欧拉公式

三角函数的推导过程比较复杂，使用欧拉公式可以简化推导过程。首先给出自然常数e的表达式

$$\mathrm{e}=\lim_{x\to\infty}\left(1+\frac{1}{x}\right)^x \tag{1-56}$$

基于自然常数e，给出欧拉公式的表达式

$$\mathrm{e}^{\mathrm{j}x}=\cos x+\mathrm{j}\sin x \tag{1-57}$$

式中，$\mathrm{j}=\sqrt{-1}$。

1.5.2　拉普拉斯变换

拉普拉斯变换是重要的数学变换，将函数$x(t)$由时域变换到拉氏域的方法是

$$\mathscr{L}[x(t)]=\int_0^{+\infty} x(t)\mathrm{e}^{-st}\mathrm{d}t \tag{1-58}$$

式中，$\mathscr{L}$是拉普拉斯变换运算符。

如果系统输入的时域函数为$f(t)$，输出的时域函数为$x(t)$，那么系统传递函数$G(s)$的表达式为

$$G(s)=\frac{\mathscr{L}[x(t)]}{\mathscr{L}[f(t)]} \tag{1-59}$$

传递函数的定义是，零初始条件下线性系统输出的拉普拉斯变换与输入的拉普拉斯变换之比。

1.5.3 狄利克雷条件

狄利克雷（Dirichlet）条件是傅里叶变换的基础，任意函数 $x(t)$ 只有满足了狄利克雷条件才能进行傅里叶变换。狄利克雷条件的具体内容是：

1）在任意周期内，$x(t)$ 必须绝对可积。

2）在任意有限区间内，$x(t)$ 只能存在有限个第一类间断点。

3）在任意有限区间内，$x(t)$ 只能存在有限个极大值或极小值。

1.5.4 傅里叶变换

傅里叶变换是将函数由时域变换到频域的重要工具，图 1-19 所示为时频关系。

函数 $x(t)$ 的傅里叶变换 $X(\omega)$ 为

$$X(\omega)=\mathscr{F}[x(t)] = \int_{-\infty}^{+\infty} x(t)\mathrm{e}^{-\mathrm{j}\omega t}\mathrm{d}t \tag{1-60}$$

式中，$\mathscr{F}$是傅里叶变换运算符；$x(t)$ 和 $X(\omega)$ 是傅里叶变换对。

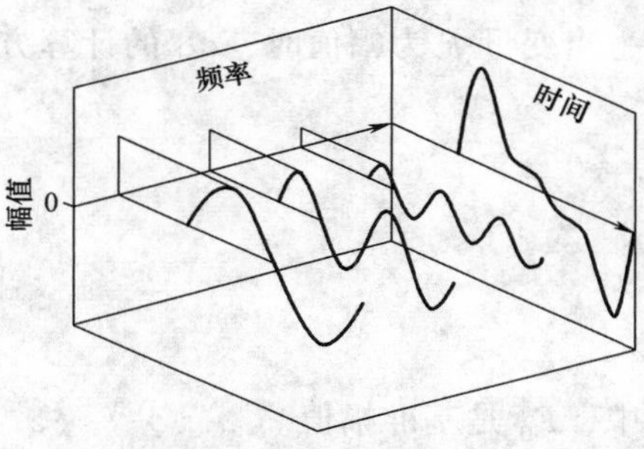

图 1-19 时频关系

由频域转为时域的傅里叶逆变换为

$$x(t)=\mathscr{F}^{-1}[X(\omega)] = \frac{1}{2\pi}\int_{-\infty}^{+\infty} X(\omega)\mathrm{e}^{\mathrm{j}\omega t}\mathrm{d}\omega \tag{1-61}$$

傅氏域的自变量 ω 是实数，拉氏域的自变量 s 是复数。当 $s=\mathrm{j}\omega$ 时，拉普拉斯变换就退化为傅里叶变换，所以傅里叶变换是拉普拉斯变换的一个特例。

1.5.5 傅里叶级数

傅里叶级数的含义是，如果函数 $f(t)$ 为周期函数

$$f(t)=f(t+T) \tag{1-62}$$

式中，T 是函数 $f(t)$ 的周期。

那么可以将周期函数 $f(t)$ 表示成正弦函数和余弦函数的无穷级数形式，即

$$f(t)=\frac{a_0}{2}+a_1\cos\omega t+b_1\sin\omega t+a_2\cos2\omega t+b_2\sin2\omega t+\cdots = \frac{a_0}{2}+\sum_{n=1}^{\infty}[a_n\cos n\omega t+b_n\sin n\omega t] \tag{1-63}$$

其中，a_0、a_n 和 b_n 的表达式分别为

$$a_0 = \frac{2}{T}\int_{t_0}^{t_0+T} f(t)\,\mathrm{d}t$$

$$a_n = \frac{2}{T}\int_{t_0}^{t_0+T} f(t)\cos n\omega t\mathrm{d}t$$

$$b_n = \frac{2}{T}\int_{t_0}^{t_0+T} f(t)\sin n\omega t\mathrm{d}t$$

1.5.6 dB 计算方法

对于单位相同的两个参数，dB 是量度其幅值比例的计量单位。dB 的计算方法有两种，当变量为功率时

$$\gamma = 10\lg\frac{P}{P_0} \tag{1-64}$$

式中，P_0 是基准功率；γ 是功率 P 相对 P_0 放大的程度，单位为 dB。

当变量 F 为幅值时，dB 的计算方法是

$$\begin{aligned}\gamma &= 10\lg\frac{F^2}{F_0^2}\\ &= 20\lg\frac{F}{F_0}\end{aligned} \tag{1-65}$$

式中，F_0 是基准幅值。

1.5.7 函数的卷积

如果函数 $f(x)$ 和 $g(x)$ 是实数域上的两个可积函数，那么函数 $f(x)$ 和 $g(x)$ 的卷积 $h(x)$ 可以定义为

$$h(x) = \int_{-\infty}^{+\infty} f(\tau)g(x-\tau)\,\mathrm{d}\tau \tag{1-66}$$

用 * 表示卷积计算，则式（1-66）可以表示为

$$h(x)=f(x) * g(x) \tag{1-67}$$

函数 $f(x)$ 和 $g(x)$ 及其卷积 $h(x)$ 的关系如图 1-20 所示，可以将函数 $f(x)$ 和 $g(x)$ 的卷积 $h(x)$ 视为一种推广的滑动平均。

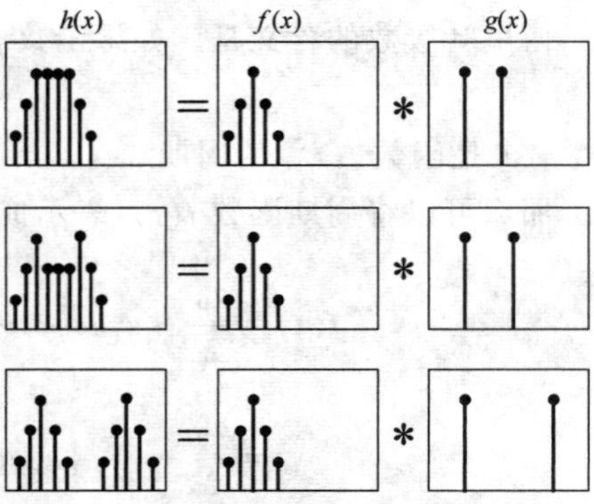

图 1-20 函数 $f(x)$ 和 $g(x)$ 及其卷积 $h(x)$ 的关系

1.5.8 零点和极点

在进行信号处理时，系统的传递函数 $G(s)$ 可以写为多项式的形式

$$G(s)=\frac{\prod_{i=1}^{n}(s-q_i)}{\prod_{i=1}^{n}(s-p_i)}=\frac{a_0+a_1s+\cdots+a_{n-1}s^{n-1}+a_ns^n}{b_0+b_1s+\cdots+b_{n-1}s^{n-1}+b_ns^n}=\frac{\sum_{i=0}^{n}a_is^i}{\sum_{i=0}^{n}b_is^i} \tag{1-68}$$

式中，q_i 是传递函数 $G(s)$ 的零点；p_i 是传递函数 $G(s)$ 的极点。

系统传递函数零点和极点的定义是：

1）当系统输入信号的幅值不为零且系统输出幅值为零时，输入信号对应的频率称为系统的零点。

2）当系统输入信号的幅值不为零且系统输出幅值为无穷大时，输入信号对应的频率为系统的极点。

1.5.9 帕塞瓦尔定理

如果复变函数 $p(t)$ 和 $q(t)$ 的乘积可积，且二者的傅里叶变换分别为 $P(\omega)$ 和 $Q(\omega)$，那么帕塞瓦尔（Parseval）定理的内容可以表示为

$$\int_{-\infty}^{+\infty}p(t)\bar{q}(t)\,\mathrm{d}t=\frac{1}{2\pi}\int_{-\infty}^{+\infty}P(\omega)\bar{Q}(\omega)\,\mathrm{d}\omega \tag{1-69}$$

式中，$\bar{q}(t)$ 和 $\bar{Q}(\omega)$ 分别是 $q(t)$ 和 $Q(\omega)$ 的共轭。

当 $p(t)=q(t)$ 时，帕塞瓦尔定理可以表示为

$$\int_{-\infty}^{+\infty}|p(t)|^2\mathrm{d}t=\frac{1}{2\pi}\int_{-\infty}^{+\infty}|P(\omega)|^2\mathrm{d}\omega \tag{1-70}$$

式（1-70）又称为 Plancherel 定理。

1.6 本章小结

1）本章介绍了振动力学和模态分析的基本概念和基本假设。基本假设在实际工程中常常被忽略，以致理论分析结果和试验数据的一致性较差。任何理论都有其适用范围，所以在进行工程实例分析时必须考虑实际工程条件是否满足所选理论的基本假设。如果实际工程条件不满足基本假设，那么理论分析得出的结果就不具有参考性。

2）在系统组成中介绍了质量单元、弹性单元和阻尼单元的特点。如果系统的弹簧质量较大，那么必须将弹簧质量计入系统的总质量。在进行振动系统分析时，如果系统有串联或并联的弹性单元，需要对弹性单元进行等效刚度计算。

3）本章介绍了两种常见的阻尼模型：黏性阻尼和结构阻尼。

- 黏性阻尼力的幅值和速度成正比。
- 结构阻尼力的幅值和位移成正比。
- 在工程中经常将复杂阻尼等效为黏性阻尼进行系统振动分析。
- 结构阻尼的数学模型由复刚度表示。
- 结构阻尼的特点是对系统同时提供阻尼力和弹性力。
- 工程中经常采用增大结构阻尼材料面积的方式增加阻尼器的阻尼力。

注意：结构阻尼材料损耗因子的数值越大，则阻尼材料的耗能能力越强。

第2章　单自由度动力学系统

2.1　引言

单自由度系统是最简单的振动系统，工程中很多振动系统可以等效为单自由度系统进行振动分析。即使系统比较复杂，不能直接简化为单自由度系统，也可以将系统坐标变换为模态坐标，模态坐标下系统的振动特征和单自由度系统的特征相似。所以，单自由度系统具有一般振动系统的基本特征，是振动分析的基础。

系统由初始条件引起的振动称为自由振动；系统受外载荷激励引起的振动称为强迫振动。本章通过单自由度系统的自由振动和强迫振动介绍振动系统的相关概念和单自由度系统的固有特性。

在第 1 章中介绍了黏性阻尼模型和结构阻尼模型，本章基于单自由度系统介绍两种阻尼模型在隔振系统中的相关定义和动力学特征。

2.2　单自由度系统的自由振动

2.2.1　系统动力学模型

单自由度系统模型如图 2-1 所示，系统由振子、弹簧和阻尼组成。系统中振子的质量为 m，弹簧刚度为 k，阻尼系数为 c。

对单自由度系统施加随时间 t 变化的简谐激励[⊖] $f(t)$

$$f(t)=F\sin\omega t \tag{2-1}$$

式中，F 是激励的振幅，单位为 N；ω 是激励的频率，单位为 rad/s。

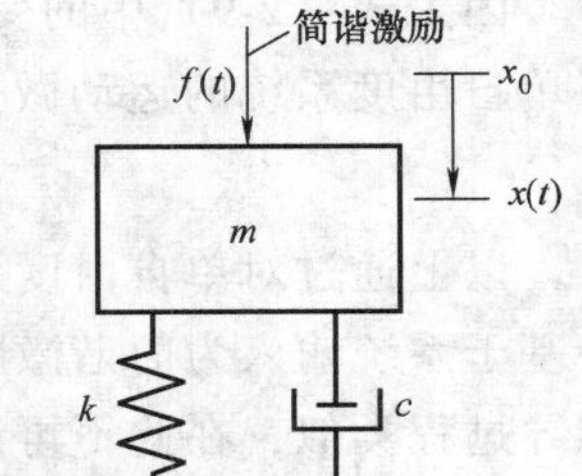

图 2-1　单自由度系统模型

选取图 2-1 所示时刻，设 $x(t)$ 为振子离开平衡位置 x_0 的位移，振子的惯性力为 $f_a(t)$，弹簧的弹性力为 $f_k(t)$，阻尼力为 $f_c(t)$。线性时不变确定性振动系统有一个重要性质，当系统的输入为简谐激励时，系统的输出为简谐响应。根据这个性质和式（2-1），将系统的位移响应设为

⊖ 简谐激励，以下简称激励，若输入为非简谐激励，会特别标出，如随机激励或冲击激励。

$$x(t)=X\sin(\omega t+\alpha) \tag{2-2}$$

式中，X 是位移响应的振幅，单位为 m；α 是位移响应和激励之间的相位差，单位为 rad。

将式（2-2）对时间 t 求导，得到振子速度 $\dot{x}(t)$ 随时间变化的表达式

$$\begin{aligned}\dot{x}(t)&=\frac{\mathrm{d}x}{\mathrm{d}t}\\&=X\omega\cos(\omega t+\alpha)\end{aligned} \tag{2-3}$$

式中，$X\omega$ 是振子速度的振幅。

将式（2-3）对时间 t 再次求导，得到振子加速度 $\ddot{x}(t)$ 随时间变化的表达式

$$\begin{aligned}\ddot{x}(t)&=\frac{\mathrm{d}\dot{x}}{\mathrm{d}t}\\&=-X\omega^2\sin(\omega t+\alpha)\end{aligned} \tag{2-4}$$

式中，$X\omega^2$ 是振子加速度的振幅。

设竖直向下为正方向。因为弹簧处于压缩状态，所以弹簧的弹性力 $f_k(t)$ 可以表示为

$$f_k(t)=-kx(t) \tag{2-5}$$

其中，弹性力 $f_k(t)$ 的方向与振子位移 $x(t)$ 的方向相反。

将阻尼力 $f_c(t)$ 表示为

$$f_c(t)=-c\dot{x}(t) \tag{2-6}$$

其中，阻尼力 $f_c(t)$ 的方向与振子速度 $\dot{x}(t)$ 的方向相反。

振子的惯性力 $f_a(t)$ 为

$$f_a(t)=-m\ddot{x}(t) \tag{2-7}$$

其中，惯性力 $f_a(t)$ 的方向与振子加速度 $\ddot{x}(t)$ 的方向相反。

根据达朗贝尔原理，在任意时刻单自由度系统的合力为 0，则图 2-1 所示时刻单自由度系统的平衡方程为

$$\sum_i f_i(t)=f_a(t)+f_c(t)+f_k(t)+f(t)=0 \tag{2-8}$$

将式（2-5）~式（2-7）代入式（2-8），整理得到单自由度系统的运动微分方程

$$m\ddot{x}(t)+c\dot{x}(t)+kx(t)=f(t) \tag{2-9}$$

因为式（2-9）中的变量都是以时间 t 为自变量的函数，为了表述方便省略自变量符号，将单自由度系统的运动微分方程简写为

$$m\ddot{x}+c\dot{x}+kx=f \tag{2-10}$$

以上通过对单自由度系统模型的受力分析得到了单自由度系统的运动微分方程。上述推导基于系统输入为简谐激励的假设，当输入为随机激励时，运动微分方程（2-9）依然成立。推导过程类似，在此不再证明。

2.2.2 无阻尼自由振动

1. 能量法求系统的运动微分方程

上一节基于达朗贝尔原理分析了单自由度系统的受力状态，得到了单自由度系统的运动微分方程。下面基于机械能守恒定律建立单自由度系统的运动微分方程。当图 2-1 所示的系

统中阻尼为 0 时，在任一时刻的动能为 W_v，势能为 W_s，由机械能守恒定律可以得到

$$\frac{\mathrm{d}(W_v+W_s)}{\mathrm{d}t}=0 \tag{2-11}$$

在无阻尼单自由度系统中，振子的动能为

$$W_v=\frac{m\dot{x}^2}{2} \tag{2-12}$$

无阻尼单自由度系统的势能 W_s 由振子的重力势能 W_g 和弹簧的弹性势能 W_p 组成

$$W_s=W_g+W_p \tag{2-13}$$

振子离开平衡位置某一时刻，振子的重力势能 W_g 可以表示为

$$W_g=-mgx \tag{2-14}$$

式中，g 是重力加速度。

弹簧的弹性势能 W_p 包含两部分，分别是由振子重力引起弹簧静变形的静态弹性势能和由振子振动引起的动态弹性势能，其表达式为

$$\begin{aligned} W_p &= \int_0^x k(l+x)\,\mathrm{d}x \\ W_p &= kx\left(l+\frac{x}{2}\right) \end{aligned} \tag{2-15}$$

式中，l 是由振子重力引起的弹簧静变形。

振子的重力和弹簧静变形引起的弹力大小相等，方向相反，即

$$mg+kl=0 \tag{2-16}$$

将式（2-12）~式（2-16）代入式（2-11），可以得到

$$(m\ddot{x}+kx)\dot{x}=0 \tag{2-17}$$

当式（2-17）中 $\dot{x}\neq0$ 时，得到单自由度系统的运动微分方程

$$m\ddot{x}+kx=0 \tag{2-18}$$

当式（2-17）中 $\dot{x}=0$ 时，系统处于准静止状态，此时弹簧的动态弹性力 $f_k=-kx$ 和振子惯性力 $f_a=-m\ddot{x}$ 的合力为 0，即

$$-m\ddot{x}-kx=0 \tag{2-19}$$

由式（2-18）和式（2-19）可知，无论振子速度为何值，无阻尼单自由度系统的运动微分方程的形式均不变。去掉式（2-10）中的阻尼力和激励，可以得到与式（2-18）相同的无阻尼单自由度系统的运动微分方程表达式。所以，无论基于达朗贝尔原理，还是基于机械能守恒定律，得到的系统运动微分方程的形式均相同。

2. 系统的固有频率

将式（2-18）进行质量归一化，即令

$$\omega_n=\sqrt{\frac{k}{m}} \tag{2-20}$$

将式（2-20）代入式（2-18），得到归一化后的系统运动微分方程

$$\ddot{x}+\omega_n^2x=0 \tag{2-21}$$

设方程（2-21）的通解为

$$x = C_1\cos\omega_n t + C_2\sin\omega_n t \tag{2-22}$$

式中，C_1 和 C_2 是待定系数。

令参数 X 和 α 为

$$X = \sqrt{C_1^2 + C_2^2} \tag{2-23}$$

$$\alpha = \arctan\frac{C_1}{C_2} \tag{2-24}$$

基于式（2-23）和式（2-24），使用三角函数变换，将式（2-22）写为

$$x = X\sin(\omega_n t + \alpha) \tag{2-25}$$

式（2-25）就是无阻尼单自由度系统运动微分方程的解。通过解的形式可以看出，在系统受初始扰动且无后续激励输入的条件下，系统的自由运动是具有等时性的简谐振动。系统振动的频率 f_n 为

$$f_n = \frac{\omega_n}{2\pi} = \frac{1}{2\pi}\sqrt{\frac{k}{m}} \tag{2-26}$$

式（2-26）中的 f_n 为**无阻尼系统自由振动固有频率**（Natural Frequency），简称**无阻尼固有频率**或**固有频率**。式（2-20）中的 ω_n 称为无阻尼系统自由振动固有圆频率。因为 f_n 和 ω_n 的差别只有常数 2π，所以在后续推导过程中，将 ω_n 也称为无阻尼固有频率或固有频率。通过表达式（2-26）可以看出系统的无阻尼固有频率与外界激励或系统的运动状态无关，只和系统本身的质量和刚度有关，所以无阻尼固有频率是系统的固有属性。

3. 无阻尼系统自由振动

下面讨论有初始条件扰动的无阻尼系统自由振动。设系统的初始时刻为 $t=\tau$，设系统的初始位移和初始速度为

$$x(\tau) = x_\tau \tag{2-27}$$

$$\dot{x}(\tau) = \dot{x}_\tau \tag{2-28}$$

设待定系数 C_1 和 C_2 为

$$C_1 = p\cos\omega_n\tau - q\sin\omega_n\tau \tag{2-29}$$

$$C_2 = p\sin\omega_n\tau + q\cos\omega_n\tau \tag{2-30}$$

将式（2-29）和式（2-30）代入式（2-22），可以得到

$$x = p\cos\omega_n(t-\tau) + q\sin\omega_n(t-\tau) \tag{2-31}$$

将初始条件式（2-27）和式（2-28）代入式（2-31），并对时间求导，可以得到

$$p = x_\tau \tag{2-32}$$

$$q = \frac{\dot{x}_\tau}{\omega_n} \tag{2-33}$$

所以，系统在时刻 τ 之后自由振动的解为

$$x(t) = x_\tau\cos\omega_n(t-\tau) + \frac{\dot{x}_\tau}{\omega_n}\sin\omega_n(t-\tau) \tag{2-34}$$

式中，时间 t 的取值范围是 $t\in[\tau, +\infty)$。

可以将系统的解（2-34）进一步简化。令时刻 $\tau=0$，则

$$x(0)=x_0 \tag{2-35}$$

$$\dot{x}(0)=\dot{x}_0 \tag{2-36}$$

此时系统自由振动的解为

$$x(t)=x_0\cos\omega_n t+\frac{\dot{x}_0}{\omega_n}\sin\omega_n t \tag{2-37}$$

系统的振幅 X 和相位 α 分别为

$$X=\sqrt{x_0^2+\left(\frac{\dot{x}_0}{\omega_n}\right)^2} \tag{2-38}$$

$$\alpha=\arctan\frac{x_0\omega_n}{\dot{x}_0} \tag{2-39}$$

从系统的解式（2-34）和式（2-37）不难看出，无阻尼单自由度系统在受到初始扰动后的自由振动是以其固有频率为振动频率的简谐振动。因为没有阻尼等耗能因素，所以系统的振幅不会衰减。这种无阻尼系统的模态叫作实模态（Normal Mode）。在仿真分析中，通常使用实模态分析方法确定系统的固有频率。

在模态试验中也有对应的试验方法，叫作纯模态（Normal Mode）。纯模态试验的原理是使用激振器对被测结构施加简谐激励，激励频率为被测结构的某一阶固有频率。通过激振器输入能量抵消被测结构阻尼耗散的能量，使被测结构处于准自由振动的状态。在纯模态试验中，被测结构做无衰减简谐振动，振动的频率就是其自身的某阶固有频率，这种振动状态和无阻尼系统的自由振动类似。纯模态试验是地面振动试验的重要组成部分，具体试验方法会在后续章节中详细介绍。

本节基于能量法建立了无阻尼单自由度系统的运动微分方程，介绍了固有频率、实模态等概念，并以三角函数的形式讨论了系统的解。虽然省略了阻尼对系统的影响，同时简化了推导过程，但是解答形式依然比较复杂。所以在模态理论中经常基于欧拉公式，采用复数形式推导系统的动力学特性。

2.2.3 有阻尼自由振动

根据欧拉公式，复数和三角函数的等价关系为

$$e^{j(\omega t+\alpha)}=\cos(\omega t+\alpha)+j\sin(\omega t+\alpha) \tag{2-40}$$

考虑有阻尼单自由度系统的自由振动。省略系统的激励，将方程（2-10）变为齐次方程

$$m\ddot{x}+c\dot{x}+kx=0 \tag{2-41}$$

对质量进行归一化处理，得到

$$\ddot{x}+2\frac{c}{2m}\dot{x}+\frac{k}{m}x=0 \tag{2-42}$$

设参数 $\sigma=c/2m$，$\omega_n^2=k/m$，则式（2-42）可以写为

$$\ddot{x}+2\sigma\dot{x}+\omega_n^2x=0 \tag{2-43}$$

式中，σ 是系统响应的**衰减系数**；ω_n 是系统的无阻尼固有频率。

设方程（2-43）解的形式为

$$x=\phi e^{\lambda t} \tag{2-44}$$

式中，ϕ 是多自由度系统中对应的是模态向量；λ 对应多自由度系统中的特征值。

此处讨论的是单自由度系统，在多自由度系统中，同样可以将系统响应的解设为式（2-44）的形式。

将式（2-44）代入式（2-43）并进行整理，得到

$$\lambda^2+2\sigma\lambda+\omega_n^2=0 \tag{2-45}$$

经过上述处理，有阻尼单自由度系统的二阶运动微分方程就变换为二次代数方程，减小了计算量。这种处理方法也是模态分析和信号处理的基本方法之一。

求解方程（2-45），得到方程的解

$$\lambda=-\sigma\pm\sqrt{\sigma^2-\omega_n^2} \tag{2-46}$$

定义阻尼比 ζ 为

$$\zeta=\frac{\sigma}{\omega_n} \tag{2-47}$$

注意：在多自由度系统中，ζ 也叫作模态阻尼比或模态阻尼。

将 ζ 代入式（2-46）进一步处理，得到

$$\lambda=-\sigma\pm j\omega_n\sqrt{1-\zeta^2} \tag{2-48}$$

从式（2-48）中可以看出，根据阻尼比 ζ 取值范围的不同，方程（2-45）有三种解答形式，对应有阻尼单自由度系统三种不同的振动状态。

1. $\zeta>1$，过阻尼状态

当 $\zeta>1$，即 $\sigma>\omega_n$，将式（2-48）代入式（2-44），得到有阻尼单自由度系统的通解

$$x=\phi_1 e^{(-\sigma+\omega_n\sqrt{\zeta^2-1})t}+\phi_2 e^{(-\sigma-\omega_n\sqrt{\zeta^2-1})t} \tag{2-49}$$

式中，ϕ_1 和 ϕ_2 是由初始条件决定的待定系数。

当系统初始位移为 0，而初始速度不为 0 时，振子位移达到最大值后按照指数衰减。当阻尼增大时，最大位移随之减小，此时系统的状态称为**过阻尼状态**。系统在过阻尼状态下的运动是非周期运动，因为振子达到最大位移后不会再经过平衡位置进行简谐振动，所以过阻尼系统的自由运动不称之为振动。

2. $\zeta=1$，临界阻尼状态

当 $\zeta=1$，即 $\sigma=\omega_n$，则 $\lambda=-\sigma$ 为二重根，对应式（2-44）单自由度系统的通解为

$$x=(\phi_1+\phi_2)e^{-\sigma t} \tag{2-50}$$

式中，ϕ_1 和 ϕ_2 是由初始条件决定的待定系数。

将 $\zeta=1$ 时系统所处的状态称为**临界阻尼状态**。设系统的初始位移 $x=0$，初始速度 $\dot{x}\neq 0$，则系统的运动状态和过阻尼系统的运动状态类似，同样是当振子位移达到最大值后按照指数衰减的非周期运动，所以临界阻尼系统的自由运动也不是振动。

3. $\zeta<1$，欠阻尼状态

定义 $\zeta<1$ 时系统的状态为**欠阻尼状态**。定义**有阻尼单自由度系统自由振动的固有频率**（简称**有阻尼固有频率**）ω_d 为

$$\begin{aligned}\omega_d &= \sqrt{\omega_n^2-\sigma^2} \\ &= \omega_n\sqrt{1-\zeta^2}\end{aligned} \tag{2-51}$$

因为$\zeta<1$，所以有阻尼固有频率ω_d要略小于无阻尼固有频率ω_n。基于式（2-51），λ的解可以表示为

$$\begin{aligned}\lambda &= -\sigma \pm \mathrm{j}\sqrt{\omega_n^2-\sigma^2} \\ &= -\sigma \pm \mathrm{j}\omega_d\end{aligned} \tag{2-52}$$

将式（2-52）代入式（2-44），得到有阻尼单自由度系统自由振动的通解

$$x = \mathrm{e}^{-\sigma t}(\phi_1\mathrm{e}^{\mathrm{j}\omega_d t}+\phi_2\mathrm{e}^{-\mathrm{j}\omega_d t}) \tag{2-53}$$

根据欧拉公式，将式（2-53）变换为三角函数形式

$$x = \mathrm{e}^{-\sigma t}(\phi_3\cos\omega_d t+\phi_4\sin\omega_d t) \tag{2-54}$$

进一步整理式（2-54），得到系统的响应

$$x = X\mathrm{e}^{-\sigma t}\sin(\omega_d t+\alpha) \tag{2-55}$$

将系统的初始条件设为

$$t=0 \tag{2-56}$$

$$x=x_0 \tag{2-57}$$

$$\dot{x}=\dot{x}_0 \tag{2-58}$$

将式（2-56）~式（2-58）代入式（2-55），解得欠阻尼状态下系统的幅值待定系数X和初相位待定系数α

$$X=\sqrt{x_0^2+\left(\frac{\dot{x}_0+\zeta\omega_n x_0}{\omega_d}\right)^2} \tag{2-59}$$

$$\alpha = \arctan\frac{\omega_d x_0}{\dot{x}_0+\zeta\omega_n x_0} \tag{2-60}$$

欠阻尼状态下系统的运动状态是系统振幅以$X\mathrm{e}^{-\sigma t}$为边界的衰减振动，其衰减程度只与衰减系数σ相关，所以衰减系数σ也是表征系统阻尼大小的参数之一。

本节为了描述阻尼对单自由度系统运动的影响，分别讨论了三种不同的阻尼状态，分别是：

- $\zeta>1$，过阻尼状态。如果系统有初始扰动，那么系统响应会在达到最大值后缓慢衰减为0，此时系统的自由运动不是振动。
- $\zeta=1$，临界阻尼状态。与过阻尼状态类似，系统的自由运动也不是振动。
- $\zeta<1$，欠阻尼状态。如果对系统进行扰动，那么系统会产生振幅随时间衰减的自由振动。在这三种不同的阻尼状态下系统的响应如图2-2所示。

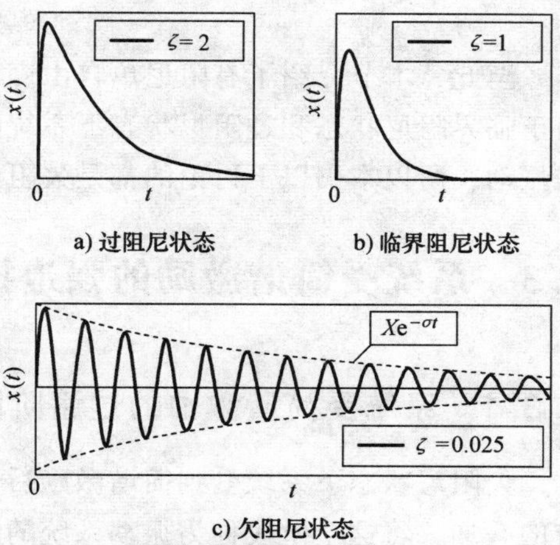

图2-2　不同阻尼状态下系统的响应

由式（2-55）可以知道，欠阻尼系统的运动

是振幅随时间逐渐衰减的准周期振动，振动的周期 T_d 为

$$\begin{aligned} T_d &= \frac{2\pi}{\omega_d} \\ &= \frac{2\pi}{\omega_n\sqrt{1-\zeta^2}} \end{aligned} \tag{2-61}$$

由式（2-61）可知，有阻尼系统的振动周期不但和系统的无阻尼固有频率有关，而且还受阻尼比 ζ 的影响。引入减幅系数 θ 描述有阻尼系统振幅的衰减程度。定义减幅系数为响应波形相邻两个振幅 X_i 和 X_{i+1} 的比值，即

$$\begin{aligned} \theta &= \frac{X_i}{X_{i+1}} \\ &= \frac{X\mathrm{e}^{-\sigma t_i}}{X\mathrm{e}^{-\sigma(t_i+T_d)}} \\ &= \mathrm{e}^{\sigma T_d} \end{aligned} \tag{2-62}$$

因为在实际工程中使用式（2-62）计算系统减幅系数并不方便，所以对减幅系数取对数，将减幅系数的对数计算结果定义为对数衰减率 θ

$$\begin{aligned} \theta &= \ln\frac{X_i}{X_{i+1}} \\ &= \sigma T_d \end{aligned} \tag{2-63}$$

因为 $\sigma=\zeta\omega_d$，所以得到对数衰减率 θ 的表达式为

$$\theta=\frac{2\pi\zeta}{\sqrt{1-\zeta^2}} \tag{2-64}$$

因为工程中系统的阻尼比 ζ 较小，ζ^2 可以忽略不计，所以可以将对数衰减率 θ 简化为

$$\theta\approx 2\pi\zeta \tag{2-65}$$

此外，工程中还经常使用品质因数 Q 描述系统阻尼的大小，品质因数的表达式为

$$Q=\frac{1}{2\zeta} \tag{2-66}$$

至此，本节介绍了有阻尼单自由度系统的衰减系数 σ、有阻尼固有频率 ω_d 和阻尼比 ζ。由于临界阻尼状态和过阻尼状态下系统的响应会迅速衰减，这两种状态下系统的自由运动不是振动，所以本书以下讨论的都是欠阻尼状态下的系统。

2.3 系统受简谐激励的强迫振动

2.3.1 系统受简谐激励的过渡阶段

欠阻尼状态下系统受到简谐激励后，在最初一段时间内系统的响应是瞬态响应和稳态响应的叠加，将这个阶段称为振动系统的**过渡阶段**。下面首先考虑给定初始条件的系统响应，设受简谐激励的系统的运动微分方程为

$$m\ddot{x}+c\dot{x}+kx=f \tag{2-67}$$

式中，f 是简谐激励，其表达式为

$$f=F\sin\omega t$$

式中，F 是简谐激励的幅值。

设 $\sigma=c/2m$，$\omega_n^2=k/m$，并将其代入方程（2-67），得

$$\ddot{x}+2\sigma\dot{x}+\omega_n^2x=\frac{F}{m}\sin\omega t \tag{2-68}$$

方程（2-68）的解可以表示为

$$x=x_1+x_2 \tag{2-69}$$

式中，x_1 是方程（2-68）对应齐次方程 $\ddot{x}+2\sigma\dot{x}+\omega_n^2x=0$ 的通解。

x_1 的表达式为

$$x_1=e^{-\sigma t}(C_1\cos\omega_d t+C_2\sin\omega_d t) \tag{2-70}$$

式中，$\omega_d=\sqrt{\omega_n^2-\sigma^2}$

x_2 为方程（2-68）的特解，设其形式为

$$x_2=X\sin(\omega t-\alpha) \tag{2-71}$$

将式（2-71）代入方程（2-68），可以解得

$$X=\frac{F/m}{\sqrt{(\omega_n^2-\omega^2)^2+(2\sigma\omega)^2}} \tag{2-72}$$

$$\alpha=\arctan\frac{2\sigma\omega}{\omega_n^2-\omega^2} \tag{2-73}$$

根据式（2-69）~式（2-73），方程（2-68）的解可以写为

$$x=e^{-\sigma t}\left(x_0\cos\omega_d t+\frac{\dot{x}_0+\sigma x_0}{\omega_d}\sin\omega_d t\right)+$$
$$Xe^{-\sigma t}\left(\sin\alpha\cos\omega_d t+\frac{\sigma\sin\alpha-\omega\cos\alpha}{\omega_d}\sin\omega_d t\right)+X\sin(\omega t-\alpha) \tag{2-74}$$

式（2-74）就是单自由度系统在简谐激励 $f=F\sin\omega t$ 作用下的位移响应，其中，位移响应 x 包含三项内容：第一项为无激励时系统的自由振动；第二项是伴随激励产生的系统自由振动，称为自由伴随振动；第三项为系统的稳态振动。

当系统的初始条件为 $x(0)=x_0$，$\dot{x}(0)=\dot{x}_0$，且激励频率 $\omega\ll\omega_d$ 时，过渡阶段系统的位移响应曲线如图 2-3 所示。从图中可知，过渡阶段系统的位移响应为多个响应的合成，但是经过足够长的时间后，由初始条件引起的自由振动以及自由伴随振动都会衰减为 0，系统响应只剩下由简谐激励引起的稳态响应。

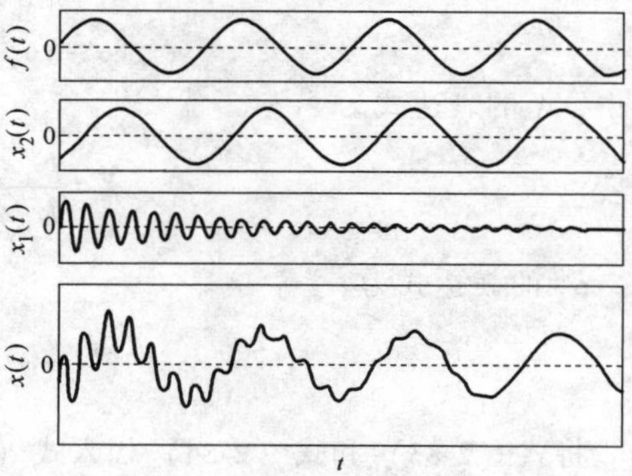

图 2-3 过渡阶段系统的位移响应曲线

2.3.2 系统受简谐激励的稳态响应

本节讨论系统受简谐激励的稳态响应。设单自由度系统的激励为

$$f=F\mathrm{e}^{\mathrm{j}\omega t} \tag{2-75}$$

式中，F 是激励的幅值。

将系统的位移响应设为

$$x=\widetilde{X}\mathrm{e}^{\mathrm{j}\omega t} \tag{2-76}$$

式中，$\widetilde{X}$ 是包含幅值和相位信息的复数。

将式（2-75）和式（2-76）代入方程（2-10），将方程两边同时除以 $\mathrm{e}^{\mathrm{j}\omega t}$，可以得到

$$\frac{\widetilde{X}}{F}=\frac{1}{-m\omega^2+\mathrm{j}c\omega+k} \tag{2-77}$$

定义频率比 μ 为

$$\mu=\frac{\omega}{\omega_n} \tag{2-78}$$

引入系统响应的衰减系数 σ、无阻尼固有频率 ω_n 和阻尼比 ζ

$$\sigma=\frac{c}{2m} \tag{2-79}$$

$$\omega_n^2=\frac{k}{m} \tag{2-80}$$

$$\zeta=\frac{\sigma}{\omega_n} \tag{2-81}$$

可以将复数位移 $\widetilde{X}$ 表示为

$$\begin{aligned}\widetilde{X}&=\frac{F}{m}\frac{1}{-\omega^2+2\mathrm{j}\sigma\omega+\omega_n^2}\\&=\frac{F}{k}\frac{1}{-\mu^2+2\mathrm{j}\zeta\mu+1}\\&=\frac{F}{k}\frac{\mathrm{e}^{-\mathrm{j}\alpha_x}}{\sqrt{(1-\mu^2)^2+(2\zeta\mu)^2}}\\&=X\mathrm{e}^{-\mathrm{j}\alpha_x}\end{aligned} \tag{2-82}$$

其中，X 的表达式为

$$X=\frac{F}{k}\frac{1}{\sqrt{(1-\mu^2)^2+(2\zeta\mu)^2}} \tag{2-83}$$

α_x 的表达式为

$$\alpha_x=\arctan\frac{2\zeta\mu}{1-\mu^2} \tag{2-84}$$

将式（2-83）和式（2-84）代入式（2-76），得到系统位移响应的表达式

$$x=X\mathrm{e}^{\mathrm{j}(\omega t-\alpha_x)} \tag{2-85}$$

定义 X 为系统位移响应的**振幅**，α_x 为系统激励和位移响应之间的**相位差**，简称为**相位**。请注意，**相位是一个相对量，必须有参考相位**。比如以激励作为参考，响应的相位才有意义。设 $X_0=F/k$，并定义 γ_x 为**放大因子**，表达式为

$$\gamma_x=\frac{X}{X_0} \tag{2-86}$$

根据放大因子 γ_x 的定义，将振幅（2-83）进行无量纲化，即

$$\gamma_x=\frac{1}{\sqrt{(1-\mu^2)^2+(2\zeta\mu)^2}} \tag{2-87}$$

根据式（2-87）和式（2-84），可以得到反映系统位移响应随频率变化的幅频特性曲线和相频特性曲线，分别如图 2-4 和图 2-5 所示。

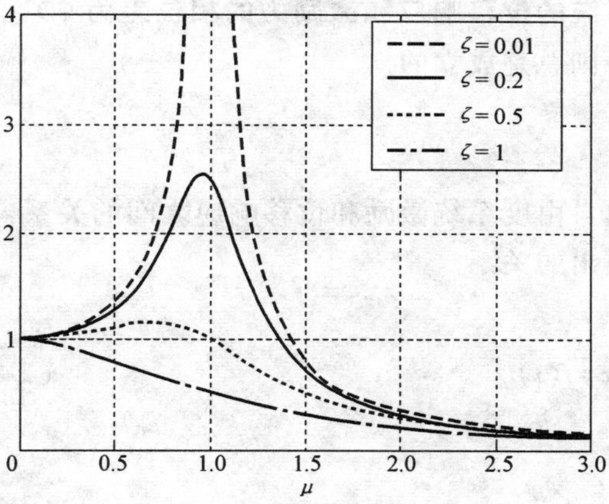

图 2-4　幅频特性曲线

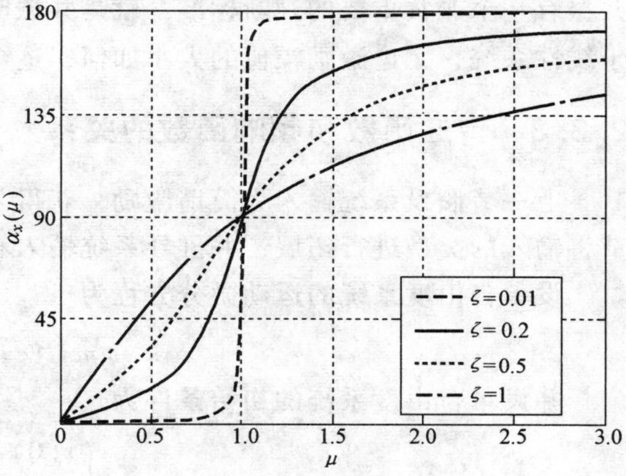

图 2-5　相频特性曲线

从图 2-4 中可以看出：

1）阻尼比 ζ 越小，位移响应的峰值就越大。当位移响应的峰值超过系统的极限时，系统就会发生破坏。共振时系统的响应变大也是最直观的共振表现。

2）随着阻尼比 ζ 的不断增大，幅频曲线在固有频率附近的位移响应峰值不断降低，所以增加阻尼是降低幅频曲线峰值的有效方法。

3）$\zeta=0.2$ 和 $\zeta=0.5$ 对应的幅频曲线，其峰值对应的频率比 μ 都小于 1。也就是说，位移响应幅频特性曲线的峰值对应的频率 ω_x 比无阻尼固有频率 ω_n 要稍小，而且该峰值对应的频率 ω_x 不是有阻尼固有频率 ω_d。

4）当频率比 μ 趋近于 0 时，无论阻尼比 ζ 为多少，系统的放大因子 γ_x 均为 1，即系统位移响应的振幅 X 和静位移 X_0 相等。此时系统阻尼的作用可以忽略不计，可以按照无阻尼系统考虑系统的响应。

5）当频率比 μ 趋于$+\infty$ 时，系统位移响应趋近于 0，原因是激励的频率太高，激励的方向变化太快。由于系统质量的惯性作用，导致位移反应速度慢，位移响应无法与激励相匹配，所以系统在高频段的位移响应幅值都比较低。在模态试验中不建议使用位移响应测试系统的中高频动力学特性。

从图 2-5 中可以看出：

1）当频率比 μ 趋于$+\infty$ 时，无论阻尼比 ζ 为何值，系统的位移响应和激励之间的相位

差 α_x 都趋近于 180°。这就是说，在外界载荷激励系统的同时，系统的弹性元件会储存激励的能量，然后向激励的反方向释放能量。激励和弹性力的相位相反，施力方向相反。

2）当频率比 μ 接近于 1 时，位移响应和激励的相位差 α_x 会从 0°突变到 180°，这种相位突变叫作**反相**。阻尼比 ζ 越低，这种反相现象越明显。

3）无论阻尼比 ζ 为何值，当频率比 $\mu=1$ 时，位移响应和激励的相位差 $\alpha_x=90°$。相位差 α_x 在工程中的作用非常大，但是经常会被忽视。在实际工程中，位移响应幅值经常是系统发生共振破坏的直接表征。但是只通过位移响应幅值的大小来判断系统是否发生共振并不充分。在实际工程中，振动系统的输入和输出大多满足线性关系，施加在系统上的激励幅值越大，位移响应的幅值就越大。如果输入的激励幅值较小，那么位移响应的幅值也较小。所以根据系统位移响应的幅值来判断系统是否发生共振是一个相对的标准。判断系统是否发生共振有一个非常重要的判断标准，就是**共振时系统的位移响应和激励力的相位差为 90°**。对于线性系统，无论激励幅值的大小如何，这个原则总是成立的。

2.3.3 传递函数和频响函数的关系

上一节假设系统输入为简谐激励，获得了单自由度系统激励和位移响应之间的关系，本节将输入的类型进行拓展，并推导系统输入和输出的关系。

设单自由度系统的运动微分方程为

$$m\ddot{x}+c\dot{x}+kx=f(t) \tag{2-88}$$

并设单自由度系统的初始条件为

$$\begin{cases} x(0)=0 \\ \dot{x}(0)=0 \end{cases} \tag{2-89}$$

对系统激励做拉普拉斯变换，得到拉氏域的输入

$$\mathscr{L}[f(t)]=F(s) \tag{2-90}$$

对位移响应做拉普拉斯变换，得到拉氏域的输出

$$\mathscr{L}[x(t)]=X(s) \tag{2-91}$$

系统在拉氏域的速度和加速度响应分别为

$$\mathscr{L}[\dot{x}(t)]=sX(s) \tag{2-92}$$

$$\mathscr{L}[\ddot{x}(t)]=s^2X(s) \tag{2-93}$$

将运动微分方程（2-88）做拉普拉斯变换，得到

$$(ms^2+cs+k)X(s)=F(s) \tag{2-94}$$

定义**机械阻抗** $Z_x(s)$ 为

$$Z_x(s)=ms^2+cs+k \tag{2-95}$$

则方程（2-94）可以表示为

$$Z_x(s)X(s)=F(s) \tag{2-96}$$

式（2-95）中机械阻抗为位移阻抗，此外还有速度阻抗 $Z_v(s)$ 和加速度阻抗 $Z_a(s)$。在工程中，位移阻抗又称为动刚度，速度阻抗也称为阻抗，加速度阻抗称为视在质量。

定义**机械导纳** $H_x(s)$ 为

$$H_x(s)=\frac{1}{ms^2+cs+k} \tag{2-97}$$

对比机械阻抗式（2-95）和机械导纳式（2-97）可知，机械导纳 $H_x(s)$ 与机械阻抗 $Z_x(s)$ 互为倒数。将机械导纳式（2-97）代入方程（2-94），得到系统输出和输入的关系

$$X(s)=H_x(s)F(s) \tag{2-98}$$

所以机械导纳可以表示为

$$H_x(s)=\frac{X(s)}{F(s)} \tag{2-99}$$

定义式（2-99）中的机械导纳 $H_x(s)$ 为系统的**传递函数**，其定义是，在零初始条件下，线性系统输出的拉普拉斯变换与输入的拉普拉斯变换之比。

当初始条件不为0时，方程（2-88）变为包含初始条件的运动微分方程，见图2-3，因为系统有阻尼，所以由初始条件引起的自由振动很快会衰减为0，经过足够长的时间后，系统的输出只存在和激励频率相同的稳态响应，所以即使系统的初始条件不为0，系统稳态响应的传递函数形式也不会变化。

当拉氏域的自变量 $s=\mathrm{j}\omega$ 时，传递函数退化为

$$\begin{aligned}H_x(\omega)&=H_x(s)\big|_{s=\mathrm{j}\omega}\\&=\frac{X(\omega)}{F(\omega)}\\&=\frac{1}{-m\omega^2+\mathrm{j}c\omega+k}\end{aligned} \tag{2-100}$$

式（2-100）中的 $H_x(\omega)$ 就是振动系统的**频率响应函数**，简称**频响函数**。振动系统频响函数的定义是，当线性振动系统受任意周期激励时，输出的傅里叶变换和输入的傅里叶变换之比。因为拉普拉斯变换和傅里叶变换并不局限于简谐振动，所以式（2-99）和式（2-100）对一般周期振动同样适用。

2.4　系统受其他激励的强迫振动

2.4.1　系统受周期激励的响应

在实际工程中，系统的输入类型除简谐激励外，还有非简谐激励。本节主要讨论在周期激励下的系统响应。

1. 两个简谐振动的叠加

如果将频率很接近的两个简谐振动进行叠加，会出现“拍击”（Beating）的现象。

假设频率接近的两个简谐振动的表达式为

$$x_1(t)=X_1\sin(\omega_1 t+\alpha_1) \tag{2-101}$$

$$x_2(t)=X_2\sin(\omega_2 t+\alpha_2) \tag{2-102}$$

令 $x(t)$ 为 $x_1(t)$ 和 $x_2(t)$ 的叠加

$$
\begin{aligned}
x(t) &= x_1(t)+x_2(t) \\
&= \frac{X_1+X_2}{2}[\sin(\omega_1 t+\alpha_1)+\sin(\omega_2 t+\alpha_2)]+ \\
&\quad \frac{X_1-X_2}{2}[\sin(\omega_1 t+\alpha_1)-\sin(\omega_2 t+\alpha_2)]
\end{aligned} \tag{2-103}
$$

假设振幅 X_1 和 X_2 的数值相同，则式（2-103）可以写为

$$
x(t)=(X_1+X_2)\sin\left[\frac{(\omega_1+\omega_2)t}{2}+\frac{\alpha_1+\alpha_2}{2}\right]\cos\left[\frac{(\omega_1-\omega_2)t}{2}+\frac{\alpha_1-\alpha_2}{2}\right] \tag{2-104}
$$

由此可见，式（2-104）对应的振动形式是频率等于 $(\omega_1+\omega_2)/2$ 的变幅振动，振幅在区间 $[0,\ X_1+X_2]$ 内发生周期性变化。

拍击振动的幅值包络线 $X(t)$ 的表达式为

$$
X(t)=(X_1+X_2)\cos\left[\frac{(\omega_1-\omega_2)t}{2}+\frac{\alpha_1-\alpha_2}{2}\right] \tag{2-105}
$$

拍击振动的时域波形如图 2-6 所示，其中，$x_1(t)$ 和 $x_2(t)$ 为简谐振动，$x(t)$ 为 $x_1(t)$ 和 $x_2(t)$ 叠加后的拍击振动。直升机在运行时桨叶旋转引起的周期性声音变化就是典型的拍击现象。

2. 谐波分析

将满足狄利克雷条件的周期振动 $f(t)$ 表示为

$$
f(t)=f(t+nT) \tag{2-106}
$$

式中，t 是时间，单位为 s；T 是振动的周期，单位为 s；常数 n 为整数。

根据傅里叶级数，可以将式（2-106）展开为

$$
f(t)=\frac{a_0}{2}+\sum_{i=1}^{\infty}[a_i\cos i\omega t+b_i\sin i\omega t] \tag{2-107}
$$

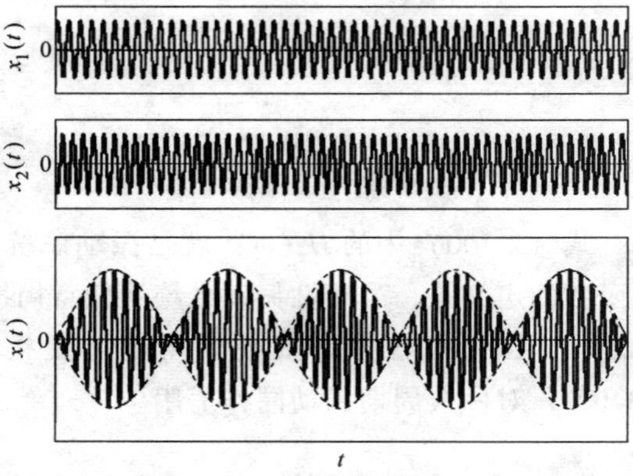

图 2-6 拍击振动的时域波形

式中，$\omega=2\pi/T$ 称为振动的基频，单位为 rad/s。

式（2-107）中的参数 a_0、a_i 和 b_i 的表达式分别为

$$
a_0=\frac{2}{T}\int_{\tau}^{\tau+T}f(t)\,\mathrm{d}t \tag{2-108}
$$

$$
a_i=\frac{2}{T}\int_{\tau}^{\tau+T}f(t)\cos i\omega t\mathrm{d}t \tag{2-109}
$$

$$
b_i=\frac{2}{T}\int_{\tau}^{\tau+T}f(t)\sin i\omega t\mathrm{d}t \tag{2-110}
$$

设参数 c_i 和 ϕ_i 为

$$c_i = \sqrt{a_i^2 + b_i^2} \tag{2-111}$$

$$\varphi_i = \arctan \frac{a_i}{b_i} \tag{2-112}$$

则式（2-107）可以表示为

$$f(t) = \frac{a_0}{2} + \sum_{i=1}^{\infty} c_i \sin(i\omega t + \varphi_i) \tag{2-113}$$

式中，$\frac{a_0}{2}$是周期振动$f(t)$的平均值。级数的每一项都是简谐振动。

这种利用傅里叶级数展开分析周期振动的方法叫作**谐波分析**。

3. 周期振动展开

以方波为例介绍周期振动的傅里叶级数展开方法。如图 2-7 所示，方波的表达式为

$$f(t) = \begin{cases} F, & t \in (0, T/2) \\ -F, & t \in (T/2, T) \end{cases} \tag{2-114}$$

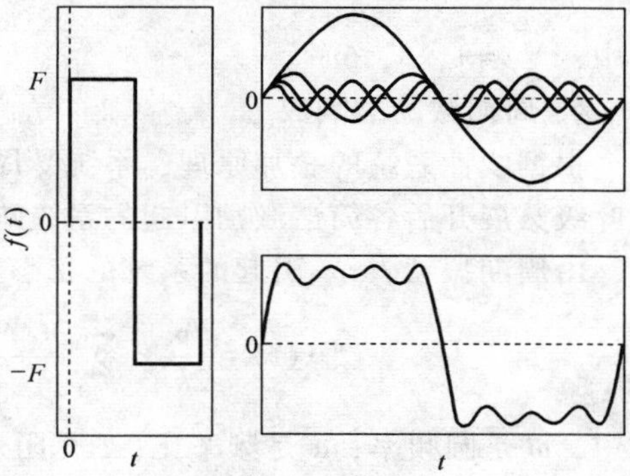

图 2-7 方波谐波

因为在一个周期内，方波的积分为 0，有

$$\int_0^T f(t)\,\mathrm{d}t = 0 \tag{2-115}$$

所以式（2-108）中的 a_0 为

$$a_0 = \frac{2}{T}\int_0^T f(t)\,\mathrm{d}t = 0 \tag{2-116}$$

在一个周期内，$f(t)$ 关于 $t=T/2$ 反对称，$\cos i\omega t$ 关于 $t=T/2$ 对称，所以

$$\begin{aligned} a_i &= \frac{2}{T}\int_0^T f(t)\cos i\omega t\,\mathrm{d}t \\ &= \frac{2}{T}\left(\int_0^{T/2} f(t)\cos i\omega t\,\mathrm{d}t - \int_{T/2}^{T} f(t)\cos i\omega t\,\mathrm{d}t\right) \\ &= 0 \end{aligned} \tag{2-117}$$

式（2-110）中的 b_i 表达式为

$$\begin{aligned} b_i &= \frac{2}{T}\int_0^T f(t)\sin i\omega t\,\mathrm{d}t \\ &= -\frac{F}{i\pi}\left(\cos\frac{2i\pi t}{T}\bigg|_0^{T/2} - \cos\frac{2i\pi t}{T}\bigg|_{T/2}^{T}\right) \end{aligned} \tag{2-118}$$

由方波的定义可知：

- 在半周期内，即 $t \in (0,\ T/2)$ 时，$f(t)$ 关于 $t=T/4$ 对称。
- 当 i 为偶数时，$\sin i\omega t$ 关于 $T/4$ 反对称。

- 当 $t\in(T/2,\ T)$ 时，$f(t)$ 关于 $t=3T/4$ 对称。
- 当 i 为偶数时，$\sin i\omega t$ 关于 $t=3T/4$ 反对称。

所以 b_i 可以表示为

$$b_i=\begin{cases}4F/i\pi & ,\quad i=1,3,5\cdots\\ 0 & ,\quad i=0,2,4\cdots\end{cases} \tag{2-119}$$

根据式（2-116）~式（2-119）可知方波的傅里叶级数展开为

$$\begin{aligned}f(t)&=\sum_{i=1}^{+\infty}b_i\sin i\omega t\\ &=\frac{4F}{\pi}\sum_{i=1}^{+\infty}\frac{1}{i}\sin\frac{2i\pi t}{T}\end{aligned} \tag{2-120}$$

式中，$\forall i=1,\ 3,\ 5\cdots$。

4. 周期激励的响应

根据线性系统的叠加原理，系统受周期振动 $f(t)$ 激励的响应等于将周期振动 $f(t)$ 做傅里叶级数展开后各简谐激励引起的系统响应的和。所以在单自由度的运动微分方程（2-10）中，由周期振动 $f(t)$ 引起的系统的稳态响应可以表示为

$$x(t)=\frac{a_0}{2k}+\sum_{i=1}^{+\infty}\frac{a_i\cos(i\omega t-\alpha_i)+b_i\sin(i\omega t-\alpha_i)}{k\sqrt{(1-i^2\mu^2)^2+(2i\zeta\mu)^2}} \tag{2-121}$$

式中，ω 是圆频率；μ 是频率比；ζ 是阻尼比；α_i 是相位。各参数的表达式分别为

$$\omega=\frac{2\pi}{T}$$

$$\mu=\frac{\omega}{\omega_n}$$

$$\omega_n=\sqrt{\frac{k}{m}}$$

$$\zeta=\frac{c}{2m\omega_n}$$

$$\alpha_i=\arctan\frac{2i\zeta\mu}{1-i^2\mu^2}$$

其中，ω_n 是固有频率。

由此可见，可以基于傅里叶级数将任一周期的激励进行展开，原周期的激励可以分解为一系列简谐激励的叠加。展开后，每一个简谐激励引起的系统的稳态响应都可以根据位移响应公式（2-74）进行求解。

2.4.2 系统受脉冲激励的响应

1. 脉冲响应

为了描述脉冲激励，引入**单位脉冲函数**。单位脉冲函数 $\delta(t-\tau)$ 的定义为

$$\delta(t-\tau)=\begin{cases}+\infty & ,\quad t=\tau\\ 0 & ,\quad t\neq\tau\end{cases} \tag{2-122}$$

单位脉冲函数 $\delta(t-\tau)$ 是脉冲宽度 ε 为无限小的广义函数，即

$$\delta(t-\tau)=\lim_{\varepsilon\to 0}\delta_{\varepsilon}(t-\tau) \tag{2-123}$$

其中，$\delta_{\varepsilon}(t-\tau)$ 的表达式为

$$\delta_{\varepsilon}(t-\tau)=\begin{cases}\varepsilon^{-1}, & t\in[\tau,\tau+\varepsilon]\\ 0, & t\notin[\tau,\tau+\varepsilon]\end{cases} \tag{2-124}$$

函数 $\delta(t-\tau)$ 是包络面积为1的脉冲，其积分表达式为

$$\int_{-\infty}^{+\infty}\delta(t-\tau)\,\mathrm{d}t=1 \tag{2-125}$$

定义参数 $\mu\in(0,1)$，则当 $f(t)$ 为连续函数时

$$\begin{aligned}\int_{-\infty}^{+\infty}f(t)\delta(t-\tau)\,\mathrm{d}t&=\int_{-\infty}^{+\infty}f(t)\lim_{\varepsilon\to 0}\delta_{\varepsilon}(t-\tau)\,\mathrm{d}t\\&=\lim_{\varepsilon\to 0}\frac{1}{\varepsilon}\int_{\tau}^{\tau+\varepsilon}f(t)\,\mathrm{d}t\\&=\lim_{\varepsilon\to 0}\frac{1}{\varepsilon}f(\tau+\mu\varepsilon)\varepsilon\\&=f(\tau)\end{aligned} \tag{2-126}$$

假设 $\varepsilon=0$，则当系统受单位脉冲 $\delta(t)$ 的激励时，系统的运动微分方程可以写为

$$m\ddot{x}+c\dot{x}+kx=\delta(t) \tag{2-127}$$

在系统受到单位脉冲激励之前，系统的初始条件为

$$x(0^-)=0 \tag{2-128}$$

$$\dot{x}(0^-)=0 \tag{2-129}$$

基于动量定理可知

$$\delta(t)\,\mathrm{d}t=m\mathrm{d}\dot{x} \tag{2-130}$$

将式（2-130）两端对时间 t 积分

$$\int_{0^-}^{0^+}\delta(t)\,\mathrm{d}t=\int_{0^-}^{0^+}m\ddot{x}\,\mathrm{d}t \tag{2-131}$$

可得

$$1=m\dot{x}(0^+)-m\dot{x}(0^-) \tag{2-132}$$

因为初始条件 $\dot{x}(0^-)=0$，所以根据式（2-132），解得

$$\dot{x}(0^+)=\frac{1}{m} \tag{2-133}$$

因为单位脉冲函数 $\delta(t)$ 只作用在 $t=0$ 时刻，当 $t>0$ 时脉冲激励已经结束，所以系统可以等效为 $t>0$ 的自由振动。

系统自由振动的运动微分方程可以表示为

$$m\ddot{x}+c\dot{x}+kx=0 \tag{2-134}$$

因为脉冲时间极短，位移没有足够的位移响应时间，所以系统的初始条件为

$$x(0^+)=0 \tag{2-135}$$

$$\dot{x}(0^+)=\frac{1}{m} \tag{2-136}$$

根据有阻尼系统自由振动的位移响应表达式（2-55），受单位脉冲激励的系统响应 $h(t)$ 为

$$h(t)=\frac{e^{-\sigma t}}{m\omega_d}\sin\omega_d t \tag{2-137}$$

式中，σ 是衰减系数；ω_d 是有阻尼固有频率。

图 2-8 所示是脉冲激励 $\delta(t)$ 的时域波形和系统受脉冲激励后响应 $h(t)$ 的波形。定义 $h(t)$ 为**脉冲响应函数**。从图中可以看出，脉冲响应函数和给定初始条件系统自由振动的波形相同，均为按照系统有阻尼固有频率进行的自由衰减振动。

2. 阶跃响应

除单位脉冲外，还有一种类似脉冲的阶跃激励，它是指突然施加在系统上的常力，其引起的系统响应被称为阶跃响应，如图 2-9 所示的 $f(t)$ 和 $x(t)$。

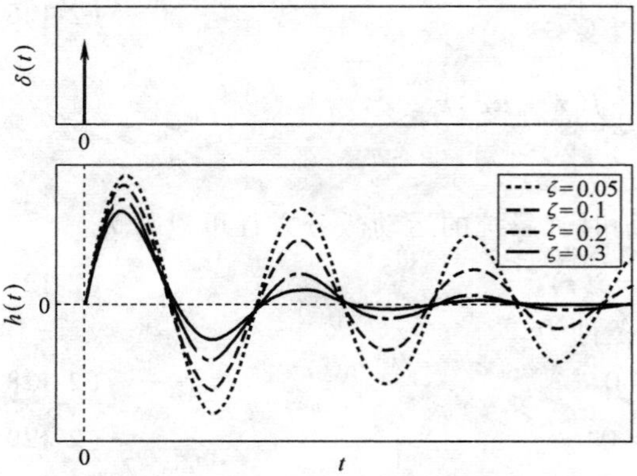

图 2-8　脉冲激励和脉冲响应波形

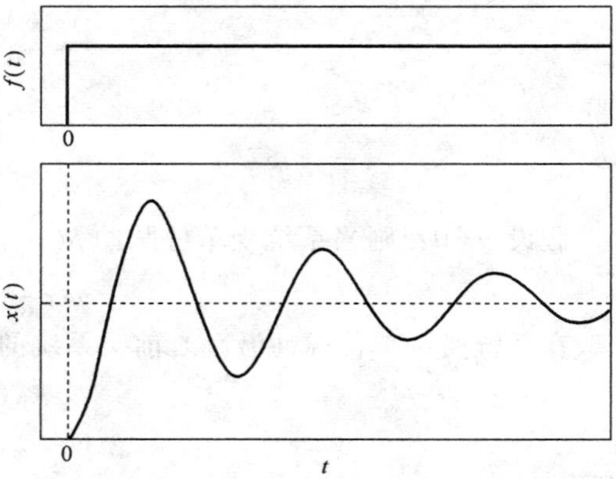

图 2-9　阶跃激励和响应

系统受单位阶跃激励 $f(t)$ 的运动微分方程为

$$m\ddot{x}+c\dot{x}+kx=f(t) \tag{2-138}$$

其中，系统位移 $x(t)$ 和速度 $\dot{x}(t)$ 的初始条件分别为

$$x(0)=0 \tag{2-139}$$

$$\dot{x}(0)=0 \tag{2-140}$$

单位阶跃激励 $f(t)$ 的表达式为

$$f(t)=\begin{cases}0\ , & t<0\\ 1\ , & t\geqslant 0\end{cases} \tag{2-141}$$

建立新坐标 $x_1=x-1/k$。将新坐标代入方程（2-138）中，得到坐标变换后的系统运动微分方程

$$m\ddot{x}_1+c\dot{x}_1+kx_1=0 \tag{2-142}$$

新坐标下系统的位移和速度的初始条件则变为

$$x_1(0)=-\frac{1}{k} \tag{2-143}$$

$$\dot{x}_1(0)=0 \tag{2-144}$$

所以，系统受阶跃激励的振动就变换为初始位移不为 0 的自由振动，运动微分方程（2-138）的解就可以表示为

$$\begin{aligned} x(t) &= x_1(t)+\frac{1}{k} \\ &= \frac{1}{k}\left[1-\frac{e^{-\sigma t}}{\sqrt{1-\zeta^2}}\cos(\omega_d t-\alpha)\right] \end{aligned} \tag{2-145}$$

式中，相位 $\alpha=\arctan\left(\zeta/\sqrt{1-\zeta^2}\right)$。

2.4.3 系统受任意激励的响应

在推导系统受任意激励的响应之前，引入杜哈梅（Duhamel）积分的概念。如图 2-10 所示，当系统的初始条件为零时，可以将任意激励 $f(t)$ 等效成一系列脉冲的叠加。在任意时刻 $t=\tau$ 的脉冲冲量 $I(\tau)$ 为

$$I(\tau)=f(\tau)\,\mathrm{d}\tau \tag{2-146}$$

由 $t=\tau$ 时刻脉冲引起的系统响应 $\mathrm{d}x$ 为

$$\mathrm{d}x=f(t)h(t-\tau)\,\mathrm{d}\tau \tag{2-147}$$

式中，$h(t-\tau)$ 是脉冲响应函数。

根据线性叠加原理，系统受任意激励 $f(t)$ 的响应 $x(t)$ 等于系统在时间 $[0,\ t]$ 内所有脉冲响应和激励的总和

$$x(t)=\int_0^t f(t)h(t-\tau)\,\mathrm{d}\tau \tag{2-148}$$

式（2-148）中的积分被称为**杜哈梅积分**。

根据杜哈梅积分可以得出结论：线性系统受任意激励的响应是该激励和等效脉冲响应的卷积。根据卷积的性质，式（2-148）又可以写为

$$x(t)=\int_0^t f(t-\tau)h(t)\,\mathrm{d}\tau \tag{2-149}$$

如果在 $t=0$ 时系统有初始位移 $x(0)=x_0$ 和初始速度 $\dot{x}(0)=\dot{x}_0$，那么系统受任意激励 $f(t)$ 的响应 $x(t)$ 可以表示为

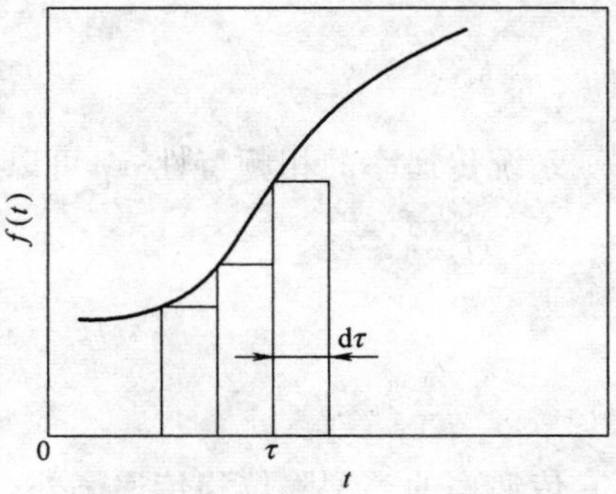

图 2-10 任意激励

$$\begin{aligned} x(t) &= e^{-\sigma t}\left(x_0\cos\omega_d t+\frac{\dot{x}_0+\sigma x_0}{\omega_d}\sin\omega_d t\right)+ \\ &\quad \frac{1}{m\omega_d}\int_0^t f(t)e^{-\sigma(t-\tau)}\sin\omega_d(t-\tau)\,\mathrm{d}\tau \end{aligned} \tag{2-150}$$

基于脉冲响应函数 $h(t)$，式（2-150）也可以表示为

$$x(t)=m(\dot{x}_0+2\sigma x_0)h(t)+mx_0\dot{h}(t)+\int_0^t f(\tau)h(t-\tau)\,\mathrm{d}\tau \tag{2-151}$$

由于杜哈梅积分是系统在零初始条件下的响应，所以当输入为简谐激励时，杜哈梅积分可以分为自由伴随振动和稳态强迫振动两部分。

2.5 有阻尼系统的隔振

2.5.1 黏性阻尼系统隔振

在振源和被保护结构之间串联隔振系统或隔振装置的方法称为**隔振**。在评价隔振系统的效果时，通常会用到传递率的概念。传递率是指当系统处于稳态受迫振动时，系统的响应幅值与同量纲激励幅值之比。

图 2-11 所示为单自由度隔振模型，假设模型的基础位移为 $y(t)$，那么图中单自由度系统的运动微分方程可以写为

$$m\ddot{x}+c\dot{x}+kx=c\dot{y}+ky \tag{2-152}$$

将振子位移 $x(t)$ 和基础位移 $y(t)$ 分别设为

$$x(t)=Xe^{j(\omega t-\alpha)} \tag{2-153}$$

$$y(t)=Ye^{j\omega t} \tag{2-154}$$

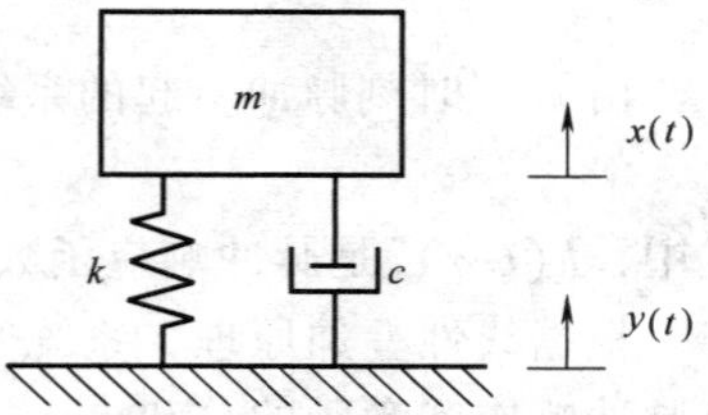

图 2-11 单自由度隔振模型

将式（2-153）和式（2-154）代入方程（2-152），定义系统传递率的幅频特性 T 可以表示为

$$T=\frac{|X|}{|Y|}=\sqrt{\frac{k^2+c^2\omega^2}{(k-m\omega^2)^2+c^2\omega^2}} \tag{2-155}$$

将式（2-155）进行无量纲化，可以得到传递率的幅频特性 T 与阻尼比的关系

$$T=\sqrt{\frac{1+4\zeta^2\mu^2}{(1-\mu^2)^2+4\zeta^2\mu^2}} \tag{2-156}$$

系统传递率的相频特性 α_T 可以表示为

$$\begin{aligned}\alpha_T&=\arctan\frac{mc\omega^3}{k(k-m\omega^2)+c^2\omega^2}\\&=\arctan\frac{2\zeta\mu^3}{1-\mu^2+4\zeta^2\mu^2}\end{aligned} \tag{2-157}$$

传递率的类型除位移传递率外，还有力传递率。当施加激励 $Fe^{j\omega t}$ 在振子上时，系统对基础的作用力 F_T 为弹性力 F_k 和阻尼力 F_c 的合力，表达式为

$$\begin{aligned}F_T&=kx+c\dot{x}\\&=(k+jc\omega)Xe^{j(\omega t-\alpha)}\end{aligned} \tag{2-158}$$

将 X 的表达式（2-83）代入式（2-158），整理得到

$$\frac{|F_T|}{|F|}=\sqrt{\frac{1+4\zeta^2\mu^2}{(1-\mu^2)^2+4\zeta^2\mu^2}} \tag{2-159}$$

对比式（2-159）和式（2-156）可以发现，力传递率和位移传递率的表达式相同，而且传递率的幅值由频率和阻尼比决定。根据传递率的幅频特性和相频特性表达式得到传递率的

幅频特性曲线和相频特性曲线，如图 2-12 和图 2-13 所示。

由图 2-12 所示的传递率的幅频特性曲线可知：

1）当激励的频率为 0 时，系统为刚体平动，基础和系统之间没有相对运动，所以传递率的幅值为 1。

2）当发生共振时，系统的阻尼越大，传递率的峰值越小。

3）无论阻尼比 ζ 为何值，当频率比 $\mu=\sqrt{2}$ 时，传递率的幅值必为 1。

4）当频率比 $\mu>\sqrt{2}$ 时，阻尼越小，传递率的幅值越低，所以对于隔振系统来说，需要知道系统隔振的频带，如果隔振频带大于系统固有频率的 $\sqrt{2}$ 倍，则需要减少隔振系统的阻尼来优化隔振效果。

由图 2-13 所示的传递率的相频特性曲线可知，随系统阻尼的增大，当频率比 $\mu=1$ 时，响应位移和基础位移之间的相位差不再是 90°。

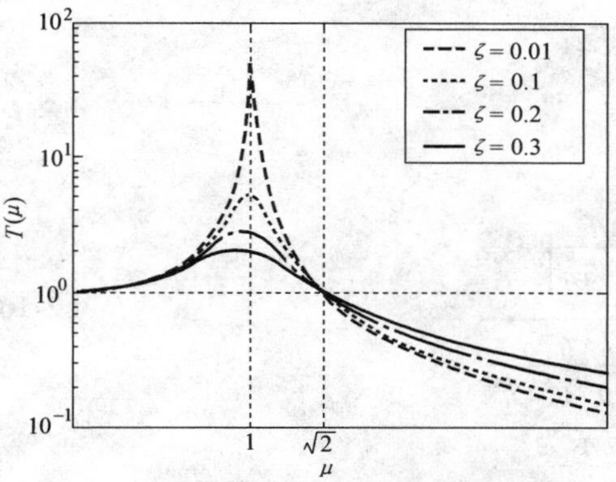

图 2-12 传递率的幅频特性曲线

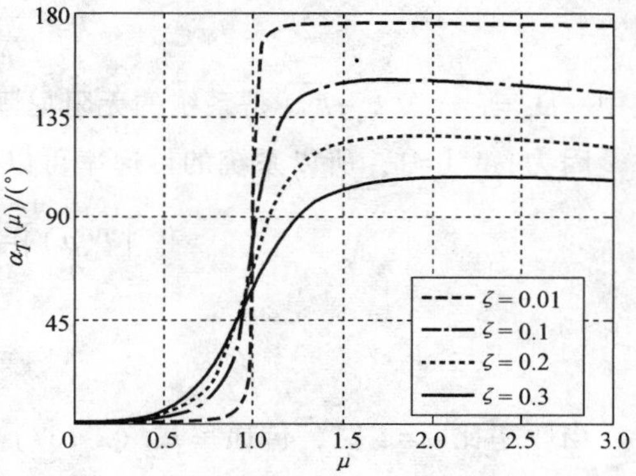

图 2-13 传递率的相频特性曲线

2.5.2 结构阻尼系统隔振

结构阻尼和黏性阻尼的数学模型不同，下面对结构阻尼系统的隔振特性进行介绍。首先考虑最简单的情况，含有结构阻尼的单自由度系统如图 2-14 所示，其中系统的刚度包括弹性单元的刚度和结构阻尼的储能刚度。

建立图 2-14 所示的含有结构阻尼的单自由度系统的运动微分方程

$$m\ddot{x}+[k_u+k_d(1+\mathrm{j}\beta)](x-y)=0 \tag{2-160}$$

式中，m 是振子质量；k_u 是弹性单元刚度；k_d 是结构阻尼的储能刚度；β 是结构阻尼的材料损耗因子；x 是振子位移；y 是基础位移。

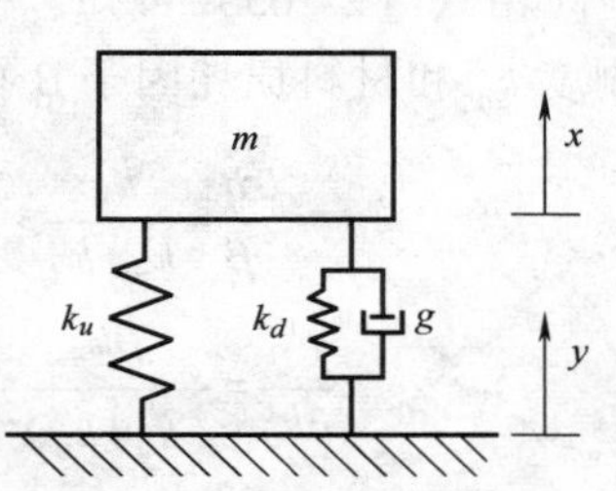

图 2-14 含有结构阻尼的单自由度系统模型

设位移的形式为

$$x=X\mathrm{e}^{\mathrm{j}(\omega t-\alpha)} \tag{2-161}$$

$$y=Y\mathrm{e}^{\mathrm{j}\omega t} \tag{2-162}$$

式中，α 是响应位移 x 和基础位移 y 之间的相位差。

将位移表达式（2-161）和式（2-162）代入方程（2-160），得到从基础到振子的传递率

$$T(\omega)=\frac{[k_u+k_d(1+j\beta)]e^{j\alpha}}{-\omega^2 m+k_u+k_d(1+j\beta)} \tag{2-163}$$

设复数 k 为系统的总刚度，则 k 的表达式为

$$k=k_u+k_d(1+j\beta) \tag{2-164}$$

定义**模态损耗因子 η** 为

$$\eta=\frac{\mathrm{Im}(k)}{\mathrm{Re}(k)}=\frac{\beta k_d}{k_u+k_d} \tag{2-165}$$

式中，$\mathrm{Im}(k)$ 是 k 的虚部；$\mathrm{Re}(k)$ 是 k 的实部。

设无量纲频率比 μ 为

$$\mu=\frac{\omega}{\omega_n}=\omega\sqrt{\frac{m}{k_u+k_d}} \tag{2-166}$$

式中，$\omega_n=\sqrt{m^{-1}(k_u+k_d)}$ 是系统的无阻尼固有频率。

因为 $|e^{j\alpha}|=1$，所以系统的传递率可以表示为

$$\begin{aligned}|T(\mu)|&=\left|\frac{1+j\eta}{1-\mu^2+j\eta}\right|\\&=\sqrt{\frac{1+\eta^2}{(1-\mu^2)^2+\eta^2}}\end{aligned} \tag{2-167}$$

当频率比 $\mu=1$ 时，传递率式（2-167）可以表示为

$$|T(1)|=\sqrt{1+\frac{1}{\eta^2}} \tag{2-168}$$

由式（2-168）可见，影响单自由度隔振系统传递率共振峰值的主要参数是模态损耗因子 η，结合图 2-15 可以发现，随着模态损耗因子 η 的增大，传递率的共振峰值明显降低。所以对于单自由度隔振系统，降低共振峰值的主要方法就是增大系统的模态损耗因子 η。

由式（2-165）可知，模态损耗因子 η 主要与系统的弹性单元刚度 k_u、结构阻尼的储能刚度 k_d 和材料损耗因子 β 有关。将模态损耗因子 η 分别对三个参数求灵敏度，有

$$\frac{\partial\eta}{\partial\beta}=\frac{k_d}{k_u+k_d}>0 \tag{2-169}$$

$$\frac{\partial\eta}{\partial k_d}=\frac{\beta k_u}{(k_u+k_d)^2}>0 \tag{2-170}$$

$$\frac{\partial\eta}{\partial k_u}=\frac{-\beta k_d}{(k_u+k_d)^2}<0 \tag{2-171}$$

从式（2-169）和式（2-170）可以看出，单自由度隔振系统的模态损耗因子 η 对结构阻尼的储能刚度 k_u 和材料损耗因子的灵敏度为正，说明无论增大结构阻尼的

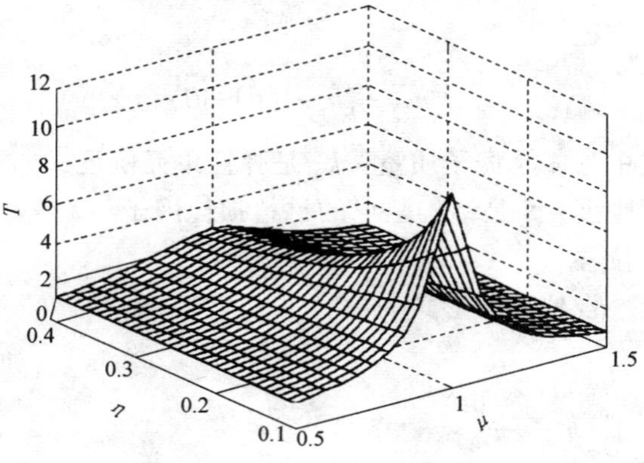

图 2-15　传递率

储能刚度，还是增大材料损耗因子，都有利于提高系统的模态损耗因子。

因为材料损耗因子是单位阻尼材料在一个振动周期内阻尼应变能和弹性应变能的比值，是阻尼材料的固有属性，所以除了选择材料损耗因子比较大的阻尼材料外，并没有其他快速提高材料损耗因子的办法。

但是可以很容易地提高结构阻尼的储能刚度。根据式（1-44）可知，结构阻尼的储能刚度和阻尼材料的面积 S 成正比，与阻尼材料的厚度 L 成反比，所以增大阻尼材料的面积就可以快速提高系统结构阻尼的储能刚度。

通过式（2-171）可以看出，增大系统弹性单元的刚度不利于隔振，因为结构阻尼力的幅值和阻尼材料的变形成正比。如果系统弹性单元的刚度过大，结构阻尼材料的剪切变形就会被抑制，从而无法提供足够大的阻尼力，所以对于结构阻尼隔振系统来说，只有在降低弹性单元刚度的同时，增大结构阻尼的储能刚度和材料损耗因子，才能提高系统的隔振性能。

2.6　本章小结

1）本章介绍了单自由度系统的自由振动和强迫振动，定义了固有频率、阻尼比、振幅和相位等概念。单自由度系统在自由振动时有两个固有频率，分别是无阻尼固有频率 ω_n 和有阻尼固有频率 ω_d，这两个固有频率都是单自由度系统做自由振动时的概念。

2）根据系统阻尼比的大小，将系统分为三种状态：

- $\zeta>1$，过阻尼状态。
- $\zeta=1$，临界阻尼状态。
- $\zeta<1$，欠阻尼状态。

3）当系统做自由振动时，如果初始条件不为0，那么在过阻尼和临界阻尼状态下，系统的响应会在达到最大值后缓慢衰减为0。因为过阻尼状态和临界阻尼状态下的系统不会绕平衡位置反复运动，所以这两种状态下系统的自由运动不是振动。

4）当系统的初始条件不为0时，如果对线性系统施加简谐激励使其产生强迫振动，那么在最初一段时间里系统的响应是多个响应的叠加。这些响应包括：由初始条件引起的瞬态响应和简谐激励引起的稳态响应。将多个响应同时存在的阶段称为过渡阶段。在系统阻尼的作用下，由初始条件引起的瞬态振动逐渐衰减为0，所以在过渡阶段之后，系统的响应只存在由简谐激励引起的稳态响应。

5）单自由度欠阻尼系统受简谐激励做强迫振动时，位移响应的幅值随频率先增大到共振峰值然后单调递减。位移响应的幅频特性曲线共振峰值对应的频率为 ω_x。峰值频率 ω_x、有阻尼固有频率 ω_d 和无阻尼固有频率 ω_n 的大小关系是

$$\omega_x<\omega_d<\omega_n \tag{2-172}$$

需要说明的是，位移响应的幅频特性曲线峰值频率 ω_x 是系统做强迫振动时的概念，与 ω_n、ω_d 对应的系统振动状态不同，所以不要混淆三个频率的意义。

6）在系统共振时，位移响应和激振力的相位差为90°。该原则是判断系统是否发生共振的绝对条件。

7）介绍了传递函数和频响函数的概念。传递函数是系统在零初始条件下输出的拉普拉斯变换和输入的拉普拉斯变换之比；频响函数是传递函数的特例，是系统输出的傅里叶变换和输入的傅里叶变换之比。

8）分别介绍了系统受一般周期激励、脉冲激励和任意激励时，计算系统响应的方法。

9）介绍了隔振系统中传递率的概念。在单自由度黏性阻尼隔振系统中：

- 当频率比$\mu<\sqrt{2}$时，阻尼比ζ越大，系统传递率的幅值越低。
- 当频率比$\mu>\sqrt{2}$时，阻尼比ζ越大，系统传递率的幅值越高。
- 当频率比$\mu=\sqrt{2}$时，无论阻尼比ζ为多少，传递率的幅值均为1。
- 当频率比$\mu=1$时，传递率的相位不是90°。

10）在单自由度结构阻尼隔振系统中：

- 当系统模态损耗因子η增大时，系统传递率峰值随之降低。
- 增大阻尼材料的面积S可以提高系统模态损耗因子η。
- 增大阻尼的材料损耗因子β可以提高系统模态损耗因子η。
- 增大弹性单元的刚度k_u会降低系统模态损耗因子η。

第3章　两自由度动力学系统

3.1　引言

单自由度系统是最简单的振动系统，具有一般振动系统的基本特性。当系统自由度增多时，仅靠单自由度系统的基本特性则很难满足系统的分析精度要求。所以对于多自由度系统来说，需要选择对应的理论方法来分析其自身的固有特性。

两自由度系统是最简单的多自由度系统。由两自由度系统到三自由度及以上系统就是系统广义坐标的扩展，系统的振动特征没有变化，分析方法也没有变化。所以本章基于两自由度系统模型介绍坐标耦合、坐标变换和模态参数等相关定义，这样既可以简单地讨论多自由度系统的特点，又可以避免三自由度及以上系统模型过于复杂的公式推导。

本章只介绍系统振动分析时涉及的相关概念，不介绍系统的分析方法。多自由度系统的模态分析方法以及频响函数的模态展开方法在第 4 章详细介绍。

3.2　系统模型

3.2.1　运动微分方程

建立如图 3-1 所示的两自由度系统动力学模型。系统由振子 m_1、m_2，弹性单元 k_1、k_2、k_3，阻尼单元 c_1、c_2、c_3 组成，其受力分析如图 3-2 所示。

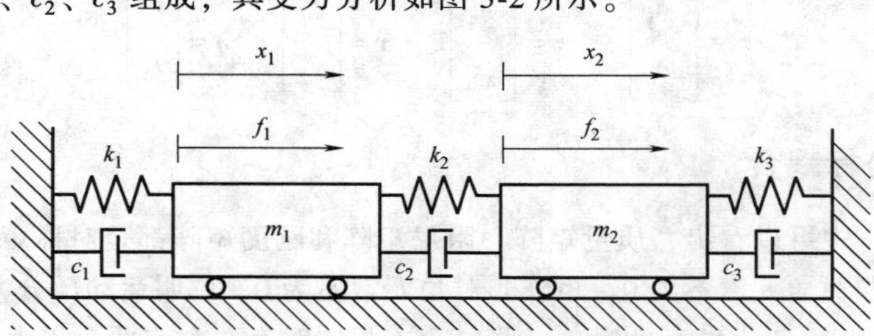

图 3-1　两自由度系统动力学模型

根据达朗贝尔原理，可以列出振子 m_1 的受力平衡方程

$$f_{a1}=f_1-f_{k1}+f_{k2}-f_{c1}+f_{c2} \tag{3-1}$$

式中，f_{a1} 是振子 m_1 的惯性力，表达式为

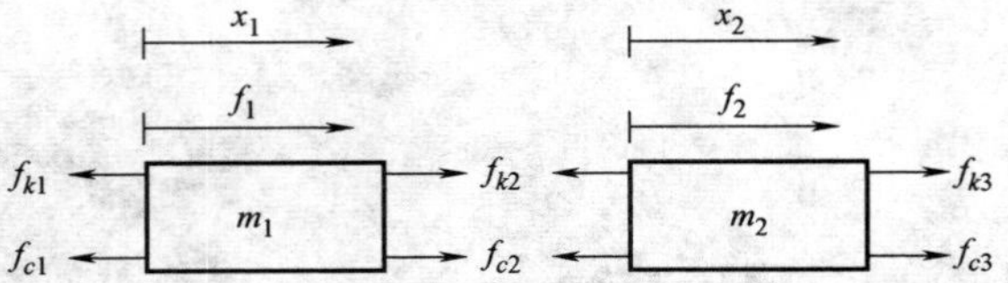

图 3-2　两自由度系统模型受力分析

$$f_{a1}=m_1\ddot{x}_1 \tag{3-2}$$

振子 m_1 受到的弹性力为

$$\begin{cases}f_{k1}=k_1x_1\\ f_{k2}=k_2(x_2-x_1)\end{cases} \tag{3-3}$$

振子 m_1 受到的阻尼力为

$$\begin{cases}f_{c1}=c_1\dot{x}_1\\ f_{c2}=c_2(\dot{x}_2-\dot{x}_1)\end{cases} \tag{3-4}$$

将式（3-2）~式（3-4）代入方程（3-1）得到振子 m_1 的运动微分方程

$$m_1\ddot{x}_1+(c_1+c_2)\dot{x}_1-c_2\dot{x}_2+(k_1+k_2)x_1-k_2x_2=f_1 \tag{3-5}$$

同理可以得出振子 m_2 的运动微分方程

$$m_2\ddot{x}_2+(c_2+c_3)\dot{x}_2-c_2\dot{x}_1+(k_2+k_3)x_2-k_2x_1=f_2 \tag{3-6}$$

将方程（3-5）和方程（3-6）合并，写为矩阵形式

$$\boldsymbol{M}\ddot{\boldsymbol{x}}+\boldsymbol{C}\dot{\boldsymbol{x}}+\boldsymbol{K}\boldsymbol{x}=\boldsymbol{f} \tag{3-7}$$

式中，$\boldsymbol{M}$ 是系统的质量矩阵；$\boldsymbol{C}$ 是系统的阻尼矩阵；$\boldsymbol{K}$ 是系统的刚度矩阵；$\ddot{\boldsymbol{x}}$ 是加速度响应向量；$\dot{\boldsymbol{x}}$ 是速度响应向量；$\boldsymbol{x}$ 是位移响应向量；$\boldsymbol{f}$ 是激励向量。此处的向量不是方向向量，是同类型物理量的组合。各矩阵及各向量的表达式分别为

$$\boldsymbol{M}=\begin{bmatrix}m_1 & \\ & m_2\end{bmatrix},\quad \boldsymbol{C}=\begin{bmatrix}c_1+c_2 & -c_2\\ -c_2 & c_2+c_3\end{bmatrix},\quad \boldsymbol{K}=\begin{bmatrix}k_1+k_2 & -k_2\\ -k_2 & k_2+k_3\end{bmatrix} \tag{3-8a}$$

$$\ddot{\boldsymbol{x}}=\begin{bmatrix}\ddot{x}_1\\ \ddot{x}_2\end{bmatrix},\quad \dot{\boldsymbol{x}}=\begin{bmatrix}\dot{x}_1\\ \dot{x}_2\end{bmatrix},\quad \boldsymbol{x}=\begin{bmatrix}x_1\\ x_2\end{bmatrix},\quad \boldsymbol{f}=\begin{bmatrix}f_1\\ f_2\end{bmatrix} \tag{3-8b}$$

3.2.2　物理坐标耦合

从式（3-8a）中可以看出，质量矩阵、阻尼矩阵和刚度矩阵都是对称矩阵，而且阻尼矩阵和刚度矩阵的非对角元素不为 0。矩阵非对角元素不为 0，说明运动微分方程（3-5）和方程（3-6）中既有坐标 x_1，也有坐标 x_2。将一个方程同时有两个或两个以上坐标参与，而且多个坐标之间相互影响的情况定义为**坐标耦合**。

为了进一步说明坐标耦合，选取汽车为研究对象，将汽车车身简化为简支梁，车轮简化为弹簧，并忽略阻尼，建立两自由度系统模型。如图 3-3 所示，设汽车的质量为 m，汽车绕质心的转动惯量为 I，汽车质心到车轮的距离分别为 l_1 和 l_2。

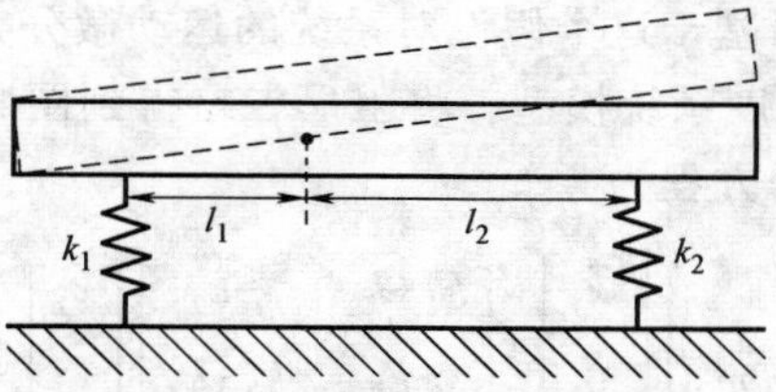

图 3-3　简化的车身两自由度模型

选取沿两个车轮竖直方向的位移为广义坐标。根据质心处的合力平衡和绕质心的合力矩平衡列出系统自由振动的运动微分方程

$$\begin{bmatrix} ml_2 & ml_1 \\ I & -I \end{bmatrix}\begin{bmatrix} \ddot{x}_1 \\ \ddot{x}_2 \end{bmatrix}+\begin{bmatrix} k_1(l_1+l_2) & k_2(l_1+l_2) \\ k_1l_1(l_1+l_2) & -k_2l_2(l_1+l_2) \end{bmatrix}\begin{bmatrix} x_1 \\ x_2 \end{bmatrix}=\begin{bmatrix} 0 \\ 0 \end{bmatrix} \tag{3-9}$$

将质量矩阵非对角元素不为 0 的情况定义为**惯性耦合**，将刚度矩阵非对角元素不为 0 的情况定义为**弹性耦合**。由方程（3-9）可知，该方程既有惯性耦合又有弹性耦合。

选取沿质心竖直方向的平动位移 x 和绕质心的转动角度 θ 为广义坐标（见图 3-4）进行变换，列出系统的运动微分方程

$$\begin{bmatrix} m & \\ & I \end{bmatrix}\begin{bmatrix} \ddot{x} \\ \ddot{\theta} \end{bmatrix}+\begin{bmatrix} k_1+k_2 & k_1l_1-k_2l_2 \\ k_1l_1-k_2l_2 & k_1l_1^2+k_2l_2^2 \end{bmatrix}\begin{bmatrix} x \\ \theta \end{bmatrix}=\begin{bmatrix} 0 \\ 0 \end{bmatrix} \tag{3-10}$$

由式（3-10）可见，坐标变换后系统的质量矩阵为对角矩阵，实现了惯性解耦。系统的运动微分方程只存在弹性耦合。

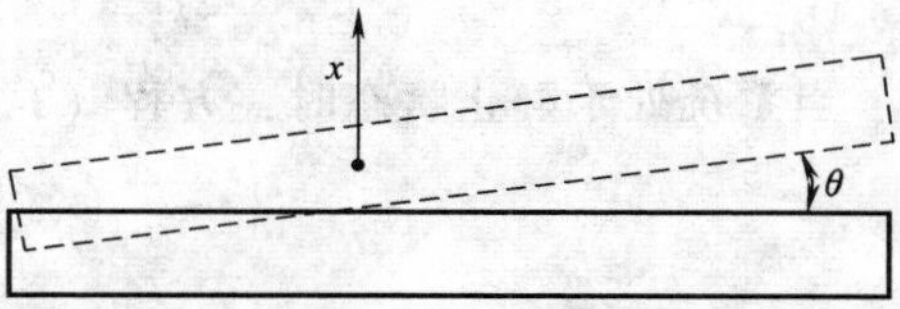

图 3-4　两自由度模型变换坐标

选取车轮弹性力合力点沿竖直方向的位移 x_c 和车身绕质心的转动角度 θ 为广义坐标（见图 3-5）进行变换，则系统运动微分方程为

$$\begin{bmatrix} m & me \\ me & I \end{bmatrix}\begin{bmatrix} \ddot{x} \\ \ddot{\theta} \end{bmatrix}+\begin{bmatrix} k_1+k_2 & \\ & k_1l_3^2+k_2l_4^2 \end{bmatrix}\begin{bmatrix} x \\ \theta \end{bmatrix}=\begin{bmatrix} 0 \\ 0 \end{bmatrix} \tag{3-11}$$

式中，l_3 是合力点到左侧车轮的距离；l_4 是合力点到右侧车轮的距离；e 是合力点到质心的距离。此时系统只存在惯性耦合，实现了弹性解耦。

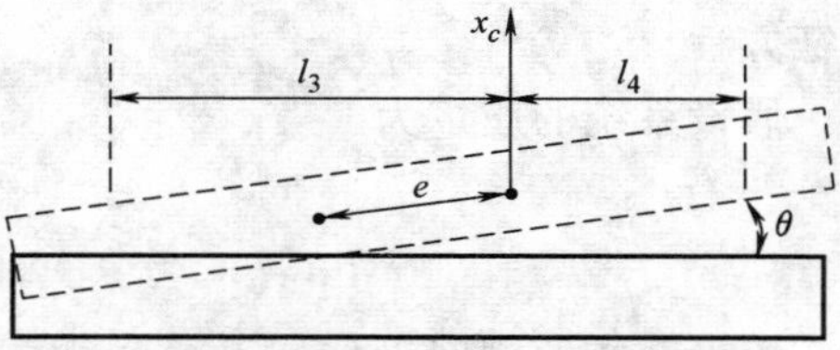

图 3-5　两自由度模型变换坐标

通过对方程（3-9）~方程（3-11）进行对比，可以找到一组广义坐标将系统运动微分方程的质量矩阵和刚度矩阵变换为对称矩阵。因为运动微分方程中的耦合仅与广义坐标的选取有关，所以叫作坐标耦合，而不是系统耦合。

3.2.3　模态坐标变换

在 3.2.2 节中介绍了系统运动微分方程的坐标耦合，即方程中可以通过选取不同的广义坐标以实现方程的惯性解耦或弹性解耦。根据这个现象，假设存在一组广义坐标可以将系统

运动微分方程完全解耦，下面基于这个假设对系统的运动微分方程进行讨论。

选择图 3-1 所示的两自由度系统模型，将阻尼省略得到图 3-6 所示的无阻尼两自由度系统模型，其所对应的运动微分方程为

$$\begin{bmatrix} m_1 & \\ & m_2 \end{bmatrix}\begin{bmatrix} \ddot{x}_1 \\ \ddot{x}_2 \end{bmatrix}+\begin{bmatrix} k_1+k_2 & -k_2 \\ -k_2 & k_2+k_3 \end{bmatrix}\begin{bmatrix} x_1 \\ x_2 \end{bmatrix}=\begin{bmatrix} 0 \\ 0 \end{bmatrix} \tag{3-12}$$

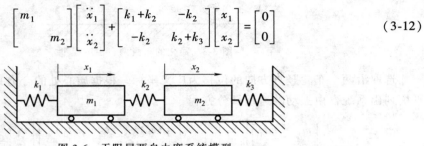

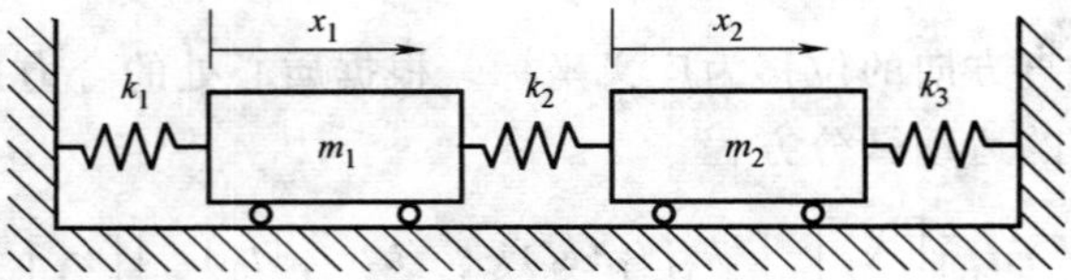

图 3-6　无阻尼两自由度系统模型

在共振时，无阻尼系统的响应在各个坐标上除了运动幅值不同外，随时间变化的规律都相同。基于系统这种同步运动的性质，将系统响应设为

$$\begin{bmatrix} x_1 \\ x_2 \end{bmatrix}=\begin{bmatrix} X_1\mathrm{e}^{\mathrm{j}\omega t} \\ X_2\mathrm{e}^{\mathrm{j}\omega t} \end{bmatrix} \tag{3-13}$$

将式（3-13）代入方程（3-12），得

$$\begin{bmatrix} k_1+k_2-m_1\omega^2 & -k_2 \\ -k_2 & k_2+k_3-m_2\omega^2 \end{bmatrix}\begin{bmatrix} X_1\mathrm{e}^{\mathrm{j}\omega t} \\ X_2\mathrm{e}^{\mathrm{j}\omega t} \end{bmatrix}=\begin{bmatrix} 0 \\ 0 \end{bmatrix} \tag{3-14}$$

当系统处于静止状态时，方程（3-14）有解，即

$$\begin{cases} X_1=0 \\ X_2=0 \end{cases} \tag{3-15}$$

如果系统处于运动状态，即 X_1 和 X_2 均不等于 0，那么方程（3-14）的系数行列式必须为 0，即

$$\begin{vmatrix} k_1+k_2-m_1\omega^2 & -k_2 \\ -k_2 & k_2+k_3-m_2\omega^2 \end{vmatrix}=0 \tag{3-16}$$

不难看出，方程（3-16）是根为 ω^2 的一元二次方程。将方程（3-16）称为振动系统的**特征方程**。

假设系统的质量为

$$\begin{cases} m_1=m \\ m_2=2m \end{cases} \tag{3-17}$$

假设系统的刚度为

$$\begin{cases} k_1=k \\ k_2=k \\ k_3=2k \end{cases} \tag{3-18}$$

解得方程（3-16）的解为

$$\omega_1^2=\frac{k}{m} \tag{3-19}$$

$$\omega_2^2=\frac{5k}{2m} \tag{3-20}$$

式中，ω_1 和 ω_2 是两自由度系统的无阻尼固有频率。

定义幅值比 u 为

$$u=\frac{X_1}{X_2} \tag{3-21}$$

则 u_1 是固有频率为 ω_1 时 X_1 和 X_2 的比值。u_2 是固有频率为 ω_2 时 X_1 和 X_2 的比值。分别将固有频率 ω_1 和 ω_2 代入方程（3-14），得

$$u_1=1 \tag{3-22}$$

$$u_2=-2 \tag{3-23}$$

令 $X_2=1$，当系统固有频率为 ω_1 时，$X_1=1$。将 X_1 和 X_2 写为向量形式

$$\boldsymbol{\phi}_1=\begin{bmatrix}X_1\\X_2\end{bmatrix}\begin{bmatrix}1\\1\end{bmatrix} \tag{3-24}$$

向量（3-24）描述的是固有频率为 ω_1 时系统的运动形态。向量的每个元素都是 1，说明系统的两个自由度做相同幅值的同相运动。

当系统固有频率是 ω_2 时，系统的运动形态为

$$\boldsymbol{\phi}_2=\begin{bmatrix}X_1\\X_2\end{bmatrix}\begin{bmatrix}-2\\1\end{bmatrix} \tag{3-25}$$

式中，向量元素的负号表示自由度 x_1 的运动方向与 x_2 的运动方向相反。

向量（3-24）和向量（3-25）就是图 3-6 中两自由度系统分别在固有频率 ω_1 和 ω_2 下的运动形态，其振形图如图 3-7 所示。

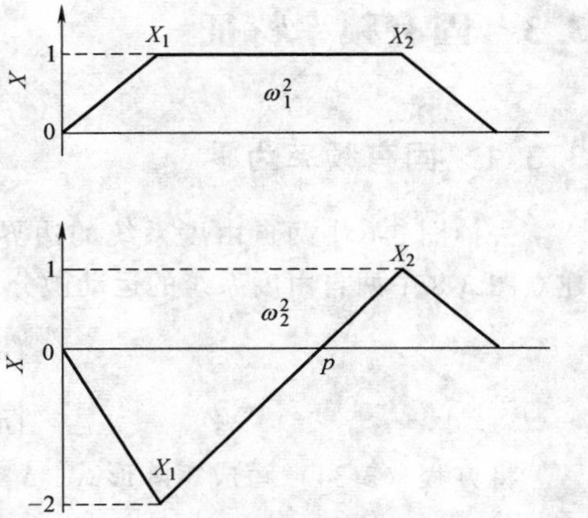

图 3-7　两自由度系统振形图

- 将系统在固有频率下的运动形态定义为**主振型**，简称**振型**。
- 将描述系统在某阶固有频率下运动形态的向量定义为**模态向量**。
- 将系统所有模态向量依次排列组成的矩阵定义为**模态矩阵**。

将系统的物理坐标进行如下变换

$$\begin{bmatrix}x_1\\x_2\end{bmatrix}=[\boldsymbol{\phi}_1\quad\boldsymbol{\phi}_2]\begin{bmatrix}y_1\\y_2\end{bmatrix}=\begin{bmatrix}1&-2\\1&1\end{bmatrix}\begin{bmatrix}y_1\\y_2\end{bmatrix} \tag{3-26}$$

将式（3-26）和式（3-17）、式（3-18）代入方程（3-12），得到新方程

$$\begin{bmatrix}m&-2m\\2m&2m\end{bmatrix}\begin{bmatrix}\ddot{y}_1\\\ddot{y}_2\end{bmatrix}+\begin{bmatrix}k&-5k\\2k&5k\end{bmatrix}\begin{bmatrix}y_1\\y_2\end{bmatrix}=\boldsymbol{O} \tag{3-27}$$

式中，$\boldsymbol{O}=[0\quad 0]^{\mathrm{T}}$

将方程（3-27）展开，有

$$m\ddot{y}_1-2m\ddot{y}_2+ky_1-5ky_2=0 \tag{3-28}$$

$$2m\ddot{y}_1+2m\ddot{y}_2+2ky_1+5ky_2=0 \tag{3-29}$$

将方程（3-28）和方程（3-29）相加，得到

$$3m\ddot{y}_1+3ky_1=0 \tag{3-30}$$

将方程（3-28）两端乘以 2 再和方程（3-29）相减，得到

$$6m\ddot{y}_2+15ky_2=0 \tag{3-31}$$

将方程（3-30）和方程（3-31）分别约分，并整理成矩阵形式，即

$$\begin{bmatrix} m & \\ & 2m \end{bmatrix}\begin{bmatrix} \ddot{y}_1 \\ \ddot{y}_2 \end{bmatrix}+\begin{bmatrix} k & \\ & 5k \end{bmatrix}\begin{bmatrix} y_1 \\ y_2 \end{bmatrix}=\boldsymbol{O} \tag{3-32}$$

由此证明之前的假设成立，即存在一组广义坐标能够使系统的运动微分方程完全解耦。这组能够使运动微分方程解耦的坐标称为**主坐标**，也称为**模态坐标**。由物理坐标变换到模态坐标的过程称为**坐标变换**。

进一步将无阻尼固有频率式（3-19）和式（3-20）代入式（3-32）得到

$$\begin{bmatrix} 1 & \\ & 1 \end{bmatrix}\begin{bmatrix} \ddot{y}_1 \\ \ddot{y}_2 \end{bmatrix}+\begin{bmatrix} \omega_1^2 & \\ & \omega_2^2 \end{bmatrix}\begin{bmatrix} y_1 \\ y_2 \end{bmatrix}=\boldsymbol{O} \tag{3-33}$$

如式（3-33）所示，将系统由物理坐标系变换到模态坐标系后，规定系统的某一参数为 1，然后确定其他参数的过程称为**归一化**。

3.3 固有频率特征

3.3.1 固有频率为零

去掉图 3-6 中两自由度系统的边界约束，将该无约束条件的边界称为**自由-自由边界**。建立图 3-8 中两自由度系统的运动微分方程

$$\begin{cases} m_1\ddot{x}_1+kx_1-kx_2=0 \\ m_2\ddot{x}_2-kx_1+kx_2=0 \end{cases} \tag{3-34}$$

将方程（3-34）写成矩阵形式

$$\begin{bmatrix} m_1 & \\ & m_2 \end{bmatrix}\begin{bmatrix} \ddot{x}_1 \\ \ddot{x}_2 \end{bmatrix}+k\begin{bmatrix} 1 & -1 \\ -1 & 1 \end{bmatrix}\begin{bmatrix} x_1 \\ x_2 \end{bmatrix}=\boldsymbol{O} \tag{3-35}$$

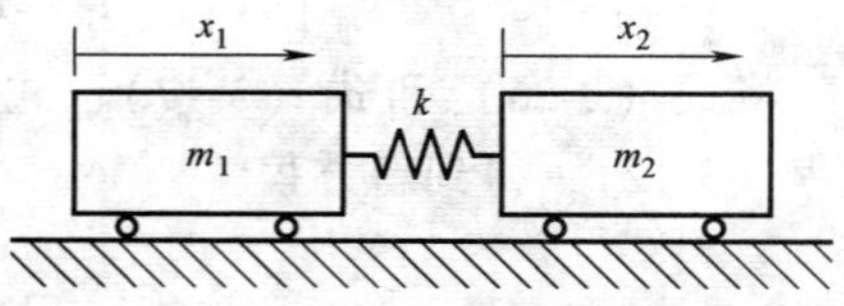

图 3-8　自由—自由边界的两自由度系统

设系统位移响应的表达式为

$$x=X\mathrm{e}^{\mathrm{j}\omega t} \tag{3-36}$$

系统加速度响应表达式则可表示为

$$\ddot{x}=-\omega^2X\mathrm{e}^{\mathrm{j}\omega t} \tag{3-37}$$

将式（3-36）和式（3-37）代入式（3-35），并求解行列式

$$\begin{vmatrix} k-m_1\omega^2 & -k \\ -k & k-m_2\omega^2 \end{vmatrix}=0 \tag{3-38}$$

得到图 3-8 中两自由度系统的固有频率

$$\omega_1^2=0 \tag{3-39}$$

$$\omega_2^2=\frac{k}{m_1}+\frac{k}{m_2} \tag{3-40}$$

通过式（3-39）可以看出，当没有边界条件的约束时，系统的第 1 阶固有频率为 0；系统的第 2 阶固有频率由质量 m_1、m_2 和刚度 k 决定，与边界条件无关。而且不难看出，式（3-35）中的刚度矩阵为奇异矩阵，将这种刚度矩阵奇异的系统称为**半正定系统**。

半正定系统的工程意义是，在模态试验中如果被测结构没有边界条件的约束，则试验得到的非零固有频率就是结构的弹性体固有频率。非零固有频率对应的振型就是结构的弹性体振型。完全自由-自由的状态是不存在的，无论是弹性悬挂还是弹性支承，边界条件始终有附加刚度存在。在进行模态试验时，边界约束的附加刚度越小，试验结果就越接近结构的真实参数。所以对实际结构进行模态试验时，需要选用刚度较小的弹性绳索或空气弹簧对结构进行悬挂或支承。

3.3.2　固有频率相等

在实际工程中有时会出现轴对称或中心对称的结构，比如圆环或圆筒，对称结构的固有频率具有一些特殊的性质。建立图 3-9 所示的两自由度对称系统模型，并列出系统的运动微分方程

$$m\ddot{x}_1+k_1x_1=f_1 \tag{3-41}$$

$$m\ddot{x}_2+k_2x_2=f_2 \tag{3-42}$$

将方程（3-41）和方程（3-42）合并，写为矩阵形式，即

$$\begin{bmatrix} m & \\ & m \end{bmatrix}\begin{bmatrix} \ddot{x}_1 \\ \ddot{x}_2 \end{bmatrix}+\begin{bmatrix} k_1 & \\ & k_2 \end{bmatrix}\begin{bmatrix} x_1 \\ x_2 \end{bmatrix}=\begin{bmatrix} f_1 \\ f_2 \end{bmatrix} \tag{3-43}$$

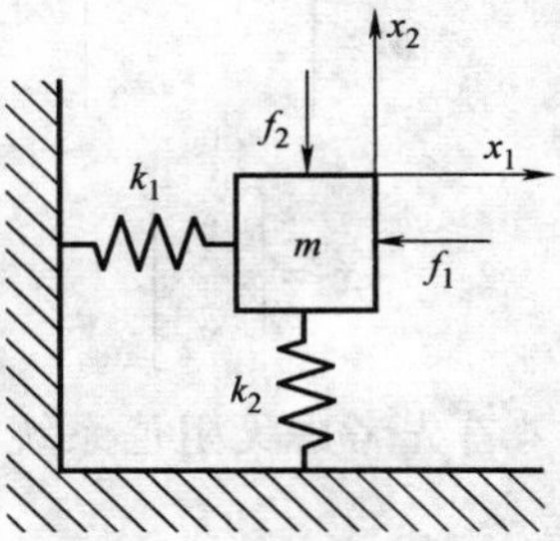

图 3-9　两自由度对称系统模型

由式（3-43）可以看出，图 3-9 所示的对称系统为完全解耦的两自由度系统。系统的固有频率可以根据质量和每个方向上的刚度求出，所以该系统的固有频率为

$$\omega_1=\sqrt{\frac{k_1}{m}} \tag{3-44}$$

$$\omega_2=\sqrt{\frac{k_2}{m}} \tag{3-45}$$

当 $k_1=k_2=k$ 时，两阶固有频率为

$$\omega_1=\omega_2=\sqrt{\frac{k}{m}} \tag{3-46}$$

根据式（3-46）可知，当对称系统的刚度和质量分布均匀时，在正交的两个方向上会存在两阶模态，且两阶模态的固有频率相等。这种固有频率相等的现象，称为**重根**。

对于重根现象有两点需要注意：

1）质量和刚度分布均匀的轴对称或者中心对称系统都有重根。如果系统有 n 个固有频率相等，就称系统具有 n 阶重根。轴对称的系统通常有 2 阶重根，三维中心对称系统通常有 3 阶重根。

2）对具有重根的系统进行模态试验时，要分别对系统正交的每个方向都施加激励才能得到系统的全部模态信息。如图 3-9 中所示，对振子施加激励 f_1 时，激励在 x_2 的方向上投影为 0，即在方程（3-42）中 f_1 没有任何作用。如果要得到系统的全部模态结果，必须在 x_2 方向上施加激励 f_2 并拾取系统的响应。这样才能基于两个方向的频响函数计算出系统的全部模态参数，确保没有遗漏的模态信息。

3.4 减振与隔振

3.4.1 动力吸振器减振

1. 无阻尼动力吸振器

在振动主系统上附加阻尼或动力吸振器，通过消耗或转移振动能量来削弱主系统振动的方法称为**减振**。

如图 3-10 所示，在主系统 m_1 上增加动力吸振器 m_2，根据系统模型列出系统的运动微分方程

$$\boldsymbol{M}\ddot{\boldsymbol{x}}+\boldsymbol{C}\dot{\boldsymbol{x}}+\boldsymbol{K}\boldsymbol{x}=\boldsymbol{f} \tag{3-47}$$

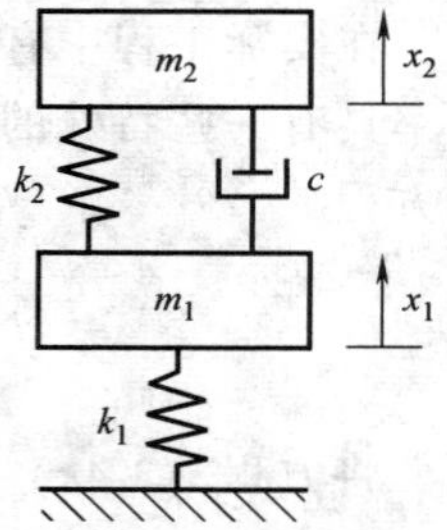

图 3-10 动力吸振器模型

式中，质量矩阵 $\boldsymbol{M}$、阻尼矩阵 $\boldsymbol{C}$ 和刚度矩阵 $\boldsymbol{K}$、加速度响应向量 $\ddot{\boldsymbol{x}}$、速度响应向量 $\dot{\boldsymbol{x}}$、位移响应向量 $\boldsymbol{x}$、激励向量 $\boldsymbol{f}$ 的表达式分别为

$$\boldsymbol{M}=\begin{bmatrix} m_1 & \\ & m_2 \end{bmatrix},\quad \boldsymbol{C}=\begin{bmatrix} c & -c \\ -c & c \end{bmatrix},\quad \boldsymbol{K}=\begin{bmatrix} k_1+k_2 & -k_2 \\ -k_2 & k_2 \end{bmatrix}$$

$$\ddot{\boldsymbol{x}}=\begin{bmatrix} \ddot{x}_1 \\ \ddot{x}_2 \end{bmatrix},\quad \dot{\boldsymbol{x}}=\begin{bmatrix} \dot{x}_1 \\ \dot{x}_2 \end{bmatrix},\quad \boldsymbol{x}=\begin{bmatrix} x_1 \\ x_2 \end{bmatrix},\quad \boldsymbol{f}=\begin{bmatrix} F\mathrm{e}^{\mathrm{j}(\omega t+\alpha)} \\ 0 \end{bmatrix}$$

首先考虑无阻尼系统的响应，令系统的位移响应为

$$\boldsymbol{x}=\begin{bmatrix} x_1 \\ x_2 \end{bmatrix}=\begin{bmatrix} X_1\mathrm{e}^{\mathrm{j}\omega t} \\ X_2\mathrm{e}^{\mathrm{j}\omega t} \end{bmatrix} \tag{3-48}$$

系统的加速度响应为

$$\ddot{\boldsymbol{x}}=\begin{bmatrix} \ddot{x}_1 \\ \ddot{x}_2 \end{bmatrix}=\begin{bmatrix} -\omega^2 X_1\mathrm{e}^{\mathrm{j}\omega t} \\ -\omega^2 X_2\mathrm{e}^{\mathrm{j}\omega t} \end{bmatrix} \tag{3-49}$$

将式（3-48）和式（3-49）代入方程（3-47），整理可得

$$\begin{bmatrix} -\omega^2 m_1+k_1+k_2 & -k_2 \\ -k_2 & -\omega^2 m_2+k_2 \end{bmatrix}\begin{bmatrix} X_1 \\ X_2 \end{bmatrix}=\begin{bmatrix} F\mathrm{e}^{\mathrm{j}\alpha} \\ 0 \end{bmatrix} \tag{3-50}$$

对系统阻抗矩阵求逆，得到系统响应的表达式

$$\begin{bmatrix} X_1 \\ X_2 \end{bmatrix} = \frac{F\mathrm{e}^{\mathrm{j}\alpha}}{p}\begin{bmatrix} -\omega^2 m_2 + k_2 \\ k_2 \end{bmatrix} \tag{3-51}$$

式中，特征多项式 p 的表达式为

$$p = (-\omega^2 m_1 + k_1 + k_2)(-\omega^2 m_2 + k_2) - k_2^2$$

由式（3-51）可以看出，当 $\omega^2 = k_2/m_2$ 时，系统的响应为

$$X_1 = 0 \tag{3-52}$$

$$X_2 = -\frac{F\mathrm{e}^{\mathrm{j}\alpha}}{k_2} \tag{3-53}$$

从式（3-52）可以看出，当激励频率 ω 和动力吸振器子系统固有频率 ω_2 相等时，也就是 $\omega^2 = \omega_2^2 = k_2/m_2$ 时，主系统的响应为 0。该现象产生的原因是动力吸振器吸收并储存激励能量，然后通过相位滞后效应将激励的能量反作用于主系统上。动力吸振器的反作用力与激励的幅值相等但相位相反，使主系统处于合力平衡状态。这种使用动力吸振器吸收振动能量使主系统处于准静止状态的现象叫作**反共振**。

2. 有阻尼动力吸振器

下面讨论有阻尼动力吸振器的特征。对位移响应式（3-48）求导，得到速度响应向量的复数表达式

$$\dot{\boldsymbol{x}} = \begin{bmatrix} \dot{x}_1 \\ \dot{x}_2 \end{bmatrix} = \begin{bmatrix} \mathrm{j}\omega X_1 \mathrm{e}^{\mathrm{j}\omega t} \\ \mathrm{j}\omega X_2 \mathrm{e}^{\mathrm{j}\omega t} \end{bmatrix} \tag{3-54}$$

将式（3-48），式（3-49）和式（3-54）代入方程（3-47），解得系统的响应为

$$\begin{aligned} \begin{bmatrix} X_1 \\ X_2 \end{bmatrix} &= \begin{bmatrix} -\omega^2 m_1 + \mathrm{j}c\omega + k_1 + k_2 & -\mathrm{j}c\omega - k_2 \\ -\mathrm{j}c\omega - k_2 & -\omega^2 m_2 + \mathrm{j}c\omega + k_2 \end{bmatrix}^{-1} \begin{bmatrix} F\mathrm{e}^{\mathrm{j}\alpha} \\ 0 \end{bmatrix} \\ &= \frac{F\mathrm{e}^{\mathrm{j}\alpha}}{p_c}\begin{bmatrix} -\omega^2 m_2 + \mathrm{j}c\omega + k_2 \\ \mathrm{j}c\omega + k_2 \end{bmatrix} \end{aligned} \tag{3-55}$$

其中，特征多项式 p_c 的表达式为

$$p_c = (-\omega^2 m_1 + \mathrm{j}c\omega + k_1 + k_2)(-\omega^2 m_2 + \mathrm{j}c\omega + k_2) - (-\mathrm{j}c\omega - k_2)^2$$

引入如下参数：

- $X_0 = F/k_1$，主系统静位移。
- $\omega_1 = \sqrt{k_1/m_1}$，主系统无阻尼固有频率。
- $\omega_2 = \sqrt{k_2/m_2}$，动力吸振器子系统无阻尼固有频率。
- $\mu_\omega = \omega_2/\omega_1$，动力吸振器和主系统的固有频率比。
- $\upsilon = m_2/m_1$，质量比。
- $\zeta = c/2m_2\omega_2$，阻尼比。
- $\mu = \omega/\omega_1$，激励和主系统固有频率之比。

计算主系统响应 X_1 的放大因子，得到

$$\gamma_x=\frac{|X_1|}{X_0}=\sqrt{\frac{A\zeta^2+B}{C\zeta^2+D}} \tag{3-56}$$

式中，参数 A、B、C、D 的表达式为

$$A=4\mu^2$$
$$B=(\mu^2-\mu_\omega^2)^2$$
$$C=4\mu^2(\mu^2-1+\upsilon^2\mu^2)^2$$
$$D=[\upsilon\mu^2\mu_\omega^2-(\mu^2-1)(\mu^2-\mu_\omega^2)]^2$$

图 3-11 所示是有阻尼动力吸振器的两自由度系统幅频曲线，其中不同曲线对应不同的阻尼比。从图中可以看出：

1）无论阻尼比为多少，曲线都经过 S 点和 T 点。

2）所有幅频曲线反共振峰值都对应同一个频率。

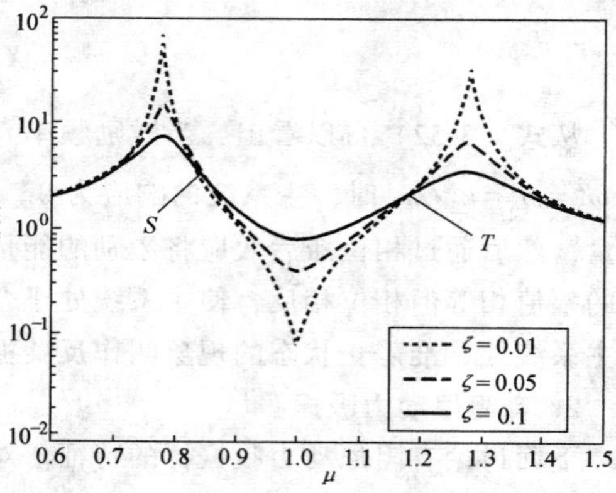

图 3-11 有阻尼动力吸振器的两自由度系统幅频曲线

3.4.2 隔振系统传递率

建立含有结构阻尼的两自由度隔振系统，如图 3-12 所示，其中由质量 m_2 和刚度 k_2 组成被隔振主系统，由剩余单元组成隔振子系统。

隔振系统的运动微分方程为

$$\boldsymbol{M}\ddot{\boldsymbol{x}}+(\boldsymbol{K}+\mathrm{j}\boldsymbol{G})\boldsymbol{x}=\boldsymbol{f} \tag{3-57}$$

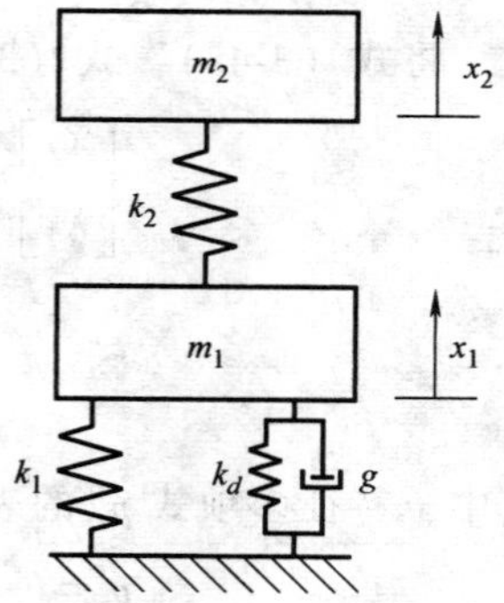

图 3-12 两自由度隔振系统

其中，质量矩阵 $\boldsymbol{M}$ 为

$$\boldsymbol{M}=\begin{bmatrix} m_1 & 0 \\ 0 & m_2 \end{bmatrix}$$

式中，m_1 是隔振子系统质量；m_2 是主系统质量。

刚度矩阵 $\boldsymbol{K}$ 为

$$\boldsymbol{K}=\begin{bmatrix} k_1+k_d+k_2 & -k_2 \\ -k_2 & k_2 \end{bmatrix}$$

式中，k_1 是隔振子系统弹性单元刚度；k_2 是主系统刚度；k_d 是结构阻尼的储能刚度。

结构阻尼矩阵 $\boldsymbol{G}$ 为

$$\boldsymbol{G}=\begin{bmatrix} \beta k_d & 0 \\ 0 & 0 \end{bmatrix}$$

式中，β 是结构阻尼的材料损耗因子。

激励向量和位移响应向量分别为

$$\boldsymbol{f}=\begin{bmatrix} f \\ 0 \end{bmatrix},\quad \boldsymbol{x}=\begin{bmatrix} x_1 \\ x_2 \end{bmatrix}$$

令激励表达式为

$$f=[(k_1+k_d+k_2)+\mathrm{j}\beta k_d]x_s \tag{3-58}$$

式中，x_s 是基础平动位移。

设位移响应的表达式为

$$\begin{cases}x_1=X_1\mathrm{e}^{\mathrm{j}\omega t}\\x_2=X_2\mathrm{e}^{\mathrm{j}\omega t}\end{cases} \tag{3-59}$$

将式（3-58）和式（3-59）代入式（3-57），得到

$$\begin{bmatrix}-m_1\omega^2+k_1+k_d+k_2+\mathrm{j}\beta k_d & -k_2\\-k_2 & -m_2\omega^2+k_2\end{bmatrix}\begin{bmatrix}X_1\\X_2\end{bmatrix}=\begin{bmatrix}[(k_1+k_d+k_2)+\mathrm{j}\beta k_d]X_s\\0\end{bmatrix} \tag{3-60}$$

机械阻抗矩阵 **Z** 的行列式为

$$|\boldsymbol{Z}|=\begin{vmatrix}-m_1\omega^2+k_1+k_d+k_2+\mathrm{j}\beta k_d & -k_2\\-k_2 & -m_2\omega^2+k_2\end{vmatrix} \tag{3-61}$$

对机械阻抗矩阵求逆，得到系统响应的表达式

$$\begin{bmatrix}X_1\\X_2\end{bmatrix}=\frac{\boldsymbol{Z}^*}{|\boldsymbol{Z}|}\begin{bmatrix}[(k_1+k_d+k_2)+\mathrm{j}\beta k_d]X_s\\0\end{bmatrix} \tag{3-62}$$

式中，$\boldsymbol{Z}^*$ 是机械阻抗矩阵 **Z** 的伴随矩阵。

伴随矩阵 $\boldsymbol{Z}^*$ 的表达式为

$$\boldsymbol{Z}^*=\begin{bmatrix}-m_2\omega^2+k_2 & k_2\\k_2 & -m_1\omega^2+k_1+k_d+k_2+\mathrm{j}\beta k_d\end{bmatrix} \tag{3-63}$$

令参数 L 为

$$L=\frac{(k_1+k_d+k_2)+\mathrm{j}\beta k_d}{|\boldsymbol{Z}|}$$

则系统传递率的幅值可以表示为

$$\boldsymbol{T}=\begin{bmatrix}T_1\\T_2\end{bmatrix}=\begin{bmatrix}|X_1/X_s|\\|X_2/X_s|\end{bmatrix}=\begin{bmatrix}|(-m_2\omega^2+k_2)L|\\|k_2L|\end{bmatrix} \tag{3-64}$$

根据单自由度结构阻尼隔振系统的特性可以知道，增加结构阻尼材料的面积可以降低传递率的共振峰。如图 3-13 所示，横轴为频率 ω，纵轴为结构阻尼的储能刚度 k_d，可以清楚地看出传递率 $|T|$ 的变化趋势：随着结构阻尼储能刚度 k_d 的增加，传递率 $|T|$ 的共振峰值先降低后升高。这与单自由度结构阻尼隔振系统的特征明显不同。

在单自由度结构阻尼隔振系统中，增大结构阻尼的储能刚度，也就是增大结构阻尼材料的面积，就可以改善隔振系统的隔振效果。但是两自由度隔振系统的传递率计算结果却证明，随着结构阻尼的储能刚度的增大，传递率出现了先降低后升高的现象。这说明，增大结构阻尼的储能刚度对系统的隔振效果有时会产生抑制作用。

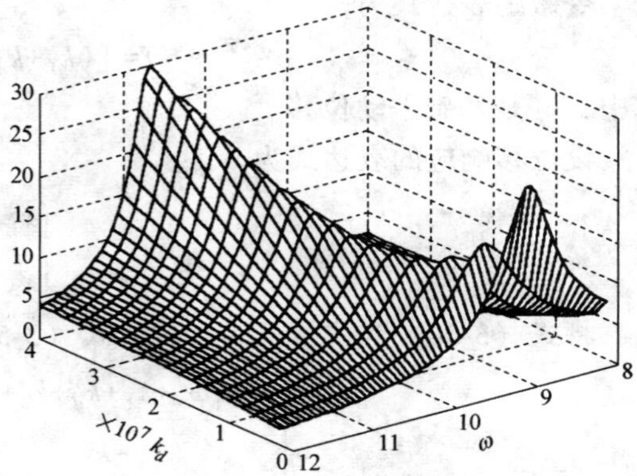

图 3-13　第 1 阶共振频率处的传递率

3.4.3　模态损耗因子

从图 3-13 中可以看出，结构阻尼的储能刚度的增加，并不一定能改善系统的隔振效果。通过式（2-168）可以知道，模态损耗因子是影响传递率的主要参数，所以下面讨论模态损耗因子随结构阻尼的储能刚度变化的规律。

令结构阻尼的储能刚度与隔振子系统总刚度比为

$$\theta=\frac{k_d}{k_1+k_d} \tag{3-65}$$

令隔振子系统总刚度与被隔振主系统的刚度比为

$$\upsilon=\frac{k_1+k_d}{k_2} \tag{3-66}$$

令主系统和隔振系统的质量比为

$$\rho=\frac{m_2}{m_1} \tag{3-67}$$

设系统位移响应的表达式为

$$\boldsymbol{x}=\boldsymbol{X}\mathrm{e}^{\lambda t} \tag{3-68}$$

将式（3-65）~式（3-68）代入方程（3-57），并求解行列式

$$\begin{vmatrix} \lambda^2+\upsilon\rho(1+\mathrm{j}\beta\theta)+\rho & -1 \\ -1 & \lambda^2+1 \end{vmatrix}=0 \tag{3-69}$$

解方程（3-69）可以得到

$$\lambda^2=-\frac{(A+\mathrm{j}B)}{2}\pm\frac{1}{2}\left(\frac{\sqrt{2}D}{2\sqrt{-C+\sqrt{C^2+D^2}}}+\mathrm{j}\sqrt{\frac{-C+\sqrt{C^2+D^2}}{2}}\right) \tag{3-70}$$

其中，参数 A、B、C、D 的表达式为

$$A=\upsilon\rho+\rho+1$$

$$B=\upsilon\rho\beta\theta$$

$$C=A^2-B^2-4A+8$$

$$D=2AB-4B$$

令模态损耗因子为

$$\eta_i = \frac{\mathrm{Im}(\lambda_i^2)}{\mathrm{Re}(\lambda_i^2)} \tag{3-71}$$

根据式（3-71），可以得到两阶模态的模态损耗因子为

$$\eta_1 = \frac{-\sqrt{2}B\sqrt{-C+\sqrt{C^2+D^2}}-C+\sqrt{C^2+D^2}}{-\sqrt{2}A\sqrt{-C+\sqrt{C^2+D^2}}+D} \tag{3-72}$$

$$\eta_2 = \frac{-\sqrt{2}B\sqrt{-C+\sqrt{C^2+D^2}}+C-\sqrt{C^2+D^2}}{-\sqrt{2}A\sqrt{-C+\sqrt{C^2+D^2}}-D} \tag{3-73}$$

令参数 E 为

$$E = \sqrt{-C+\sqrt{C^2+D^2}} \tag{3-74}$$

将式（3-74）代入式（3-72）和式（3-73），可以得到

$$\eta_1 = \frac{\sqrt{2}B-E}{\sqrt{2}A-\sqrt{(E^2+2C)}} \tag{3-75}$$

$$\eta_2 = \frac{\sqrt{2}B+E}{\sqrt{2}A+\sqrt{(E^2+2C)}} \tag{3-76}$$

根据式（3-75）和式（3-76），可以得到系统模态损耗因子的变化曲线。图 3-14 所示是系统第 1 阶模态损耗因子 η_1 随刚度比 v 的变化曲线。从图中可以看出，模态损耗因子并没有随刚度比 v 的增大一直单调递增，而是先上升到最大值后再单调递减。

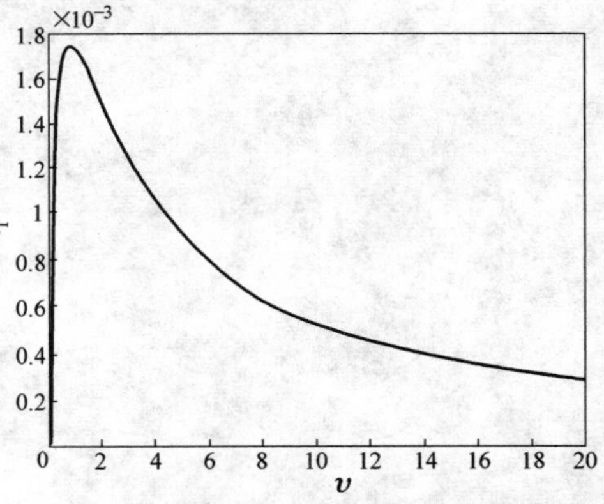

图 3-14 系统第 1 阶模态损耗因子 η_1 随刚度比 v 的变化曲线

随模态损耗因子的增加，系统的传递率会降低。当模态损耗因子增大到最大值时，传递率有最小值。增大阻尼材料面积可以增大刚度比 v，但是随着刚度比 v 的增大，模态损耗因子出现了饱和，即随着阻尼材料面积的增加，模态损耗因子会出现极大值。此时，继续增大结构的阻尼材料的面积就会削弱隔振系统的隔振效果。

3.5 本章小结

1）本章介绍了最简单的多自由度系统——两自由度系统。通过两自由度系统引入了坐标耦合和坐标变换的概念。

2）介绍了模态振型、模态向量、模态矩阵的概念。至此，模态包含的固有频率、模态阻尼和振型的概念全部介绍完毕。

3）介绍了系统固有频率为 0 和固有频率相等的现象。系统固有频率为 0 是模态试验中

使用弹性悬挂（支承）边界条件的理论基础。通过讨论系统固有频率相等的现象，给出了分析对称结构固有特性的方法。

4）分别介绍了系统减振和系统隔振的概念。当使用动力吸振器对主系统进行减振时，主系统响应的幅频曲线会出现反共振现象。

5）分析了结构阻尼在隔振系统中的特性，并通过对两自由度系统模型传递率的分析，得到了结构阻尼在隔振系统中可能会出现阻尼饱和的结论。

6）推导了两自由度系统模态损耗因子的解析表达式。与单自由度模态损耗因子特征不同，随结构阻尼储能刚度的增加，两自由度系统的模态损耗因子会先增大至最大值，然后单调递减。证明单纯增加结构阻尼材料的面积不一定能提高系统的隔振效果。

第4章　多自由度动力学系统

4.1　引言

通过对单自由度系统的分析可以知道，当激励频率接近或等于系统的固有频率时，系统响应的幅值会增大。当系统响应的幅值超过许可范围，系统就会发生破坏。所以在系统设计时需要计算出系统的固有频率，避免激励频率和系统固有频率接近或相等而导致系统共振。

当系统自由度增多时，系统的运动微分方程会发生坐标耦合，这给系统固有频率的计算带来了困难。根据两自由度系统的振动分析可以知道，存在一组坐标能够将物理坐标下互相耦合的运动微分方程解耦成相互独立的代数方程。描述这些相互独立代数方程的坐标就是模态坐标。

因为两自由度系统是最简单的多自由度系统，其运动微分方程的解耦方法具有局限性，所以本章介绍不受自由度限制的模态分析方法。根据不同阻尼类型，将分析方法分为：

- 无阻尼多自由度系统的实模态分析方法。
- 黏性阻尼多自由度系统的复模态分析方法。
- 结构阻尼多自由度系统的复模态分析方法。

最后，基于多自由度系统的模态分析方法介绍多自由度系统中反共振现象和阻尼饱和现象的原理。

4.2　无阻尼系统的实模态分析

4.2.1　特征值及特征向量

首先介绍无阻尼系统的分析方法，图 4-1 所示为三自由度系统模型。

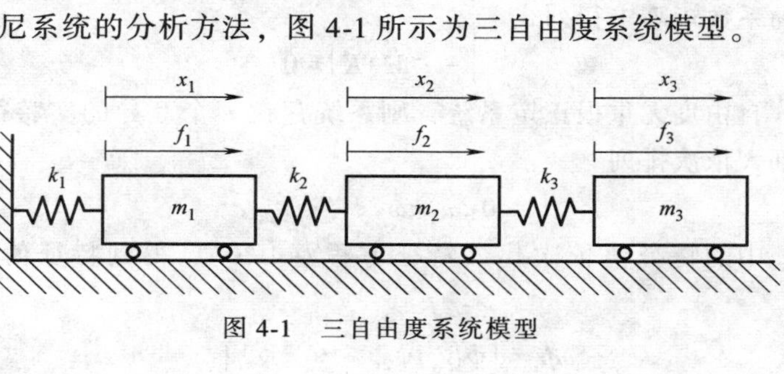

图 4-1　三自由度系统模型

图 4-1 所示系统的运动微分方程为

$$M\ddot{x}+Kx=f \tag{4-1}$$

式中，质量矩阵 $\boldsymbol{M}$、刚度矩阵 $\boldsymbol{K}$、位移响应向量 $\boldsymbol{x}$、加速度响应向量 $\ddot{\boldsymbol{x}}$、激励向量 $\boldsymbol{f}$ 的表达式分别为

$$\boldsymbol{M}=\begin{bmatrix} m_1 & & \\ & m_2 & \\ & & m_3 \end{bmatrix} \tag{4-2}$$

$$\boldsymbol{K}=\begin{bmatrix} k_1+k_2 & -k_2 & \\ -k_2 & k_2+k_3 & -k_3 \\ & -k_3 & k_3 \end{bmatrix} \tag{4-3}$$

$$\boldsymbol{x}=\begin{bmatrix} x_1 \\ x_2 \\ x_3 \end{bmatrix},\quad \ddot{\boldsymbol{x}}=\begin{bmatrix} \ddot{x}_1 \\ \ddot{x}_2 \\ \ddot{x}_3 \end{bmatrix} \tag{4-4}$$

$$\boldsymbol{f}=\begin{bmatrix} f_1 \\ f_2 \\ f_3 \end{bmatrix} \tag{4-5}$$

将系统自由度进行推广，均可以得到形如方程（4-1）的运动微分方程。将无阻尼多自由度系统运动微分方程对应的齐次方程写为

$$\boldsymbol{M}\ddot{\boldsymbol{x}}+\boldsymbol{K}\boldsymbol{x}=\boldsymbol{O} \tag{4-6}$$

其中，向量 $\boldsymbol{O}$ 的表达式是

$$\boldsymbol{O}=[0 \quad 0 \quad \cdots \quad 0]^{\mathrm{T}} \tag{4-7}$$

设系统位移响应的通解为

$$\boldsymbol{x}=\boldsymbol{\phi}\mathrm{e}^{\mathrm{j}\omega t} \tag{4-8}$$

系统加速度响应的通解为

$$\ddot{\boldsymbol{x}}=-\omega^2\boldsymbol{\phi}\mathrm{e}^{\mathrm{j}\omega t} \tag{4-9}$$

将式（4-8）和式（4-9）代入方程（4-6），得到系统的**特征方程**

$$(-\omega^2\boldsymbol{M}+\boldsymbol{K})\boldsymbol{\phi}=\boldsymbol{O} \tag{4-10}$$

对特征方程的系数矩阵求行列式

$$|-\omega^2\boldsymbol{M}+\boldsymbol{K}|=0 \tag{4-11}$$

假设系统为 n 自由度无重根正定系统，则系统存在 n 个互异的实**特征值** ω_i。将这些互异的特征值由小到大依次排列

$$0<\omega_1<\omega_2<\cdots<\omega_n \tag{4-12}$$

将式（4-12）中的特征值依次代入特征方程（4-10），得到特征值 ω_i 对应的**特征向量** $\boldsymbol{\phi}_i$

$$\boldsymbol{\phi}_i=[\phi_{1i} \quad \phi_{2i} \quad \cdots \quad \phi_{ni}]^{\mathrm{T}} \tag{4-13}$$

将特征向量 $\boldsymbol{\phi}_i$ 依次排列组成**特征矩阵 $\boldsymbol{\phi}$**

$$\boldsymbol{\phi}=[\boldsymbol{\phi}_1 \quad \boldsymbol{\phi}_2 \quad \cdots \quad \boldsymbol{\phi}_n] \tag{4-14}$$

- 式（4-12）中的特征值 ω_i 就是系统第 i 阶固有频率。
- 式（4-13）中特征值 ω_i 对应的特征向量 $\boldsymbol{\phi}_i$ 就是系统第 i 阶模态向量。
- 式（4-14）所示的特征矩阵就是系统的模态矩阵。

4.2.2 特征向量的正交性

为了确定系统特征向量之间是否存在耦合，需要验证系统特征向量的正交性。因为任一特征值满足特征方程（4-10），所以选取特征值 ω_i、ω_k 及对应特征向量 $\boldsymbol{\phi}_i$、$\boldsymbol{\phi}_k$，并代入特征方程（4-10），得到

$$(\boldsymbol{K}-\omega_i^2\boldsymbol{M})\boldsymbol{\phi}_i=\boldsymbol{O} \tag{4-15}$$

$$(\boldsymbol{K}-\omega_k^2\boldsymbol{M})\boldsymbol{\phi}_k=\boldsymbol{O} \tag{4-16}$$

将方程（4-15）左右两端同时左乘行向量 $\boldsymbol{\phi}_k^{\mathrm{T}}$，得到

$$\boldsymbol{\phi}_k^{\mathrm{T}}(\boldsymbol{K}-\omega_i^2\boldsymbol{M})\boldsymbol{\phi}_i=0 \tag{4-17}$$

将方程（4-16）左右两端同时转置，得到

$$\boldsymbol{\phi}_k^{\mathrm{T}}(\boldsymbol{K}^{\mathrm{T}}-\omega_k^2\boldsymbol{M}^{\mathrm{T}})=\boldsymbol{O}^{\mathrm{T}} \tag{4-18}$$

假设质量矩阵 $\boldsymbol{M}$ 和刚度矩阵 $\boldsymbol{K}$ 对称，所以

$$\boldsymbol{\phi}_k^{\mathrm{T}}(\boldsymbol{K}-\omega_k^2\boldsymbol{M})=\boldsymbol{O}^{\mathrm{T}} \tag{4-19}$$

将方程（4-19）左右两端同时右乘列向量 $\boldsymbol{\phi}_i$，得到

$$\boldsymbol{\phi}_k^{\mathrm{T}}(\boldsymbol{K}-\omega_k^2\boldsymbol{M})\boldsymbol{\phi}_i=0 \tag{4-20}$$

将方程（4-17）和方程（4-20）联立

$$\boldsymbol{\phi}_k^{\mathrm{T}}(\boldsymbol{K}-\omega_i^2\boldsymbol{M})\boldsymbol{\phi}_i=0 \tag{4-21}$$

$$\boldsymbol{\phi}_k^{\mathrm{T}}(\boldsymbol{K}-\omega_k^2\boldsymbol{M})\boldsymbol{\phi}_i=0 \tag{4-22}$$

用方程（4-21）减去方程（4-22），得到

$$(\omega_k^2-\omega_i^2)\boldsymbol{\phi}_k^{\mathrm{T}}\boldsymbol{M}\boldsymbol{\phi}_i=0 \tag{4-23}$$

因为 $\omega_i \neq \omega_k$，所以

$$\boldsymbol{\phi}_k^{\mathrm{T}}\boldsymbol{M}\boldsymbol{\phi}_i=0 \tag{4-24}$$

将式（4-24）代入式（4-21），得到

$$\boldsymbol{\phi}_k^{\mathrm{T}}\boldsymbol{K}\boldsymbol{\phi}_i=0 \tag{4-25}$$

因为质量矩阵 $\boldsymbol{M}$ 和刚度矩阵 $\boldsymbol{K}$ 对称，结合式（4-24）和式（4-25）可以得到无阻尼多自由度系统特征向量的正交性

$$\boldsymbol{\phi}_k^{\mathrm{T}}\boldsymbol{M}\boldsymbol{\phi}_i=\begin{cases}0 \quad, & i\neq k \\ m_i \quad, & i=k\end{cases} \tag{4-26}$$

$$\boldsymbol{\phi}_k^{\mathrm{T}}\boldsymbol{K}\boldsymbol{\phi}_i=\begin{cases}0 \quad, & i\neq k \\ k_i \quad, & i=k\end{cases} \tag{4-27}$$

式中，$\forall i=1, 2, \cdots, n$；$\forall k=1, 2, \cdots, n$。

将系统特征值连同式（4-26）和式（4-27）写为矩阵形式

$$\boldsymbol{\Lambda}=\mathrm{diag}[\omega_i^2] \tag{4-28}$$

$$\boldsymbol{\phi}^{\mathrm{T}}\boldsymbol{M}\boldsymbol{\phi}=\mathrm{diag}[m_i] \tag{4-29}$$

$$\boldsymbol{\phi}^{\mathrm{T}}\boldsymbol{K}\boldsymbol{\phi}=\mathrm{diag}[k_i] \tag{4-30}$$

式中，对角矩阵 $\mathrm{diag}[m_i]$ 称为**模态质量矩阵**；$\mathrm{diag}[k_i]$ 称为**模态刚度矩阵**。

通过上述推导可以知道，对系统特征方程的系数行列式求解得到的特征值就是系统的固有频率。特征方程中特征值对应的特征向量就是系统的模态向量。通过特征向量的正交性可以证明不同阶特征向量之间彼此投影为0，即系统不同阶模态之间互不耦合。

4.2.3 频响函数模态展式

设系统的位移响应向量为如下形式

$$\boldsymbol{x}=\boldsymbol{X}\mathrm{e}^{\mathrm{j}\omega t} \tag{4-31}$$

设激励向量为

$$\boldsymbol{f}=\boldsymbol{F}\mathrm{e}^{\mathrm{j}\omega t} \tag{4-32}$$

将式（4-31）和式（4-32）代入方程（4-1），得

$$(\boldsymbol{K}-\omega^2\boldsymbol{M})\boldsymbol{X}=\boldsymbol{F} \tag{4-33}$$

响应向量 $\boldsymbol{X}$ 可以表示为

$$\boldsymbol{X}=(\boldsymbol{K}-\omega^2\boldsymbol{M})^{-1}\boldsymbol{F} \tag{4-34}$$

使用特征矩阵将系统坐标进行如下变换

$$\boldsymbol{x}=\boldsymbol{\phi}\boldsymbol{y}=\sum_{i=1}^{n}\boldsymbol{\phi}_i\boldsymbol{y}_i \tag{4-35}$$

将式（4-35）代入方程（4-6），并对方程左右两端同时左乘特征矩阵的转置 $\boldsymbol{\phi}^{\mathrm{T}}$，得到解耦后的运动微分方程

$$\mathrm{diag}[m_i]\ddot{\boldsymbol{y}}+\mathrm{diag}[k_i]\boldsymbol{y}=\boldsymbol{\phi}^{\mathrm{T}}\boldsymbol{f} \tag{4-36}$$

设变换后坐标 $\boldsymbol{y}$ 的形式为

$$\boldsymbol{y}=\boldsymbol{Y}\mathrm{e}^{\mathrm{j}\omega t} \tag{4-37}$$

将式（4-37）和激励向量式（4-32）代入方程（4-36），得

$$\mathrm{diag}[k_i-\omega^2 m_i]\boldsymbol{Y}=\boldsymbol{\phi}^{\mathrm{T}}\boldsymbol{F} \tag{4-38}$$

那么坐标变换后的系统响应 $\boldsymbol{Y}$ 就可以表示为

$$\boldsymbol{Y}=\mathrm{diag}\left[\frac{1}{k_i-\omega^2 m_i}\right]\boldsymbol{\phi}^{\mathrm{T}}\boldsymbol{F} \tag{4-39}$$

将式（4-31）和式（4-37）代入坐标变换（4-35）中，得到

$$\boldsymbol{X}\mathrm{e}^{\mathrm{j}\omega t}=\boldsymbol{\phi}\boldsymbol{Y}\mathrm{e}^{\mathrm{j}\omega t} \tag{4-40}$$

将式（4-40）两端除以 $\mathrm{e}^{\mathrm{j}\omega t}$，结合式（4-39）得到原坐标系下系统响应 X 的表达式

$$\begin{aligned}\boldsymbol{X}&=\boldsymbol{\phi}\boldsymbol{Y}\\&=\boldsymbol{\phi}\mathrm{diag}\left[\frac{1}{k_i-\omega^2 m_i}\right]\boldsymbol{\phi}^{\mathrm{T}}\boldsymbol{F}\\&=\sum_{i=1}^{n}\frac{\boldsymbol{\phi}_i\boldsymbol{\phi}_i^{\mathrm{T}}}{k_i-\omega^2 m_i}\boldsymbol{F}\end{aligned} \tag{4-41}$$

将式（4-41）写为矩阵形式

$$\boldsymbol{X}=\boldsymbol{H}(\omega)\boldsymbol{F} \tag{4-42}$$

式中，定义 $\boldsymbol{H}(\omega)$ 为**频响函数矩阵**。

对比式（4-41）可以知道无阻尼多自由度系统频响函数矩阵的表达式为

$$\boldsymbol{H}(\omega)=\sum_{i=1}^{n}\frac{\boldsymbol{\phi}_i\boldsymbol{\phi}_i^{\mathrm{T}}}{k_i-\omega^2 m_i} \tag{4-43}$$

由式（4-43）中可以看出，多自由度系统的频响函数是系统各阶特征值和特征向量的线性叠加。所以对于线性系统来说，可以通过模态叠加的方法求得频响函数矩阵，并通过模态叠加法来计算系统的响应。

4.3 黏性阻尼系统的复模态分析

4.3.1 特征值及特征向量

有黏性阻尼存在的多自由度系统和无阻尼多自由度系统的模态分析方法略有不同。建立图 4-2 所示的三自由度黏性阻尼系统。

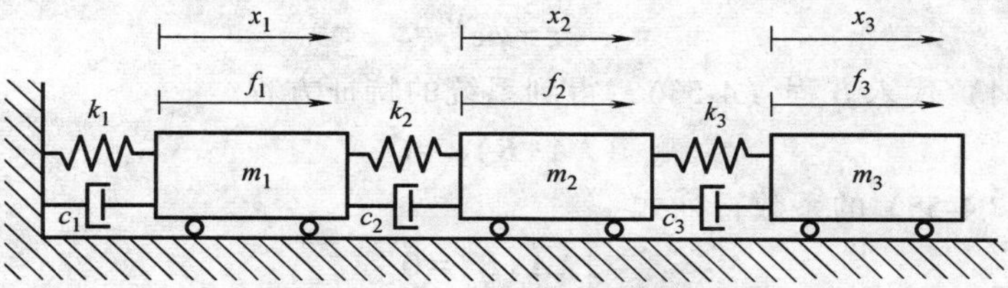

图 4-2 三自由度黏性阻尼系统

三自由度黏性阻尼系统的运动微分方程为

$$\boldsymbol{M}\ddot{\boldsymbol{x}}+\boldsymbol{C}\dot{\boldsymbol{x}}+\boldsymbol{K}\boldsymbol{x}=\boldsymbol{f} \tag{4-44}$$

式中，系统质量矩阵 $\boldsymbol{M}$ 和刚度矩阵 $\boldsymbol{K}$ 的表达式和无阻尼系统中的表达式相同。阻尼矩阵 $\boldsymbol{C}$ 的表达式为

$$\boldsymbol{C}=\begin{bmatrix} c_1+c_2 & -c_2 & \\ -c_2 & c_2+c_3 & -c_3 \\ & -c_3 & c_3 \end{bmatrix} \tag{4-45}$$

进一步将系统扩展为 n 自由度，并设系统通解的形式为

$$\boldsymbol{x}=\boldsymbol{\phi}\mathrm{e}^{\lambda t} \tag{4-46}$$

将通解（4-46）代入运动微分方程（4-44）并省略激励，得到多自由度系统的特征方程

$$(\lambda^2\boldsymbol{M}+\lambda\boldsymbol{C}+\boldsymbol{K})\boldsymbol{\phi}=\boldsymbol{O} \tag{4-47}$$

特征方程的行列式为

$$|\lambda^2\boldsymbol{M}+\lambda\boldsymbol{C}+\boldsymbol{K}|=0 \tag{4-48}$$

由式（4-45）不难看出，系统的阻尼矩阵 $\boldsymbol{C}$ 不能由质量矩阵 $\boldsymbol{M}$ 和刚度矩阵 $\boldsymbol{K}$ 的线性组合来表示，所以阻尼矩阵 $\boldsymbol{C}$ 不满足对角化条件。即方程（4-48）解出的特征值 $\boldsymbol{\lambda}$ 和方程

(4-47) 解出的特征向量矩阵 $\boldsymbol{\phi}$ 无法将阻尼矩阵 $\boldsymbol{C}$ 进行对角化。那么求解特征方程 (4-47) 得到的特征矩阵就无法解耦运动微分方程 (4-44)。

为了解耦含有黏性阻尼多自由度系统的运动微分方程，引入补充方程

$$\boldsymbol{M}\dot{\boldsymbol{x}}-\boldsymbol{M}\dot{\boldsymbol{x}}=\boldsymbol{O} \tag{4-49}$$

将方程 (4-49) 和方程 (4-44) 联立，并写为矩阵形式

$$\boldsymbol{A}\dot{\boldsymbol{z}}+\boldsymbol{B}\boldsymbol{z}=\boldsymbol{P} \tag{4-50}$$

其中，向量 $\dot{\boldsymbol{z}}$ 和 $\boldsymbol{z}$ 的表达式为

$$\dot{\boldsymbol{z}}=\begin{bmatrix}\dot{\boldsymbol{x}}\\ \ddot{\boldsymbol{x}}\end{bmatrix},\quad \boldsymbol{z}=\begin{bmatrix}\boldsymbol{x}\\ \dot{\boldsymbol{x}}\end{bmatrix} \tag{4-51}$$

方程 (4-50) 中矩阵 $\boldsymbol{A}$，$\boldsymbol{B}$ 和向量 $\boldsymbol{P}$ 的表达式为

$$\boldsymbol{A}=\begin{bmatrix}\boldsymbol{C} & \boldsymbol{M}\\ \boldsymbol{M} & \boldsymbol{O}\end{bmatrix},\quad \boldsymbol{B}=\begin{bmatrix}\boldsymbol{K} & \boldsymbol{O}\\ \boldsymbol{O} & -\boldsymbol{M}\end{bmatrix},\quad \boldsymbol{P}=\begin{bmatrix}\boldsymbol{f}\\ \boldsymbol{O}\end{bmatrix} \tag{4-52}$$

方程 (4-50) 对应的齐次方程为

$$\boldsymbol{A}\dot{\boldsymbol{z}}+\boldsymbol{B}\boldsymbol{z}=\boldsymbol{O} \tag{4-53}$$

设方程 (4-53) 的通解为

$$\boldsymbol{z}=\boldsymbol{\varphi}\mathrm{e}^{\lambda t} \tag{4-54}$$

将通解 (4-54) 代入方程 (4-53)，得到系统的特征方程

$$(\lambda\boldsymbol{A}+\boldsymbol{B})\boldsymbol{\varphi}=\boldsymbol{O} \tag{4-55}$$

求特征方程 (4-55) 的系数行列式

$$|\lambda\boldsymbol{A}+\boldsymbol{B}|=0 \tag{4-56}$$

得到 $2n$ 个互为共轭的系统特征值

$$\begin{cases}\lambda_i=-\sigma_{\mathrm{m}i}+\mathrm{j}\widetilde{\omega}_{\mathrm{m}i}\\ \overline{\lambda}_i=-\sigma_{\mathrm{m}i}-\mathrm{j}\widetilde{\omega}_{\mathrm{m}i}\end{cases} \tag{4-57}$$

式中，$\forall\, i=1,\ 2,\ \cdots,\ n$。

将式 (4-57) 中的特征值代入特征方程 (4-55)，得到特征值 λ_i 对应的特征向量 $\boldsymbol{\varphi}_i$ 和特征值 $\overline{\lambda}_i$ 对应的特征向量 $\overline{\boldsymbol{\varphi}}_i$。因为方程 (4-50) 和方程 (4-44) 对应同一系统，所以系统的固有特征没有变化。

将系统的特征向量 $\boldsymbol{\varphi}_i$ 和 $\overline{\boldsymbol{\varphi}}_i$ 写为

$$\boldsymbol{\varphi}_i=\begin{bmatrix}\boldsymbol{\phi}_i\\ \lambda_i\boldsymbol{\phi}_i\end{bmatrix},\quad \overline{\boldsymbol{\varphi}}_i=\begin{bmatrix}\overline{\boldsymbol{\phi}}_i\\ \overline{\lambda}_i\overline{\boldsymbol{\phi}}_i\end{bmatrix} \tag{4-58}$$

式中，$\boldsymbol{\phi}_i$ 是对应特征方程 (4-47) 的特征向量。

系统的特征矩阵为

$$\boldsymbol{\Phi}=[\boldsymbol{\varphi}\quad \overline{\boldsymbol{\varphi}}]=\begin{bmatrix}\boldsymbol{\phi} & \overline{\boldsymbol{\phi}}\\ \boldsymbol{\Lambda}\boldsymbol{\phi} & \overline{\boldsymbol{\Lambda}}\,\overline{\boldsymbol{\phi}}\end{bmatrix} \tag{4-59}$$

式中，对角矩阵 $\boldsymbol{\Lambda}=\mathrm{diag}[\lambda_i]$ 和 $\overline{\boldsymbol{\Lambda}}=\mathrm{diag}[\overline{\lambda}_i]$ 的对角元是系统特征值。

4.3.2 特征向量的正交性

假设系统的特征值无重根，将互异的特征值 λ_i、λ_k 和特征值对应的特征向量 $\boldsymbol{\varphi}_i$、$\boldsymbol{\varphi}_k$ 分别代入特征方程（4-55），得到

$$(\lambda_i\boldsymbol{A}+\boldsymbol{B})\boldsymbol{\varphi}_i=\boldsymbol{O} \tag{4-60}$$

$$(\lambda_k\boldsymbol{A}+\boldsymbol{B})\boldsymbol{\varphi}_k=\boldsymbol{O} \tag{4-61}$$

将方程（4-60）两端同时左乘行向量 $\boldsymbol{\varphi}_k^{\mathrm{T}}$，得到

$$\boldsymbol{\varphi}_k^{\mathrm{T}}(\lambda_i\boldsymbol{A}+\boldsymbol{B})\boldsymbol{\varphi}_i=0 \tag{4-62}$$

将方程（4-61）两端同时转置，得到

$$\boldsymbol{\varphi}_k^{\mathrm{T}}(\lambda_k\boldsymbol{A}^{\mathrm{T}}+\boldsymbol{B}^{\mathrm{T}})=\boldsymbol{O}^{\mathrm{T}} \tag{4-63}$$

假设质量矩阵 $\boldsymbol{M}$、阻尼矩阵 $\boldsymbol{C}$ 和刚度矩阵 $\boldsymbol{K}$ 对称，那么矩阵 $\boldsymbol{A}$ 和矩阵 $\boldsymbol{B}$ 也是对阵矩阵，所以

$$\boldsymbol{\varphi}_k^{\mathrm{T}}(\lambda_k\boldsymbol{A}+\boldsymbol{B})=\boldsymbol{O}^{\mathrm{T}} \tag{4-64}$$

将方程（4-64）左右两端同时右乘列向量 $\boldsymbol{\varphi}_i$，得到

$$\boldsymbol{\varphi}_k^{\mathrm{T}}(\lambda_k\boldsymbol{A}+\boldsymbol{B})\boldsymbol{\varphi}_i=0 \tag{4-65}$$

将式（4-62）与式（4-65）相减，得到

$$(\lambda_i-\lambda_k)\boldsymbol{\varphi}_k^{\mathrm{T}}\boldsymbol{A}\boldsymbol{\varphi}_i=0 \tag{4-66}$$

因为 $\lambda_i\neq\lambda_k$，所以

$$\boldsymbol{\varphi}_k^{\mathrm{T}}\boldsymbol{A}\boldsymbol{\varphi}_i=0 \tag{4-67}$$

将式（4-67）代入式（4-65），得到

$$\boldsymbol{\varphi}_k^{\mathrm{T}}\boldsymbol{B}\boldsymbol{\varphi}_i=0 \tag{4-68}$$

同理可以得到

$$\overline{\boldsymbol{\varphi}}_k^{\mathrm{T}}\boldsymbol{A}\overline{\boldsymbol{\varphi}}_i=0 \tag{4-69}$$

$$\overline{\boldsymbol{\varphi}}_k^{\mathrm{T}}\boldsymbol{B}\overline{\boldsymbol{\varphi}}_i=0 \tag{4-70}$$

当 $i=k$ 时，可以得到

$$\boldsymbol{\varphi}_i^{\mathrm{T}}\boldsymbol{A}\boldsymbol{\varphi}_i=a_i \tag{4-71}$$

$$\overline{\boldsymbol{\varphi}}_i^{\mathrm{T}}\boldsymbol{A}\overline{\boldsymbol{\varphi}}_i=\overline{a}_i \tag{4-72}$$

$$\boldsymbol{\varphi}_i^{\mathrm{T}}\boldsymbol{B}\boldsymbol{\varphi}_i=b_i \tag{4-73}$$

$$\overline{\boldsymbol{\varphi}}_i^{\mathrm{T}}\boldsymbol{B}\overline{\boldsymbol{\varphi}}_i=\overline{b}_i \tag{4-74}$$

将式（4-71）和式（4-72）整理为矩阵形式，矩阵的左端表达式为

$$\boldsymbol{\Phi}^{\mathrm{T}}\boldsymbol{A}\boldsymbol{\Phi}=\begin{bmatrix}\boldsymbol{\phi}^{\mathrm{T}} & \boldsymbol{\phi}^{\mathrm{T}}\boldsymbol{\Lambda}\\ \overline{\boldsymbol{\phi}}^{\mathrm{T}} & \overline{\boldsymbol{\phi}}^{\mathrm{T}}\overline{\boldsymbol{\Lambda}}\end{bmatrix}\begin{bmatrix}\boldsymbol{C} & \boldsymbol{M}\\ \boldsymbol{M} & \boldsymbol{O}\end{bmatrix}\begin{bmatrix}\boldsymbol{\phi} & \overline{\boldsymbol{\phi}}\\ \boldsymbol{\Lambda}\boldsymbol{\phi} & \overline{\boldsymbol{\Lambda}}\,\overline{\boldsymbol{\phi}}\end{bmatrix} \tag{4-75}$$

将矩阵（4-75）展开

$$\boldsymbol{\Phi}^{\mathrm{T}}\boldsymbol{A}\boldsymbol{\Phi}=\begin{bmatrix}\boldsymbol{\phi}^{\mathrm{T}}(\boldsymbol{C}+2\boldsymbol{\Lambda}\boldsymbol{M})\boldsymbol{\phi} & \boldsymbol{\phi}^{\mathrm{T}}(\boldsymbol{C}+\boldsymbol{\Lambda}\boldsymbol{M}+\overline{\boldsymbol{\Lambda}}\boldsymbol{M})\overline{\boldsymbol{\phi}}\\ \overline{\boldsymbol{\phi}}^{\mathrm{T}}(\boldsymbol{C}+\overline{\boldsymbol{\Lambda}}\boldsymbol{M}+\boldsymbol{M}\boldsymbol{\Lambda})\boldsymbol{\phi} & \overline{\boldsymbol{\phi}}^{\mathrm{T}}(\boldsymbol{C}+2\overline{\boldsymbol{\Lambda}}\boldsymbol{M})\overline{\boldsymbol{\phi}}\end{bmatrix} \tag{4-76}$$

将矩阵（4-76）分块整理，得到

$$\boldsymbol{\phi}^{\mathrm{T}}(\boldsymbol{C}+2\boldsymbol{\Lambda}\boldsymbol{M})\boldsymbol{\phi}=\operatorname{diag}[a_i] \tag{4-77}$$

$$\overline{\boldsymbol{\phi}}^{\mathrm{T}}(\boldsymbol{C}+2\overline{\boldsymbol{\Lambda}}\boldsymbol{M})\overline{\boldsymbol{\phi}}=\operatorname{diag}[\overline{a}_i] \tag{4-78}$$

$$\boldsymbol{\phi}^{\mathrm{H}}(\boldsymbol{C}+2\boldsymbol{\Lambda}_{\mathrm{Re}}\boldsymbol{M})\boldsymbol{\phi}=\boldsymbol{O} \tag{4-79}$$

式中，$\boldsymbol{\Lambda}_{\mathrm{Re}}$ 是 $\boldsymbol{\Lambda}$ 的实部；$\boldsymbol{\phi}^{\mathrm{H}}$ 是 $\boldsymbol{\phi}$ 的共轭转置。

同理通过式（4-73）和式（4-74）得到矩阵 $\boldsymbol{\Phi}^{\mathrm{T}}\boldsymbol{B}\boldsymbol{\Phi}$ 的分块表达式

$$\boldsymbol{\phi}^{\mathrm{T}}(\boldsymbol{K}-\boldsymbol{\Lambda}^2\boldsymbol{M})\boldsymbol{\phi}=\operatorname{diag}[b_i] \tag{4-80}$$

$$\overline{\boldsymbol{\phi}}^{\mathrm{T}}(\boldsymbol{K}-\overline{\boldsymbol{\Lambda}}^2\boldsymbol{M})\overline{\boldsymbol{\phi}}=\operatorname{diag}[\overline{b}_i] \tag{4-81}$$

$$\boldsymbol{\phi}^{\mathrm{H}}(\boldsymbol{K}-\boldsymbol{\Lambda}\overline{\boldsymbol{\Lambda}}\boldsymbol{M})\boldsymbol{\phi}=\boldsymbol{O} \tag{4-82}$$

将式（4-77）~式（4-82）合并写为

$$\begin{aligned}\boldsymbol{\Phi}^{\mathrm{T}}\boldsymbol{A}\boldsymbol{\Phi}&=\operatorname{diag}[\widetilde{a}_i]=\begin{bmatrix}\operatorname{diag}[a_i] & \\ & \operatorname{diag}[\overline{a}_i]\end{bmatrix}\\ \boldsymbol{\Phi}^{\mathrm{T}}\boldsymbol{B}\boldsymbol{\Phi}&=\operatorname{diag}[\widetilde{b}_i]=\begin{bmatrix}\operatorname{diag}[b_i] & \\ & \operatorname{diag}[\overline{b}_i]\end{bmatrix}\end{aligned} \tag{4-83}$$

由此可见，特征矩阵 $\boldsymbol{\Phi}$ 可以将矩阵 $\boldsymbol{A}$ 和 $\boldsymbol{B}$ 正交，而且

$$\lambda_i=-\frac{b_i}{a_i} \tag{4-84}$$

$$\overline{\lambda}_i=-\frac{\overline{b}_i}{\overline{a}_i} \tag{4-85}$$

通过式（4-77）~式（4-82）可以看出，系统的特征矩阵 $\boldsymbol{\phi}$ 并不具备使质量矩阵 $\boldsymbol{M}$、刚度矩阵 $\boldsymbol{K}$ 和阻尼矩阵 $\boldsymbol{C}$ 正交的性质。

定义系统复模态质量 $m_{\mathrm{m}i}$，复模态刚度 $k_{\mathrm{m}i}$ 和复模态阻尼 $c_{\mathrm{m}i}$ 分别为

$$m_{\mathrm{m}i}=\boldsymbol{\phi}_i^{\mathrm{H}}\boldsymbol{M}\boldsymbol{\phi}_i \tag{4-86}$$

$$k_{\mathrm{m}i}=\boldsymbol{\phi}_i^{\mathrm{H}}\boldsymbol{K}\boldsymbol{\phi}_i \tag{4-87}$$

$$c_{\mathrm{m}i}=\boldsymbol{\phi}_i^{\mathrm{H}}\boldsymbol{C}\boldsymbol{\phi}_i \tag{4-88}$$

不难证明，复模态的参数 $m_{\mathrm{m}i}$、$k_{\mathrm{m}i}$ 和 $c_{\mathrm{m}i}$ 均为实数。

由式（4-79）的对角元可以知道

$$c_{\mathrm{m}i}+2\operatorname{Re}(\lambda_i)m_{\mathrm{m}i}=0 \tag{4-89}$$

式中，$\operatorname{Re}(\lambda_i)$ 是特征值 λ_i 的实部。

由式（4-57）可知

$$\sigma_{\mathrm{m}i}=-\operatorname{Re}(\lambda_i)=\frac{c_{\mathrm{m}i}}{2m_{\mathrm{m}i}} \tag{4-90}$$

由式（4-82）可以得到其对角元为

$$k_{\mathrm{m}i}-\lambda_i\overline{\lambda}_i m_{\mathrm{m}i}=0 \tag{4-91}$$

定义复模态固有频率为

$$\omega_{mi}=\sqrt{\frac{k_{mi}}{m_{mi}}}=|\lambda_i| \tag{4-92}$$

所以特征值虚部 $\mathrm{Im}(\lambda_i)$ 可以表示为

$$\mathrm{Im}(\lambda_i)=\sqrt{|\lambda_i|^2-(\lambda_i^{\mathrm{Re}})^2}=\sqrt{\omega_{mi}^2-\sigma_{mi}^2}=\widetilde{\omega}_{mi} \tag{4-93}$$

定义复模态阻尼比为

$$\zeta_{mi}=\frac{\sigma_{mi}}{\omega_{mi}} \tag{4-94}$$

所以特征值可以表示为

$$\lambda_i=-\sigma_{mi}+\mathrm{j}\widetilde{\omega}_{mi}=-\zeta_{mi}\omega_{mi}+\mathrm{j}\omega_{mi}\sqrt{1-\zeta_{mi}^2} \tag{4-95}$$

$$\overline{\lambda}_i=-\sigma_{mi}-\mathrm{j}\widetilde{\omega}_{mi}=-\zeta_{mi}\omega_{mi}-\mathrm{j}\omega_{mi}\sqrt{1-\zeta_{mi}^2} \tag{4-96}$$

需要注意的是，黏性阻尼多自由度系统的复模态参数和无阻尼多自由度系统的实模态参数并不相等。

4.3.3　频响函数模态展式

对坐标 z 进行坐标变换

$$\boldsymbol{z}=\begin{bmatrix}\boldsymbol{x}\\ \dot{\boldsymbol{x}}\end{bmatrix}=\boldsymbol{\Phi y} \tag{4-97}$$

将坐标（4-97）代入方程（4-50），并对方程左右两端同时左乘 $\boldsymbol{\Phi}^{\mathrm{T}}$

$$\mathrm{diag}[\widetilde{a}_i]\dot{\boldsymbol{y}}+\mathrm{diag}[\widetilde{b}_i]\boldsymbol{y}=\boldsymbol{\Phi}^{\mathrm{T}}\boldsymbol{P} \tag{4-98}$$

将坐标 $\boldsymbol{y}$ 的形式设为

$$\boldsymbol{y}=\begin{bmatrix}\boldsymbol{L}\\ \boldsymbol{R}\end{bmatrix}\mathrm{e}^{\mathrm{j}\omega t} \tag{4-99}$$

设激励 $\boldsymbol{f}$ 向量为

$$\boldsymbol{f}=\boldsymbol{F}\mathrm{e}^{\mathrm{j}\omega t} \tag{4-100}$$

将式（4-99）和式（4-100）代入方程（4-98），并整理得到

$$\begin{bmatrix}\boldsymbol{L}\\ \boldsymbol{R}\end{bmatrix}=\mathrm{diag}\left[\frac{1}{\mathrm{j}\omega\widetilde{a}_i+\widetilde{b}_i}\right]\boldsymbol{\Phi}^{\mathrm{T}}\begin{bmatrix}\boldsymbol{F}\\ \boldsymbol{O}\end{bmatrix} \tag{4-101}$$

设位移响应为

$$\boldsymbol{x}=\boldsymbol{X}\mathrm{e}^{\mathrm{j}\omega t} \tag{4-102}$$

则速度响应为

$$\dot{\boldsymbol{x}}=\mathrm{j}\omega\boldsymbol{X}\mathrm{e}^{\mathrm{j}\omega t} \tag{4-103}$$

将式（4-102）、式（4-103）和式（4-99）代入式（4-97），得到

$$\begin{bmatrix}\boldsymbol{X}\\ \mathrm{j}\omega\boldsymbol{X}\end{bmatrix}=\boldsymbol{\Phi}\begin{bmatrix}\boldsymbol{L}\\ \boldsymbol{R}\end{bmatrix} \tag{4-104}$$

将式（4-101）代入式（4-104），得到

$$\begin{bmatrix}\boldsymbol{X}\\ \mathrm{j}\omega\boldsymbol{X}\end{bmatrix}=\boldsymbol{\Phi}\mathrm{diag}\left[\frac{1}{\mathrm{j}\omega\widetilde{a}_i+\widetilde{b}_i}\right]\boldsymbol{\Phi}^{\mathrm{T}}\begin{bmatrix}\boldsymbol{F}\\ \boldsymbol{O}\end{bmatrix} \tag{4-105}$$

式中，对角阵 $\mathrm{diag}[(\mathrm{j}\omega\tilde{a}_i+\tilde{b}_i)^{-1}]$ 的表达式为

$$\mathrm{diag}\left[\frac{1}{\mathrm{j}\omega\tilde{a}_i+\tilde{b}_i}\right]=\begin{bmatrix}\mathrm{diag}[(\mathrm{j}\omega a_i+b_i)^{-1}] & \\ & \mathrm{diag}[(\mathrm{j}\omega\bar{a}_i+\bar{b}_i)^{-1}]\end{bmatrix} \tag{4-106}$$

因为特征向量矩阵 $\boldsymbol{\Phi}$ 为

$$\boldsymbol{\Phi}=\begin{bmatrix}\boldsymbol{\phi} & \bar{\boldsymbol{\phi}}\\ \boldsymbol{\Lambda\phi} & \overline{\boldsymbol{\Lambda}}\,\bar{\boldsymbol{\phi}}\end{bmatrix} \tag{4-107}$$

所以响应向量 $\boldsymbol{X}$ 可以写为

$$\begin{aligned}\boldsymbol{X}&=\{\boldsymbol{\phi}\mathrm{diag}[(\mathrm{j}\omega a_i+b_i)^{-1}]\boldsymbol{\phi}^{\mathrm{T}}+\bar{\boldsymbol{\phi}}\mathrm{diag}[(\mathrm{j}\omega\bar{a}_i+\bar{b}_i)^{-1}]\bar{\boldsymbol{\phi}}^{\mathrm{T}}\}\boldsymbol{F}\\&=\sum_{i=1}^{n}\left(\frac{\boldsymbol{\phi}_i\boldsymbol{\phi}_i^{\mathrm{T}}}{\mathrm{j}\omega a_i+b_i}+\frac{\bar{\boldsymbol{\phi}}_i\bar{\boldsymbol{\phi}}_i^{\mathrm{T}}}{\mathrm{j}\omega\bar{a}_i+\bar{b}_i}\right)\boldsymbol{F}\end{aligned} \tag{4-108}$$

响应向量 $\boldsymbol{X}$，频响函数矩阵 $\boldsymbol{H}(\omega)$ 和激励向量 $\boldsymbol{F}$ 的关系是

$$\boldsymbol{X}=\boldsymbol{H}(\omega)\boldsymbol{F} \tag{4-109}$$

所以，频响函数矩阵 $\boldsymbol{H}(\omega)$ 可以写为

$$\boldsymbol{H}(\omega)=\sum_{i=1}^{n}\left(\frac{\boldsymbol{\phi}_i\boldsymbol{\phi}_i^{\mathrm{T}}}{\mathrm{j}\omega a_i+b_i}+\frac{\bar{\boldsymbol{\phi}}_i\bar{\boldsymbol{\phi}}_i^{\mathrm{T}}}{\mathrm{j}\omega\bar{a}_i+\bar{b}_i}\right) \tag{4-110}$$

将式（4-84）和式（4-85）代入（4-110），得到频响函数和特征值的关系

$$\boldsymbol{H}(\omega)=\sum_{i=1}^{n}\left[\frac{\boldsymbol{\phi}_i\boldsymbol{\phi}_i^{\mathrm{T}}}{a_i(\mathrm{j}\omega-\lambda_i)}+\frac{\bar{\boldsymbol{\phi}}_i\bar{\boldsymbol{\phi}}_i^{\mathrm{T}}}{\bar{a}_i(\mathrm{j}\omega-\bar{\lambda}_i)}\right] \tag{4-111}$$

令 $\boldsymbol{U}_i=\boldsymbol{\phi}_i\boldsymbol{\phi}_i^{\mathrm{T}}$，则 $\boldsymbol{U}$ 的表达式为

$$\boldsymbol{U}=\begin{bmatrix}\phi_{1i}\phi_{1i} & \phi_{1i}\phi_{2i} & \cdots & \phi_{1i}\phi_{ni}\\ \phi_{2i}\phi_{1i} & \phi_{2i}\phi_{2i} & \cdots & \phi_{2i}\phi_{ni}\\ \vdots & \vdots & \ddots & \vdots\\ \phi_{ni}\phi_{1i} & \phi_{ni}\phi_{2i} & \cdots & \phi_{ni}\phi_{ni}\end{bmatrix} \tag{4-112}$$

由此可见，频响函数的每一行或每一列均包含系统的全部模态信息。

4.4 结构阻尼系统的复模态分析

4.4.1 特征值及特征向量

多自由度结构阻尼系统的运动微分方程可以写为

$$\boldsymbol{M}\ddot{\boldsymbol{x}}+(\boldsymbol{K}+\mathrm{j}\boldsymbol{G})\boldsymbol{x}=\boldsymbol{f} \tag{4-113}$$

对应齐次方程为

$$\boldsymbol{M}\ddot{\boldsymbol{x}}+(\boldsymbol{K}+\mathrm{j}\boldsymbol{G})\boldsymbol{x}=\boldsymbol{O} \tag{4-114}$$

设系统响应的通解为

$$\boldsymbol{x}=\boldsymbol{\phi}\mathrm{e}^{\lambda t} \tag{4-115}$$

所以系统的特征方程为

$$(\lambda^2\boldsymbol{M}+\boldsymbol{K}+\mathrm{j}\boldsymbol{G})\boldsymbol{\phi}=\boldsymbol{O} \tag{4-116}$$

特征方程的系数行列式为

$$|\lambda^2\boldsymbol{M}+\boldsymbol{K}+\mathrm{j}\boldsymbol{G}|=0 \tag{4-117}$$

假设系统无重根，则可以根据方程（4-117）解出 n 个互异的特征值 λ_i^2。将特征值 λ_i^2 代入特征方程（4-116）可以解出对应特征值的 n 个特征向量 $\boldsymbol{\phi}_i$。将特征向量按顺序依次排列，组成特征矩阵 $\boldsymbol{\phi}$

$$\boldsymbol{\phi}=[\boldsymbol{\phi}_1\quad\boldsymbol{\phi}_2\quad\cdots\quad\boldsymbol{\phi}_n] \tag{4-118}$$

4.4.2　特征向量的正交性

对多自由度结构阻尼系统进行正交性分析。

当 $i\neq k$ 时，得到

$$\boldsymbol{\phi}_k^{\mathrm{T}}\boldsymbol{M}\boldsymbol{\phi}_i=0 \tag{4-119}$$

$$\boldsymbol{\phi}_k^{\mathrm{T}}(\boldsymbol{K}+\mathrm{j}\boldsymbol{G})\boldsymbol{\phi}_i=0 \tag{4-120}$$

当 $i=k$ 时，得到

$$\boldsymbol{\phi}_i^{\mathrm{T}}\boldsymbol{M}\boldsymbol{\phi}_i=\widetilde{m}_{\mathrm{m}i} \tag{4-121}$$

$$\boldsymbol{\phi}_i^{\mathrm{T}}(\boldsymbol{K}+\mathrm{j}\boldsymbol{G})\boldsymbol{\phi}_i=\widetilde{k}_{\mathrm{m}i}+\mathrm{j}\widetilde{g}_{\mathrm{m}i} \tag{4-122}$$

式中，$\widetilde{m}_{\mathrm{m}i}$ 是特征质量；$\widetilde{k}_{\mathrm{m}i}$ 是特征储能刚度；$\widetilde{g}_{\mathrm{m}i}$ 是特征耗能刚度。

将式（4-121）和式（4-122）写为矩阵形式

$$\boldsymbol{\phi}^{\mathrm{T}}\boldsymbol{M}\boldsymbol{\phi}=\mathrm{diag}[\widetilde{m}_{\mathrm{m}i}] \tag{4-123}$$

$$\boldsymbol{\phi}^{\mathrm{T}}(\boldsymbol{K}+\mathrm{j}\boldsymbol{G})\boldsymbol{\phi}=\mathrm{diag}[\widetilde{k}_{\mathrm{m}i}+\mathrm{j}\widetilde{g}_{\mathrm{m}i}] \tag{4-124}$$

则特征值可以表示为

$$\lambda_i^2=-\frac{1}{\widetilde{m}_{\mathrm{m}i}}(\widetilde{k}_{\mathrm{m}i}+\mathrm{j}\widetilde{g}_{\mathrm{m}i}) \tag{4-125}$$

将第 i 阶固有频率 ω_i^2 和模态损耗因子 η_i 定义为

$$\omega_i^2=\mathrm{Re}(\lambda_i^2) \tag{4-126}$$

$$\eta_i=\frac{\mathrm{Im}(\lambda_i^2)}{\mathrm{Re}(\lambda_i^2)} \tag{4-127}$$

则特征值可以表示为

$$\lambda_i^2=-\omega_i^2(1+\mathrm{j}\eta_i) \tag{4-128}$$

由此可见，一般结构阻尼系统的特征值包含了固有频率和模态损耗因子的信息，反映了系统的固有特征。

4.4.3　频响函数模态展式

对系统位移响应做坐标变换

$$\boldsymbol{x}=\boldsymbol{\phi}\boldsymbol{y} \tag{4-129}$$

设激励向量为

$$\boldsymbol{f}=\boldsymbol{F}\mathrm{e}^{\mathrm{j}\omega t} \tag{4-130}$$

将式（4-129）和激励向量式（4-130）代入方程（4-113），并在方程左右两端同时左乘特征矩阵的转置 $\boldsymbol{\phi}^{\mathrm{T}}$，得到

$$\mathrm{diag}[\widetilde{m}_{\mathrm{m}i}]\ddot{\boldsymbol{y}}+\mathrm{diag}[\widetilde{k}_{\mathrm{m}i}+\mathrm{j}\widetilde{g}_{\mathrm{m}i}]\boldsymbol{y}=\boldsymbol{\phi}^{\mathrm{T}}\boldsymbol{F}\mathrm{e}^{\mathrm{j}\omega t} \tag{4-131}$$

设变换后的坐标形式为

$$\boldsymbol{y}=\boldsymbol{Y}\mathrm{e}^{\mathrm{j}\omega t} \tag{4-132}$$

则方程（4-131）可以进一步表示为

$$\mathrm{diag}[-\omega^2\widetilde{m}_{\mathrm{m}i}+\widetilde{k}_{\mathrm{m}i}+\mathrm{j}\widetilde{g}_{\mathrm{m}i}]\boldsymbol{Y}=\boldsymbol{\phi}^{\mathrm{T}}\boldsymbol{F} \tag{4-133}$$

对方程（4-133）进行处理，得到 $\boldsymbol{Y}$ 的表达式

$$\boldsymbol{Y}=\mathrm{diag}[(-\omega^2\widetilde{m}_{\mathrm{m}i}+\widetilde{k}_{\mathrm{m}i}+\mathrm{j}\widetilde{g}_{\mathrm{m}i})^{-1}]\boldsymbol{\phi}^{\mathrm{T}}\boldsymbol{F} \tag{4-134}$$

设位移响应 $\boldsymbol{x}$ 的形式为

$$\boldsymbol{x}=\boldsymbol{X}\mathrm{e}^{\mathrm{j}\omega t} \tag{4-135}$$

将式（4-132）~式（4-135）代入式（4-129），得到

$$\begin{aligned}\boldsymbol{X}&=\boldsymbol{\phi}\boldsymbol{Y}\\&=\boldsymbol{\phi}\mathrm{diag}[(-\omega^2\widetilde{m}_{\mathrm{m}i}+\widetilde{k}_{\mathrm{m}i}+\mathrm{j}\widetilde{g}_{\mathrm{m}i})^{-1}]\boldsymbol{\phi}^{\mathrm{T}}\boldsymbol{F}\end{aligned} \tag{4-136}$$

根据式（4-136）以及向量 $\boldsymbol{X}$，频响函数矩阵 $\boldsymbol{H}(\omega)$ 和激励向量 $\boldsymbol{F}$ 的关系为

$$\boldsymbol{X}=\boldsymbol{H}(\omega)\boldsymbol{F} \tag{4-137}$$

得到结构阻尼系统的频响函数矩阵 $\boldsymbol{H}(\omega)$ 的表达式为

$$\boldsymbol{H}(\omega)=\sum_{i=1}^{n}\frac{\boldsymbol{\phi}_i\boldsymbol{\phi}_i^{\mathrm{T}}}{-\omega^2\widetilde{m}_{\mathrm{m}i}+\widetilde{k}_{\mathrm{m}i}+\mathrm{j}\widetilde{g}_{\mathrm{m}i}} \tag{4-138}$$

至此无阻尼多自由度系统、黏性阻尼多自由度系统和结构阻尼多自由度系统的模态分析方法介绍完毕。在工程中可以根据实际情况选择结构适用的模态分析理论。

4.5 反共振现象

4.5.1 反共振现象的原理

本节以三自由度模型（见图 4-3）为例，介绍多自由度系统反共振现象的工程意义。

三自由度系统的运动微分方程为

$$\boldsymbol{M}\ddot{\boldsymbol{x}}+\boldsymbol{C}\dot{\boldsymbol{x}}+\boldsymbol{K}\boldsymbol{x}=\boldsymbol{f} \tag{4-139}$$

式中，质量矩阵的表达式是

$$\boldsymbol{M}=\begin{bmatrix}m_1&&\\&m_2&\\&&m_3\end{bmatrix}$$

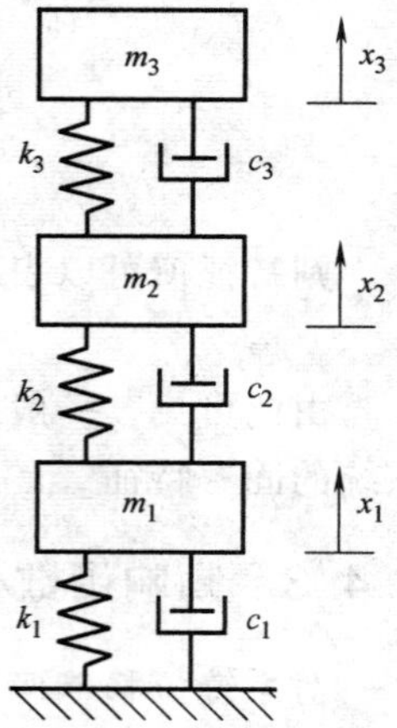

图 4-3　三自由度模型

阻尼矩阵的表达式是

$$\boldsymbol{C}=\begin{bmatrix} c_1+c_2 & -c_2 & 0 \\ -c_2 & c_2+c_3 & -c_3 \\ 0 & -c_3 & c_3 \end{bmatrix}$$

刚度矩阵的表达式是

$$\boldsymbol{K}=\begin{bmatrix} k_1+k_2 & -k_2 & 0 \\ -k_2 & k_2+k_3 & -k_3 \\ 0 & -k_3 & k_3 \end{bmatrix}$$

位移响应向量和激励向量分别是

$$\boldsymbol{x}=\begin{bmatrix} x_1(t) \\ x_2(t) \\ x_3(t) \end{bmatrix},\quad \boldsymbol{f}=\begin{bmatrix} f_1(t) \\ f_2(t) \\ f_3(t) \end{bmatrix}$$

频响函数的表达式是

$$\boldsymbol{H}(\omega)=(-\boldsymbol{M}\omega^2+\mathrm{j}\boldsymbol{C}\omega+\boldsymbol{K})^{-1} \tag{4-140}$$

以表 4-1 中的数据计算三自由度系统的频响函数矩阵，计算结果如图 4-4 所示。

表 4-1　三自由度系统的物理参数

质量/kg	阻尼/(N · s/m)	刚度/(N/m)
$m_1=1$	$c_1=0.3$	$k_1=25600$
$m_2=1$	$c_2=0.3$	$k_2=67600$
$m_3=1$	$c_3=0.3$	$k_3=36100$

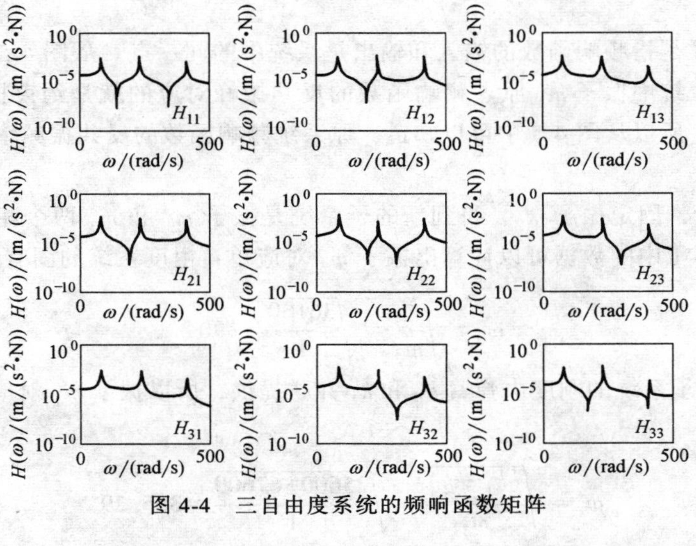

图 4-4　三自由度系统的频响函数矩阵

从图 4-4 中可以看出，有 7 条频响函数曲线出现了反共振峰。将主对角元频响函数 H_{ii} ($i=1, 2, 3$) 称为原点频响函数，将原点频响函数中出现的反共振定义为**原点反共振**。将非对角元频响函数（H_{ij}，i，$j\in[1, 3]$，$i\neq j$）称为跨点频响函数，将跨点频响函数中出现的反共振定义为**传递反共振**。

从图 4-4 中可以得出以下结论：

- 原点反共振在原点频响函数中出现了两次。
- 传递反共振在跨点频响函数中出现了一次或没有出现。
- 随自由度之间跨度的增大，反共振峰的数量依次减少。

根据上述现象，下面分别介绍原点反共振和传递反共振的特点和工程意义。

4.5.2 原点反共振的意义

首先将三自由度系统中的振子 m_1 固定，并计算剩余两自由度子系统的频响函数。将原三自由度系统振子 m_1 的原点频响函数和两自由度系统的频响函数做对比，如图 4-5 所示。

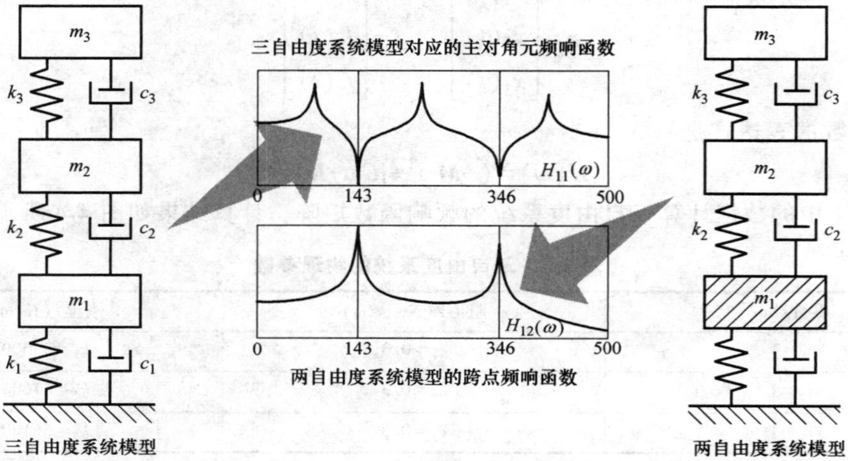

图 4-5 频响函数曲线对比

原点频响函数是指频响函数的输入和输出是系统中的同一点。从图 4-5 中可以很容易地看出，三自由度系统中振子 m_1 原点频响函数的反共振峰对应的就是约束振子 m_1 后两自由度系统的共振峰。所以从图 4-5 中可以知道，原系统频响函数的反共振频率对应的就是新系统的共振频率。

如图 4-6 所示，固定振子 m_2，得到新的子系统是振子 m_1 和 m_3 两个相互独立的单自由度系统。通过表 4-1 中的数据可以计算出振子 m_3 对应单自由度系统的固有频率为

$$\omega_3 = \sqrt{\frac{k_3}{m_3}} = \sqrt{\frac{36100}{1}} = 190 \tag{4-141}$$

振子 m_1 对应子系统的刚度由弹簧 k_1 和 k_2 并联提供，所以振子 m_1 对应子系统的固有频率为

$$\omega_1 = \sqrt{\frac{(k_1+k_2)}{m_1}} = \sqrt{\frac{25600+67600}{1}} \approx 305.29 \tag{4-142}$$

不难发现图 4-6 中频响函数反共振峰频率就是式（4-141）和式（4-142）计算得到的子系统的固有频率。结合图 4-5 中的对比结果，得到多自由度系统中原点频响函数反共振现象的工程意义：

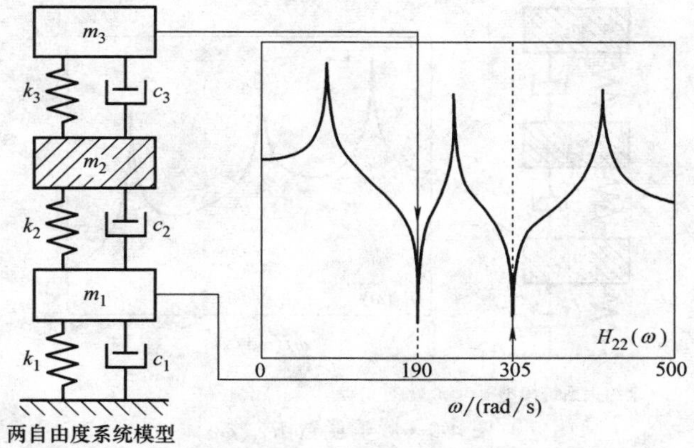

图 4-6 振子 m_2 的原点频响函数

多自由度系统中某自由度原点频响函数的反共振频率就是将该自由度约束后新系统的固有频率，其中新系统的自由度是原系统的剩余自由度。如果原系统为 n 自由度系统，那么系统原点频响函数反共振峰的数量就是 $n-1$。

4.5.3 传递反共振的意义

跨点频响函数是指在多自由度系统中通过由 A 点输入，B 点输出计算得到的频响函数。除原点频响函数中出现的反共振现象外，在跨点的频响函数中也有反共振现象。但是传递反共振和原点反共振的现象不同，在 n 自由度系统中原点反共振频率的数量永远是 $n-1$，而传递反共振没有这个规律。

从图 4-4 中可以看出，非原点频响函数中反共振频率的数量并不固定。在频响函数 $H_{12}(\omega)$（见图 4-7）和 $H_{23}(\omega)$（见图 4-8）中，反共振峰的数量都是 1。在频响函数 $H_{13}(\omega)$（见图 4-9）中则没有反共振现象。但是通过频响函数的对比可以发现一个规律，随着自由度之间的跨度越来越大，反共振峰的数量越来越少。比如在频响函数 $H_{11}(\omega)$ 中有两个反共振峰，在频响函数 $H_{12}(\omega)$ 中有一个反共振峰，在频响函数 $H_{13}(\omega)$ 中没有反共振峰。根据这个规律，假设固定振子 m_1 和 m_2，由剩余振子 m_3 组成的单自由度系统的固有频率是

$$\omega_3=\sqrt{\frac{k_3}{m_3}}=\sqrt{\frac{36100}{1}}=190 \tag{4-143}$$

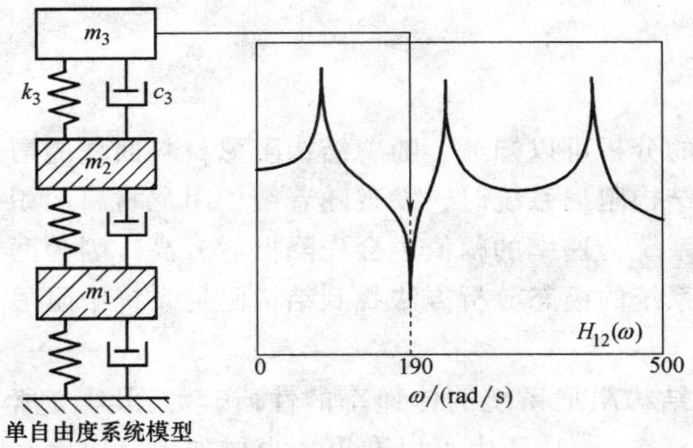

图 4-7 频响函数 $H_{12}(\omega)$

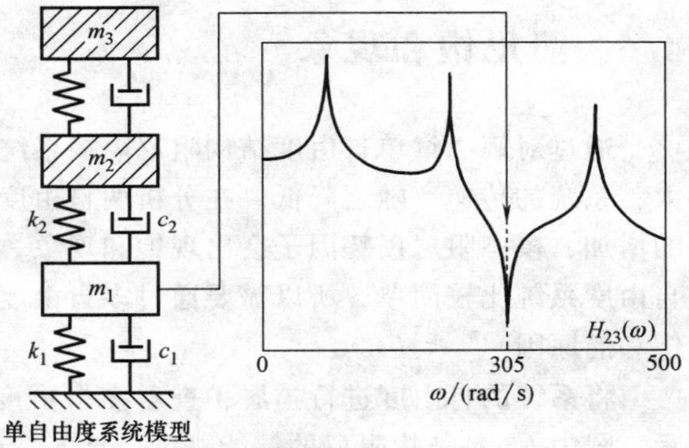

图 4-8 频响函数 $H_{23}(\omega)$

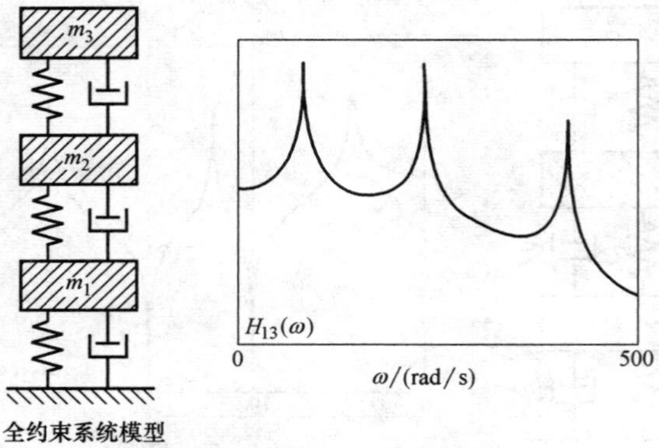

图 4-9 频响函数 $H_{13}(\omega)$

根据图 4-7 和式（4-143）可以知道，固有频率 ω_3 就是频响函数 $H_{12}(\omega)$ 的反共振频率。再次假设固定振子 m_2 和 m_3，则由振子 m_1 组成的单自由度系统的固有频率是

$$\omega_1=\sqrt{\frac{(k_1+k_2)}{m_1}}=\sqrt{\frac{25600+67600}{1}}\approx 305.29 \tag{4-144}$$

根据图 4-8 和式（4-144）可以知道，固有频率 ω_1 就是频响函数 $H_{23}(\omega)$ 的反共振频率。

所以得出结论：**在串联系统中，跨点频响函数的传递反共振频率就是将该频响函数跨越的自由度之间全部约束后新系统的固有频率。**

在跨点频响函数中还有一种没有反共振峰的频响函数曲线，比如图 4-9 所示的频响函数 $H_{13}(\omega)$ 中就没有反共振峰。根据传递反共振的意义，频响函数 $H_{13}(\omega)$ 中的反共振频率应该是将振子 m_1 到振子 m_3 全部约束后新系统的固有频率。将振子全部约束后，系统没有残余自由度，剩余自由度为 0，所以频响函数 $H_{13}(\omega)$ 中没有反共振峰。

反共振现象在模态试验中较为常见，也非常重要。系统中某自由度原点反共振的意义是：该自由度在反共振频率上的振动能量被系统其他自由度吸收，使该自由度处于准静止状态。所以反共振频率和共振频率一样重要，比如卫星支架上边缘纵向原点频响函数的反共振频率就是卫星本身的固有频率。如果激励频率和卫星支架原点频响函数的反共振频率接近或相等，那么激励的振动能量会被卫星吸收，此时卫星成为支架的动力吸振器，所以卫星同样有共振破坏的风险。

4.6 阻尼饱和现象

通过对第 2 章单自由度结构阻尼隔振系统的分析可以知道，随着结构阻尼材料面积的增大，系统的传递率随之降低。在分析两自由度结构阻尼系统时，发现随着结构阻尼材料面积的增加，模态阻尼损耗因子会出现饱和现象。系统传递率的幅值也会先降低后升高。因为两自由度系统比较简单，所以需要通过多自由度系统的模态分析方法找到结构阻尼系统中阻尼饱和的原因。

将系统的自由度进行扩展，查看多自由度结构阻尼系统的传递率的性质，如图 4-10 所示，图中 k_{di} 是结构阻尼的储能刚度，且 $k_{d1}<k_{d2}<k_{d3}$。从图中可以看出，当增加多自由度系

统结构阻尼的储能刚度后，系统共振处的传递率依然存在最小值，也就是模态损耗因子出现了饱和的现象。对于隔振来说，模态损耗因子越大对隔振就越有利。所以，得到模态损耗因子饱和产生的机理对提高模态损耗因子，提升隔振系统的性能起着非常重要的作用。

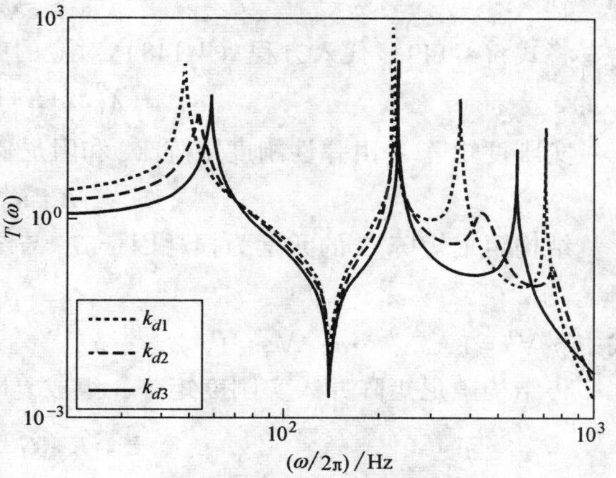

图 4-10　多自由度结构阻尼系统传递率

通过分析系统特征值的灵敏度，可以清楚而直接地得到物理参数对特征值的影响程度。通过系统特征值的变化，可以得到模态损耗因子的变化趋势。所以，本章通过计算结构阻尼系统特征值的灵敏度研究系统物理参数对特征值的影响。通过引入一个描述系统固有特性的新函数——振型差，来分析结构阻尼系统模态损耗因子的饱和机理。

4.6.1　系统特征值对物理参数的灵敏度

由第 3 章可知，当增加结构阻尼材料面积时，结构阻尼系统的传递率会出现先降低后升高的情况。传递率是系统的固有特性，共振时系统传递率的峰值由模态损耗因子决定，所以本节讨论系统物理参数对模态损耗因子的影响。

系统传递率的大小与系统特征值有直接关系，改变系统特征值就需要修改系统的物理参数。通过修改系统的物理参数可以使系统特征值向有利于降低传递率的方向变化。计算系统特征值对物理参数的灵敏度，可以直观地得到物理参数对特征值的影响规律。

设系统特征参数为 $\boldsymbol{\kappa}$，需要修改的物理参数为 p。当物理参数微小变化时，特征参数的微小改变量 $\Delta\boldsymbol{\kappa}$ 和物理参数微小改变量 Δp 的比值与特征参数对系统物理参数的灵敏度近似相等，即

$$\frac{\Delta\boldsymbol{\kappa}}{\Delta p}=\frac{\partial\boldsymbol{\kappa}}{\partial p} \tag{4-145}$$

当已知系统物理参数改变量 Δp 和特征参数对系统物理参数的灵敏度 $\partial\boldsymbol{\kappa}/\partial p$ 时，就可以求出物理参数的改变量 Δp 对特征参数的影响 $\Delta\boldsymbol{\kappa}$

$$\Delta\boldsymbol{\kappa}=\frac{\partial\boldsymbol{\kappa}}{\partial p}\Delta p \tag{4-146}$$

当物理参数改变量 Δp 较大时，可以将特征参数改变量 $\Delta\boldsymbol{\kappa}$ 变为若干小段的叠加

$$\begin{aligned}\Delta\boldsymbol{\kappa} &= \sum\Delta\boldsymbol{\kappa}_i \\ &= \sum\frac{\partial\boldsymbol{\kappa}_i}{\partial p_i}\Delta p_i\end{aligned} \tag{4-147}$$

设多自由度结构阻尼系统的运动微分方程为

$$\boldsymbol{M}\ddot{\boldsymbol{x}}+(\boldsymbol{K}+\mathrm{j}\boldsymbol{G})\boldsymbol{x}=\boldsymbol{f} \tag{4-148}$$

令方程（4-148）的通解形式为

$$\boldsymbol{x}=\boldsymbol{\phi}\mathrm{e}^{\lambda t} \tag{4-149}$$

将式（4-149）代入方程（4-148）对应的齐次方程，得到系统特征方程

$$(\lambda_i^2\boldsymbol{M}+\boldsymbol{K}+\mathrm{j}\boldsymbol{G})\boldsymbol{\phi}_i=\boldsymbol{O} \tag{4-150}$$

实刚度矩阵 $\boldsymbol{K}$ 由弹性刚度矩阵 $\boldsymbol{K}^u$ 和阻尼储能刚度矩阵 $\boldsymbol{K}^d$ 两部分组成

$$\boldsymbol{K}=\boldsymbol{K}^u+\boldsymbol{K}^d \tag{4-151}$$

结构阻尼矩阵 $\boldsymbol{G}$ 的元素为损耗因子 β_{rs} 与结构阻尼储能刚度 k_{rs}^d 的乘积

$$\boldsymbol{G}=[\beta_{rs}k_{rs}^d] \tag{4-152}$$

式中，$\forall r=1, 2, \cdots n$；$\forall s=1, 2, \cdots n$。

将结构阻尼矩阵并入实刚度矩阵，组成复刚度矩阵，即

$$\begin{aligned}\widetilde{\boldsymbol{K}}&=\boldsymbol{K}+\mathrm{j}\boldsymbol{G}\\&=\boldsymbol{K}^u+\boldsymbol{K}^d+\mathrm{j}\boldsymbol{G}\\&=[k_{rs}^u+k_{rs}^d+\mathrm{j}\beta_{rs}k_{rs}^d]\end{aligned} \tag{4-153}$$

则方程（4-150）可以表示为

$$[\lambda_i^2\boldsymbol{M}+\widetilde{\boldsymbol{K}}]\boldsymbol{\phi}_i=\boldsymbol{O} \tag{4-154}$$

解特征方程（4-154），得到系统特征值 λ_i^2 和特征向量 $\boldsymbol{\phi}_i$。将特征向量依次排列组成特征矩阵

$$\boldsymbol{\phi}=[\boldsymbol{\phi}_1 \quad \boldsymbol{\phi}_2 \quad \cdots \quad \boldsymbol{\phi}_n] \tag{4-155}$$

设系统特征参数为

$$m_{\mathrm{m}i}=\boldsymbol{\phi}_i^{\mathrm{T}}\boldsymbol{M}\boldsymbol{\phi}_i \tag{4-156}$$

$$k_{\mathrm{m}i}+\mathrm{j}g_{\mathrm{m}i}=\boldsymbol{\phi}_i^{\mathrm{T}}\widetilde{\boldsymbol{K}}\boldsymbol{\phi}_i \tag{4-157}$$

则特征值可以表示为

$$\boldsymbol{\lambda}^2=\mathrm{diag}\left[-\frac{k_{\mathrm{m}i}}{m_{\mathrm{m}i}}-\mathrm{j}\frac{g_{\mathrm{m}i}}{m_{\mathrm{m}i}}\right]_{\forall i=1,2,\cdots,n} \tag{4-158}$$

系统的模态损耗因子为

$$\eta_i=\frac{\mathrm{Im}(\lambda_i^2)}{\mathrm{Re}(\lambda_i^2)} \tag{4-159}$$

由于质量矩阵正定，实刚度矩阵和结构阻尼矩阵正定或半正定，所以由式（4-158）可知，系统特征值始终在复平面的第三象限。计算系统特征值对系统物理参数的灵敏度，将系统特征方程（4-154）对系统物理参数 p 求导，得到

$$\left[\frac{\partial\lambda_i^2}{\partial p}\boldsymbol{M}+\lambda_i^2\frac{\partial\boldsymbol{M}}{\partial p}+\frac{\partial\widetilde{\boldsymbol{K}}}{\partial p}\right]\boldsymbol{\phi}_i+[\lambda_i^2\boldsymbol{M}+\widetilde{\boldsymbol{K}}]\frac{\partial\boldsymbol{\phi}_i}{\partial p}=\boldsymbol{O} \tag{4-160}$$

对特征方程（4-154）进行转置，得到

$$\boldsymbol{\phi}_i^{\mathrm{T}}[\lambda_i^2\boldsymbol{M}^{\mathrm{T}}+\widetilde{\boldsymbol{K}}^{\mathrm{T}}]=\boldsymbol{O}^{\mathrm{T}} \tag{4-161}$$

假设质量矩阵和刚度矩阵对称，那么

$$\boldsymbol{\phi}_i^{\mathrm{T}}[\lambda_i^2\boldsymbol{M}+\widetilde{\boldsymbol{K}}]=\boldsymbol{O}^{\mathrm{T}} \tag{4-162}$$

方程（4-160）左右两端同时左乘 $\boldsymbol{\phi}_i$ 的转置矩阵 $\boldsymbol{\phi}_i^{\mathrm{T}}$，得到

$$\boldsymbol{\phi}_i^{\mathrm{T}}\left[\frac{\partial \boldsymbol{\lambda}_i^2}{\partial p}\boldsymbol{M}+\boldsymbol{\lambda}_i^2\frac{\partial \boldsymbol{M}}{\partial p}+\frac{\partial \widetilde{\boldsymbol{K}}}{\partial p}\right]\boldsymbol{\phi}_i+\boldsymbol{\phi}_i^{\mathrm{T}}[\boldsymbol{\lambda}_i^2\boldsymbol{M}+\widetilde{\boldsymbol{K}}]\frac{\partial \boldsymbol{\phi}_i}{\partial p}=0 \tag{4-163}$$

将式（4-162）代入式（4-163），得到

$$\frac{\partial \boldsymbol{\lambda}_i^2}{\partial p}\boldsymbol{\phi}_i^{\mathrm{T}}\boldsymbol{M}\boldsymbol{\phi}_i=-\boldsymbol{\phi}_i^{\mathrm{T}}\left[\boldsymbol{\lambda}_i^2\frac{\partial \boldsymbol{M}}{\partial p}+\frac{\partial \widetilde{\boldsymbol{K}}}{\partial p}\right]\boldsymbol{\phi}_i \tag{4-164}$$

因为 $\boldsymbol{\phi}_i^{\mathrm{T}}\boldsymbol{M}\boldsymbol{\phi}_i=m_{\mathrm{m}i}$，所以系统特征值 $\boldsymbol{\lambda}_i^2$ 对物理参数 p 的灵敏度为

$$\frac{\partial \boldsymbol{\lambda}_i^2}{\partial p}=-m_{\mathrm{m}i}^{-1}\boldsymbol{\phi}_i^{\mathrm{T}}\left[\boldsymbol{\lambda}_i^2\frac{\partial \boldsymbol{M}}{\partial p}+\frac{\partial \widetilde{\boldsymbol{K}}}{\partial p}\right]\boldsymbol{\phi}_i \tag{4-165}$$

系统第 i 阶特征值对质量矩阵第 r 行，第 s 列元素的灵敏度为

$$\frac{\partial \boldsymbol{\lambda}_i^2}{\partial m_{rs}}=-\boldsymbol{\lambda}_i^2 m_{\mathrm{m}i}^{-1}\boldsymbol{\phi}_i^{\mathrm{T}}\frac{\partial \boldsymbol{M}}{\partial m_{rs}}\boldsymbol{\phi}_i \tag{4-166}$$

当 $r\neq s$ 时，系统第 i 阶特征值对质量的灵敏度为

$$\frac{\partial \boldsymbol{\lambda}_i^2}{\partial m_{rs}}=-\boldsymbol{\lambda}_i^2 m_{\mathrm{m}i}^{-1}\boldsymbol{\phi}_i^{\mathrm{T}}\begin{bmatrix}0 & & & \cdots & & & 0\\ & \ddots & & & & & \\ & & 0 & \cdots & 1 & & \\ \vdots & & \vdots & \ddots & \vdots & & \vdots\\ & & 1 & \cdots & 0 & & \\ & & & & & \ddots & \\ 0 & & & \cdots & & & 0\end{bmatrix}\boldsymbol{\phi}_i \tag{4-167}$$

对式（4-167）进行整理，得到

$$\begin{aligned}\frac{\partial \boldsymbol{\lambda}_i^2}{\partial m_{rs}}&=-\boldsymbol{\lambda}_i^2 m_{\mathrm{m}i}^{-1}(\phi_{si}\phi_{ri}+\phi_{ri}\phi_{si})\\&=-2\boldsymbol{\lambda}_i^2 m_{\mathrm{m}i}^{-1}\phi_{si}\phi_{ri}\end{aligned} \tag{4-168}$$

当 $r=s$ 时，系统第 i 阶特征值对质量的灵敏度为

$$\frac{\partial \boldsymbol{\lambda}_i^2}{\partial m_{rr}}=-\boldsymbol{\lambda}_i^2 m_{\mathrm{m}i}^{-1}\phi_{ri}^2 \tag{4-169}$$

同理，可以得到系统特征值对弹性刚度矩阵非主对角元素的灵敏度

$$\begin{aligned}\frac{\partial \boldsymbol{\lambda}_i^2}{\partial k_{rs}^u}&=-m_{\mathrm{m}i}^{-1}\boldsymbol{\phi}_i^{\mathrm{T}}\frac{\partial \boldsymbol{K}^u}{\partial k_{rs}^u}\boldsymbol{\phi}_i\\&=-2m_{\mathrm{m}i}^{-1}\phi_{si}\phi_{ri}\end{aligned} \tag{4-170}$$

系统特征值对弹性刚度矩阵主对角元素的灵敏度为

$$\begin{aligned}\frac{\partial \boldsymbol{\lambda}_i^2}{\partial k_{rr}^u}&=-m_{\mathrm{m}i}^{-1}\boldsymbol{\phi}_i^{\mathrm{T}}\frac{\partial \boldsymbol{K}^u}{\partial k_{rr}^u}\boldsymbol{\phi}_i\\&=-m_{\mathrm{m}i}^{-1}\phi_{ri}^2\end{aligned} \tag{4-171}$$

因为结构阻尼力与阻尼储能刚度和损耗因子有关，所以当 $r\neq s$ 时，系统第 i 阶特征值对阻尼储能刚度的灵敏度为

$$\frac{\partial \lambda_i^2}{\partial k_{rs}^d}=-m_{\mathrm{m}i}^{-1}\boldsymbol{\phi}_i^{\mathrm{T}}\left(\frac{\partial \boldsymbol{K}^d}{\partial k_{rs}^d}+\frac{\partial \boldsymbol{G}}{\partial k_{rs}^d}\right)\boldsymbol{\phi}_i \tag{4-172}$$

将式（4-172）展开，得到

$$\frac{\partial \lambda_i^2}{\partial k_{rs}^d}=-m_{\mathrm{m}i}^{-1}\boldsymbol{\phi}_i^{\mathrm{T}}\begin{bmatrix} 0 & & & \cdots & & 0 \\ & \ddots & & & & \\ & & 0 & \cdots & 1+\mathrm{j}\beta_{rs} & \\ \vdots & & \vdots & \ddots & \vdots & \vdots \\ & & 1+\mathrm{j}\beta_{sr} & \cdots & 0 & \\ & & & & & \ddots \\ 0 & & & \cdots & & 0 \end{bmatrix}\boldsymbol{\phi}_i \tag{4-173}$$

整理式（4-173），得到

$$\begin{aligned}\frac{\partial \lambda_i^2}{\partial k_{rs}^d}&=-m_{\mathrm{m}i}^{-1}[\phi_{si}\phi_{ri}(1+\mathrm{j}\beta_{sr})+\phi_{ri}\phi_{si}(1+\mathrm{j}\beta_{rs})]\\ &=-2m_{\mathrm{m}i}^{-1}\phi_{si}\phi_{ri}(1+\mathrm{j}\beta_{rs})\end{aligned} \tag{4-174}$$

当 $r=s$ 时，系统第 i 阶特征值对阻尼储能刚度的灵敏度为

$$\frac{\partial \lambda_i^2}{\partial k_{rr}^d}=-m_{\mathrm{m}i}^{-1}\phi_{ri}^2(1+\mathrm{j}\beta_{rr}) \tag{4-175}$$

同理，系统特征值对结构阻尼矩阵非主对角元素损耗因子的灵敏度为

$$\begin{aligned}\frac{\partial \lambda_i^2}{\partial \beta_{rs}}&=-m_{\mathrm{m}i}^{-1}\boldsymbol{\phi}_i^{\mathrm{T}}\frac{\partial \boldsymbol{G}}{\partial \beta_{rs}}\boldsymbol{\phi}_i\\ &=-2\mathrm{j}m_{\mathrm{m}i}^{-1}k_{rs}^d\phi_{si}\phi_{ri}\end{aligned} \tag{4-176}$$

系统特征值对结构阻尼矩阵主对角元素损耗因子的灵敏度为

$$\begin{aligned}\frac{\partial \lambda_i^2}{\partial \beta_{rr}}&=-m_{\mathrm{m}i}^{-1}\boldsymbol{\phi}_i^{\mathrm{T}}\frac{\partial \boldsymbol{G}}{\partial \beta_{rr}}\boldsymbol{\phi}_i\\ &=-\mathrm{j}m_{\mathrm{m}i}^{-1}k_{rr}^d\phi_{ri}^2\end{aligned} \tag{4-177}$$

以上通过理论推导得到了系统特征值对物理参数灵敏度的解析表达式，下面基于具体模型验证特征值随物理参数的变化规律。

4.6.2 阻尼储能刚度的作用

假设只考虑多自由度系统的同向运动，系统模型如图 4-11 所示。图中刚度 $\widetilde{b}_r$ 为复刚度，即 $\widetilde{b}_r$ 同时含有弹性单元和结构阻尼单元。

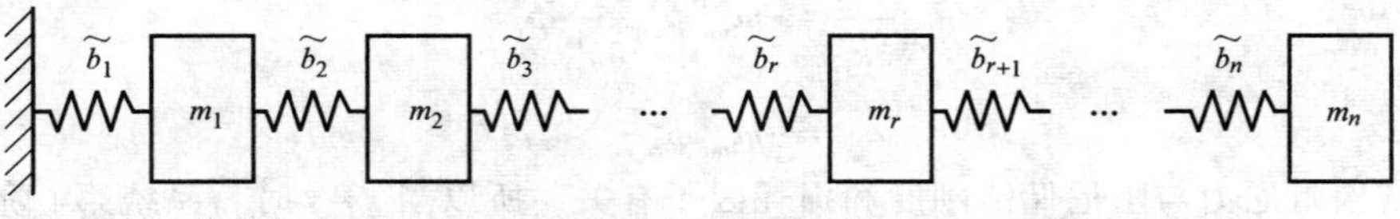

图 4-11　多自由度系统的同向运动动力学模型

复刚度 $\widetilde{b}_r$ 的表达式为

$$\widetilde{b}_r = b_r^u + b_r^d + \mathrm{j}\beta_r b_r^d \tag{4-178}$$

式中，b_r^u 是第 r 个自由度的弹性单元刚度；b_r^d 是第 r 个自由度阻尼的储能刚度；β_r 是第 r 个自由度对应的材料损耗因子。

将图 4-11 中系统的运动微分方程写为

$$\boldsymbol{M}\ddot{\boldsymbol{x}} + (\boldsymbol{K}^u + \boldsymbol{K}^d + \mathrm{j}\boldsymbol{G})\boldsymbol{x} = \boldsymbol{f} \tag{4-179}$$

式中，弹性刚度矩阵 $\boldsymbol{K}^u$ 的表达式为

$$\boldsymbol{K}^u = \begin{bmatrix} b_1^u + b_2^u & -b_2^u & & \\ -b_2^u & b_2^u + b_3^u & \ddots & \\ & \ddots & \ddots & -b_n^u \\ & & -b_n^u & b_n^u \end{bmatrix} \tag{4-180}$$

阻尼储能刚度矩阵 $\boldsymbol{K}^d$ 的表达式为

$$\boldsymbol{K}^d = \begin{bmatrix} b_1^d + b_2^d & -b_2^d & & \\ -b_2^d & b_2^d + b_3^d & \ddots & \\ & \ddots & \ddots & -b_n^d \\ & & -b_n^d & b_n^d \end{bmatrix} \tag{4-181}$$

结构阻尼矩阵 $\boldsymbol{G}$ 的表达式为

$$\boldsymbol{G} = \begin{bmatrix} \beta_1 b_1^d + \beta_2 b_2^d & -\beta_2 b_2^d & & \\ -\beta_2 b_2^d & \beta_2 b_2^d + \beta_3 b_3^d & \ddots & \\ & \ddots & \ddots & -\beta_n b_n^d \\ & & -\beta_n b_n^d & \beta_n b_n^d \end{bmatrix} \tag{4-182}$$

弹性刚度矩阵 $\boldsymbol{K}^u$ 的主对角元素和非对角元素为

$$k_{rr}^u = \sum_{l=r}^{r+1} b_l^u \tag{4-183}$$

$$k_{r-1,r}^u = -b_r^u \tag{4-184}$$

阻尼储能刚度矩阵 $\boldsymbol{K}^d$ 的主对角元素和非对角元素为

$$k_{rr}^d = \sum_{l=r}^{r+1} b_l^d \tag{4-185}$$

$$k_{r-1,r}^d = -b_r^d \tag{4-186}$$

结构阻尼矩阵 $\boldsymbol{G}$ 的主对角元素和非对角元素为

$$g_{rr} = \sum_{l=r}^{r+1} \beta_l b_l^d \tag{4-187}$$

$$g_{r-1,r} = -\beta_r b_r^d \tag{4-188}$$

将弹性刚度矩阵、阻尼储能刚度矩阵和结构阻尼矩阵组合为复刚度矩阵 $\widetilde{\boldsymbol{K}}$，有

$$\widetilde{\boldsymbol{K}}=\boldsymbol{K}^u+\boldsymbol{K}^d+\mathrm{j}\boldsymbol{G} \tag{4-189}$$

复刚度矩阵 $\widetilde{\boldsymbol{K}}$ 中主对角元第 r 行元素为

$$\widetilde{k}_{rr}=\sum_{l=r}^{r+1}(b_l^u+b_l^d+\mathrm{j}\beta_l b_l^d) \tag{4-190}$$

复刚度矩阵 $\widetilde{\boldsymbol{K}}$ 中非主对角元第 $r-1$ 行第 r 列元素为

$$\widetilde{k}_{r-1,r}=-(b_r^u+b_r^d+\mathrm{j}\beta_r b_r^d) \tag{4-191}$$

令第 r 个自由度的刚度比 v_r 为

$$\begin{aligned} v_r &= \frac{b_r^d}{b_r^u+b_r^d} \\ &= \frac{b_r^d}{b_r} \end{aligned} \tag{4-192}$$

式中，$b_r=b_r^u+b_r^d$。

所以，复刚度矩阵主对角元素可以表示为

$$\begin{aligned} \widetilde{k}_{rr} &= k_{rr}^u+k_{rr}^d+\mathrm{j}\beta_{rr}k_{rr}^d \\ &= \sum_{l=r}^{r+1}(b_l^u+b_l^d+\mathrm{j}\beta_l b_l^d) \\ &= \sum_{l=r}^{r+1}(b_l+\mathrm{j}v_l\beta_l b_l) \end{aligned} \tag{4-193}$$

复刚度矩阵非对角元素可以表示为

$$\begin{aligned} \widetilde{k}_{r-1,r} &= k_{r-1,r}^u+k_{r-1,r}^d+\mathrm{j}\beta_{r-1,r}k_{r-1,r}^d \\ &= -(b_r^u+b_r^d+\mathrm{j}\beta_r b_r^d) \\ &= -(b_r+\mathrm{j}v_r\beta_r b_r) \end{aligned} \tag{4-194}$$

根据式（4-193），定义复刚度矩阵主对角元的**结构损耗因子**为

$$\beta_{rr}=\frac{\sum_{l=r}^{r+1}\beta_l b_l^d}{\sum_{l=r}^{r+1}b_l^d} \tag{4-195}$$

根据式（4-194）可知，复刚度矩阵非主对角元的结构损耗因子为

$$\beta_{r-1,r}=\beta_r \tag{4-196}$$

因为特征值变化量与物理参数变化量的关系为

$$\begin{aligned} \Delta\lambda_i^2 &= \sum\left(\frac{\partial\lambda_i^2}{\partial p_l}\Delta p_l\right) \\ &= \left(\frac{\partial\lambda_i^2}{\partial m}\Delta m+\frac{\partial\lambda_i^2}{\partial\widetilde{k}}\Delta\widetilde{k}\right) \end{aligned} \tag{4-197}$$

所以由阻尼储能刚度改变引起特征值的变化量为

$$\Delta\lambda_i^2=\frac{\partial\lambda_i^2}{\partial b_r^d}\Delta b_r^d$$

$$=\Delta b_r^d\left(\frac{\partial\lambda_i^2}{\partial k_{rr}^d}\frac{\partial k_{rr}^d}{\partial b_r^d}+\frac{\partial\lambda_i^2}{\partial k_{r-1,r}^d}\frac{\partial k_{r-1,r}^d}{\partial b_r^d}+\frac{\partial\lambda_i^2}{\partial k_{r-1,r-1}^d}\frac{\partial k_{r-1,r-1}^d}{\partial b_r^d}+\frac{\partial\lambda_i^2}{\partial\beta_{rr}}\frac{\partial\beta_{rr}}{\partial b_r^d}+\frac{\partial\lambda_i^2}{\partial\beta_{r-1,r}}\frac{\partial\beta_{r-1,r}}{\partial b_r^d}+\frac{\partial\lambda_i^2}{\partial\beta_{r-1,r-1}}\frac{\partial\beta_{r-1,r-1}}{\partial b_r^d}\right)\tag{4-198}$$

根据式（4-193），可知复刚度矩阵主对角元素对第 r 个自由度阻尼储能刚度的灵敏度为

$$\frac{\partial k_{rr}^d}{\partial b_r^d}=\frac{\partial k_{r-1,r-1}^d}{\partial b_r^d}=1\tag{4-199}$$

由式（4-194），可知复刚度矩阵非主对角元素对第 r 个自由度阻尼储能刚度的灵敏度为

$$\frac{\partial k_{r-1,r}^d}{\partial b_r^d}=-1\tag{4-200}$$

复刚度矩阵主对角元素结构损耗因子对第 r 个自由度阻尼储能刚度的灵敏度为

$$\frac{\partial\beta_{rr}}{\partial b_r^d}=\frac{(\beta_r-\beta_{r+1})b_{r+1}^d}{\left(\sum\limits_{l=r}^{r+1}b_l^d\right)^2}\tag{4-201}$$

复刚度矩阵非主对角元素结构损耗因子对第 r 个自由度阻尼储能刚度的灵敏度为

$$\frac{\partial\beta_{r-1,r}}{\partial b_r^d}=0\tag{4-202}$$

特征值对阻尼储能刚度矩阵主对角元素灵敏度为

$$\frac{\partial\lambda_i^2}{\partial k_{rr}^d}=-m_{\mathrm{m}i}^{-1}\phi_{ri}^2(1+\mathrm{j}\beta_{rr})=-m_{\mathrm{m}i}^{-1}\phi_{ri}^2\left(1+\mathrm{j}\frac{\sum\limits_{l=r}^{r+1}\beta_l b_l^d}{\sum\limits_{l=r}^{r+1}b_l^d}\right)\tag{4-203}$$

$$\frac{\partial\lambda_i^2}{\partial k_{r-1,r-1}^d}=-m_{\mathrm{m}i}^{-1}\phi_{r-1,i}^2(1+\mathrm{j}\beta_{r-1,r-1})=-m_{\mathrm{m}i}^{-1}\phi_{r-1,i}^2\left(1+\mathrm{j}\frac{\sum\limits_{l=r-1}^{r}\beta_l b_l^d}{\sum\limits_{l=r-1}^{r}b_l^d}\right)\tag{4-204}$$

特征值对阻尼储能刚度矩阵非主对角元素灵敏度为

$$\frac{\partial\lambda_i^2}{\partial k_{r-1,r}^d}=-2m_{\mathrm{m}i}^{-1}\phi_{r-1,i}\phi_{ri}(1+\mathrm{j}\beta_{r-1,r})=-2m_{\mathrm{m}i}^{-1}\phi_{r-1,i}\phi_{ri}(1+\mathrm{j}\beta_r)\tag{4-205}$$

特征值对结构阻尼矩阵主对角元素结构损耗因子的灵敏度为

$$\begin{aligned}\frac{\partial \lambda_i^2}{\partial \beta_{rr}} &= -\mathrm{j} m_{\mathrm{m}i}^{-1} k_{rr}^d \phi_{ri}^2 \\ &= -\mathrm{j} m_{\mathrm{m}i}^{-1} \phi_{ri}^2 \sum_{l=r}^{r+1} b_l^d\end{aligned} \tag{4-206}$$

$$\begin{aligned}\frac{\partial \lambda_i^2}{\partial \beta_{r-1,r-1}} &= -\mathrm{j} m_{\mathrm{m}i}^{-1} k_{r-1,r-1}^d \phi_{r-1,i}^2 \\ &= -\mathrm{j} m_{\mathrm{m}i}^{-1} \phi_{r-1,i}^2 \sum_{l=r-1}^{r} b_l^d\end{aligned} \tag{4-207}$$

将式（4-119）~式（4-207）代入式（4-198），得到由阻尼储能刚度变化量引起第 i 阶特征值变化量的表达式为

$$\begin{aligned}\Delta \lambda_i^2 &= \frac{\partial \lambda_i^2}{\partial b_r^d} \Delta b_r^d \\ &= -m_{\mathrm{m}i}^{-1} \Delta b_r^d \Bigg[\phi_{ri}^2 \left(1 + \mathrm{j} \sum_{l=r}^{r+1} \frac{\beta_l b_l^d}{b_l^d}\right) \\ &\quad - 2\phi_{ri}\phi_{r-1,i}(1 + \mathrm{j}\beta_r) + \phi_{r-1,i}^2 \left(1 + \mathrm{j} \sum_{l=r-1}^{r} \frac{\beta_l b_l^d}{b_l^d}\right) \\ &\quad + \mathrm{j}\phi_{ri}^2 \frac{\beta_r b_{r+1}^d - \beta_{r+1} b_{r+1}^d}{\sum_{l=r}^{r} b_l^d} + \mathrm{j}\phi_{r-1,i}^2 \frac{\beta_r b_{r-1}^d - \beta_{r-1} b_{r-1}^d}{\sum_{l=r-1}^{r} b_l^d} \Bigg]\end{aligned} \tag{4-208}$$

整理并化简式（4-208），得

$$\begin{aligned}\Delta \lambda_i^2 &= \frac{\partial \lambda_i^2}{\partial b_r^d} \Delta b_r^d \\ &= -m_{\mathrm{m}i}^{-1}(1+\mathrm{j}\beta_r)(\phi_{ri}^2 - 2\phi_{ri}\phi_{r-1,i} + \phi_{r-1,i}^2)\Delta b_r^d \\ &= -m_{\mathrm{m}i}^{-1}(1+\mathrm{j}\beta_r)(\phi_{ri} - \phi_{r-1,i})^2 \Delta b_r^d\end{aligned} \tag{4-209}$$

从式（4-209）可以看出，与系统特征值的变化量有关的参数有：

- 系统第 i 阶特征质量。
- 第 r 个自由度的材料损耗因子。
- 第 i 阶模态下第 r 个自由度和第 $r-1$ 个自由度的振型。
- 第 r 个自由度阻尼储能刚度的变化量。

对质量矩阵进行归一化，有

$$\boldsymbol{\phi}_i^{\mathrm{T}} \boldsymbol{M} \boldsymbol{\phi}_i = 1 \tag{4-210}$$

质量矩阵归一化后，特征矩阵 $\boldsymbol{\phi}$ 中第 i 列第 r 行和第 $r-1$ 行元素之间的差值为

$$D_{r,r-1}^i = \phi_{ri} - \phi_{r-1,i} \tag{4-211}$$

将式（4-211）中的 $D^i_{r,r-1}$ 定义为**振型差**，则式（4-209）可以表示为

$$\Delta\lambda_i^2 = -(1+\mathrm{j}\beta_r)(D^i_{r,r-1})^2\Delta b_r^d \tag{4-212}$$

通过式（4-212）可知，特征值对阻尼储能刚度的灵敏度 $\partial\lambda_i^2/\partial b_r^d$ 只与材料损耗因子 β_r 和振型差 $D^i_{r,r-1}$ 有关。振型差随阻尼储能刚度 b_r^d 的变化曲线如图 4-12 所示。阻尼储能刚度 b_r^d 为负数时没有意义，当阻尼储能刚度 b_r^d 大于 0 时，振型差的实部单调递减，振型差的虚部先减小到最小值后随储能刚度单调递增。

将振型差看作复平面内的矢量，则特征值对阻尼储能刚度的灵敏度可以看作为振型差的平方与矢量（$-1-\mathrm{j}\beta_r$）的合成。图 4-13 所示为振型差的轨迹图，从图中可以看出，振型差的轨迹始终在第四象限。

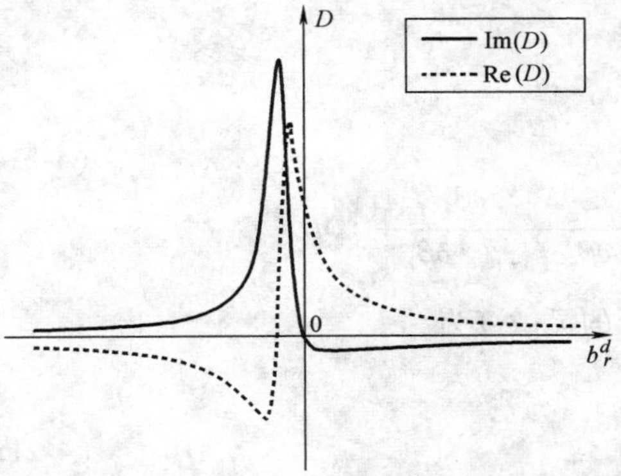

图 4-12　振型差随阻尼储能刚度的变化曲线

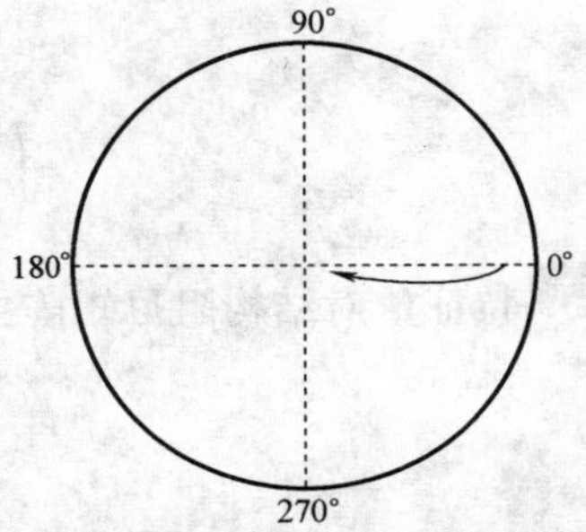

图 4-13　振型差的轨迹图

令第 i 阶模态振型差的相位角为 $\theta^i_{r,r-1}$，因为矢量（$-1-\mathrm{j}\beta_r$）在第三象限，所以灵敏度 $\partial\lambda_i^2/\partial b_r^d$ 的相位角为

$$\delta^i_{r,r-1} = 2\theta^i_{r,r-1} - \arctan\beta_r \tag{4-213}$$

当 β_r 较大时，相位角 $\delta^i_{r,r-1}$ 有可能落入闭区间 $[(2l+0.5)\pi,(2l+1)\pi]_{l\in\mathbb{Z}}$，即特征值对阻尼储能刚度的灵敏度有可能进入第二象限。灵敏度 $\partial\lambda_i^2/\partial b_r^d$ 的相位角轨迹如图 4-14 所示。图中曲线箭头方向为阻尼储能刚度 b_r^d 增大的方向。从图中可以看出，随着阻尼储能刚度 b_r^d 的增大，灵敏度 $\partial\lambda_i^2/\partial b_r^d$ 的轨迹一直向第二象限运动，然后逐渐向原点逼近。图中直线箭头为系统物理参数未改变时系统的特征值矢量。

由式（4-158）易知，特征值始终在第三象限。如图 4-15 所示，其中箭头表示系统的特

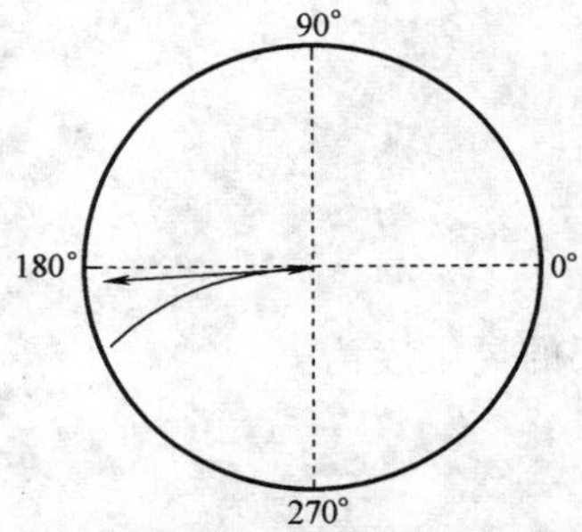

图 4-14　特征值对阻尼储能刚度灵敏度的轨迹

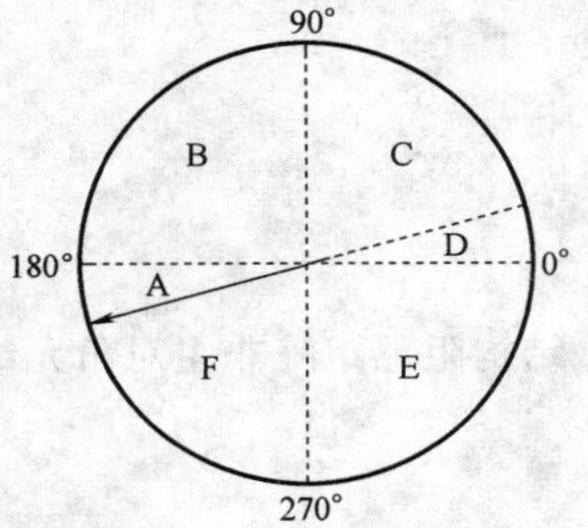

图 4-15　阻尼有效区域

征值矢量。如果特征值灵敏度$\partial\lambda_i^2/\partial p$虚部与实部的比值小于特征值的虚部与实部比值，即小于模态损耗因子，那么增大物理参数p会减小系统的模态损耗因子。

所以，对应图 4-15 得出结论：

- 当特征值灵敏度$\partial\lambda_i^2/\partial p$的轨迹在区域 A、B、C 时，增大物理参数$p$不利于增大系统模态损耗因子。
- 当特征值灵敏度$\partial\lambda_i^2/\partial p$的轨迹在区域 D、E、F 时，增大物理参数$p$有利于增大系统模态损耗因子。

4.6.3 材料损耗因子的作用

由材料损耗因子引起的特征值变化量为

$$\begin{aligned}\Delta\lambda_i^2 &= \frac{\partial\lambda_i^2}{\partial\beta_r}\Delta\beta_r \\ &= \left(\frac{\partial\lambda_i^2}{\partial\beta_{rr}}\frac{\partial\beta_{rr}}{\partial\beta_r}+\frac{\partial\lambda_i^2}{\partial\beta_{r-1,r}}\frac{\partial\beta_{r-1,r}}{\partial\beta_r}+\frac{\partial\lambda_i^2}{\partial\beta_{r-1,r-1}}\frac{\partial\beta_{r-1,r-1}}{\partial\beta_r}\right)\Delta\beta_r\end{aligned} \tag{4-214}$$

特征值对结构阻尼矩阵主对角元结构损耗因子的灵敏度为

$$\begin{aligned}\frac{\partial\lambda_i^2}{\partial\beta_{rr}} &= -\mathrm{j}m_{\mathrm{m}i}^{-1}k_{rr}^d\phi_{ri}^2 \\ &= -\mathrm{j}m_{\mathrm{m}i}^{-1}(b_r^d+b_{r+1}^d)\phi_{ri}^2\end{aligned} \tag{4-215}$$

$$\begin{aligned}\frac{\partial\lambda_i^2}{\partial\beta_{r-1,r-1}} &= -\mathrm{j}m_{\mathrm{m}i}^{-1}k_{r-1,r-1}^d\phi_{r-1,i}^2 \\ &= -\mathrm{j}m_{\mathrm{m}i}^{-1}(b_{r-1}^d+b_r^d)\phi_{r-1,i}^2\end{aligned} \tag{4-216}$$

特征值对结构阻尼矩阵非主对角元结构损耗因子的灵敏度为

$$\begin{aligned}\frac{\partial\lambda_i^2}{\partial\beta_{r-1,r}} &= -2\mathrm{j}m_{\mathrm{m}i}^{-1}k_{r-1,r}^d\phi_{r-1,i}\phi_{ri} \\ &= 2\mathrm{j}m_{\mathrm{m}i}^{-1}b_r^d\phi_{r-1,i}\phi_{ri}\end{aligned} \tag{4-217}$$

结构阻尼矩阵主对角元结构损耗因子对材料损耗因子的灵敏度为

$$\frac{\partial\beta_{rr}}{\partial\beta_r}=\frac{b_r^d}{b_r^d+b_{r+1}^d} \tag{4-218}$$

$$\frac{\partial\beta_{r-1,r-1}}{\partial\beta_r}=\frac{b_r^d}{b_{r-1}^d+b_r^d} \tag{4-219}$$

结构阻尼矩阵非主对角元结构损耗因子对材料损耗因子的灵敏度为

$$\beta_{r-1,r}=\beta_r \tag{4-220}$$

将式（4-215）~式（4-220）代入式（4-214），得到材料损耗因子引起的特征值变化量

$$
\begin{aligned}
\Delta\lambda_i^2 &= \frac{\partial\lambda_i^2}{\partial\beta_r}\Delta\beta_r \\
&= \left[-\mathrm{j}m_{\mathrm{m}i}^{-1}(b_r^d+b_{r+1}^d)\phi_{ri}^2\frac{b_r^d}{b_r^d+b_{r+1}^d}+2\mathrm{j}m_{\mathrm{m}i}^{-1}b_r^d\phi_{r-1,i}\phi_{ri}-\mathrm{j}m_{\mathrm{m}i}^{-1}(b_{r-1}^d+b_r^d)\phi_{r-1,i}^2\frac{b_r^d}{b_{r-1}^d+b_r^d}\right]\Delta\beta_r \\
&= -\mathrm{j}(\phi_{r-1,i}-\phi_{ri})^2 b_r^d\Delta\beta_r \\
&= -\mathrm{j}(D_{r,r-1}^i)^2 b_r^d\Delta\beta_r
\end{aligned} \tag{4-221}
$$

由式（4-221）可以看出，系统特征值的变化量与振型差、阻尼储能刚度和材料损耗因子的变化量有关。而且可以知道，特征值对阻尼损耗因子灵敏度的相位与振型差平方的相位差 π/2。随阻尼材料损耗因子的增大，振型差轨迹会有所变化。图 4-16 所示为振型差实部和虚部随材料损耗因子变化的曲线。

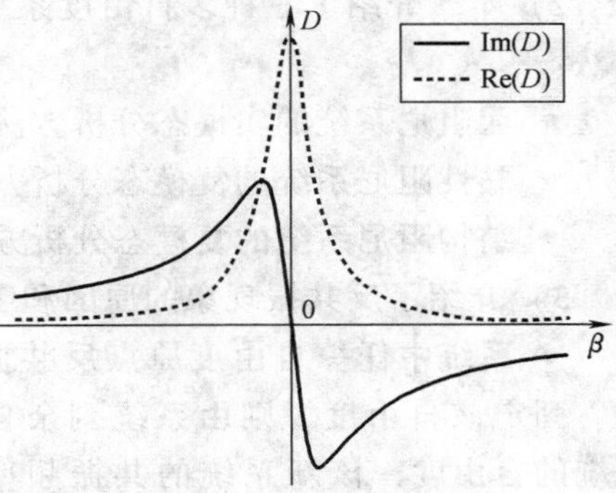

图 4-16 振型差实部和虚部随损耗因子变化的曲线

图 4-17 所示为阻尼储能刚度不变时，振型差随材料损耗因子变化的轨迹，图 4-18 所示为阻尼储能刚度不变时，特征值对阻尼材料损耗因子灵敏度的轨迹。图中黑色箭头表示阻尼材料损耗因子增大的方向。由图可知，随着阻尼材料损耗因子的增大，振型差和特征值灵敏度不断向原点逼近。但是，随着材料损耗因子的增大，特征值灵敏度轨迹会随之运动到第二象限。而特征值灵敏度在第二象限时，提高材料损耗因子对提高模态损耗因子是不利的。

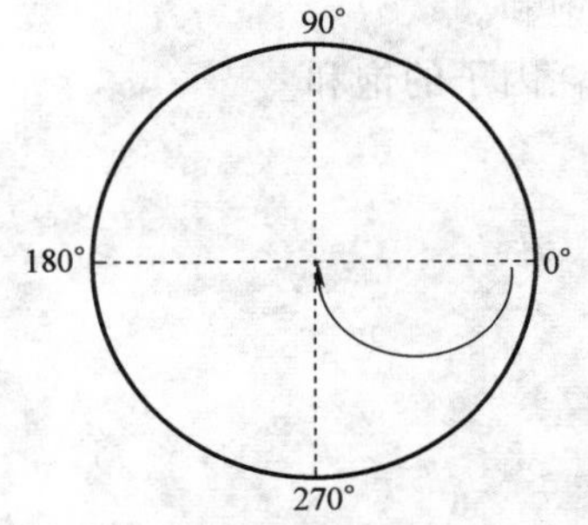

图 4-17 阻尼储能刚度不变时，振型差随材料损耗因子变化的轨迹

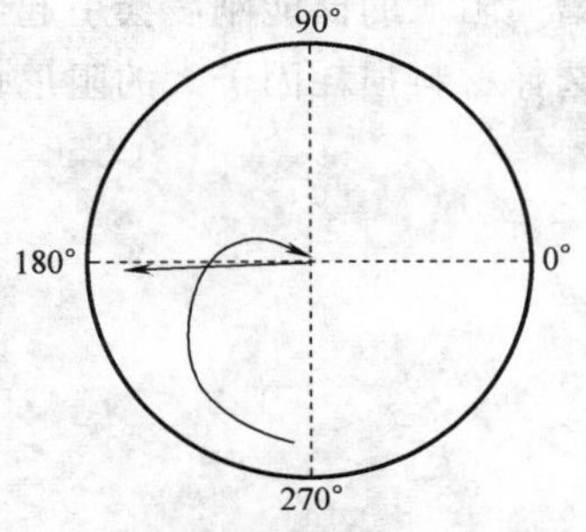

图 4-18 阻尼储能刚度不变时，特征值对阻尼材料损耗因子灵敏度的轨迹

结合特征值对结构阻尼储能刚度灵敏度的轨迹可以知道，在多自由度结构阻尼系统中，单纯增加阻尼储能刚度和材料损耗因子不一定能提高系统模态损耗因子。也就是实际工程中，单纯增加阻尼材料面积或使用阻尼系数大的阻尼材料不一定能降低系统传递率，必须要对系统的特征值进行分析，并确保在合理范围内修改阻尼材料的参数，才能优化系统的减振或隔振效果。

4.7 本章小结

1）本章结合单自由度系统和两自由度系统的内容，给出了黏性阻尼和结构阻尼的分类，如图 4-19 所示。在物理坐标下评价黏性阻尼耗能能力的参数是阻尼系数。将系统由物理坐标解耦到模态坐标，在模态坐标中表示系统阻尼大小的参数是模态阻尼。在物理坐标下评价结构阻尼耗能能力的参数是材料损耗因子。将系统由物理坐标解耦到模态坐标，在模态坐标中表示系统阻尼大小的参数是模态损耗因子。

2）本章介绍了三种多自由度系统的模态分析方法：

- 无阻尼系统的实模态分析方法。
- 黏性阻尼系统的复模态分析方法。
- 结构阻尼系统的复模态分析方法。

图 4-19 阻尼的分类

3）介绍了反共振现象的原因和工程意义：

- 系统中任一自由度原点反共振现象的意义是：固定该自由度，则由系统剩余自由度组成新系统的自由度，该新系统的共振频率就是原系统频响函数中的原点反共振频率。
- 在串联系统中从自由度 A 输入，自由度 B 输出的跨点频响函数反共振现象的意义是：将系统从 A 到 B 跨越的自由度全部约束，由系统剩余自由度组成新系统的自由度，该新系统的共振频率就是原系统跨点频响函数的传递反共振频率。

4）证明了结构阻尼多自由度系统的模态损耗因子一定存在饱和现象，并且通过论证得到了阻尼饱和的机理。其中，

- 增大阻尼的储能刚度会引起系统模态损耗因子的饱和。
- 选择材料损耗因子大的阻尼也会引起系统模态损耗因子的饱和。

第5章 信号处理

5.1 引言

模态试验是测试结构频响函数并辨识被测结构模态参数的过程。在试验中需要激励被测结构使其产生振动响应，通过计算响应信号和激励信号傅里叶变换的比值来获取结构的频响函数。试验中振动信号的流程如图 5-1 所示。

在模态试验中由传感器采集结构的振动信号并将振动信号转换为模拟电信号传入数据采集仪（以下简称数采）。在数采中模拟电信号经过模数转换变为数字信号，最后在计算机中完成数字信号的后处理和模态分析等工作。其中结构产生的振动信号和传感器中的电信号均为模拟信号，经数采处理后传输给计算机的信号为数字信号。

模拟信号和数字信号的特点不同，在模态试验中的用途也不一样。模拟信号的实时性好，可以保证振动信号相位的准确性，所以用来采集模态试验中振动的原始信号。计算机的计算效率非常高，数字信号处理技术也非常成熟，所以在模态试验中使用数字信号计算结构的频响函数，并基于频响函数的计算结果识别被测结构的模态参数。模拟信号和数字信号如图 5-2 所示。

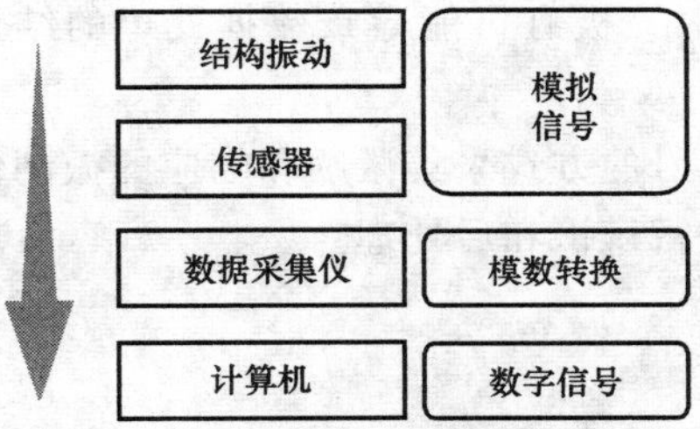

图 5-1　振动信号流程

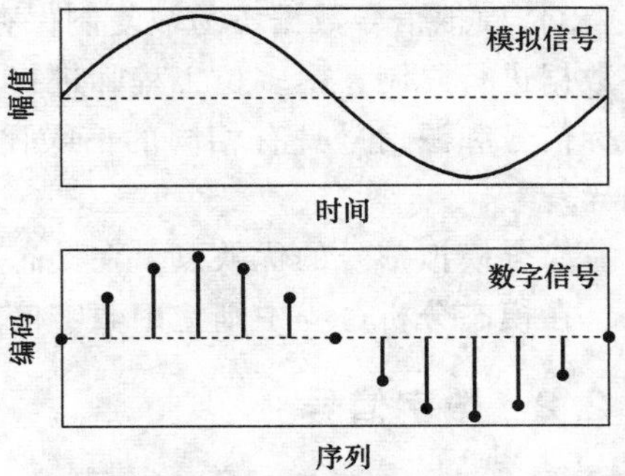

图 5-2　模拟信号和数字信号

本章介绍模态试验中模拟信号和数字信号的处理方法和注意事项。模拟信号部分主要介绍滤波器对原始信号的影响。数字信号部分主要介绍：

- 信号的采样、量化和编码。
- z 变换、离散傅里叶变换和快速傅里叶变换。
- 信号时频转换时的泄漏和加窗。

5.2 信号分类及预处理

5.2.1 模拟信号

模态试验是采集激励信号和被测结构响应信号，并通过信号的计算结果来辨识被测结构模态参数的过程。激励和响应的原始信号在时间和数值上是连续的，将这一类物理量称为模拟量，表示模拟量的信号称为**模拟信号**。

模拟信号有很多优点，比如：

1）模拟信号具有精确的分辨率。在理想情况下，模拟信号具有无穷大的分辨率，其信息密度比数字信号要高。

2）模拟信号具有非常优秀的实时性。因为在导体中电的传输速度非常快，所以在模态试验中可以将结构振动的模拟信号当作 0 延迟信号，这对确保模态试验中信号相位信息的准确性是非常重要的。

3）模态试验中模拟信号的传输电路相对简单，通常只需要将模拟信号调理放大，然后传输给数采即可。

模拟信号具备诸多优点，但也有比较大的缺点：

1）模拟信号抗干扰能力差。当使用传感器采集被测结构的振动时，采集到的原始信号同时包含被测结构的振动信号和噪声信号。当信号经过放大电路时，噪声信号和振动信号会被同时放大，当传感器导线过长或试验干扰较大时，很难保证振动信号的信噪比，而且模拟信号除噪的方法远没有数字信号去噪方法便捷。

2）模拟信号的数据处理方法较为复杂。相比成熟的计算机技术和基于数字信号的模态分析算法，模拟信号的数据处理和模态分析方法效率低下。所以目前模态试验均采用成本更低且效率更高的数字信号处理方法。

3）模拟信号数据不易被复制保存。如果需要不同设计单位进行协同合作时，通常需要将数据进行复制，由多位工程师进行分析后处理。在复制模拟信号时会引入噪声，无法保证目标信号和源信号具有相同的信噪比，当复制次数过多时，极有可能导致数据处理的结果相异。

综合模拟信号的优缺点，在模态试验时，使用模拟信号的方式采集激励和响应的振动信号，在模态分析过程中则使用数字信号对结构模态参数进行辨识和后处理。

5.2.2 数字信号

将模拟信号离散并量化后所得的信号称为**数字信号**。与连续变化的模拟信号不同，数字信号不具备模拟信号无限分辨率的特点。数字信号是离散形式的有限采样点（见图 5-2）。数字信号在计算机中以二进制形式存储，试验过程中产生的十进制数据会在数采中进行十进制到二进制的转换，然后将二进制数据传输给计算机。

二进制记数只用 0 和 1 两个数字，计算规则简单，而且在电路中更容易实现。数字信号在电路中以电脉冲的方式传输，通过触发电平来实现对数字的判断。如图 5-3 中的脉冲，采样时脉冲 a 高于触发电平，在存储位中将信号记为 1。因为脉冲 b 低于触发电平，所以将信号记为0。

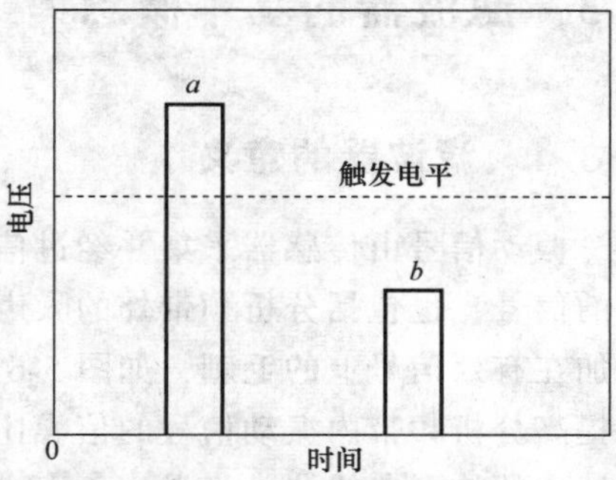

图5-3 数字信号中0和1的判定方式

在传输数字信号的过程中，有时数采和计算机之间的通信线缆比较长，信号的脉冲幅值可能会因导线电阻过大而衰减。原本逻辑为1的数字信号可能会无法达到触发电平而导致数据传输错误，这也是线缆过长时数据传输速度降低的原因之一。所以数采和计算机之间的通信线缆不宜过长。

当信号传输到计算机时，计算机会以bit为单位对信号进行存储。bit是最小的存储单元，每个bit单元内只能写入0或者1。当数字比较大时需要较多的bit对数字进行存储，通常使用的bit数为16bit和24bit（也称16位和24位），如图5-4所示。数字信号以8个bit为一个Byte进行存储，当数字比较大时，通常按照Byte的倍数扩充存储单元。

二进制数字虽然具有存储和传输便捷的特点，但是可读性差。工程师分析试验数据时还需要将二进制数据转换为十进制数据。以十进制数268为例，其二进制与十进制的转换方法如图5-5所示。

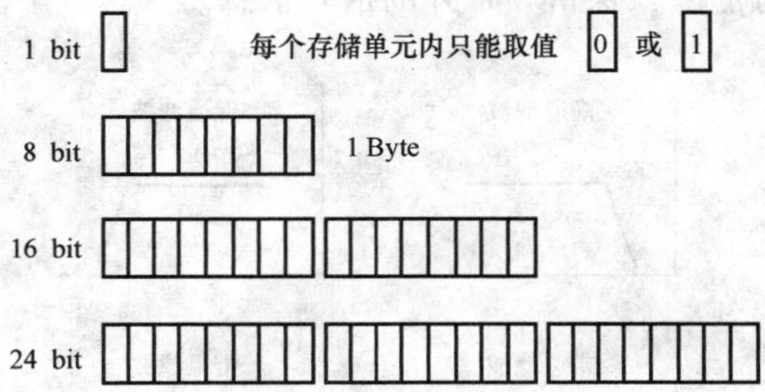

图5-4 数字信号存储

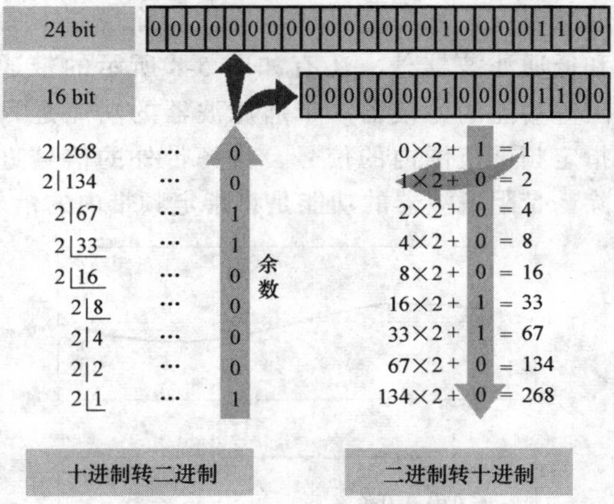

图5-5 二进制与十进制互转

十进制转二进制的计算方法为，将十进制数除以2并记其余数。比如将268除以2，余数为0。将计算结果继续除以2，直至被除数为1。将余数结果按倒序依次写入存储bit中即可得到原数字的二进制形式。

由二进制转为十进制的方法是从二进制数据首位数字开始，用0乘以2加上二进制数的首位数字，得到的结果作为下次计算的首位乘数。计算中需要将上次计算得到的结果乘以2并加上对应二进制数，最终得到二进制数对应的十进制数字。

因为8bit存储空间只能表示从0~255之间的整数，所以268只能用16bit或24bit空间存储。

5.3 滤波器的基本概念

5.3.1 滤波器的意义

振动信号由传感器采集并经过信号调理后转为电压信号，此时信号既包括试验分析频带内的信号，也包括分析频带外的噪声信号。当有高频噪声干扰时，高频噪声在时域内表现为叠加在有效信号上的毛刺，如图 5-6 所示。所以需要使用低通滤波器将高频噪声滤除，目的是提高分析频带内振动信号的信噪比。经过低通滤波器的信号不存在高频噪声干扰，所以在时域内的波形曲线非常光滑。

除高频噪声影响外，在分析频带外的低频也会存在噪声。如图 5-7 所示，振动信号和低频噪声进行叠加，波形曲线除振动信号外，整体波形还以低频噪声的振幅为基准进行上下波动。

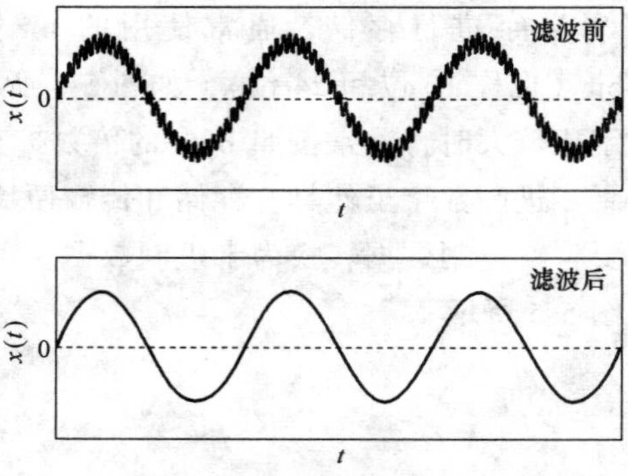

图 5-6 低通滤波器的意义

低频噪声信号需要使用高通滤波器进行滤除，而且当使用 IEPE 型传感器时，传感器输出信号会有直流偏置，需要使用高通滤波器将直流信号滤除以保证输出信号的准确性。除最基本的高通和低通滤波器外，还有如图 5-8 所示的带通、带阻等功能的滤波器。带通滤波器的功能是只保存指定频带范围内的信号，将频带外的信号进行滤除。带阻滤波器的功能是将指定频带内的信号进行滤除，保留频带外的信号信息。

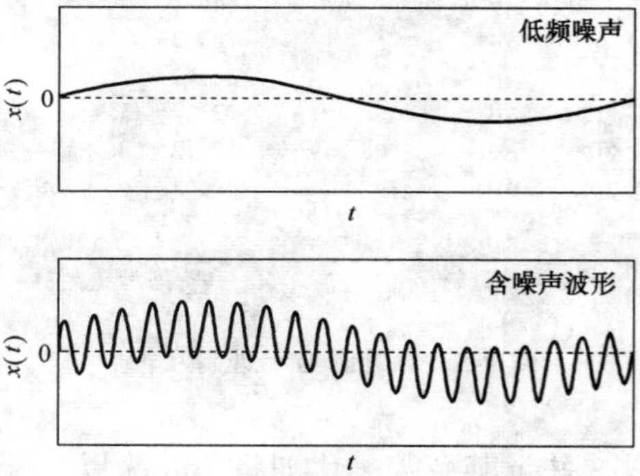

图 5-7 高通滤波器的意义

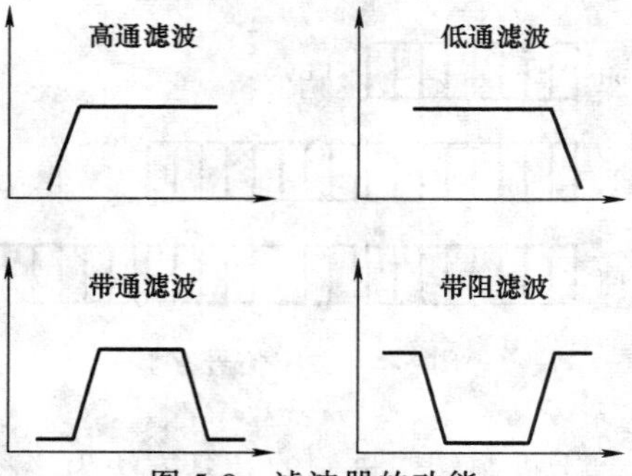

图 5-8 滤波器的功能

从图 5-8 中可以看出，滤波器对频率的滤除并不是完全截断。以低通滤波器为例，其幅频特性如图 5-9 所示。从图中可以看出，理想滤波器的幅频特性是将截止频率以上的高频成分全部滤除，没有任何截止频率外的信号对通带内信号进行干扰。

实际滤波器通常会有一个过渡带。在过渡带内，滤波器的幅频响应随频率的增大逐渐降低。所以对试验来说，仍然有过渡带的信号会对通带内信号进行干扰。在滤波器的设计中可以调整滤波器的参数来尽量减小过渡带的宽度，所以过渡带的宽度也是评价滤波器性能是否优秀的指标之一。

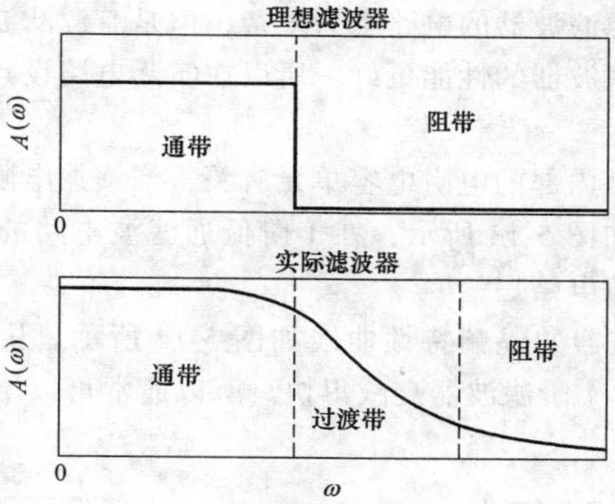

图 5-9 幅频特性

根据处理信号类型的不同可以将滤波器分为模拟滤波器和数字滤波器，下面分别介绍这两种滤波器的特征。

5.3.2 模拟滤波器

由电子元器件组成的模拟滤波器是基于模拟电路特性对信号进行滤波的一种滤波器。数采在对信号进行模数转换之前，通常需要将模拟信号进行抗混叠滤波，然后才将滤波后的模拟信号传输到模数转换器（Analog to Digital Converter，以下简称 A/D）进行模数转换。

按照电子器件分类可以将模拟滤波器分为无源滤波器和有源滤波器；按照电路分类可以将模拟滤波器分为低阶基本滤波器和高阶串联滤波器，如图 5-10 所示。

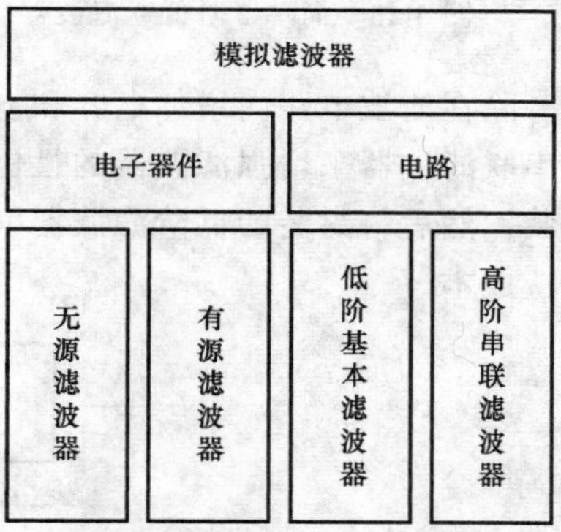

图 5-10 模拟滤波器分类

- 若滤波电路仅由电阻、电容和电感等无源元件组成，则该滤波器称为无源滤波器。简单的无源滤波电路如图 5-11 所示。
- 除电阻、电容和电感等无源元件外，滤波电路还包含双极型管、单极型管和集成运放等有源元件时，该滤波器称为有源滤波器。简单的 1 阶有源滤波电路如图 5-12 所示。

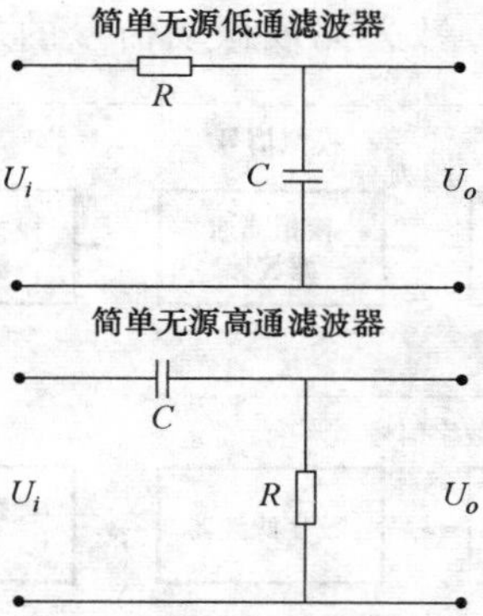

图 5-11 简单无源滤波器

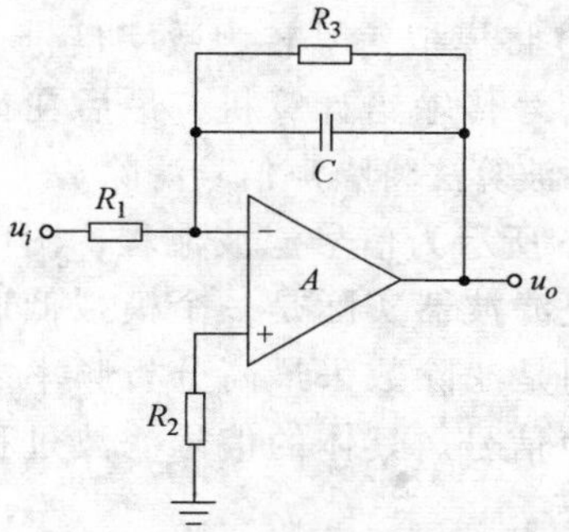

图 5-12 简单的 1 阶有源低通滤波器

虽然有源滤波器比无源滤波器的电路更为复杂，但是有源滤波器幅频曲线的过渡带比无源滤波器的过渡带更窄，滤波器的性能更好，所以在实际电路设计中经常采用有源滤波器作为滤波电路的首选。

滤波器的过渡带和电路内部的电阻电容单元有关，当增加电阻电容单元时，可以明显改善滤波器的过渡带性能。如图 5-13 所示，在 1 阶低通滤波电路的基础上，增加电阻和电容单元，将电路变为 2 阶滤波电路。

1 阶滤波器和 2 阶滤波器的幅频特性曲线如图 5-14 所示。从图中不难看出，在过渡带内，2 阶滤波器幅频曲线比 1 阶滤波器衰减得快。所以通常可以增加滤波器的阶数来改善滤波器过渡带的性能。

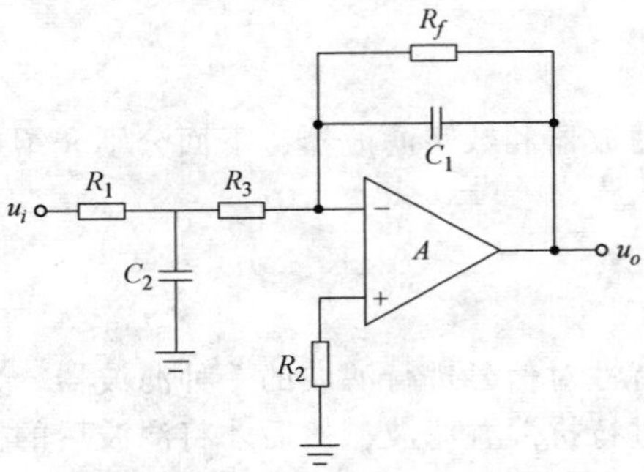

图 5-13　简单 2 阶低通滤波器

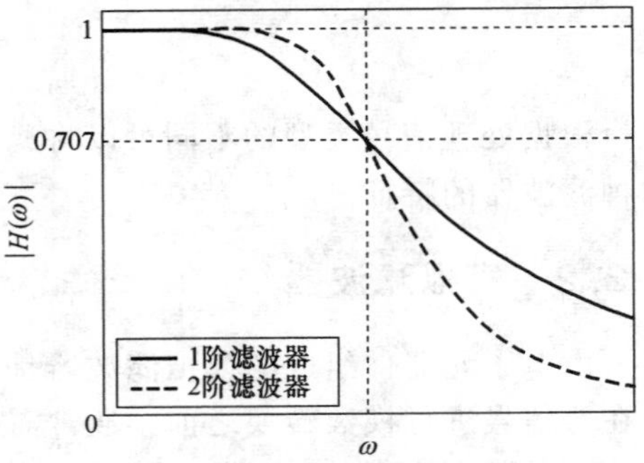

图 5-14　幅频特性

除在滤波电路内增加电容和电阻单元外，还可以将多个简单低阶滤波器进行串联组成高阶串联滤波器来增强滤波器的性能，如图 5-15 所示。这样就可以将简单的低阶滤波器进行封装，然后将封装的低阶滤波器串联即可改善滤波器的性能，既提高了设计效率，也降低了制造成本。

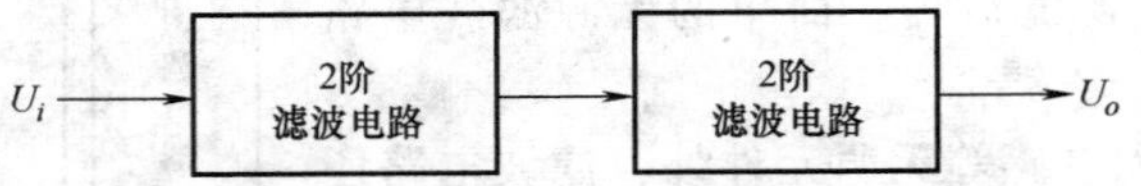

图 5-15　高阶串联电路

5.3.3　数字滤波器

与模拟滤波器不同，数字滤波器通常置于 A/D 之后。数采完成振动信号的采样后，首先通过 A/D 将模拟信号转为数字信号，然后把数字信号传输给计算机，最后在计算机中应用滤波算法将噪声信号滤除。

图 5-16 所示为信号滤波流程，图中的模拟抗混叠滤波器实际是一个模拟低通滤波器，作用是滤除数采最高分析频率之外的高频噪声信号。具体的信号滤波过程如图 5-17 所示。

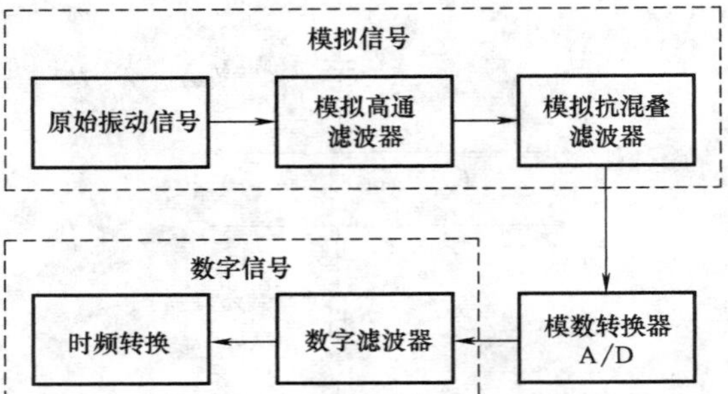

图 5-16　信号滤波流程

在模态试验中经常使用 IEPE 型传感器

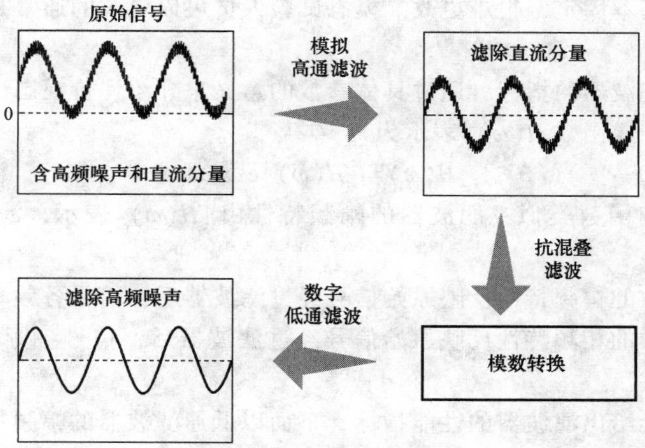

图 5-17 原始信号滤波示意图

采集激励信号和被测结构的响应信号。IEPE 型传感器需要给传感器供电，供电电源为直流电，所以在处理信号时需要去除 IEPE 传感器输出信号的直流偏置。

在 A/D 之前通常会安装模拟抗混叠滤波器将数采最大采集带宽外的高频噪声信号进行滤除，目的是提高分析带宽内振动信号的信噪比。因为模拟滤波电路的元器件为固定单元，所以一般模拟滤波器只能设置有限的档位，比如 0.5Hz 截止的高通滤波器和 160kHz 截止的抗混叠滤波器。结合传感器和放大电路的特点，目前模态试验系统大多采用模拟高通滤波器和抗混叠滤波器在 A/D 之前对模拟信号进行滤波。

因为抗混叠滤波器只能滤除数采最大采集带宽外的高频噪声，当模态分析带宽小于数采的最大采集带宽时，仍然需要对模态分析带宽外的噪声信号进行滤除。模态分析的带宽经常变化，但是使用多档低通模拟滤波器来匹配模态分析带宽必然会增加设计、制造以及维护成本。所以当模态分析带宽小于数采最大采集带宽时，模态试验系统的制造厂商通常使用数字滤波器滤除模态分析带宽以外的噪声信号。

数字滤波器可以分为：

1）无限脉冲响应滤波器（Infinite Impulse Response filter，IIR）。

2）有限脉冲响应滤波器（Finite Impulse Response filter，FIR）。

无限脉冲响应滤波器的特点是，幅频特性精度很高，可以保证激励和响应信号幅值的精确度，但是滤波器输出信号的相位线性度不佳，即当信号经过无限脉冲响应滤波器后，信号波形对应的时间位置会有所变动。

有限脉冲响应滤波器的幅频特性精度比无限脉冲响应滤波器的低，但是相位特性是线性的。原始信号经过有限脉冲响应滤波器后信号波形相对时间的位置不变，即激励信号和响应信号之间的相位不变，可以保证结构在共振频率下相位的准确性。

在实际进行模态试验时，可以根据需要选择合适的数字滤波器，在去除噪声信号的同时保证信号信息的准确度，提高试验精度。

5.3.4 滤波器参数

模拟滤波器设计属于电路设计范畴，在数采出厂前模拟滤波器已经安装在数据采集设备中，且参数和档位基本固定，很难更改。模态试验人员可以更改的通常是模态试验软件中的数字滤波器参数。

本节主要介绍滤波器的指标，通过具体参数的意义来介绍评价模态试验系统滤波性能的方法。将滤波器的传递函数 $H(\omega)$ 表示为

$$H(\omega)=|H(\omega)|e^{j\alpha(\omega)} \tag{5-1}$$

与振动系统频响函数类似，滤波器的幅频特性由 $|H(\omega)|$ 表示，滤波器的相频特性由 $\alpha(\omega)$ 表示。

滤波器传递函数的幅频特性反映原始信号经过滤波器后，信号各频率成分幅值的衰减程度。滤波器传递函数的相频特性反映原始信号经过滤波器后，信号各频率成分的延时程度，如图 5-18 所示。

通常数采厂商会给出滤波器的性能指标，下面以低通滤波器的幅频特性为例，介绍滤波器的技术指标。因为通带内信号经过滤波器前后的幅值会有波动，所以允许滤波器具有一定的误差范围，同样，阻带范围内的信号也不会完全衰减为 0。定义 δ_1 和 δ_2 表示滤波器性能的允许误差范围，如图 5-19 中所示。

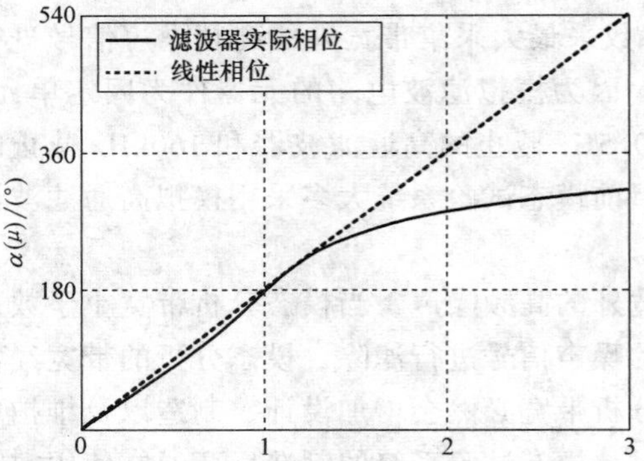

图 5-18 滤波器相频特性曲线

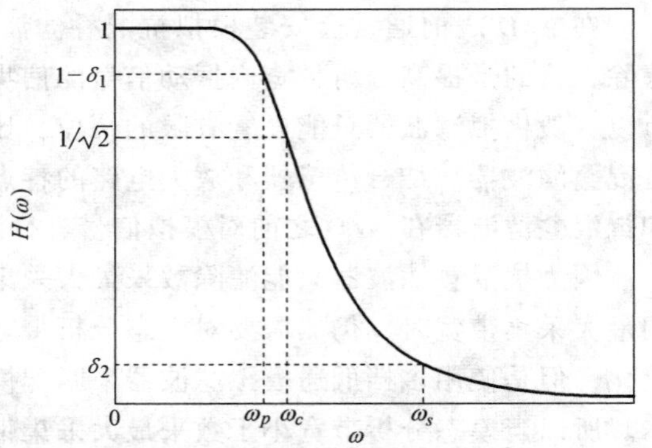

图 5-19 滤波器幅频曲线

在图 5-19 中，滤波器传递函数幅值 $1-\delta_1$ 对应频率 ω_p，幅值 δ_2 对应频率 ω_s。所以滤波器传递函数幅值在通带范围内满足

$$(1-\delta_1)<|H(\omega)|\leqslant 1 \tag{5-2}$$

式中，通带频率范围是 $\omega\in[0,\omega_p]$。

滤波器传递函数的幅值在阻带范围内应满足

$$|H(\omega)|\leqslant\delta_2 \tag{5-3}$$

式中，阻带频率范围是 $\omega\in[\omega_s,+\infty)$。

定义频率范围 $\omega\in[\omega_p,\omega_s]$ 为过渡带，将 ω_p 和 ω_s 定义为边界频率。在过渡带内，滤波器传递函数的幅值随频率的增大单调递减。

过渡带内最大衰减 σ_s 可以表示为

$$\sigma_s=10\lg\frac{|H(\omega_0)|^2}{|H(\omega_s)|^2} \tag{5-4}$$

最小衰减 σ_p 可以表示为

$$\sigma_p = 10\lg \frac{|H(\omega_0)|^2}{|H(\omega_p)|^2} \tag{5-5}$$

将滤波器传递函数幅值进行归一化，即 $H(\omega_0) = 1$，那么滤波器的最大衰减和最小衰减可以表示为

$$\begin{aligned}\sigma_s &= -20\lg|H(\omega_s)| \\ \sigma_p &= -20\lg|H(\omega_p)|\end{aligned} \tag{5-6}$$

由式（5-6）可知，最大衰减 σ_s 和最小衰减 σ_p 的幅值以 dB 表示。当滤波器传递函数幅值下降到 $1/\sqrt{2}$ 时，最小衰减 $\sigma_p = 3\text{dB}$。此时 $\sigma_p = 3\text{dB}$ 对应的频率为 ω_c。将 ω_c 称为 **3dB 通带截止频率**。

3dB 通带截止频率在模态试验系统中是非常重要的参数，通常使用 3dB 模态试验系统的通带截止频率表示模态分析的最大分析带宽。比如，模态最大分析带宽 0.5Hz 至 100kHz@3dB。通常采用倍频程衰减率来表示滤波器在过渡带内衰减的性能，常用指标有 90dB/oct，120dB/oct，140dB/oct 等。

5.4 滤波器的基本性能

5.4.1 巴特沃斯滤波器的性能

巴特沃斯滤波器是常用滤波器之一，既有基于电子电路的巴特沃斯模拟滤波器，也有基于数值算法的巴特沃斯数字滤波器。下面讨论巴特沃斯滤波器的性能和特点。将滤波器传递函数幅值归一化后，可以得到巴特沃斯滤波器的传递函数表达式为

$$H(s) = \frac{\omega_c^N}{\prod_{i=0}^{N}(s - s_i)} \tag{5-7}$$

式中，$s = \mathrm{j}\omega$；N 是滤波器的阶数。

巴特沃斯滤波器是非常成熟的滤波器，其传递函数不同阶数的极点可以通过查表得到，前 8 阶极点的具体数值见表 5-1。

表 5-1 巴特沃斯滤波器传递函数前 8 阶极点

序号	p_1	p_2	p_3	p_4
1	-1.0000			
2	-0.7071±j0.7071			
3	-0.5000±j0.8660	-1.0000		
4	-0.3827±j0.9239	-0.9239±j0.3827		
5	-0.3090±j0.9511	-0.8090±j0.5878	-1.0000	
6	-0.2588±j0.9659	-0.7071±j0.7071	-0.9659±j0.2588	
7	-0.2225±j0.9749	-0.6235±j0.7818	-0.9010±j0.4339	-1.0000
8	-0.1951±j0.9808	-0.5556±j0.8315	-0.8315±j0.5556	-0.9808±j0.1951

巴特沃斯滤波器传递函数前 8 阶分母多项式系数的具体数值见表 5-2。

表 5-2 多项式系数

阶数	a_0	a_1	a_2	a_3	a_4	a_5	a_6	a_7
1	1.0000							
2	1.0000	1.4142						
3	1.0000	2.0000	2.0000					
4	1.0000	2.6131	3.4142	2.6131				
5	1.0000	3.2361	5.2361	5.2361	3.2361			
6	1.0000	3.8637	7.4641	9.1416	7.4641	3.8637		
7	1.0000	4.4940	10.0978	14.5918	14.5918	10.0978	4.4940	
8	1.0000	5.1258	13.1371	21.8462	25.6884	21.8462	13.1371	5.1258

定义频率比 μ，频率进行归一化

$$\mu=\frac{\omega}{\omega_c} \tag{5-8}$$

令 $p=\mathrm{j}\mu$，则归一化后的传递函数表达式可以写为

$$H(p)=\frac{1}{\prod_{i=0}^{N}(p-p_i)} \tag{5-9}$$

定义式（5-9）中的 p_i 为传递函数的极点，表达式为

$$p_i=\mathrm{e}^{\mathrm{j}\pi g_i} \tag{5-10}$$

指数 g_i 的表达式为

$$g_i=\frac{N+2i+1}{2N} \tag{5-11}$$

式中，$\forall i=0,1,2,\cdots,N-1$。

将传递函数的分母展开，可以得到传递函数的多项式表达式

$$H(p)=\frac{1}{a_0+a_1p+a_2p^2+\cdots+a_{N-1}p^{N-1}+p^N} \tag{5-12}$$

巴特沃斯滤波器具有多种滤波功能，包括低通、高通、带通和带阻等。下面以巴特沃斯低通滤波器为例，讨论其幅频和相频特征。

巴特沃斯滤波器的幅频响应平方满足

$$|H(\mu)|^2=\frac{1}{1-\mu^{2N}} \tag{5-13}$$

以 2 阶、4 阶和 8 阶巴特沃斯低通滤波器为例，比较不同阶数下其传递函数的幅频特性。从图 5-20 中可以看出，滤波器的幅频特性曲线在通带、过渡带和阻带内都为单调函数。而且滤波器的特点是通带内的响应曲线最大限度平坦，在阻带内逐渐下降为零，没有起伏。所以巴特沃斯滤波器也被称作最大平坦滤波器。

同样以 2 阶、4 阶和 8 阶巴特沃斯低通滤波器为例，比较不同阶数下传递函数的相频特性（见图 5-21）。从图中可以看出，其相频特征和幅频特征类似，在通带、过渡带和阻带内

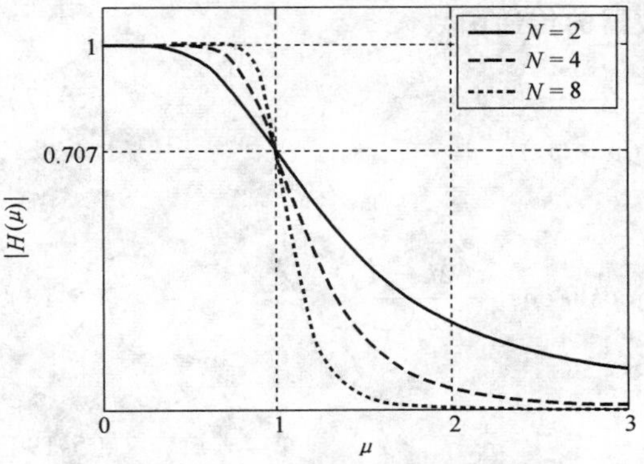

图 5-20 巴特沃斯低通滤波器传递函数的幅频特性曲线

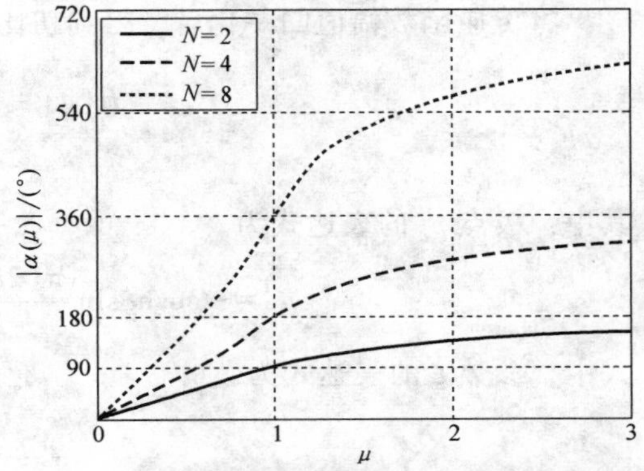

图 5-21 巴特沃斯低通滤波器传递函数的相频特性曲线

都为单调函数，且曲线比较平坦。但是无论低阶滤波器还是高阶滤波器，当频率比μ在通带范围内时，相位$|\alpha(\mu)|$的线性度都表现不佳。

虽然巴特沃斯低通滤波器传递函数的幅频特性曲线非常平坦，但是过渡带较宽，曲线幅值在阻带内衰减较慢。通带内有比较大的余量，即传递函数曲线的幅值在 3dB 截止频率前仍然有小于 1 的频带，且频带宽度较大。只有增大滤波器的阶数才能缩小过渡带的宽度。对于模拟滤波器来说，需要增加元器件数量，提高电路的复杂度；而对于数字滤波器来说，则需要增大计算量，降低计算效率。

5.4.2 切比雪夫滤波器的性能

与巴特沃斯滤波器相同，切比雪夫滤波器也是常用滤波器之一。切比雪夫滤波器的性能可以由切比雪夫多项式表示。前 8 阶切比雪夫多项式见表 5-3。

表 5-3 前 8 阶切比雪夫多项式

阶数	切比雪夫多项式
0	$C_0(x)=1$
1	$C_1(x)=x$
2	$C_2(x)=2x^2-1$
3	$C_3(x)=4x^3-3x$
4	$C_4(x)=8x^4-8x^2+1$
5	$C_5(x)=16x^5-20x^3+5x$
6	$C_6(x)=32x^6-48x^4+18x^2-1$
7	$C_7(x)=64x^7-112x^5+56x^3-7x$
8	$C_8(x)=128x^8-256x^6+160x^4-32x^2+1$

切比雪夫多项式具有递推性质，递推公式为

$$C_{N+1}(x)=2xC_N(x)-C_{N-1}(x) \tag{5-14}$$

用ε表示传递函数在通带范围内幅值波动的程度，则

$$\varepsilon=\sqrt{10^{0.1\sigma_p}-1} \tag{5-15}$$

式中，σ_p是切比雪夫滤波器幅频特性曲线在通带内的最大衰减，为

$$\sigma_p=20\lg\sqrt{1+\varepsilon^2} \tag{5-16}$$

将传递函数幅值归一化后，得到切比雪夫滤波器的传递函数

$$H(p)=\frac{1}{\varepsilon 2^{N-1}\prod\limits_{i=1}^{N}(p-p_i)} \tag{5-17}$$

其中，极点 p_i 的表达式为

$$p_i=-\cosh\xi\sin\frac{\pi(2i-1)}{2N}+\mathrm{j}\cosh\xi\cos\frac{\pi(2i-1)}{2N} \tag{5-18}$$

式中，参数 ξ 的表达式为

$$\xi=\frac{1}{N}\mathrm{arsinh}\,\frac{1}{\varepsilon} \tag{5-19}$$

定义频率比 μ 为

$$\mu=\frac{\omega}{\omega_p} \tag{5-20}$$

式中，频率 ω_p 是最大衰减 σ_p 对应的频率。

切比雪夫滤波器幅值随频率比的变化特征为

$$|H(\mu)|^2=\frac{1}{1+\varepsilon^2 C_N^2(\mu)} \tag{5-21}$$

式中，函数 $C_N(x)$ 是切比雪夫多项式，具体表达式为

$$C_N(x)=\begin{cases}\cos(N\arccos x) & |x|\in(0,1]\\ \cosh(N\mathrm{arcosh}x) & |x|\in(1,+\infty)\end{cases} \tag{5-22}$$

根据式（5-21）和表 5-3 可以计算切比雪夫滤波器的幅频特性曲线。当滤波器阶数 $N=2$ 和 $N=3$ 时切比雪夫Ⅰ型滤波器的幅频特性曲线如图 5-22 所示。

从图中可以看出，幅频特性曲线在通带内存在波纹，且为等波纹；曲线在阻带内单调下降，当阶数 N 增加时，幅频特性曲线在过渡带内的衰减会随之加快，而且随着阶数 N 的增加，波纹数会增加。

将相同阶数的巴特沃斯滤波器和切比雪夫滤波器的幅频特性曲线进行对比，当阶数同为 $N=4$ 时，二者有明显的区别（见图 5-23），巴特沃斯滤波器的幅频特性曲线无论在通带或阻

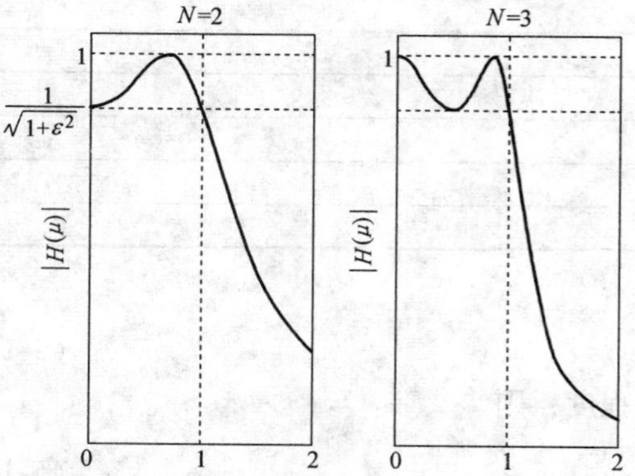

图 5-22　切比雪夫Ⅰ型滤波器的幅频特性曲线

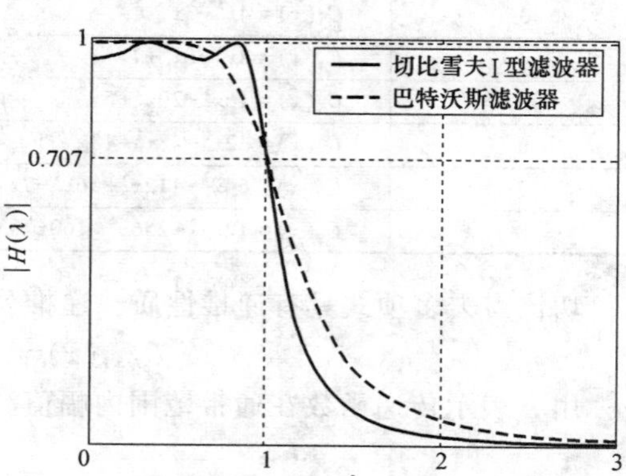

图 5-23　巴特沃斯滤波器和切比雪夫滤波器的 4 阶幅频特性曲线的对比

带内都随频率单调变化，当通带边缘满足衰减指标时，通带内肯定会留有较大余量，如果需要减小余量就要增大滤波器的阶数 N，所以巴特沃斯滤波器的滤波效率并不高。

切比雪夫滤波器将指标的精度要求均匀分布在通带内，虽然阶数同样为 $N=4$，但是在过渡带内，切比雪夫滤波器幅频特性曲线的衰减明显要快于巴特沃斯滤波器。

切比雪夫滤波器有两种类型，通带内有波纹的被称为切比雪夫Ⅰ型滤波器。阻带内有波纹的滤波器被称为切比雪夫Ⅱ型滤波器，其幅值特征表达式为

$$|H(\omega)|^2=\frac{1}{1+\varepsilon^2 C_N^2(\omega_s/\omega_p)C_N^{-2}(\omega_s/\omega)} \tag{5-23}$$

式中，ω_p 是通带截止频率；ω_s 是阻带截止频率。

将频率进行归一化，得到图 5-24 所示的切比雪夫Ⅱ型低通滤波器幅频特性曲线。与切比雪夫Ⅰ型低通滤波器幅频特性曲线相同，切比雪夫Ⅱ型低通滤波器在过渡带内衰减较快，但是在阻带内存在波纹，波纹数量和阶数 N 相关。随着阶数 N 的增加，滤波器在过渡带内的衰减会加快，同时阻带内的波纹也会随之增加。当模态试验中高频噪声信号的幅值较低时，可以采用切比雪夫Ⅱ型低通滤波器。

根据传递函数的极点形式可以计算得到切比雪夫Ⅰ型滤波器的相频特性曲线，如图 5-25 所示。与巴特沃斯滤波器相同，切比雪夫滤波器的相频特性曲线在通带和阻带内都具有单调性，而且相位线性度也不理想。因为模态试验需要同时考虑结构激励和响应的幅值和相位，所以在使用切比雪夫滤波器对信号进行滤波时，除需要考虑滤波器波纹对幅值的影响外，还需要考虑滤波器的相频特性对振动信号相位的影响。

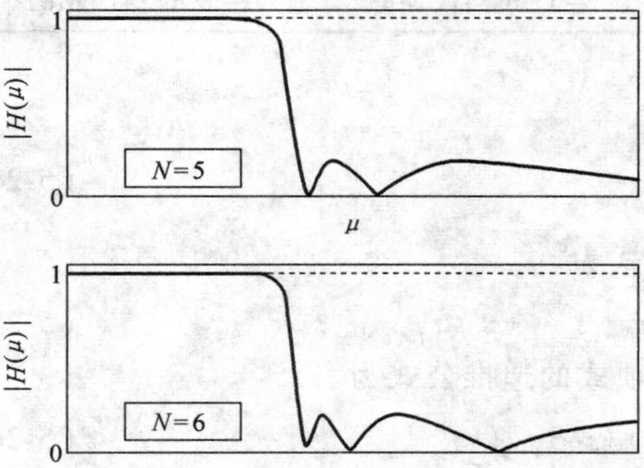

图 5-24　切比雪夫Ⅱ型滤波器幅频特性曲线

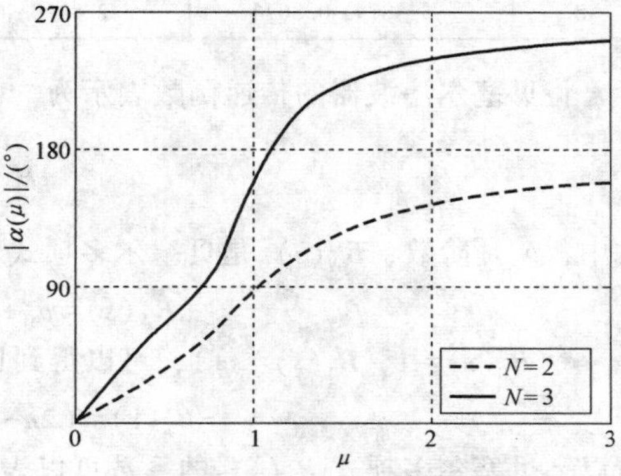

图 5-25　切比雪夫Ⅰ型滤波器相频特性曲线

5.4.3　贝塞尔滤波器的性能

与巴特沃斯滤波器和切比雪夫滤波器不同，贝塞尔滤波器不能由简单的公式确定幅频响应极点的数值。贝塞尔滤波器前 8 阶多项式的系数见表 5-4。

表 5-4　贝塞尔滤波器前 8 阶多项式的系数

阶数	a_0	a_1	a_2	a_3	a_4	a_5	a_6	a_7
1	1							
2	3	3						

（续）

阶数	a_0	a_1	a_2	a_3	a_4	a_5	a_6	a_7
3	15	15	6					
4	105	105	45	10				
5	945	945	420	105	15			
6	10395	10395	4725	1260	210	21		
7	135135	135135	62370	17325	3150	378	28	
8	2027025	2027025	945945	270270	51975	6930	630	36

根据数值计算方法得到贝塞尔滤波器传递函数极点的数值，见表 5-5。

表 5-5　贝塞尔滤波器极点

阶数	p_1	p_2	p_3	p_4
1	−1. 0000			
2	−1. 5000±j0. 8660			
3	−2. 3222	−1. 8389±j1. 7544		
4	−2. 8962±j0. 8672	−2. 1038±j2. 6574		
5	−3. 6467	−3. 3520±j1. 7427	−2. 3247±j3. 5710	
6	−4. 2484±j0. 8675	−3. 7357±j2. 6263	−2. 5159±j4. 4927	
7	−4. 9718	−4. 7583±j1. 7393	−4. 0701±j3. 5172	−2. 6857±j5. 4207
8	−5. 5879±j0. 8676	−2. 8390±j6. 3539	−4. 3683±j4. 4145	−5. 2048±j2. 6162

将贝塞尔滤波器的传递函数表示为

$$H(s)=\frac{a_0}{B_N(s)} \tag{5-24}$$

式中，N 是阶数；$B_N(s)$ 是贝塞尔多项式，其表达式为

$$B_N(s)=a_0+a_1s+\cdots+a_{N-1}s^{N-1}+s^N \tag{5-25}$$

令 $B_0(s)=1$，$B_1(s)=s+1$，可以得到贝塞尔多项式的递推公式为

$$B_n(s)=(2n-1)B_{n-1}(s)+s^2B_{n-2}(s) \tag{5-26}$$

所以，贝塞尔多项式 $B_n(s)$ 的系数可以表示为

$$a_i=\frac{(2N-i)!}{2^{N-i}i!(n-i)!} \tag{5-27}$$

根据贝塞尔滤波器传递函数的表达式可以计算得到其幅频特性曲线，如图 5-26 所示，虽然该曲线在通带和阻带内都具有单调性，但是过渡带较宽，幅频曲线在过渡带内的衰减比较缓慢。

在提高滤波器的阶数后，虽然阻带内幅频特性有所改善，但是通带内的幅频特性曲线变化并不大。所以，在使用贝塞尔滤波器对信号进行滤波时，需要注意滤波后的信号幅值和信号真实幅值之间存在差异。

虽然贝塞尔滤波器的幅频特性比巴特沃斯滤波器和切比雪夫滤波器差，但是其相频特性曲线的线性度非常好，如图 5-27 所示。信号之间的相位关系对模态试验来说非常重要。结

构共振条件的判定直接反映在激励和响应信号之间的相位关系。如果信号之间的相位关系存在误差，那么模态分析的精度就会受到影响，模态试验的结果可信度就会降低。

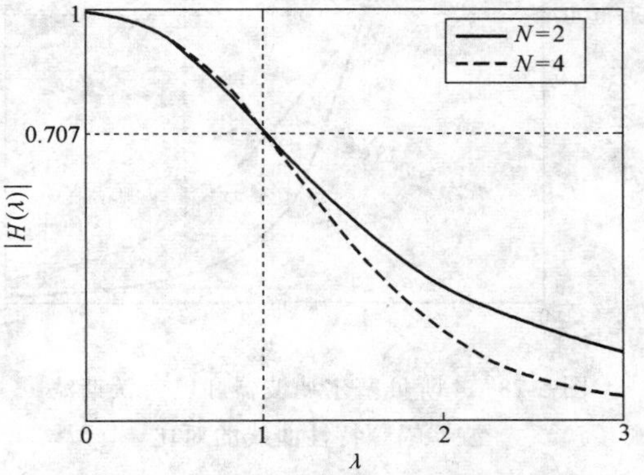

图 5-26 贝塞尔滤波器幅频特性曲线

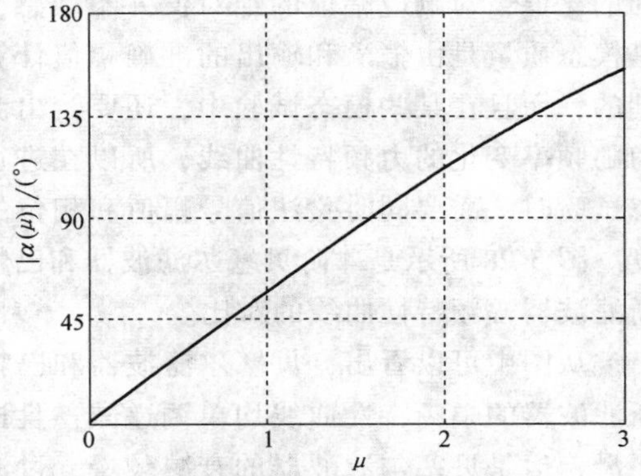

图 5-27 贝塞尔滤波器的相频特性曲线

5.4.4 滤波器对试验的影响

前面对三种滤波器的幅频特性和相频特性进行了介绍，其中巴特沃斯滤波器和切比雪夫滤波器相频特性曲线的线性度不高，所以信号在经过这两种滤波器后，相位会有所偏移。当模态试验中激励信号和被测结构的响应信号均同时通过同一滤波器时，所有信号的同频率成分都会发生相同的偏移。所以实测频响函数的相位不会产生较大误差。表 5-6 为不同滤波器的相频特征。

表 5-6 不同滤波器的相频特征

滤波器名称	相频特性
巴特沃斯滤波器	3/4 通带内近似线性相位
切比雪夫滤波器	3/4 通带内近似线性相位
贝塞尔滤波器	通带内均近似线性相位

当试验现场数据采集设备数量不足，不能同时采集所有测点数据时，有时会采用多批次移动传感器方法进行测试。如图 5-21 所示，信号通过不同阶数滤波器后的相位偏移量不同，所以当采用多批次移动传感器方法进行信号采集时，需要确定滤波器的类型及参数是否一致。在数据后处理时，也需要对不同批次的数据使用相同参数的滤波器，这样才能避免因为参数设置不当引入的试验误差。

当使用不同试验系统对同一结构进行测试时，尤其要确定滤波器的类型是否一致以及滤波器的参数是否相同。如果不同试验系统的滤波器设置不同、参数有差异，那么在集中分析所有试验数据时就无法得到正确的模态分析结果。

如果在数据采集时完成了信号的时频转换，得到了原始信号的频谱，那么在数据后处理时就需要有统一的相位参考。比如使用不同模态试验系统进行测试时，即使在同一个测点，不同系统采集到的信号相位也会有所差异，所以在进行多系统或多批次试验时，需要保证同一个数采在每一次试验中都采集同一个测点的信号作为相位参考，这样在数据后处理时才能尽量减小信号的相位误差。

除滤波器的相频特性外，还需要注意滤波器的幅频特性。虽然模态试验的振型是响应之间的比值，对响应幅值的绝对值并不敏感，但是模态质量是由输入和输出的准确幅值计算得到的；而且在某些模态试验中，还要给出激振力随频率变化的力频特性曲线，所以在进行模态试验时，需要同时关注信号幅值和相位的精度。图 5-28 所示是 4 阶贝塞尔滤波器和巴特沃斯滤波器幅频特性曲线的对比。

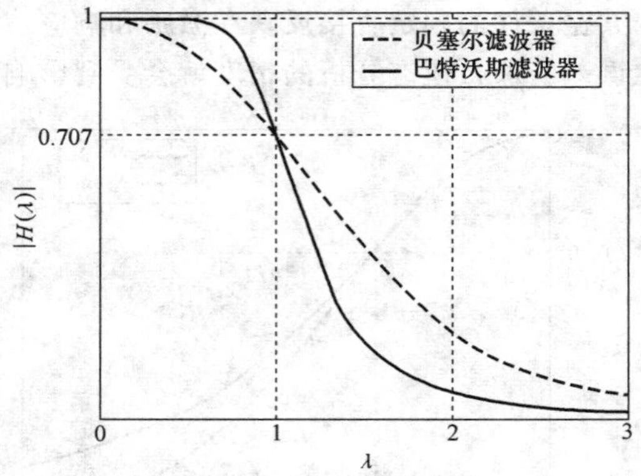

图 5-28　4 阶贝塞尔滤波器和巴特沃斯滤波器幅频特性曲线的对比

从图中可以看出，贝塞尔滤波器和巴特沃斯滤波器的幅频特性曲线均单调递减，且比较平滑，但是贝塞尔滤波器的衰减较慢，过渡带较宽。由图 5-23 可知，相同阶数下切比雪夫Ⅰ型滤波器相比巴特沃斯滤波器的过渡带要窄，但是在通带内切比雪夫滤波器的幅频特性曲线具有波纹，并不平滑。不同滤波器的平滑性及波纹对比见表 5-7。

表 5-7　不同滤波器的平滑性及波纹对比

滤波器名称	平滑性	波纹
巴特沃斯滤波器	全带平滑	无波纹
切比雪夫Ⅰ型滤波器	阻带内平滑	通带有波纹
切比雪夫Ⅱ型滤波器	通带内平滑	阻带有波纹
贝塞尔滤波器	全带平滑	无波纹

目前模态试验基本使用数字信号进行数据分析。数字信号为离散信号，当有噪声存在时，幅值的误差有时也会反映到相位上，而且当高频噪声叠加在低频信号上时，还会出现混叠的现象。贝塞尔滤波器虽然相频线性度好，但是幅频性能不高，在需要确保信号幅值精度的试验中，贝塞尔滤波器显然不是最佳选择。因为贝塞尔滤波器的过渡带平缓，并不能将截止频率外的噪声信号全部滤除，所以其通带内信号的幅值精度就会降低，同时影响频响函数的信噪比。

由滤波器产生的相位误差是原始时域信号经过不同滤波器后再进行统一时频转换时产生的问题。如果每个批次试验均在原始时域信号采集的同时完成频响函数计算，那么在对不同批次所得的频响函数进行统一分析时，就不存在由滤波器参数不同导致的相位误差，此时只需考虑信号的幅值精度，确保频响函数的信噪比即可。

5.5　原始时域信号采集

5.5.1　信号采样

模拟信号为连续信号，具有无限分辨率；数字信号是离散信号，只能在模拟信号中抽取有限点描述信号的幅值和相位。在模拟信号中按照一定时间间隔对数据幅值进行抽取的过程就是采样。采样的过程可以看作在信号传输电路中串联一个通断开关，每次开关闭合时对输出端的信号进行采集，如图 5-29 所示。

假设开关每次闭合时间为 τ，每两次闭合之间的时间间隔为 T，当开关闭合时，信号输出端采集到的信号读数记为该时刻对应的信号幅值。间隔时间 T 称为**采样周期**，将 f_s 定义为**采样频率**，简称**采样率**。采样的过程也称为信号的**离散化**。采样率和采样周期的关系为

$$f_s=\frac{1}{T} \tag{5-28}$$

每次采样时，采样信号是时间宽度为 τ 的矩形脉冲。将采样的时间宽度 τ 缩小，使其尽量趋于 0，则采样信号可以等效为脉冲信号，如图 5-30 所示。

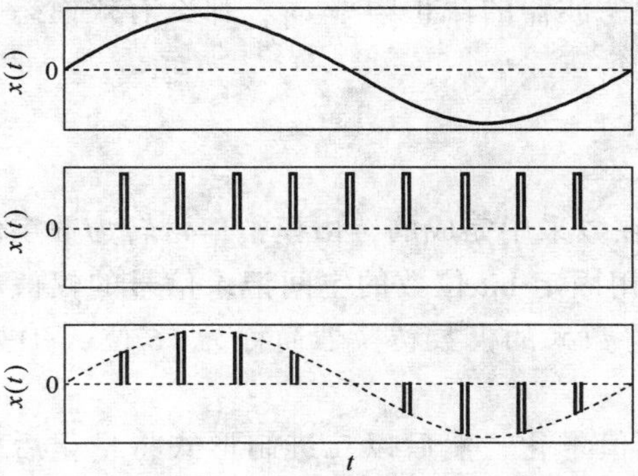

图 5-29　信号采样过程

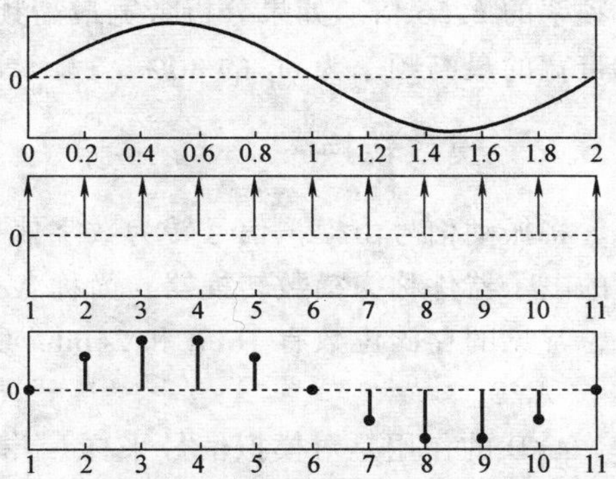

图 5-30　信号采样示意图

采样后的数字信号幅值可以表示为

$$x[n]=x(t)\delta[n] \tag{5-29}$$

式中，$x[n]$ 是离散化后信号的幅值向量，在计算机中以数组的形式存储，将这个数组定义为信号的幅值**序列**；$\delta[n]$ 是单位脉冲序列。则信号的幅值序列可以表示为该时间点模拟信号幅值和单位脉冲序列的乘积，序列的时间间隔为采样周期 T。

在对模拟信号进行采样时，如果采样周期 T 大于信号周期，则会在采样时出现信号**混叠**的现象，如图 5-31 所示。

信号混叠出现的条件是

$$f_s<\frac{f_{\text{signal}}}{2} \tag{5-30}$$

即当 2 倍采样率 $2f_s$ 小于被采样信号的频率 f_{signal} 时，就会出现信号混叠的现象。增大采样率可以避免信号出现混叠，从而得到完整准确的信号信息。

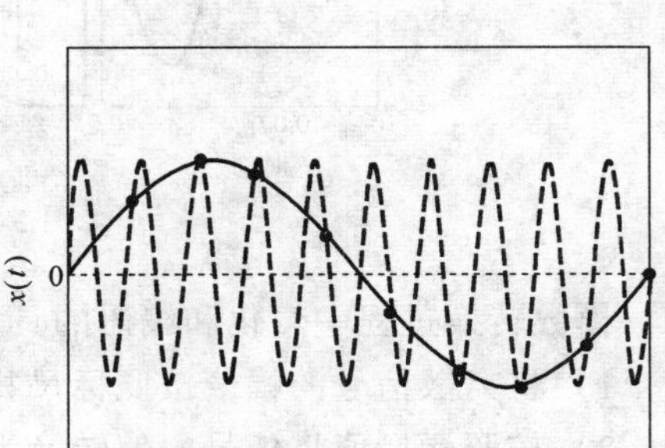

图 5-31　信号混叠

如果采样率 f_s 满足

$$f_s\geqslant\frac{f_{\text{signal}}}{2} \tag{5-31}$$

就可以消除混叠现象，这也是奈奎斯特（Nyquist）采样定理的主要内容。

奈奎斯特采样定理是指在有限宽度的频带内，如果要从被采样信号中无失真地恢复原信

号，那么采样率应大于被采样信号最高频率的 2 倍。即，

- 当采样率小于被采样信号最高频率的 2 倍时，采集到的信号有混叠。
- 当采样率大于被采样信号最高频率的 2 倍时，采集到的信号无混叠。

实际上采样率不可能无限高，而且采集到的信号中始终会有高频噪声影响信号的信噪比。在对原始信号进行采样时，总会存在高频噪声叠加在振动信号上的情况，也就是总会有混叠的现象存在。所以，需要对原始信号进行低通滤波后，再对信号进行采样，才能有效地消除信号混叠的现象。使用低通滤波器滤除高于采样率 2 倍的高频信号，将这种消除信号混叠的滤波器称为**抗混叠滤波器**。

因为滤波器有过渡带，所以抗混叠滤波器的 3dB 截止频率应该是模态试验分析带宽最高频率的 2.56 倍。如果分析带宽最高频率是抗混叠滤波器的截止频率 ω_c，那么有效模态分析带宽的最高频率为 ω_c 的 80%。

5.5.2 模数转换

将振动信号由模拟信号转为数字信号的过程是在数采中完成的，由模拟信号转为数字信号的电子器件称为**模数转换器**，简称 A/D。数采采用固定 bit 位数的空间记录信号的幅值序列，常见的存储位数有 16bit 和 24bit，所以有时会将数采的模数转换器简称为 16 位 A/D 或 24 位 A/D。

A/D 的作用是对模拟信号采样，并将信号的幅值量化，然后以二进制形式将量化后的信号进行编码组成信号序列。模数转换过程示意图如图 5-32 所示。

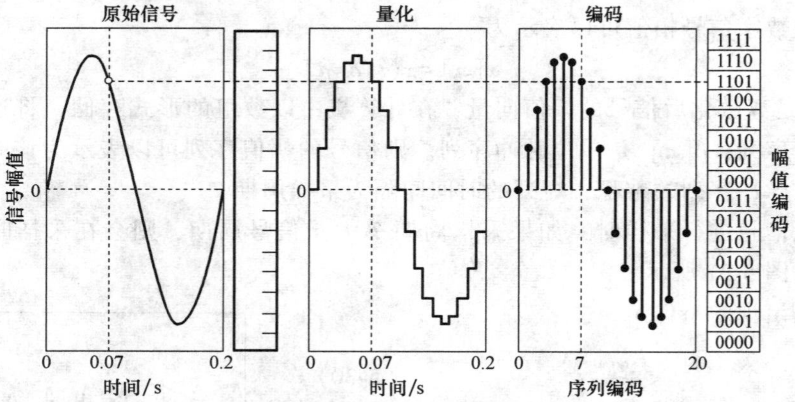

图 5-32　模数转换过程示意图

模数转换过程中量化和编码的具体步骤是：

1）将离散信号的幅值按照标尺找到对应的标尺值。

2）按照标尺值将信号幅值转换为对应的二进制数值。

3）将二进制数值依次排列组成信号的幅值序列。

此处信号的幅值序列中幅值的读数并非是模拟量的真实幅值，而是 A/D 内置的标尺编码。在数据采集软件中有同样的标尺来对信号的序列进行解码。

当采用 n 位 A/D 时，A/D 最多可以区分 2^n 个数字，所以将量程之间的值进行均分，每两格幅值之间的增量 p 为

$$p=\frac{R}{2^n-1} \tag{5-32}$$

式中，R 是量程。

以 4 位 A/D 为例，当数采的量程为±10V 时，标尺值二进制码及模拟信号幅值对应表见表 5-8。

表 5-8 4 位 A/D 标尺值二进制码及模拟信号幅值对应表

标尺值	二进制码	信号幅值
15	1111	10. 00000000
14	1110	8. 666666667
13	1101	7. 333333333
12	1100	6. 000000000
11	1011	4. 666666667
10	1010	3. 333333333
9	1001	2. 000000000
8	1000	0. 666666667
7	0111	-0. 666666667
6	0110	-2. 000000000
5	0101	-3. 333333333
4	0100	-4. 666666667
3	0011	-6. 000000000
2	0010	-7. 333333333
1	0001	-8. 666666667
0	0000	-10. 00000000

图 5-32 中所示的信号对应标尺值为 13，数采将标尺值对应的二进制数 1101 传输给计算机，计算机在收到二进制数后重新解码得到标尺值，并根据表 5-8 的数值还原模拟信号对应的幅值 7. 33V。

目前模态试验所用数采多以 3Byte 即 24bit 的方式存储和传输数据。因为每个 bit 存储位最多可以区分两个数字，所以对于整数来说，24bit 的存储位可以表示从 0 到 $(2^{24}-1)$ 的整数，而 16bit 的存储位只能表示从 0 到 $(2^{16}-1)$ 的整数。所以 24 位 A/D 的最小分辨率为 $(2^{24}-1)^{-1}$，16 位 A/D 的最小分辨率为 $(2^{16}-1)^{-1}$。

5. 5. 3 信号序列

数字信号为离散信号，物理量的时域数字信号就是附加时间信息的实数或复数序列。数字信号序列以整数 n 为自变量，n 表示时间增量的倍数。

当数采的采样率为 f_s 时，采样周期 T 为

$$T=\frac{1}{f_s} \tag{5-33}$$

时间以 0 为起点，第 n 个采样点对应的时间是

$$t_n = nT \tag{5-34}$$

将信号在时间 t 的幅值记为 $a(t)$，采样时间 t 为采样周期 T 的 n 倍，则可以将信号幅值表示为

$$a(t) = a(nT) \tag{5-35}$$

进一步将时间 t 表示为 n 的函数，则 t 时间信号的幅值可以表示为

$$x[n] = a(t) = a(nT) \tag{5-36}$$

其中，$x[n]$ 被称为**序列**。一次测试的序列向量可以表示为

$$\boldsymbol{x}[n] = [x[0] \quad x[T] \quad x[2T] \quad \cdots \quad x[nT]] \tag{5-37}$$

所以在信号采样时，只需提前在采集软件中完成采样率和采样起始时间的设置，以固定的时间间隔对原始信号进行采样、量化，最后编码为序列即可，无须记录采样点对应的时间信息。这样就可以在传输速率固定的情况下传输尽可能多的数据。常见的序列类型有：

1）单位脉冲序列。

2）单位阶跃序列。

3）矩形序列。

4）实指数序列。

5）复指数序列。

6）正弦序列。

7）周期序列。

下面分别介绍常见序列的定义和特征。

1. 单位脉冲序列

单位脉冲序列 $\delta[n]$ 也称为单位采样序列，如图 5-33 所示，单位脉冲序列 $\delta[n]$ 的定义是

$$\delta[n] = \begin{cases} 1 \quad, & n=0 \\ 0 \quad, & n \neq 0 \end{cases} \tag{5-38}$$

如果将序列进行平移，平移后的序列 $\delta[n-k]$ 则可表示为

$$\delta[n-k] = \begin{cases} 1 \quad, & n=k \\ 0 \quad, & n \neq k \end{cases} \tag{5-39}$$

单位脉冲序列的定义虽然非常简单，但是却非常重要。对于任意波形信号来说，可以使用单位脉冲序列来表示该信号的序列

$$x[n] = \sum_{k=-\infty}^{\infty} x[k]\delta[n-k] \tag{5-40}$$

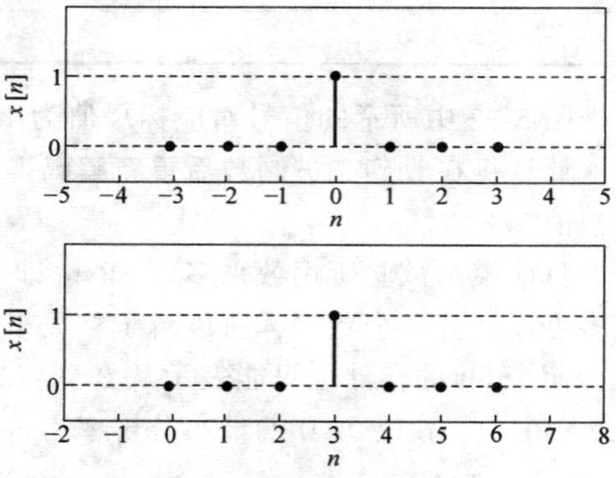

图 5-33　单位脉冲序列

2. 单位阶跃序列

单位阶跃序列如图 5-34 所示。

将单位阶跃序列定义为

$$u[n] = \begin{cases} 1 \quad, & n \geqslant 0 \\ 0 \quad, & n < 0 \end{cases} \tag{5-41}$$

如果将序列进行平移，平移后的序列 $u[n-k]$ 则可表示为

$$u[n-k]=\begin{cases}1, & n\geqslant k\\0, & n<0\end{cases} \tag{5-42}$$

单位脉冲序列可以表示为单位阶跃序列的函数

$$\delta[n]=u[n]-u[n-1] \tag{5-43}$$

基于单位脉冲序列，单位阶跃序列可以表示为

$$u[n]=\sum_{k=0}^{\infty}\delta[n-k] \tag{5-44}$$

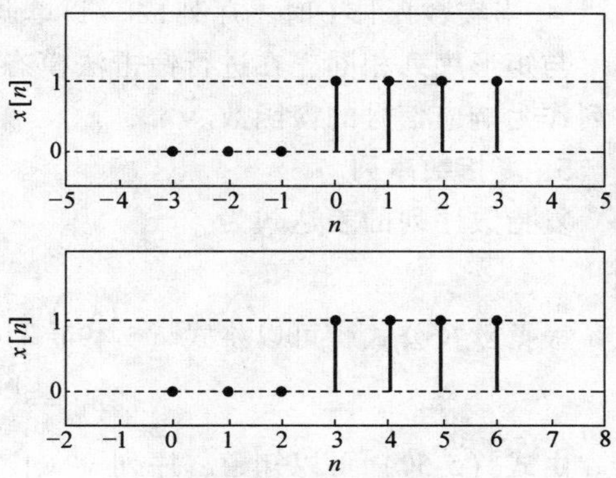

图 5-34 单位阶跃序列

3. 矩形序列

矩形序列如图 5-35 所示。

矩形序列可以定义为

$$r_N[n]=\begin{cases}1, & n\in[0,N-1]\\0, & n\notin[0,N-1]\end{cases} \tag{5-45}$$

式中，N 是矩形序列的长度。

基于单位阶跃序列，矩形序列可以表示为

$$r_N[n]=u[n]-u[n-N] \tag{5-46}$$

在锤击法模态试验中，矩形序列可以作为激励的窗函数。

4. 实指数序列

实指数序列 $x[n]$ 如图 5-36 所示。

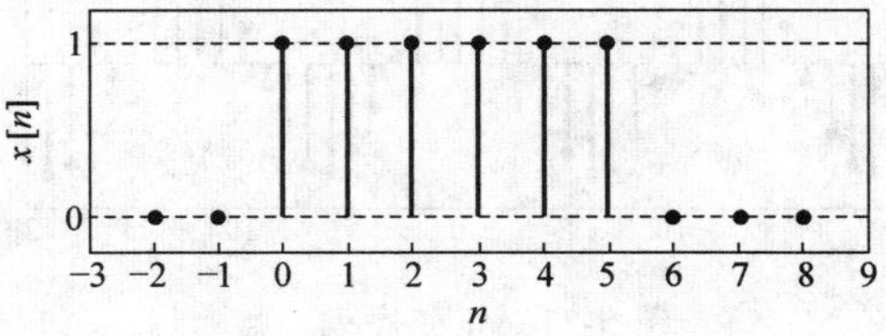

图 5-35 矩形序列

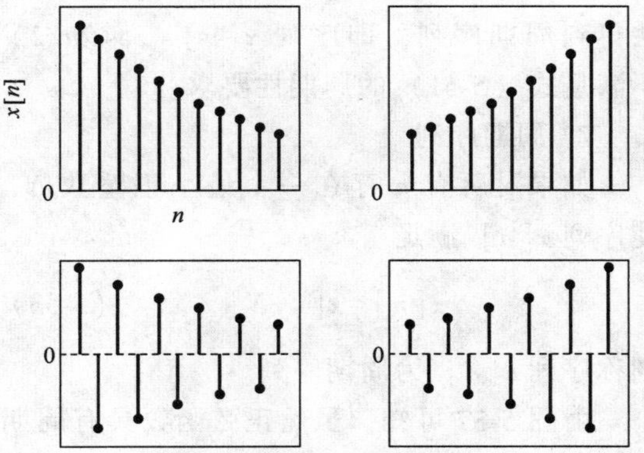

图 5-36 实指数序列

实指数序列的表达式为

$$x[n]=a^n u[n] \tag{5-47}$$

满足实指数序列的 a 有四种取值范围，分别是

$$\begin{aligned}&a\in(-\infty,-1)\\&a\in(-1,0)\\&a\in(0,1)\\&a\in(1,+\infty)\end{aligned} \tag{5-48}$$

- 当实数 $|a|<1$ 时，序列 $|x[n]|$ 单调递减，此时序列 $x[n]$ 称为收敛序列。

• 当实数 $|a|>1$ 时，序列 $|x[n]|$ 单调递增，此时序列 $x[n]$ 称为发散序列。

与矩形序列相同，在进行锤击法模态试验时，可以使用 $a\in(-\infty,-1)$ 的实指数收敛序列作为响应信号的窗函数。

5. 复指数序列

复指数序列的表达式为

$$x[n]=\mathrm{e}^{\mathrm{j}n\omega_0} \tag{5-49}$$

根据欧拉公式，可以将式（5-49）写为

$$x[n]=\mathrm{e}^{\mathrm{j}n\omega_0}=\cos n\omega_0+\mathrm{j}\sin n\omega_0 \tag{5-50}$$

由式（5-50）可以知道，序列 $x[n]$ 为复数序列。和连续信号 $\mathrm{e}^{\mathrm{j}\omega_0 t}$ 不同，序列 $\mathrm{e}^{\mathrm{j}n\omega_0}$ 不一定是周期信号。只有当 $\omega_0/2\pi$ 为有理数时，复数序列 $x[n]$ 才具有周期性，即 ω_0 需满足

$$\omega_0=2\pi\frac{k}{N} \tag{5-51}$$

式中，k 是正整数。

6. 正弦序列

振动信号最常见的序列为正弦序列，正弦序列的表达式为

$$x[n]=A\sin(n\omega_0+\alpha) \tag{5-52}$$

图 5-37 以正弦序列 $x[n]=\cos(n\pi/6)$ 和序列 $x[n]=\cos(n/2)$ 为例，介绍了正弦序列的周期性。因为 π 为无理数，所以当序列以 $n/2$ 作为自变量进行三角函数计算时，无法得到周期序列，即序列 $x[n]=\cos(n/2)$ 不满足式（5-51）的周期性要求。

7. 周期序列

如果对所有 n 存在一个最小正整数 N，使序列 $x[n]$ 满足

$$x[n]=x[n+N] \tag{5-53}$$

则称序列 $x[n]$ 为周期序列。

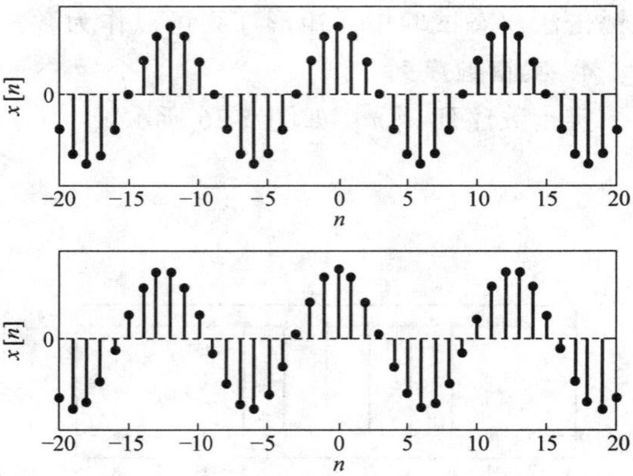

图 5-37 正弦序列

由图 5-37 可知，虽然正弦函数具有周期性，但是正弦序列并不一定是周期序列。以正弦序列 $x[n]=A\sin(n\omega_0+\alpha)$ 为例，讨论正弦序列的周期性。

1）见式（5-51），当 $2\pi/\omega_0$ 为整数且 $k=1$ 时，正弦序列以 $2\pi/\omega_0$ 为周期。

2）当 $2\pi/\omega_0=N/k$ 为有理数时，如果 N 和 k 互质，则正弦序列的周期为 N。

3）当 $2\pi/\omega_0$ 为无理数时，正弦序列为非周期序列。

5.6 数字信号时频变换原理

5.6.1 基本假设

与振动理论相同，模态试验的数字信号处理系统同样需要满足相应的基本条件。数字信

号处理系统必须满足以下基本假设：

- 线性系统。
- 时不变系统。
- 因果系统。
- 稳定系统。

1. 线性系统

处理数字信号的系统须为线性系统。如果线性系统的输入序列为 $x[n]$，输出序列为 $y[n]$，那么输入序列和输出序列的关系为

$$y[n]=f(x[n]) \tag{5-54}$$

对于线性系统来说，输入输出序列需要满足线性原理，即信号的输入序列和输出序列成比例

$$ky[n]=f(kx[n]) \tag{5-55}$$

而且线性系统必须满足叠加原理。假设系统的输入序列为 $x_1[n]$ 和 $x_2[n]$，系统的输出序列为 $y_1[n]$ 和 $y_2[n]$，输入序列和输出序列之间的关系为

$$\begin{aligned} y_1[n]&=f(x_1[n]) \\ y_2[n]&=f(x_2[n]) \end{aligned} \tag{5-56}$$

如果将输入序列进行叠加，那么输出序列也应该满足叠加关系

$$y_1[n]+y_2[n]=f(x_1[n]+x_2[n]) \tag{5-57}$$

将线性和叠加性进行综合，可以得到线性系统的输入输出关系

$$ay_1[n]+by_2[n]=f(ax_1[n]+bx_2[n]) \tag{5-58}$$

2. 时不变系统

数字信号处理系统应该为时不变系统，即数字信号的运算方法和时间无关，计算结果不随时间的推移而发生变化。如果系统的输入序列和输出序列满足关系

$$y[n]=f(x[n]) \tag{5-59}$$

则时间推移 t_k 后，系统的输入序列和输出序列须满足

$$y[n-k]=f(x[n-k]) \tag{5-60}$$

即序列平移 k 后，输入输出仍然满足对应关系。

如果在零初始条件下系统的输入为单位脉冲序列 $\delta[n]$，那么将系统的输出序列定义为单位脉冲响应序列 $h[n]$，且有

$$h[n]=f(\delta[n]) \tag{5-61}$$

根据式（5-40）单位脉冲序列的平移性质，将系统任意信号的输入序列表示为

$$x[n]=\sum_{k=-\infty}^{+\infty}x[k]\delta[n-k] \tag{5-62}$$

则系统的输出序列为

$$y[n]=f(x[n])=f(\sum_{k=-\infty}^{+\infty}x[k]\delta[n-k]) \tag{5-63}$$

根据线性系统的比例性质，式（5-63）可以表示为

$$y[n]=f(\delta[n-k])\sum_{k=-\infty}^{+\infty}x[k] \tag{5-64}$$

使用单位脉冲响应序列表示式（5-64），有

$$y[n] = h[n-k]\sum_{k=-\infty}^{+\infty} x[k] \tag{5-65}$$

根据时不变性质，式（5-65）可以表示为

$$y[n]=x[n]*h[n] \tag{5-66}$$

式中 * 表示卷积运算。式（5-66）的意义是，线性时不变系统的输出序列等于输入序列和单位脉冲响应序列的卷积。序列的卷积满足如下性质

$$x[n]*h[n]=h[n]*x[n] \tag{5-67}$$

$$x[n]*(h_1[n]*h_2[n])=(x[n]*h_1[n])*h_2[n] \tag{5-68}$$

$$x[n]*(h_1[n]+h_2[n])=x[n]*h_1[n]+x[n]*h_2[n] \tag{5-69}$$

3. 因果系统

如果系统的输出序列 $y[n]$ 中第 k 个元素只与输入 $x[m](m\leqslant k)$ 有关，则称系统为因果系统。线性时不变系统为因果系统的充分必要条件是，当 $n<0$ 时，单位脉冲响应序列为

$$h[n]=0 \tag{5-70}$$

4. 稳定系统

稳定系统是指系统的输入和输出均有界，即

$$\begin{aligned}|x[n]|&<u_i\\|y[n]|&<u_o\end{aligned} \tag{5-71}$$

式中，u_i 和 u_o 均是有限实数。

稳定性的充分必要条件是系统的单位脉冲响应序列之和为有限值，即

$$\sum_{n=-\infty}^{+\infty} h[n] < +\infty \tag{5-72}$$

以上假设是数字信号处理必须满足的基本假设，如果系统不满足上述假设，就不能使用数字信号处理算法对数据进行处理。

5.6.2 z 变换

1. 定义

在离散信号系统中，z 变换是非常重要的信号处理工具，可以将离散系统的时域差分方程转化为较简单的频域代数方程。z 变换是可以简化数字信号求解过程的重要数学工具，其在离散信号系统中的重要程度相当于连续信号系统中的拉普拉斯变换。离散信号序列 $x[n]$ 的 z 变换 $X(z)$ 是

$$X(z)=\sum_{n=-\infty}^{+\infty} x[n]z^{-n} \tag{5-73}$$

式中，z 是复变量，其表达式是

$$z=r\mathrm{e}^{\mathrm{j}\omega} \tag{5-74}$$

式中，r 是变量 z 的模；ω 是变量 z 的相位角。

用符号 $\mathscr{Z}$ 表示序列 $x[n]$ 的 z 变换，有

$$X(z)=\mathscr{Z}(x[n]) \tag{5-75}$$

将 $x[n]$ 和 $X(z)$ 称为 z 变换对。

式（5-73）的 z 变换被称为双边 z 变换，此外还有单边 z 变换

$$X_1(z) = \sum_{n=0}^{+\infty} x[n] z^{-n} \tag{5-76}$$

- 在单边 z 变换中，n 的取值范围是 $[0, +\infty)$。
- 在双边 z 变换中，n 的取值范围是 $(-\infty, +\infty)$。
- 如果 $n \in (-\infty, 0)$ 时，序列 $x[n]=0$，那么单边 z 变换和双边 z 变换中的 n 等价。

后续均默认 z 变换为双边 z 变换。

2. 收敛域

时域序列 $x[n]$ 可以进行 z 变换的充分必要条件是

$$\sum_{n=-\infty}^{+\infty} |x[n]z^{-n}| < +\infty \tag{5-77}$$

式中，使级数绝对可和的所有 z 值称为 z 变换的**收敛域**（ROC）。原始时域离散序列的完整表达由该序列的 z 变换表达式及其对应的收敛域组成。

z 变换的收敛域具有以下特点：

- 当 $x[n]=\delta[n]$ 时，序列 $x[n]$ 的收敛域为整个 z 平面。
- 当 $x[n]\neq\delta[n]$ 时，序列 $x[n]$ 的收敛域是一个圆环（见图 5-38），其表达式为

$$R_{X-} < |z| < R_{X+} \tag{5-78}$$

- 根据序列的特征，收敛域圆环范围可向内收缩到原点，也可向外扩展到+∞。
- $X(z)$ 在收敛域内没有极点，在收敛域内每一点上都是解析函数。

可以对 $X(z)$ 进行逆 z 变换，得到序列 $x[n]$

$$x[n] = \frac{1}{2\pi j}\oint_c X(z) z^{n-1} dz \tag{5-79}$$

式中，收敛域是 $c \in (R_{X-}, R_{X+})$。

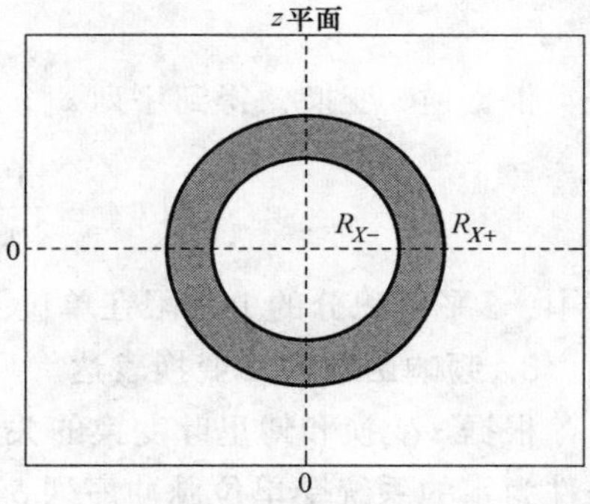

图 5-38 收敛域

3. z 变换的性质

时域序列 $x[n]$ 及其 z 变换 $X(z)$ 的常见性质见表 5-9。

表 5-9 z 变换的性质

性质	序列	z 变换
线性序列	$ax[n]+by[n]$	$aX(z)+bY(z)$
时域反转	$x[-n]$	$X(z^{-1})$
序列移位	$x[n+n_0]$	$z^{n_0}X(z)$
频域微分	$nx[n]$	$-z\mathrm{d}X(z)/\mathrm{d}z$
序列共轭	$\bar{x}[n]$	$\bar{X}(\bar{z})$
序列卷积	$x[n]*y[n]$	$X(z)Y(z)$
序列相乘	$x[n]y[n]$	$(2\pi j)^{-1}\oint_c X(v) * Y(zv^{-1})v^{-1}\mathrm{d}v$

4. 常见序列的 z 变换

根据序列的 z 变换方法，列出常见序列的 z 变换及对应的收敛域，见表 5-10。

表 5-10 常见序列的 z 变换及对应的收敛域

$x[n]$	$X(z)$	收敛域
$\delta[n]$	1	全部 z
$u[n]$	$(1-z^{-1})^{-1}$	$\|z\|>1$
$nu[n]$	$z^{-1}(1-z^{-1})^{-2}$	$\|z\|>1$
$a^n u[n]$	$(1-az^{-1})^{-1}$	$\|z\|>\|a\|$
$na^n u[n]$	$az^{-1}(1-az^{-1})^{-2}$	$\|z\|>\|a\|$
$r_N[n]$	$(1-z^{-N})(1-z^{-1})^{-1}$	$\|z\|>0$
$e^{j\omega\pi}u[n]$	$(1-e^{j\omega}z^{-1})^{-1}$	$\|z\|>1$
$\sin[\omega n]u[n]$	$z^{-1}\sin\omega(1-2z^{-1}\cos\omega+z^{-2})^{-1}$	$\|z\|>1$
$\cos[\omega n]u[n]$	$(1-z^{-1}\cos\omega)(1-2z^{-1}\cos\omega+z^{-2})^{-1}$	$\|z\|>1$

5. z 变换和傅里叶变换的关系

z 变换是傅里叶变换的推广。当傅里叶变换不存在时，定义 z 变换的幂级数则可能收敛。可以将傅里叶变换理解为单位圆上的 z 变换，也就是将线性频率轴围绕在单位圆上。因此得到傅里叶变换在频率上的固有周期性。

令 $z=e^{j\omega}$，可以得到离散序列的傅里叶变换与 z 变换的关系

$$X(e^{j\omega}) = \sum_{n=-\infty}^{+\infty} x[n]e^{j\omega n} \tag{5-80}$$

根据逆 z 变换，得到序列 $x[n]$ 的表达式

$$x[n] = \frac{1}{2\pi j}\oint_c X(z)z^{n-1}dz = \frac{1}{2\pi}\int_{-\pi}^{\pi} X(e^{j\omega})e^{j\omega n}d\omega \tag{5-81}$$

式中，z 平面积分的上下限在单位圆上，且为 $X(e^{j\omega})$ 的一个周期。

6. 频响函数的 z 变换表达

根据 z 变换和傅里叶变换的关系，可以推导频响函数 $H(\omega)$ 的 z 变换表达式。假设初始条件为零的系统受单位脉冲序列 $\delta[n]$ 激励，那么单位脉冲响应序列 $h[n]$ 的傅里叶变换是

$$H(e^{j\omega}) = \mathscr{F}(h[n]) \tag{5-82}$$

式中，$H(e^{j\omega})$ 是系统的频响函数。

根据 n 阶微分方程表达式，将系统的单位脉冲响应序列 $h[n]$ 的 z 变换 $H(z)$ 表示为

$$H(z) = \frac{\sum_{i=0}^{k} b_i z^{-i}}{\sum_{i=0}^{r} a_i z^{-i}} \tag{5-83}$$

如果将 z 的模和分子分母的待定系数 b_i，a_i 合并，那么变量 z 就将分布在单位圆上。此时多项式的幂指数 i 只会影响变量 z 的相位。当多项式幂指数 i 增大时，不会因为变量 z 的模数增大而使待定系数 b_i 和 a_i 失真，可以保证多项式拟合的正确性。

5.6.3 离散傅里叶变换的定义

1. 离散傅里叶变换的定义

离散傅里叶变换（Discrete Fourier Transform，DFT）是将有限长时域序列转换为频域序

列的重要工具。参与离散傅里叶变换的时域和频域数据都是离散形式的序列。对于长度为 L 的有限长序列 $x[n]$，采用 $\mathscr{D}$ 表示序列 $x[n]$ 的离散傅里叶变换 $X(s)$，则

$$X(s)=\mathscr{D}(x[n])=\sum_{n=0}^{N-1}x[n]W_N^{sn} \tag{5-84}$$

式中，$\forall s=0, 1, 2, \cdots, N-1$；$N<L$；$W_N$ 的表达式是

$$W_N=\mathrm{e}^{-\frac{2\mathrm{j}\pi}{N}} \tag{5-85}$$

$X(s)$ 对应的离散傅里叶逆变换（Inverse Discrete Fourier Transform，IDFT）为

$$x[n]=\mathscr{D}^{-1}[X(s)]=\frac{1}{N}\sum_{n=0}^{N-1}X(s)W_N^{-sn} \tag{5-86}$$

式中，变量 n 的取值范围是 $\forall n=0, 1, 2, \cdots, N-1$。

2. 离散傅里叶变换与 z 变换的关系

长度为 N 的序列 $x[n]$，其离散傅里叶变换为

$$\mathscr{D}(x[n])=\sum_{n=0}^{N-1}x[n]W_N^{sn} \tag{5-87}$$

对比序列 $x[n]$ 的 z 变换

$$\mathscr{Z}(x[n])=\sum_{n=0}^{N-1}x[n]z^{-n} \tag{5-88}$$

对于 $\forall s=0, 1, 2, \cdots, N-1$，如果 z 的取值为

$$z=\mathrm{e}^{\frac{2\mathrm{j}\pi s}{N}} \tag{5-89}$$

那么序列的离散傅里叶变换和 z 变换相等，即

$$\mathscr{D}(x[n])=\mathscr{Z}(x[n])=X(z)\Big|_{z=\mathrm{e}^{\frac{2\mathrm{j}\pi s}{N}}} \tag{5-90}$$

从式（5-90）中可以看出，N 点采样序列 $x[n]$ 的离散傅里叶变换 $\mathscr{D}(x[n])$ 为 z 变换 $\mathscr{Z}(x[n])$ 在单位圆上的 N 点等间隔采样。

当 $\omega=2ns/N$ 时，序列 $x[n]$ 的离散傅里叶变换和傅里叶变换相等，即

$$\mathscr{D}(x[n])=\mathscr{F}(x[n])=X(\omega)\Big|_{\omega=\frac{2ns}{N}} \tag{5-91}$$

从式（5-91）中可以看出，离散傅里叶变换 $\mathscr{D}(x[n])$ 为傅里叶变换 $\mathscr{F}(x[n])$ 在区间 $[0, 2\pi]$ 上的 N 点等间隔采样。

3. 离散傅里叶变换的隐含周期性

定义整数 k 和 N，则

$$W_N^k=\mathrm{e}^{-2\mathrm{j}\pi\frac{k}{N}} \tag{5-92}$$

当 m 为整数时，有

$$W_N^{k+mN}=\mathrm{e}^{-2\mathrm{j}\pi\left(m+\frac{k}{N}\right)}=\mathrm{e}^{-2\mathrm{j}\pi\frac{k}{N}}=W_N^k \tag{5-93}$$

所以，W_N^k 具有周期性。

对序列 $x[k+mN]$ 进行离散傅里叶变换，得

$$\mathscr{D}(x[k+mN])=\sum_{n=0}^{N-1}x[n]W_N^{(k+mN)n} \tag{5-94}$$

将式（5-93）代入式（5-94），得

$$\mathscr{D}(x[k+mN])=\sum_{n=0}^{N-1}x[n]W_N^{kn} \tag{5-95}$$

所以序列 $x[k]$ 和序列 $x[k+mN]$ 的离散傅里叶变换满足

$$\mathscr{D}(x[k])=\mathscr{D}(x[k+mN]) \tag{5-96}$$

由式（5-96）可知，序列 $x[n]$ 的离散傅里叶变换 $\mathscr{D}(x[n])$ 具有隐含周期性。

5.6.4　离散傅里叶变换的性质

1. 满足线性关系

有限长序列 $x_1[n]$ 和序列 $x_2[n]$ 的长度分别为 N_1 和 N_2，序列 $y[n]$ 为

$$y[n]=ax_1[n]+bx_2[n] \tag{5-97}$$

式中，系数 a 和 b 是常数。

当 $N=\max(N_1, N_2)$ 时，序列 $y[n]$ 的离散傅里叶变换为

$$\mathscr{D}(y[n])=a\mathscr{D}(x_1[n])+b\mathscr{D}(x_2[n]) \tag{5-98}$$

即序列 $y[n]$ 的离散傅里叶变换是序列 $x_1[n]$ 和序列 $x_2[n]$ 离散傅里叶变换的线性组合。

2. 序列的循环移位

定义周期为 N 的序列 $c[n]$ 是序列 $x[n]$ 的周期延拓。序列 $x[n]$ 的长度为 N，即序列 $x[n]$ 为序列 $c[n]$ 的一个周期，如图 5-39 所示。

序列 $c[n]$ 可以表示为

$$c[n]=\sum_{m=-\infty}^{+\infty}x[n+mN] \tag{5-99}$$

式中，m 是整数。

序列 $x[n]$ 可以表示为

$$x[n]=c[n]r_N[n] \tag{5-100}$$

定义序列 $x[n]$ 的循环移位序列 $y[n]$ 为

$$y[n]=c[n+m]r_N[n] \tag{5-101}$$

定义 $n\in[0, N-1]$ 为主值区间，主值区间上的序列称为主值序列。循环移位序列 $y[n]$ 的原理如图 5-40 所示。

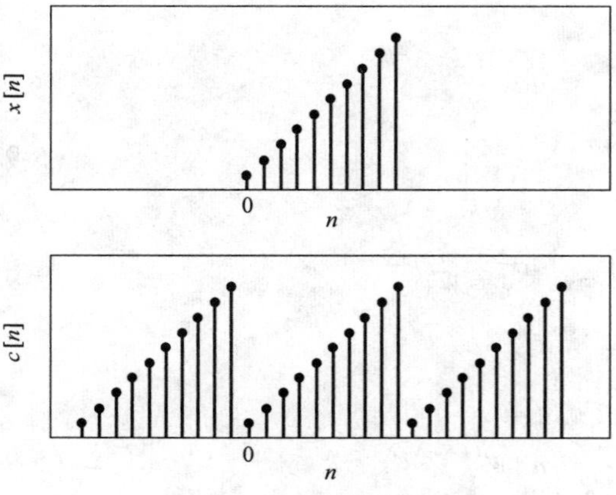

图 5-39　序列循环

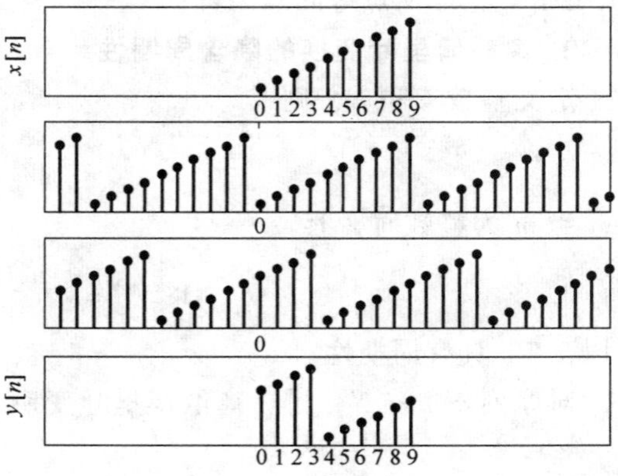

图 5-40　循环移位

循环移位的计算顺序是：

- 将序列 $x[n]$ 进行周期延拓，得到序列 $c[n]$。
- 将序列 $c[n]$ 进行移动，移动长度为 m，得到序列 $c[n+m]$。
- 在移位后的序列 $c[n+m]$ 上截取主值区间的序列，得到序列 $y[n]$。

序列 $y[n]$ 和序列 $x[n]$ 的长度都为 N。循环移位的意义是，从原序列 $x[n]$ 左移出主值区间的值从序列右侧移入。

3. 时域循环移位

长度为 N 的有限长序列 $x[n]$ 及移位 m 的循环移位序列 $y[n]$ 满足

$$y[n]=c[n+m]r_N[n] \tag{5-102}$$

那么循环移位序列 $y[n]$ 的离散傅里叶变换为

$$\mathscr{D}(y[n])=W_N^{-km}X(k)=W_N^{-km}\mathscr{D}(x[n]) \tag{5-103}$$

式中，k 的取值范围是 $[0, N-1]$。

4. 循环卷积

对于长度分别为 N_1 和 N_2 的有限长序列 $x_1[n]$ 和 $x_2[n]$，如果将 N_1 和 N_2 的最大值作为序列长度，即 $N=\max(N_1, N_2)$，那么在长度 N 上，序列 $x_1[n]$ 的离散傅里叶变换 $X_1(s)$ 可以表示为

$$X_1(s)=\mathscr{D}(x_1[n]) \tag{5-104}$$

序列 $x_2[n]$ 的离散傅里叶变换 $X_2(s)$ 可以表示为

$$X_2(s)=\mathscr{D}(x_2[n]) \tag{5-105}$$

设序列 $x[n]$ 的离散傅里叶变换为 $X(s)$，而且

$$X(s)=X_1(s)X_2(s) \tag{5-106}$$

则序列 $x[n]$ 可以表示为

$$x(n)=\mathscr{D}^{-1}[X(s)]=\sum_{m=0}^{N-1}x_1[m]c_2[n-m]r_N[n] \tag{5-107}$$

式中，$c_2[n-m]$ 是序列 $x_2[n-m]$ 的周期延拓。

式（5-107）中序列 $x[n]$ 就是序列 $x_1[n]$ 和 $x_2[n]$ 的循环卷积。

5.7 快速傅里叶变换

5.7.1 时域抽取法

长度为 N 的序列 $x[n]$，其离散傅里叶变换为

$$X(s)=\sum_{n=0}^{N-1}x[n]W_N^{ns} \tag{5-108}$$

如果序列 $x[n]$ 是实序列，则计算任意一个 $X(s)$ 都需要 N 次乘法，$(N-1)$ 次加法。如果序列 $x[n]$ 是复序列，则 N 次乘法为复数乘法，$(N-1)$ 次加法为复数加法。计算序列 $x[n]$ 的全部 N 个数值共需要 N^2 次乘法和 $N(N-1)$ 次加法。以数据序列长度 $N=256$ 为例，计算全部数据需要进行 65536 次乘法和 65280 次加法。如果在线进行序列的时频转换，显然计算量过大，计算效率偏低。

快速傅里叶变换算法的核心是，将长度为 N 的序列拆分为长度较短的序列，利用 W_N^{ns} 的对称性和周期性缩减离散傅里叶变换的次数。

快速傅里叶变换的方法较多，最常用的是序列长度 $N=2^m$ 的基 2 快速傅里叶变换，其中 m 为正整数。这种方法包括时域抽取法和频域抽取法，下面首先介绍基 2 快速傅里叶变换的时域抽取法。

基 2 时域抽取法（Decimation In Time FFT，DIT-FFT）是将序列长度为 $N=2^m$ 的序列 $x[n]$ 按照 n 的奇偶性进行抽取，并分成两个长度为 $N/2$ 的子序列 $x_1[k]$ 和 $x_2[k]$，即

$$x_1[k]=x[2k] \tag{5-109}$$

$$x_2[k]=x[2k+1] \tag{5-110}$$

$$\forall k=0,1,2,\cdots,\frac{N}{2}-1$$

序列 $x[n]$ 的离散傅里叶变换可以表示为

$$\begin{aligned} X(s) &= \sum_{k=0}^{N/2-1} x[2k]W_N^{2sk} + \sum_{k=0}^{N/2-1} x[2k+1]W_N^{s(2k+1)} \\ &= \sum_{k=0}^{N/2-1} x_1[k]W_N^{2sk} + \sum_{k=0}^{N/2-1} x_2[k]W_N^{s(2k+1)} \end{aligned} \tag{5-111}$$

对 W_N^{2sk} 进行如下变换

$$W_N^{2sk}=\mathrm{e}^{-\mathrm{j}\frac{2\pi}{N}2sk}=\mathrm{e}^{-\mathrm{j}\frac{2\pi}{N/2}sk} \tag{5-112}$$

因为 $W_{N/2}^{sk}=\mathrm{e}^{-\mathrm{j}\frac{2\pi}{N/2}sk}$，所以

$$W_N^{2sk}=W_{N/2}^{sk} \tag{5-113}$$

将式（5-113）代入式（5-111），序列 $x[n]$ 的离散傅里叶变换可以表示为

$$X(s) = \sum_{k=0}^{N/2-1} x_1[k]W_{N/2}^{sk} + \sum_{k=0}^{N/2-1} x_2[k]W_{N/2}^{sk}W_N^s \tag{5-114}$$

序列 $x_1[k]$ 的离散傅里叶变换为

$$\begin{aligned} X_1(s) &= \mathscr{D}(x_1[k]) \\ &= \sum_{k=0}^{N/2-1} x_1[k]W_{N/2}^{sk} \end{aligned} \tag{5-115}$$

序列 $x_2[k]$ 的离散傅里叶变换为

$$\begin{aligned} X_2(s) &= \mathscr{D}(x_2[k]) \\ &= \sum_{k=0}^{N/2-1} x_2[k]W_{N/2}^{sk} \end{aligned} \tag{5-116}$$

将式（5-115）和式（5-116）代入式（5-114），可得

$$X(s)=X_1(s)+X_2(s)W_N^s \tag{5-117}$$

式中，$X_1(s)$ 和 $X_2(s)$ 以 $N/2$ 为周期，所以

$$X\left(s+\frac{N}{2}\right)=X_1(s)+X_2(s)W_N^{s+N/2} \tag{5-118}$$

因为 $W_N^{s+N/2}=W_N^sW_N^{N/2}=-W_N^s$，所以式（5-118）可以表示为

$$X\left(s+\frac{N}{2}\right)=X_1(s)-X_2(s)W_N^s$$
$$\forall s=0,1,2,\cdots,\frac{N}{2}-1 \tag{5-119}$$

此时，原序列 $x[n]$ 的离散傅里叶变换就可以分解为两个子序列的离散傅里叶变换：

- 当 $n\in[0,\ N/2-1]$ 时，序列 $x[n]$ 的离散傅里叶变换由式（5-117）求解。
- 当 $n\in[N/2,\ N-1]$ 时，序列 $x[n]$ 的离散傅里叶变换由式（5-119）求解。

采用蝶形运算符表示式（5-117）和式（5-119）的计算过程如图 5-41 所示，并以 $N=8$ 为例介绍序列 $x[n]$ 快速傅里叶变换的计算过程，如图 5-42 所示。

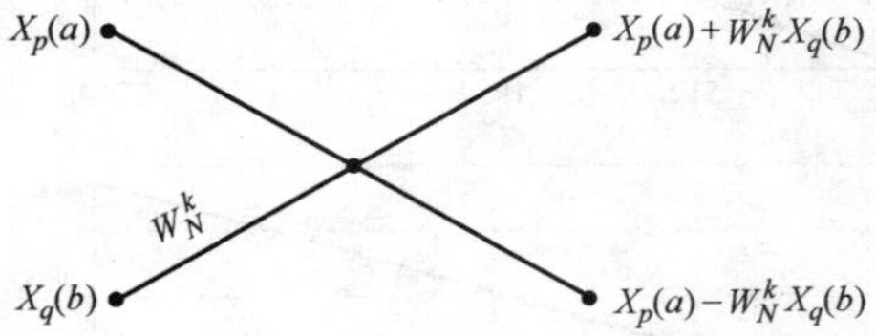

图 5-41 时域抽取法蝶形运算符

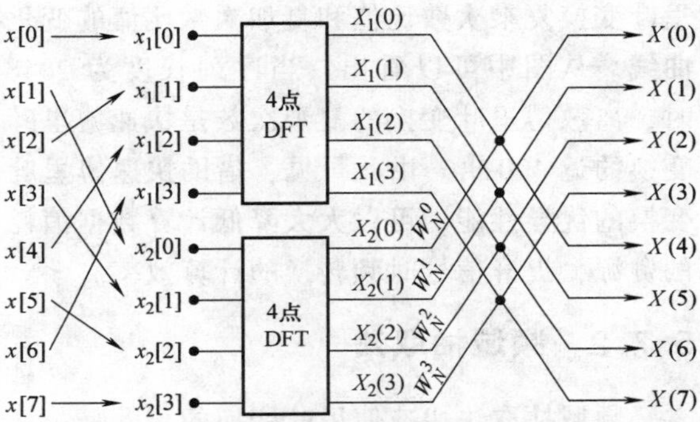

图 5-42 4 点时域抽取法快速傅里叶变换

序列进行快速傅里叶变换的步骤是：

1）将序列按照序号的奇偶性分为两组并重新排列。

2）每组序列分别进行离散傅里叶变换。

3）将离散傅里叶变换后的各组信号进行蝶形运算，得到原序列的变换结果。

因为原序列 $x[n]$ 按 n 的奇偶性拆分并重新排序的序列 $x_1[n]$ 和序列 $x_2[n]$ 的长度均为 4，所以序列 $x_1[n]$ 和序列 $x_2[n]$ 还可以继续拆分。分别将序列 $x_1[n]$ 和序列 $x_2[n]$ 按各自的奇偶拆分并重新排序，得到 4 个长度为 2 的序列。因为 2 仍然可以被 2 整除，所以继续将序列拆分成长度为 1 的序列。

因为拆分后的序列长度为 1，计算量继续降低。将原序列的元素重新排列进行快速傅里叶变换，计算方法如图 5-43 所示。因为长度为 N 的序列进行离散傅里叶变换时的复乘次数为 N^2，复加次数为 $N(N-1)$，当将序列拆分为 $N/2$ 的序列时，每个拆分后的序列复乘次数为 $(N/2)^2$，复加次数为 $N(N/2-1)/2$。如果将序列的长度设置为以 2 为底的幂指数，则序列可以拆分直至序列的长度为 1。

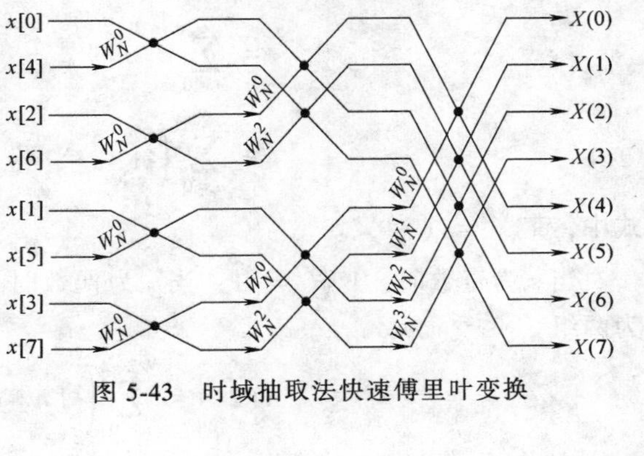

图 5-43 时域抽取法快速傅里叶变换

如果序列长度为 $N=2^m$，则该序列快速傅里叶变换的复乘次数 T_{F1} 为

$$T_{F1}=\frac{Nm}{2} \tag{5-120}$$

快速傅里叶变换的复加次数 T_{F2} 为

$$T_{F2}=Nm \tag{5-121}$$

对同序列进行离散傅里叶变换与快速傅里叶变换的复乘次数比值为

$$r_1=\frac{T_{D1}}{T_{F1}}=\frac{N^2}{Nm/2}=\frac{2^{m+1}}{m} \tag{5-122}$$

对同序列进行离散傅里叶变换与快速傅里叶变换的复加次数比值为

$$r_2=\frac{T_{D2}}{T_{F2}}=\frac{N(N-1)}{Nm}=\frac{2^m-1}{m} \tag{5-123}$$

图 5-44 所示为离散傅里叶变换和快速傅里叶变换复乘次数比值和复加次数比值的变化曲线。从图中可以看出，当序列长度为 2048 时，离散傅里叶变换的复乘次数是快速傅里叶变换的近 400 倍。由此可见，借助快速傅里叶变换的优异性能，可以大大降低计算数据消耗的资源，提升信号时频转换的计算效率。

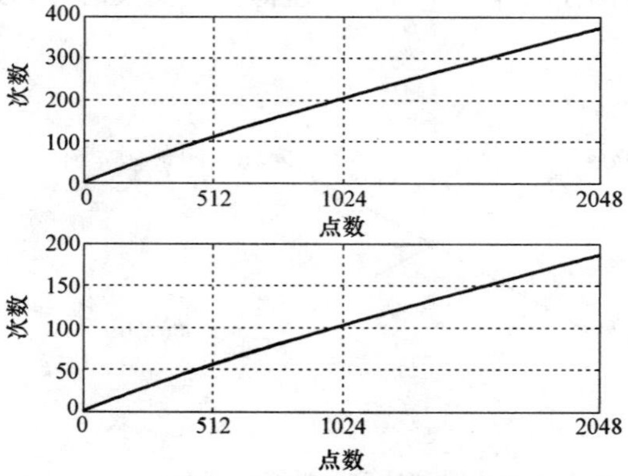

图 5-44　快速傅里叶变换计算效率

5.7.2　频域抽取法

频域抽取法快速傅里叶变换的步骤是：

1）将时域序列按照序号的顺序进行蝶形运算并分为两组。

2）每组序列分别进行离散傅里叶变换。

3）将离散傅里叶变换后的各组信号按照序号的奇偶性重新排列组成频域序列。

长度为 $N=2^m$ 的序列 $x[n]$，其离散傅里叶变换为

$$X(s)=\mathscr{D}(x[n])=\sum_{n=0}^{N-1}x[n]W_N^{sn} \tag{5-124}$$

按照序列的顺序将序列分为两组，序号 $n<N/2$ 为一组，序号 $n\geqslant N/2$ 为一组。则序列 $x[n]$ 的离散傅里叶变换可以表示为

$$\begin{aligned}X(s)&=\sum_{n=0}^{N/2-1}x[n]W_N^{sn}+\sum_{n=N/2}^{N-1}x[n]W_N^{sn}\\&=\sum_{n=0}^{N/2-1}x[n]W_N^{sn}+\sum_{n=0}^{N/2-1}x\left[n+\frac{N}{2}\right]W_N^{s(n+N/2)}\\&=\sum_{n=0}^{N/2-1}\left(x[n]+W_N^{sN/2}x\left[n+\frac{N}{2}\right]\right)W_N^{sn}\end{aligned} \tag{5-125}$$

式中，$W_N^{sN/2}=(-1)^n$。

当 s 为奇数时，$W_N^{sN/2}=-1$；当 s 为偶数时，$W_N^{sN/2}=1$。根据序号的奇偶性，将 $X(s)$ 分为两组

$$X(2k)=\sum_{n=0}^{N/2-1}\left(x[n]+x\left[n+\frac{N}{2}\right]\right)W_{N/2}^{kn} \tag{5-126}$$

$$X(2k+1)=\sum_{n=0}^{N/2-1}\left(x[n]-x\left[n+\frac{N}{2}\right]\right)W_N^n W_{N/2}^{kn} \tag{5-127}$$

$$\forall k=0,1,2,\cdots,\frac{N}{2}-1$$

设 $X(2k)$ 是序列 $x_1[n]$ 的离散傅里叶变换，则 $x_1[n]$ 的表达式为

$$x_1[n]=x[n]+x\left[n+\frac{N}{2}\right] \tag{5-128}$$

$$\forall n=0,1,2,\cdots,\frac{N}{2}-1$$

设 $X(2k+1)$ 是序列 $x_2[n]$ 的离散傅里叶变换，则 $x_2[n]$ 的表达式为

$$x_2[n]=\left(x[n]-x\left[n+\frac{N}{2}\right]\right)W_N^n \tag{5-129}$$

$$\forall n=0,1,2,\cdots,\frac{N}{2}-1$$

频域抽取法蝶形运算符如图 5-45 所示。频域抽取法的计算流程如图 5-46 所示。与时域抽取法快速傅里叶变换相同，频域抽取法也可以继续将序列拆分，直至序列的长度为 1。通过对序列的拆分降低快速傅里叶变换的计算量。

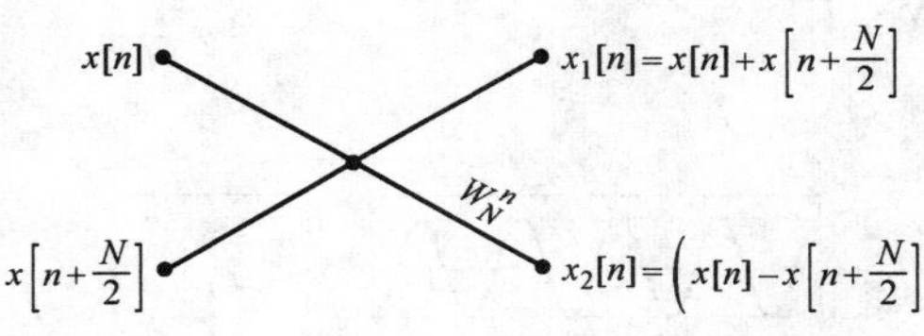

图 5-45　频域抽取法蝶形运算符

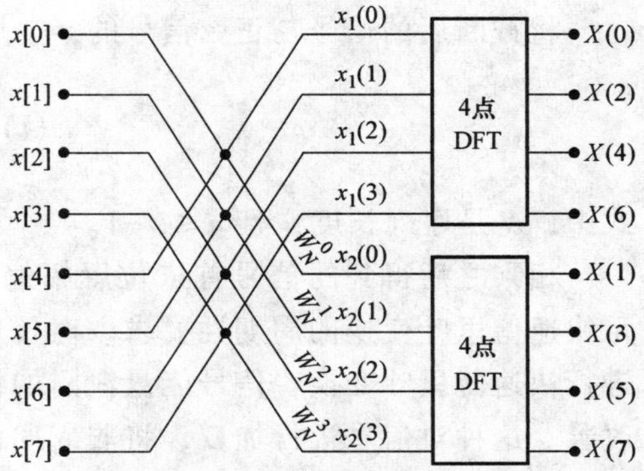

图 5-46　频域抽取法快速傅里叶变换

5.7.3　泄露与加窗

使用快速傅里叶变换对序列进行时频转换时，需要对序列进行截取，通常截取的序列长度为 2^m。当信号长度小于 2^m 时，将序列剩余元素进行补零。当信号长度大于 2^m 时，则需要对原信号进行截断。对截断后的信号进行快速傅里叶变换的频谱幅值应该与信号未变换前的幅值一致。如图 5-47 所示，对 50Hz 正弦波进行截取并进行快速傅里叶变换。变换后的单边谱幅值和信号在时域内的幅值一致。

能够进行快速傅里叶变换的信号必须是周期信号，当截断的信号不满足周期性时，信号的幅值和频谱特性就会出现变化。如图 5-48 所示，对正弦信号进行截断。从图中可以看出，截断后的信号不满足快速傅里叶变换的周期性要求。将信号进行循环，则信号的首尾连接处有阶跃的现象。

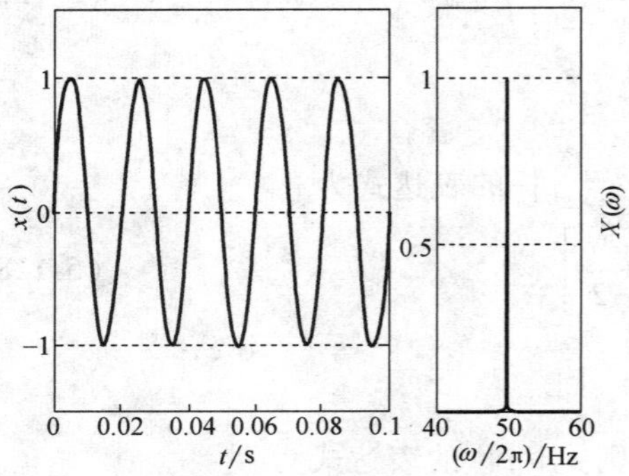

图 5-47　信号时频转换

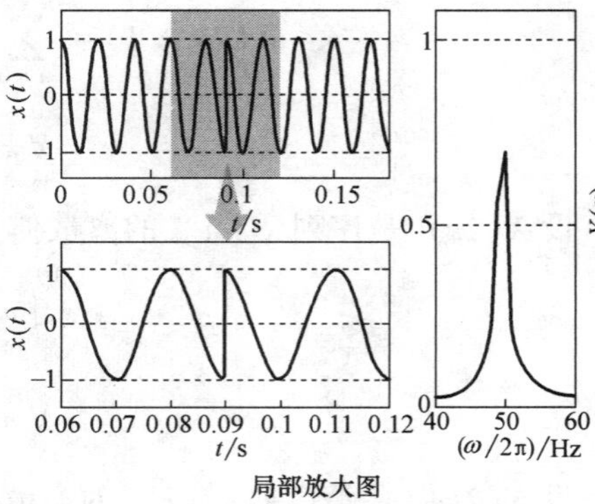

图 5-48　信号截断导致泄露

阶跃信号在频域内的表现和单频正弦信号不同，阶跃信号会将能量分散到所有频率上，而单频正弦信号只具有某一个频率的能量，所以图 5-48 所示的截断形式会引入截断误差。如果对截取的信号进行快速傅里叶变换，那么其频谱不能反映原信号的频谱特性。

这种由于时域信号截断方式导致其频谱能量散布到其他频率上的现象，称为**泄露**。泄露会导致信号频谱幅值降低和频域能量分布错误，所以需要对信号进行相应处理，将信号变为周期信号，减小泄露引起的幅值误差。

将截断后的信号与正弦信号的半个周期相乘，其中，正弦信号的表达式为

$$w(t)=\frac{1}{2}\left(1-\cos\frac{2\pi n}{N-1}\right) \tag{5-130}$$

式中，N 是序列长度，且 $n\leqslant N-1$。

相乘之后得到的信号首末位置幅值均为 0，满足快速傅里叶变换的周期性要求。对处理后的信号进行快速傅里叶变换，信号能量泄露的情况得到了改善。这种对信号进行加权，将非周期信号转为周期信号的处理称为**加窗**，与原信号相乘的函数称为**窗函数**，图 5-49 所示即为信号加窗。

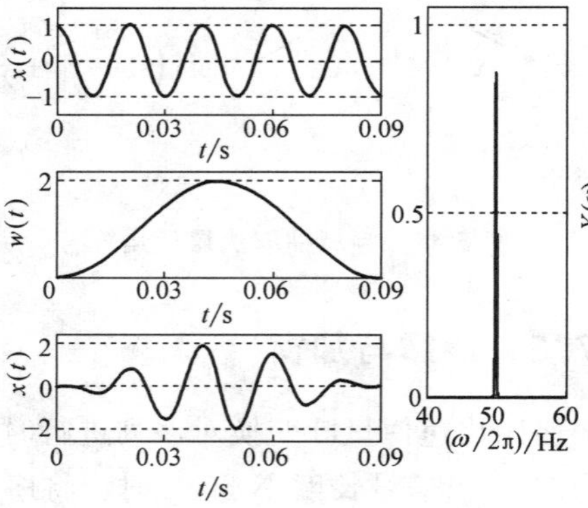

图 5-49　信号加窗

对时域信号加窗会改变信号的频谱幅值以及能量的分布。在对信号进行快速傅里叶变换后，只有对信号的频谱进行幅值修正，才能尽量使加窗后信号的幅值接近信号的真实幅值。所以图 5-49 中实际的窗函数为

$$w(t)=1-\cos\frac{2\pi n}{N-1} \tag{5-131}$$

表 5-11 为常见窗函数的幅值修正系数。除幅值修正系数外，还有能量修正系数。虽然对图 5-49 中的窗函数进行了幅值修正，但是频域信号幅值和时域信号幅值仍然存在差距，这说明修正并不能完全还原信号的幅值信息，所以在模态试验过程中应该尽量避免对信号进行加窗。

表 5-11　常见窗函数的幅值修正系数

窗函数	幅值修正系数
矩形窗	1.00
汉宁窗	2.00
布莱克曼窗	2.80
凯赛窗	2.49
哈明窗	1.85
平顶窗	4.18

如果在试验中出现由信号截断导致的能量泄露，不建议采用加窗的方式强制将原始信号变为周期信号。应该优先采用增大采样时间的方法，使每个采样周期首末时刻的信号幅值为0，从而避免出现能量泄露。也可以使用周期信号激励等手段，使结构的响应信号满足周期性要求。

5.8　本章小结

本章介绍了模拟信号和数字信号的定义，区别和各自的特点。模拟信号主要用来传输传感器采集到的原始振动信号。在采集信号时，环境噪声或电噪声会掺杂在原始信号中，需要使用滤波器对信号进行过滤。不同类型滤波器的传递特性差异较大，在试验时需要根据试验内容和试验目的选择最合适的滤波器。在分批次试验时需要注意，不同批次试验所使用的滤波器类型和参数是否相同。对比不同模态试验系统采集到的数据时，也要查看滤波器参数是否一致。

数字信号处理部分介绍了 z 变换，离散傅里叶变换和快速傅里叶变换的原理和计算流程。在进行数字信号的时频转换时，需要注意截断后的时域信号是否满足快速傅里叶变换的周期性要求。在对非周期信号进行快速傅里叶变换的过程中会产生泄露现象。通过对信号加窗可以削弱泄露的影响，但是无法准确还原信号的幅值信息。所以在模态试验中，应该通过物理手段使信号成为周期信号，避免泄露和加窗对信号频谱的影响。

第6章 模态试验基础

6.1 引言

在前面章节中介绍了模态理论部分的内容，从本章开始主要介绍模态试验方法。在正式进行介绍模态试验之前，请考虑两个问题：

1）试验还是实验？

2）模态试验包含什么？

问题1. 试验还是实验？

试验和实验很容易混淆，其中：

- 试验：为了察看某事的结果或某物的性能而从事某种活动。
- 实验：为了检验某种科学理论或假设而进行某种操作或从事某种活动。

模态试验就是测试分析结构的固有频率，阻尼和振型的一项工作。在设计研发和生产单位中，模态试验是获取结构动力学参数的重要手段。通过试验来验证被测结构是否满足实际使用要求，结构参数是否满足振动噪声的性能要求等。

模态试验和模态实验所使用的设备基本相同，操作步骤和方法也类似。唯一有区别的是，二者的目的不同。在高校中，通常基于模态实验来验证相关理论是否正确，比如通过模态实验来验证模态参数辨识算法是否准确、高效。因为模态试验主要关注被测结构的动力学特性，所以更侧重结构的特点以及试验设备对试验结果精度的影响。

问题2. 模态试验包含什么？

模态试验是使用激励装置对被测结构进行激励，同时使用数采采集激励信号和结构的响应信号，最后通过试验软件识别被测结构模态参数的过程。

所以，将模态试验分为两部分内容：

1）模态测试。模态测试是通过技术手段获取激励和结构响应原始信号的过程。

2）模态分析。模态分析则是对测试得到的原始信号进行处理分析，从而进一步获取结构动力学参数的过程。

同样，模态实验也包括模态测试和模态分析。在模态实验中，模态分析占有非常大的比重，验证模态参数辨识算法的精度和效率是模态实验的主要工作之一。而模态试验主要关注模态测试，侧重于针对特定结构选择最合适的测试方法，以期得到精度最高的模态试验结果。因为本书面向的是工程技术人员，所以重点介绍模态试验而不是模态实验。

根据模态试验的特点，本章主要介绍模态试验相关的基础知识：

- 模态试验相关的基本概念。
- 理论频响函数的特征和作用。
- 模态试验涉及的数据类型。
- 试验频响函数的特征和计算方法。

6.2 模态试验的基本概念

6.2.1 模态试验的目的

通过模态试验识别系统的动力学参数是逆向分析过程，常见的用途有产品优化、故障诊断和载荷识别。

1. 产品优化

应用模态试验结果修正仿真的动力学模型，并通过仿真模型对结构性能进行优化是模态试验最常见，也是最重要的一种应用。优化的目的是使产品动力学参数达到预期的性能指标。模态试验修正仿真模型的过程在正向设计中需要进行至少三轮，不同阶段的模态试验修正不同级别的仿真模型，修正流程请参考 1.2.5 节。

2. 故障诊断

如果机械结构在实际运行中的振动响应超标，可以通过模态试验检验是否发生了结构共振。首先通过模态试验得到结构的固有频率和振型等信息，然后采集机械结构运行时的振动频率，最后对比结构的运行频率与其本身的固有频率是否相同或相似。如果二者频率相同，就可以判定结构响应超标的原因是结构共振。

3. 载荷识别

某些结构在运行时所承受的载荷很难识别，此时可以将结构的机械阻抗矩阵和结构响应向量相乘获得结构的载荷向量。机械阻抗矩阵是频响函数矩阵的逆矩阵，所以需要通过模态试验获取结构的频响函数矩阵，然后将该矩阵求逆得到机械阻抗矩阵。这种基于结构机械阻抗矩阵识别载荷向量的方法叫作传递路径分析。

6.2.2 试验的边界条件

在模态试验中，被测结构的安装方式决定了被测结构的边界条件。安装被测结构有三种方式：

1）弹性悬挂或支承。

2）刚性支承。

3）工作状态支承。

1. 弹性悬挂或支承（自由-自由边界）

弹性悬挂或支承方式对应的边界条件是自由-自由边界，主要用于修正结构元件的有限元模型。这种边界条件的优点是，在仿真软件中可以不考虑边界条件对结构模态的影响，减少边界条件对模型参数的干扰；而且在模态试验时，可以避免环境振动和支承刚度对试验结果的影响，试验结果的重复性好。

2. 刚性支承（固定约束边界）

在使用弹性悬挂安装被测结构时，由于弹性吊索有一定的刚度，所以结构的刚体模态不为0。如果结构的弹性体模态频率较低，那么结构刚体模态和弹性体模态都会集中在低频区，这给模态参数识别带来了困难。

将被测结构固定在大质量、大刚度基座上的安装方式称为刚性支承，其对应的边界条件是固定约束边界。如果将结构的边界条件固定约束，那么结构就不存在刚体模态，所以固定约束边界条件是测试结构低频模态的最佳选择。这种安装方式应用范围比较广，可以用在验证元件有限元模型的阶段，也可以用在验证部件连接条件的阶段。

3. 工作状态支承

将结构实际运行状态下的安装方式称为工作状态支承，这种边界条件常用在故障诊断的模态试验中。影响这种边界条件的随机因素较多（比如温湿度会影响安装间隙的大小），很难保证其边界刚度和边界阻尼满足模态理论的时不变假设。所以这类试验结果的重复性也比较差，非常容易发生多批次模态试验结果不一致的现象。

6.2.3 模态试验的分类

根据输入和输出的数量可以将模态试验分为：

- 单入单出（SISO，Single Input Single Output）模态试验。
- 单入多出（SIMO，Single Input Multiple Output）模态试验。
- 多入多出（MIMO，Multiple Input Multiple Output）模态试验。

常见的模态试验方法有两种：使用力锤激励的锤击法（SISO & SIMO）模态试验以及使用激振器激励的多入多出（MIMO）模态试验。简单元件、小型轻型部件采用锤击法进行模态试验。因为锤击法可以基于互易性原理使用移动力锤的激励方法，所以能够减少试验中响应传感器的使用数量，减小传感器附加质量对被测结构固有频率的影响。复杂结构或重型结构需要采用多入多出的模态试验方法。该方法的优点是激励能量大，而且可选信号类型多，可以激励复杂的大型结构。

根据不同的试验目的，同一结构的模态试验方法也不相同。比如空-空导弹的弹翼是轻薄结构，如果要修正弹翼的仿真模型，应该使用锤击法进行模态试验。如果要得到弹翼与弹体之间的安装间隙以及大变形等非线性因素对弹翼固有频率的影响，就要使用激振器精确控制激振力来研究不同激振力下弹翼固有频率的漂移情况。

所以，试验人员应该根据试验目的选择适合被测结构的试验方法。当然，使用任何一种试验方法都会得到试验结果，差别是试验结果的精度不同。为了得到最准确的模态试验结果，以下章节会详细介绍模态试验过程中应该注意的事项，以避免因为模态试验方法选择不当或误操作影响试验结果的精度。

6.3 理论频响函数的特性

6.3.1 共振频率

频响函数是系统固有特性的表征。频响函数的定义是系统输出的傅里叶变换和输入傅里叶变换的比值。单自由度系统**位移频响函数** $H_x(\omega)$ 就是系统的位移响应 $x(t)$ 和激励 $f(t)$ 傅里叶变换的比值。

在黏性阻尼系统中，位移频响函数的表达式是

$$
\begin{aligned}
H_x(\omega) &= \frac{\mathscr{F}[x(t)]}{\mathscr{F}[f(t)]} \\
&= \frac{X(\omega)}{F(\omega)} \\
&= \frac{1}{-\omega^2 m + \mathrm{j}\omega c + k}
\end{aligned}
\tag{6-1}
$$

除位移频响函数 $H_x(\omega)$ 外，还有基于速度响应 $v(t)$ 的**速度频响函数** $H_v(\omega)$ 以及基于加速度响应 $a(t)$ 的**加速度频响函数** $H_a(\omega)$。因为速度 $v(t)$ 和加速度 $a(t)$ 分别是位移 $x(t)$ 对时间 t 的一阶和二阶导数，所以当位移响应表达式为 $x(t)=X\mathrm{e}^{\mathrm{j}\omega t}$ 时，不难得到速度响应 $v(t)$ 和加速度响应 $a(t)$ 的表达式

$$v(t)=\dot{x}(t)=\mathrm{j}\omega X\mathrm{e}^{\mathrm{j}\omega t} \tag{6-2}$$

$$a(t)=\dot{v}(t)=\ddot{x}(t)=-\omega^2 X\mathrm{e}^{\mathrm{j}\omega t} \tag{6-3}$$

根据速度和位移的关系（6-2），可以得到基于速度响应的速度频响函数

$$
\begin{aligned}
H_v(\omega) &= \mathrm{j}\omega H_x(\omega) \\
&= \frac{\mathrm{j}\omega}{-m\omega^2+\mathrm{j}c\omega+k}
\end{aligned}
\tag{6-4}
$$

根据加速度和速度、位移的关系（6-3），可以得到基于加速度响应的加速度频响函数

$$
\begin{aligned}
H_a(\omega) &= \mathrm{j}\omega H_v(\omega) \\
&= -\omega^2 H_x(\omega) \\
&= \frac{-\omega^2}{-m\omega^2+\mathrm{j}c\omega+k}
\end{aligned}
\tag{6-5}
$$

令无阻尼固有频率 $\omega_n=\sqrt{k/m}$，频率比 μ 为

$$\mu=\frac{\omega}{\omega_n} \tag{6-6}$$

设衰减系数 σ 为

$$\sigma=\frac{c}{2m} \tag{6-7}$$

那么系统的阻尼比 ζ 可以表示为

$$\zeta=\frac{\sigma}{\omega_n} \tag{6-8}$$

将式（6-6）~式（6-8）代入位移频响函数表达式（6-1），可以得到位移频响函数 $H_x(\omega)$ 的无量纲形式

$$\gamma_x(\mu)=\frac{1}{k(1-\mu^2+2\mathrm{j}\zeta\mu)} \tag{6-9}$$

同理，将速度频响函数 $H_v(\omega)$ 和加速度频响函数 $H_a(\omega)$ 进行无量纲化，分别得到无

量纲形式的速度频响函数 $\gamma_v(\mu)$ 和加速度频响函数 $\gamma_a(\mu)$。将三条无量纲形式的频响函数幅频特性曲线进行对比，如图 6-1 所示。

将频响函数幅频特性曲线峰值对应的频率定义为**共振频率**。从图 6-1 中可以看出，三条频响函数的共振频率并不相同：

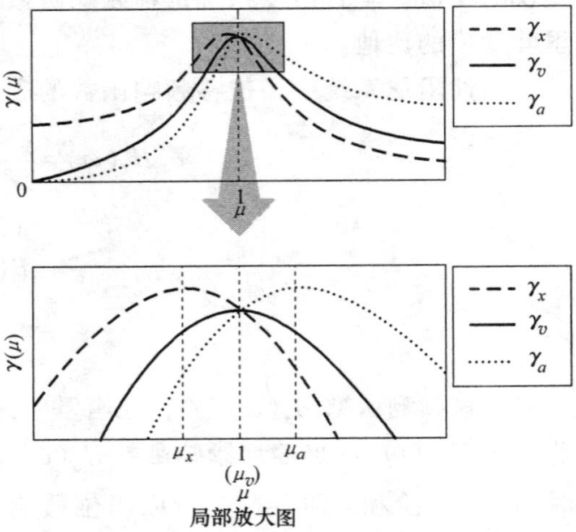

图 6-1　黏性阻尼系统无量纲形式的频响函数幅频特性曲线

- 无量纲形式的位移频响函数幅频特性曲线 $\gamma_x(\mu)$ 峰值对应的频率比 μ_x 小于 1，说明位移频响函数 $H_x(\omega)$ 的共振频率 ω_x 小于无阻尼固有频率 ω_n。
- 无量纲形式的加速度频响函数幅频特性曲线 $\gamma_a(\mu)$ 峰值对应的频率比 μ_a 略大于 1，说明加速度频响函数 $H_a(\omega)$ 的共振频率 ω_a 大于无阻尼固有频率 ω_n。
- 无量纲形式的速度频响函数幅频特性曲线 $\gamma_v(\mu)$ 峰值对应的频率比 μ_v 等于 1，说明速度频响函数 $H_v(\omega)$ 的共振频率 ω_v 等于无阻尼固有频率 ω_n。

结构阻尼系统中位移频响函数为

$$H_x(\omega)=\frac{1}{-m\omega^2+k(1+\mathrm{j}\eta)} \tag{6-10}$$

将结构阻尼系统的位移、速度和加速度频响函数无量纲化，并对比无量纲化后频响函数的幅频特性曲线，如图 6-2 所示。

从图 6-2 中可以看出，结构阻尼系统和黏性阻尼系统频响函数的幅频特性不同。在结构阻尼系统中，只有位移频响函数幅频特性曲线的峰值对应的频率比 $\mu_x=1$，即共振频率为 ω_n，速度和加速度频响函数的共振频率均大于 ω_n。

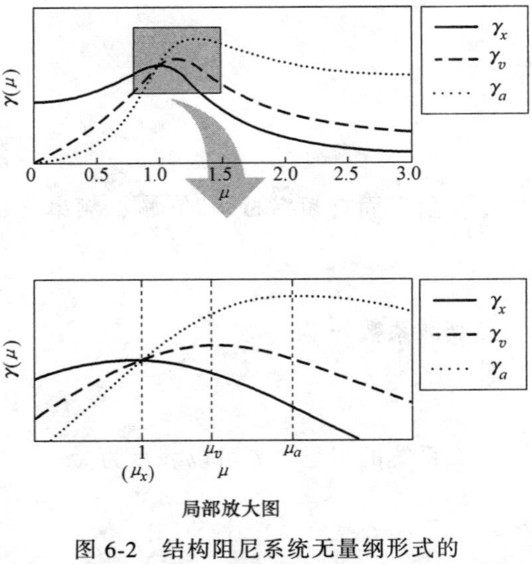

图 6-2　结构阻尼系统无量纲形式的频响函数幅频特性曲线

将图 6-1 和图 6-2 进行对比可以发现：

- 黏性阻尼系统中阻尼力和速度相关，速度频响函数的共振频率等于系统无阻尼自由振动固有频率。
- 结构阻尼系统中阻尼力和位移相关，位移频响函数的共振频率等于系统无阻尼自由振动固有频率。
- 黏性阻尼系统中位移响应相位超前速度响应相位 90°，位移频响函数的共振频率小于速度频响函数的共振频率。
- 黏性阻尼系统中加速度响应相位滞后速度响应相位 90°，加速度频响函数的共振频率大于速度频响函数的共振频率。

• 结构阻尼系统中速度和加速度响应的相位均滞后位移响应相位，速度和加速度频响函数的共振频率都大于位移频响函数的共振频率。

这个现象说明，在模态试验中首先要明确被测结构的阻尼特征，同一响应类型的频响函数在不同阻尼系统中的共振频率并不相同。其次要确定模态试验中传感器的响应类型，因为不同响应类型频响函数的共振频率也不相同。如果采用不同响应类型传感器进行模态试验，那么获取的结构共振频率就会有所差异。

下面以黏性阻尼系统为例，分别介绍基于位移、速度和加速度响应频响函数的幅频和相频特征。结构阻尼系统频响函数特征的分析方法与黏性阻尼系统相似，所以不再赘述。

6.3.2 幅频特性

1. 黏性阻尼系统位移频响函数的幅频特性

图 6-3 所示是黏性阻尼系统中位移频响函数的幅频特性曲线。为了体现位移频响函数的全部特征，不对幅频曲线进行无量纲化处理。

从图 6-3 中可以看出，位移频响函数的共振频率 $\omega_x=\omega_n\sqrt{1-2\zeta^2}$ 不等于有阻尼系统自由振动的固有频率 $\omega_d=\omega_n\sqrt{1-\zeta^2}$。位移频响函数共振频率 ω_x 的表达式推导如下。

位移频响函数幅频特性曲线取极值的条件是

$$\frac{\mathrm{d}\,|H_x(\omega)|}{\mathrm{d}\omega}=0 \tag{6-11}$$

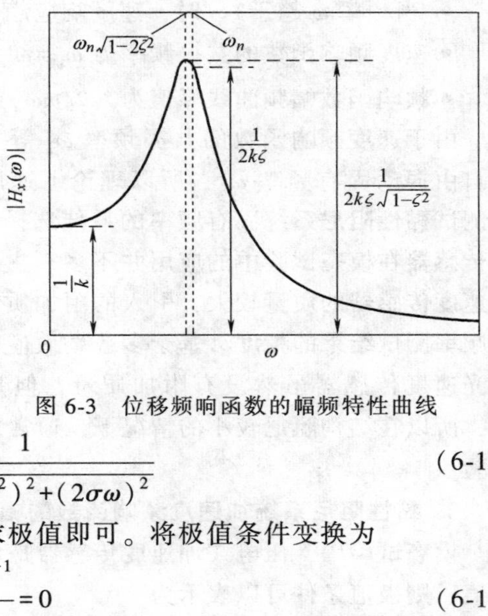

图 6-3 位移频响函数的幅频特性曲线

式中 $|H_x(\omega)|$ 的表达式为

$$|H_x(\omega)|=\frac{1}{\sqrt{(\omega_n^2-\omega^2)^2+(2\sigma\omega)^2}} \tag{6-12}$$

因为分子是常数，所以对式（6-12）的分母求极值即可。将极值条件变换为

$$\frac{\mathrm{d}\,|H_x(\omega)|^{-1}}{\mathrm{d}\omega}=0 \tag{6-13}$$

将式（6-13）展开并简化，得

$$\frac{\mathrm{d}[(\omega_n^2-\omega^2)^2+(2\sigma\omega)^2]}{\mathrm{d}\omega}=0 \tag{6-14}$$

由式（6-14）可知，位移频响函数取极值时，频率 ω 满足

$$\omega^2=\omega_n^2-2\sigma^2 \tag{6-15}$$

解方程（6-15）得到位移频响函数的共振频率 ω_x 为

$$\omega_x=\omega_n\sqrt{1-2\zeta^2} \tag{6-16}$$

根据图 6-3 和上述推导，得到位移频响函数 $H_x(\omega)$ 的幅频特性：

• 当频率 $\omega=0$ 时，位移频响函数的幅值为 k^{-1}，此时系统响应的幅值 $X(0)$ 等于激励 $F(0)$ 引起的系统静位移。

- 无阻尼系统自由振动固有频率 $\omega_n=\sqrt{k/m}$。
- 无阻尼系统自由振动固有频率 ω_n 对应幅频曲线上的数值为 $(2k\zeta)^{-1}$。
- 位移频响函数的共振频率为 $\omega_x=\omega_n\sqrt{1-2\zeta^2}$。
- 位移频响函数幅频特性曲线的峰值为 $(2k\zeta\sqrt{1-\zeta^2})^{-1}$。

2. 黏性阻尼系统速度频响函数的幅频特性

速度频响函数 $H_v(\omega)$ 的幅值对应的极值条件为

$$\frac{\mathrm{d}|H_v(\omega)|}{\mathrm{d}\omega}=0 \tag{6-17}$$

与位移频响函数的共振频率的推导过程相同，速度频响函数的共振频率 ω_v 为

$$\omega_v=\omega_n \tag{6-18}$$

速度频响函数的幅频特性曲线如图 6-4 所示，其中，

- 当频率 $\omega=0$ 时，速度响应为 0。
- 当频率 ω 趋于 $+\infty$ 时，速度响应趋于 0。
- 速度频响函数的共振频率为 $\omega_v=\omega_n$。
- 频响函数幅频曲线峰值为 $(2\zeta m\omega_n)^{-1}$。

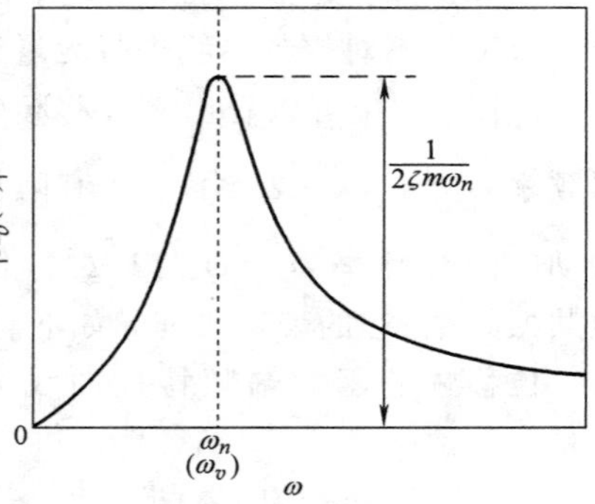

图 6-4　速度频响函数的幅频特性曲线

由于速度频响函数的共振频率 ω_v 等于无阻尼系统自由振动固有频率 ω_n，所以理论上速度频响函数是测试黏性阻尼系统固有频率的最佳选择。但是，速度传感器在模态试验中的应用并不多，主要原因是普通速度传感器的质量较大，引入的附加质量会降低固有频率测试结果的精度。基于多普勒效应的非接触式激光速度传感器虽然没有附加质量，但是其价格昂贵，所以在结构阻尼较小的情况下，通常采用价格相对低廉的压电式加速度传感器进行模态试验。

3. 黏性阻尼系统加速度频响函数的幅频特性

模态试验中，压电式加速度传感器是最常用的响应传感器。对加速度频响函数的幅值求极值，则极值条件可以表示为

$$\frac{\mathrm{d}|H_a(\omega)|}{\mathrm{d}\omega}=0 \tag{6-19}$$

基于加速度极值条件的计算结果，得到图 6-5 所示的加速度频响函数幅频特性曲线。从图中可知：

- 当频率 $\omega=0$ 时，响应为 0。
- 加速度频响函数的共振频率 $\omega_a=\omega_n/\sqrt{1-2\zeta^2}$，略大于无阻尼固有频率 ω_n。
- 无阻尼固有频率 ω_n 对应幅频特性曲线上的数值为 $(2m\zeta)^{-1}$。

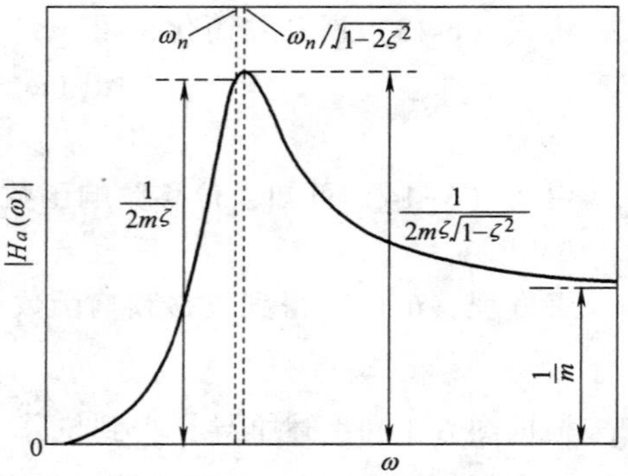

图 6-5　加速度频响函数的幅频特性曲线

- 加速度频响函数幅频特性曲线的峰值为 $\left(2m\zeta\sqrt{1-\zeta^2}\right)^{-1}$。
- 当频率 ω 趋于$+\infty$时，频响函数幅值趋于 m^{-1}。

由此可见，当频率 ω 趋于$+\infty$时，系统的位移和速度响应都趋于 0。所以采集结构的高频振动时，无论是位移响应还是速度响应都不是最理想的选择。基于牛顿第二定律，系统加速度响应是激振力和系统质量的比值，只要激振力非零，那么系统就有加速度响应输出。所以加速度响应是测量系统高频振动的最佳选择。

因为在 0Hz 时速度和加速度响应都为 0，所以二者都不适用于低频振动的测试。位移响应在低频处随着频率的降低会逐渐趋于静位移 $F(0)/k$，所以位移响应是测试系统低频振动的最佳选择。根据不同类型频响函数的特征可以得出结论：

- 位移频响函数适用于共振频率较低的结构模态试验。
- 加速度频响函数适用于共振频率较高的结构模态试验。
- 速度频响函数适用于测试黏性阻尼系统的无阻尼固有频率。

6.3.3 相频特性

在 6.3.2 节中介绍了黏性阻尼系统中不同响应类型频响函数的幅频特性，本节主要介绍黏性阻尼系统中不同响应类型频响函数的相频特性。

图 6-6 中左侧为速度频响函数的相频特性曲线。从图中可以看出，系统共振时速度响应与激振力的相位差为 0°，即共振时速度和激振力同相。因为阻尼力和速度方向相反，所以共振时阻尼力和激振力互为相反力。根据阻尼和激振力的相位关系，从速度频响函数相频特性曲线的角度再次证明阻尼是降低频响函数共振峰的直接方法。

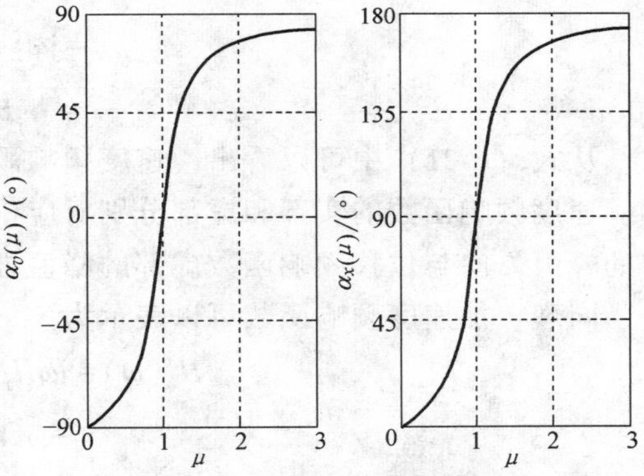

图 6-6 速度频响函数与位移频响函数的相频特性曲线

图 6-7 中左侧是加速度频响函数的相频特性曲线，与图中右侧位移频响函数的相频特性曲线对比可以看出，系统的加速度响应和位移响应始终是反相。当频率比 $\mu=1$ 时，加速度响应和激振力的相位差为 90°。与位移响应不同，当频率趋于$+\infty$时，加速度响应的相位趋于 0°，即加速度响应和激振力趋于同相。

将共振时位移、速度、加速度和激振力的时域波形进行对比，如图 6-8 所示。当系统的位移响应达到正向最大时，速度和激振力均为 0，加速度达到最大值且相位和位移相反。系统质点离开正向最大位移位置后，速度响应向下为负值，同时激振力向下。经过平衡位置时，速度和激振力的幅值达到最大，相位相同。此时系统的位移和加速度响应都是 0，系统弹性单元没有动态弹性力，系统惯性力也为 0。

相位信息在模态分析时尤为重要，有时被测结构阻尼较大，振型比较杂乱，无法通过振型辨别不同自由度之间的运动关系，这时就需要借助频响函数的相频特性曲线确认不同自由度之间是同相位还是反相位。因为在共振条件下，系统位移响应和激振力之间的相位差为 90°，所以除节点外，各响应点之间的相位只有同相和反相两种情况。

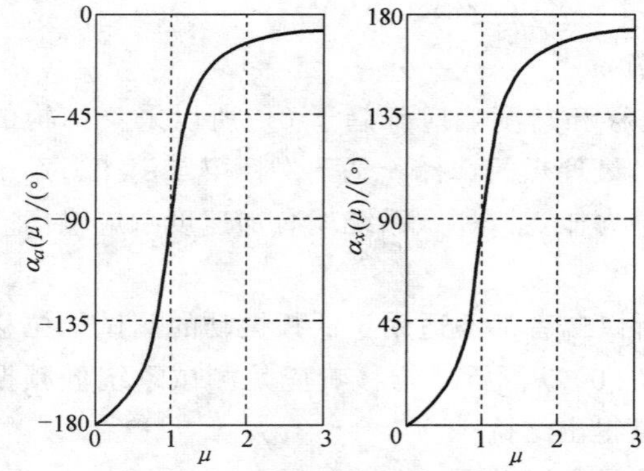

图 6-7 加速度频响函数与位移频响函数的相频特性曲线

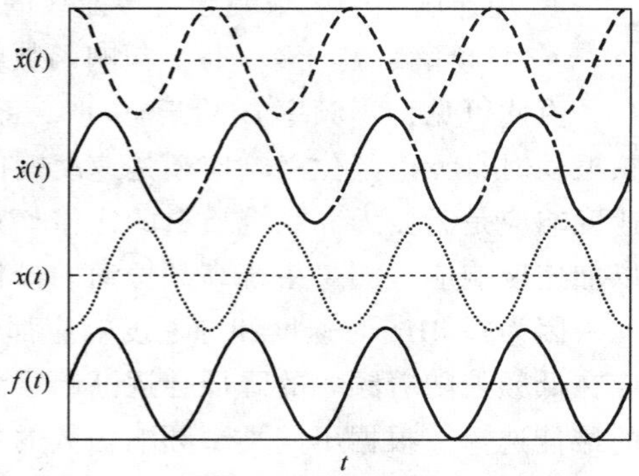

图 6-8 共振时激励和响应的时域波形

6.3.4 表示方法

振动系统的频响函数是复数形式，可以表示为幅值和相位，也可以分为实部和虚部分别表示，即

$$H_x(\omega)=H_x^{\mathrm{Re}}(\omega)+\mathrm{j}H_x^{\mathrm{Im}}(\omega) \tag{6-20}$$

根据式（6-4）可以得到速度频响函数实部、虚部和位移频响函数实部、虚部的关系

$$\begin{aligned}H_v(\omega)&=\mathrm{j}\omega H_x(\omega)\\&=\mathrm{j}\omega[H_x^{\mathrm{Re}}(\omega)+\mathrm{j}H_x^{\mathrm{Im}}(\omega)]\\&=-\omega H_x^{\mathrm{Im}}(\omega)+\mathrm{j}\omega H_x^{\mathrm{Re}}(\omega)\end{aligned} \tag{6-21}$$

从式（6-21）中可以看出，速度频响函数也是复数形式，同样可以表示为实部和虚部的和。速度频响函数的实部和虚部分别对应位移频响函数的虚部和实部，而且速度频响函数实部的峰值方向与位移频响函数虚部的峰值方向相反。

同理，加速度频响函数可以表示为

$$\begin{aligned}H_a(\omega)&=\mathrm{j}\omega H_v(\omega)\\&=-\omega^2H_x(\omega)\\&=-\omega^2H_x^{\mathrm{Re}}(\omega)-\mathrm{j}\omega^2H_x^{\mathrm{Im}}(\omega)\end{aligned} \tag{6-22}$$

加速度频响函数的实部和虚部分别是位移频响函数的实部、虚部与频率$-\omega^2$ 的乘积。位移、速度和加速度频响函数的实部和虚部曲线如图 6-9 所示。

将单自由度黏性阻尼系统位移频响函数式（6-1）进行整理，得

$$H_x(\omega)=\frac{(k-m\omega^2)-\mathrm{j}c\omega}{(k-m\omega^2)^2+(c\omega)^2} \tag{6-23}$$

由式（6-23）可知，黏性阻尼系统位移频响函数的实部 $H_x^{\mathrm{Re}}(\omega)$ 和虚部 $H_x^{\mathrm{Im}}(\omega)$ 分别为

$$H_x^{\mathrm{Re}}(\omega)=\frac{k-m\omega^2}{(k-m\omega^2)^2+(c\omega)^2} \tag{6-24}$$

$$H_x^{\mathrm{Im}}(\omega)=\frac{-c\omega}{(k-m\omega^2)^2+(c\omega)^2} \tag{6-25}$$

将式（6-24）和式（6-25）代入频响函数式（6-21）和式（6-22）即可得到速度和加速

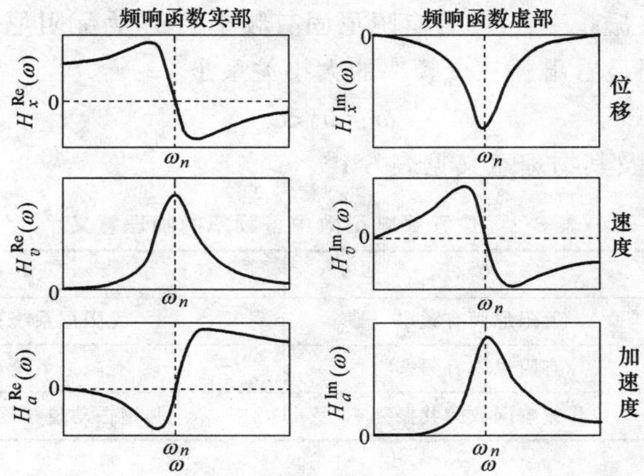

图 6-9　频响函数的实部和虚部曲线

度频响函数实、虚部的表达式。

6.4　频响函数的作用

6.4.1　识别频率

在 6.3.2 节中介绍了共振频率、无阻尼固有频率和有阻尼固有频率的概念。在实际工程中非常容易混淆这三个频率的定义，所以本节基于黏性阻尼系统位移频响函数的特征来明确这些频率的意义。

1. 位移频响函数幅频特性曲线中的频率

对式（6-1）进行无量纲化，得到位移频响函数 $H_x(\mu)$ 的表达式

$$H_x(\mu)=\frac{e^{-j\alpha}}{k\sqrt{(1-\mu^2)^2+4\zeta^2\mu^2}} \tag{6-26}$$

根据位移频响函数的表达式（6-26）可以得到其幅频变化曲线，如图 6-10 所示。其中

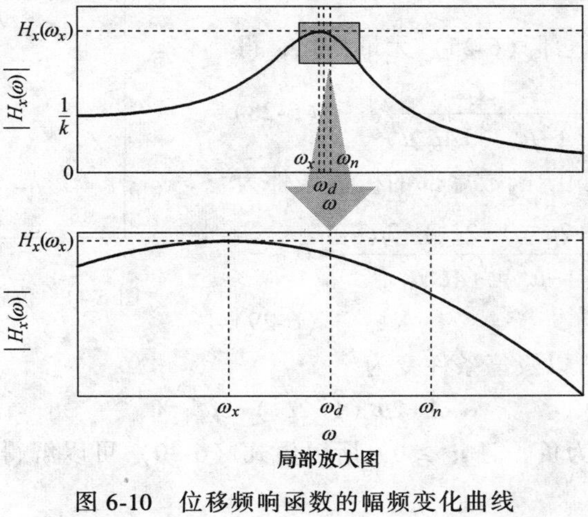

图 6-10　位移频响函数的幅频变化曲线

ω_x 为位移频响函数的共振频率，ω_d 为有阻尼固有频率，ω_n 为无阻尼固有频率。

从图 6-10 中可以明显看出，三个频率的大小关系是

$$\omega_x<\omega_d<\omega_n \tag{6-27}$$

三个频率的表达式及其物理意义见表 6-1。

表 6-1　位移频响函数中各频率的物理意义

表达式	名称	物理意义
$\omega_n=\sqrt{k/m}$	无阻尼固有频率	无阻尼系统自由振动的频率
$\omega_d=\omega_n\sqrt{1-\zeta^2}$	有阻尼固有频率	有阻尼系统自由振动的频率
$\omega_x=\omega_n\sqrt{1-2\zeta^2}$	位移频响函数的共振频率	强迫振动位移频响峰值对应的频率

这里需要强调的是：

- 无阻尼固有频率 ω_n 和有阻尼固有频 ω_d 都是系统做自由振动时的概念。
- 位移频响函数的共振频率 ω_x 是系统受外界激励后稳态响应时的概念。
- 此处的位移频响函数的共振频率 ω_x 对应的是黏性阻尼系统。

因为有阻尼固有频率 ω_d 和位移频响函数的共振频率 ω_x 都小于无阻尼固有频率 ω_n，而且二者数值接近，所以很容易被混淆，但是二者分属于不同的振动类型，原理不同，表达式也不一样。所以在研究系统特性时不应该混为一谈。

另外，位移频响函数的共振频率 ω_x 小于无阻尼固有频率 ω_n 的情况只在黏性阻尼系统中才会发生。也就是当 $\omega_x<\omega_n$ 时，系统需要满足两个条件：①系统的阻尼是黏性阻尼；②频响函数对应的响应是位移。满足这两个条件，频响函数的共振频率才会小于无阻尼固有频率。当振动系统为结构阻尼系统时，共振频率 ω_x 和 ω_n 相等。所以在判断频响函数共振频率和系统无阻尼固有频率的关系时，必须考虑系统的阻尼和响应是什么类型。

2. 位移频响函数虚部曲线中的频率

位移频响函数虚部曲线如图 6-11 所示，从中可以看出，曲线峰值的对应频率略小于无阻尼固有频率 ω_n。工程上常用有阻尼固有频率 ω_d 作为频响函数虚部极值对应的频率，下面推导频响函数虚部极值的表达式。

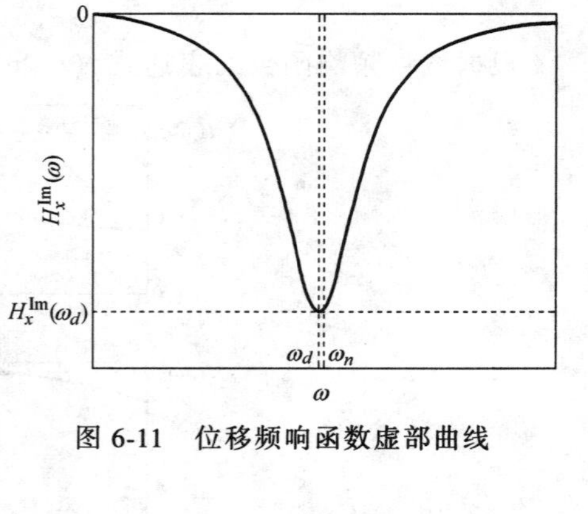

图 6-11　位移频响函数虚部曲线

将位移频响函数的虚部（6-25）无量纲化，得

$$H_x^{\mathrm{Im}}(\omega)=\frac{1}{k}\frac{-2\zeta\mu}{(1-\mu^2)^2+4\zeta^2\mu^2} \tag{6-28}$$

由式（6-28）可知频响函数虚部的极值条件为

$$\frac{\mathrm{d}[H_x^{\mathrm{Im}}(\omega)]}{\mathrm{d}\mu}=\frac{2\zeta[1+2\mu^2(1-2\zeta^2)-3\mu^4]}{k[(1-\mu^2)^2+4\zeta^2\mu^2]^2}=0 \tag{6-29}$$

因为分母不为 0，所以极值条件变为

$$1+2\mu^2(1-2\zeta^2)-3\mu^4=0 \tag{6-30}$$

因为频率比 μ 不能为负，且 $\mu^2\geqslant0$，所以由式（6-30）可以解得位移频响函数虚部极值对应的频率比 μ_x^{Im} 为

$$\mu_x^{\mathrm{Im}}=\sqrt{\frac{1-2\zeta^2+2\sqrt{1-\zeta^2+\zeta^4}}{3}} \tag{6-31}$$

式（6-31）的频率计算方法比较复杂，所以工程中采用μ_d替换式（6-31）作为频响函数虚部的极值频率。频率比μ_d的表达式为

$$\mu_d=\frac{\omega_d}{\omega_n}=\sqrt{1-\zeta^2} \tag{6-32}$$

式中，ω_d是系统有阻尼固有频率。

采用有阻尼固有频率等效表示位移频响函数虚部极值对应的频率有一定的误差，为了考察等效的合理性，令频率误差率ε_d为

$$\varepsilon_d=\frac{\mu_x^{\mathrm{Im}}-\mu_d}{\mu_x^{\mathrm{Im}}}\times 100\% \tag{6-33}$$

因为μ_x^{Im}和μ_d都是关于阻尼比ζ的函数，所以计算频率误差率ε_d随阻尼比ζ变化的趋势，如图6-12所示。

当阻尼比$\zeta=20\%$时，频率误差率$\varepsilon_d<0.025\%$；当阻尼比$\zeta=5\%$时，频率误差率$\varepsilon_d\leqslant 8\times10^{-5}\%$。因为实际工程中只有阻尼器的阻尼比可以达到20%，整体结构的阻尼比多在5%以下，因此可以采用$\mu_d=\sqrt{1-\zeta^2}$作为频响函数虚部极值的等效频率比。

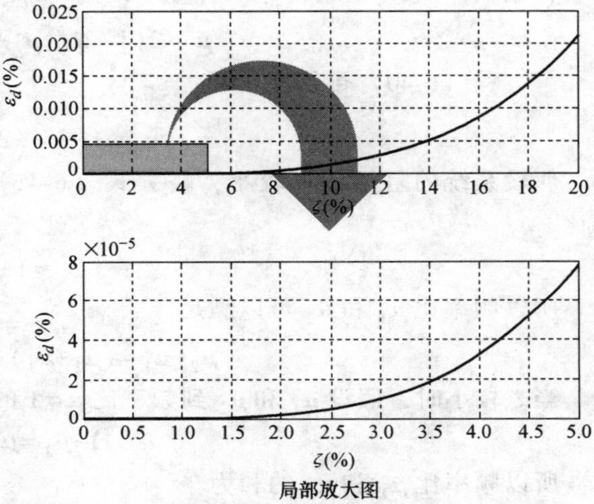

图6-12 频率误差率ε_d随阻尼比ζ的变化曲线

6.4.2 计算阻尼

1. 频响函数幅值半功率带宽

本节介绍计算单自由度系统阻尼比的基本方法——半功率带宽法。在位移频响函数幅频特性曲线上，以无阻尼固有频率ω_n为中心，在其两侧分别找到两个频率ω_n^p和ω_n^q，使其对应的频响函数幅值满足

$$|H_x(\omega_n^p)|=|H_x(\omega_n^q)|=\frac{|H_x(\omega_n)|}{\sqrt{2}} \tag{6-34}$$

将频率ω_n^p和ω_n^q进行无量纲化

$$\mu_1=\frac{\omega_n^p}{\omega_n} \tag{6-35}$$

$$\mu_2=\frac{\omega_n^q}{\omega_n} \tag{6-36}$$

无量纲化频响函数幅值的表达式为

$$|H_x(\mu)| = \frac{1}{k\sqrt{(1-\mu^2)^2+4\zeta^2\mu^2}} \tag{6-37}$$

频率比 μ_1 和 μ_2 对应的频响函数幅值为

$$|H_x(\mu_1)| = |H_x(\mu_2)| = \frac{|H_x(1)|}{\sqrt{2}} \tag{6-38}$$

根据式（6-37），得到 $\mu=1$ 时频响函数的幅值

$$|H_x(1)| = \frac{1}{2k\zeta} \tag{6-39}$$

根据式（6-37）~式（6-39），得到频率比 μ_1 和 μ_2 满足的方程为

$$\mu^4-2(1-2\zeta^2)\mu^2+(1-8\zeta^2)=0 \tag{6-40}$$

解方程（6-40）可得

$$\mu^2=1-2\zeta^2\pm2\zeta\sqrt{1+\zeta^2} \tag{6-41}$$

假设系统的阻尼比 ζ 较小，略去式（6-41）中的高阶小量 ζ^2 和更高阶小量，得到频率比

$$\mu^2\approx1\pm2\zeta \tag{6-42}$$

所以频率比 μ_1 和 μ_2 可以满足

$$\mu_2^2-\mu_1^2=(\mu_2+\mu_1)(\mu_2-\mu_1)\approx4\zeta \tag{6-43}$$

当 ζ 较小时，假设 μ_1 和 μ_2 到频率比 $\mu=1$ 的距离相等，即

$$1-\mu_1=\mu_2-1 \tag{6-44}$$

所以频率比 μ_1 和 μ_2 的和为

$$\mu_1+\mu_2=2 \tag{6-45}$$

根据式（6-43）和式（6-45）得到阻尼比 ζ 和频率比 μ_1、μ_2 的关系为

$$\begin{aligned}\zeta&=\frac{\mu_2^2-\mu_1^2}{4}\\&=\frac{(\mu_2+\mu_1)(\mu_2-\mu_1)}{4}\\&=\frac{(\mu_2-\mu_1)}{2}\end{aligned} \tag{6-46}$$

将式（6-35）和式（6-36）代入式（6-46）得到阻尼比的表达式为

$$\zeta=\frac{\omega_n^q-\omega_n^p}{2\omega_n} \tag{6-47}$$

根据式（6-47）计算系统阻尼比的方法叫作**半功率带宽**法。需要注意的是，在阻尼比的计算过程中有几处简化：

1）假设系统的阻尼比 ζ 较小。

2）在频率比的结果中，略去了 ζ 的高阶小量。

3）假设频率比 μ_1、μ_2 到频率比 $\mu=1$ 的距离相等。

4）以无阻尼固有频率 ω_n 作为频率比 μ 的基准。

在试验频响函数中无阻尼固有频率不易识别，所以工程中常以频响函数的共振频率为准

计算系统的阻尼比。从图 6-13 中可以看出，共振频率和无阻尼固有频率的数值有一定的差异。所以基于频响函数幅值计算半功率带宽得到的阻尼比结果并不是准确值。

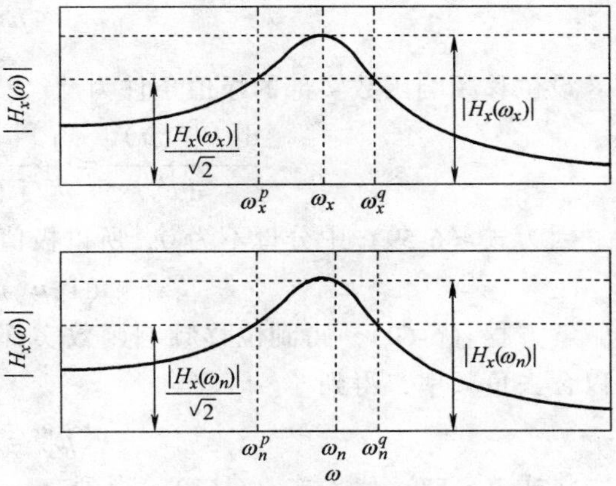

图 6-13　频响函数幅值半功率带宽示意图

2. 频响函数相位半功率带宽

将频响函数（6-1）无量纲化可得到位移频响函数的相位表达式

$$\alpha_x(\mu)=\arctan\frac{2\zeta\mu}{1-\mu^2} \tag{6-48}$$

令相位 $\alpha_x(\mu_1)=\pi/4$，解得频率比为

$$\mu_1=\pm\sqrt{1+\zeta^2}-\zeta \tag{6-49}$$

令相位 $\alpha_x(\mu_2)=3\pi/4$，解得频率比为

$$\mu_2=\pm\sqrt{1+\zeta^2}+\zeta \tag{6-50}$$

因为负频率没有意义，所以舍去式（6-49）和式（6-50）中的负值，得到频率比

$$\mu_1=\sqrt{1+\zeta^2}-\zeta \tag{6-51}$$

$$\mu_2=\sqrt{1+\zeta^2}+\zeta \tag{6-52}$$

则系统的阻尼比 ζ 可以表示为

$$\zeta=\frac{\mu_2-\mu_1}{2} \tag{6-53}$$

式中，μ_1 和 μ_2 就是相频特性曲线半功率点对应的频率比。

将频率比 μ_1 和 μ_2 分别乘以无阻尼固有频率 ω_n，得到半功率点对应的频率 ω_α^p 和 ω_α^q。从图 6-14 中可知

$$\alpha_x(\omega_\alpha^p)=\frac{\pi}{4} \tag{6-54}$$

$$\alpha_x(\omega_\alpha^q)=\frac{3\pi}{4} \tag{6-55}$$

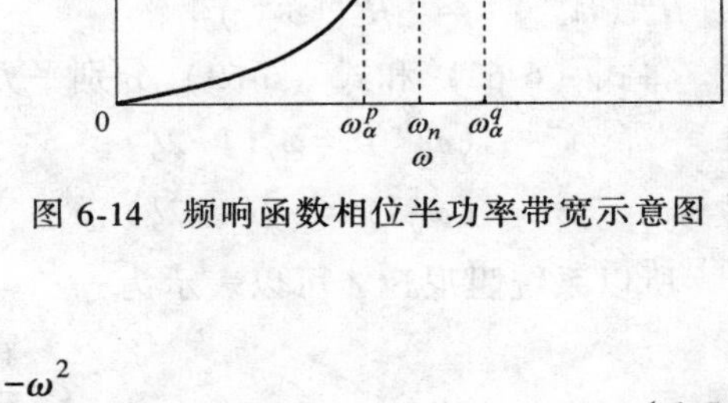

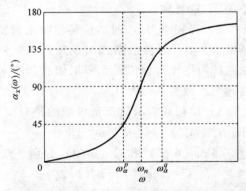

图 6-14　频响函数相位半功率带宽示意图

以上计算过程没有任何简化，所以基于频响函数相频特性曲线半功率带宽计算得到的系统阻尼比为精确解。

3. 频响函数实部半功率带宽

位移频响函数的实部和虚部可以表示为

$$H_x^{\mathrm{Re}}(\omega)=\frac{1}{k}\frac{\omega_n^2-\omega^2}{(\omega_n^2-\omega^2)^2+4\zeta^2\omega^2} \tag{6-56}$$

$$H_x^{\mathrm{Im}}(\omega)=\frac{1}{k}\frac{-2\zeta\omega_n\omega}{(\omega_n^2-\omega^2)^2+4\zeta^2\omega^2} \tag{6-57}$$

设无量纲频率比 μ 为

$$\mu=\frac{\omega}{\omega_n} \tag{6-58}$$

设位移频响函数实部的极值条件为

$$\frac{\mathrm{d}[H_x^{\mathrm{Re}}(\mu)]}{\mathrm{d}\mu^2}=\frac{1}{k}\frac{(1-\mu^2)^2-4\zeta^2}{[(1-\mu^2)^2+4\zeta^2\mu^2]^2}=0 \tag{6-59}$$

因为式（6-59）中分母不为0，所以极值条件可以写为

$$(1-\mu^2)^2-4\zeta^2=0 \tag{6-60}$$

解方程（6-60），得到位移频响函数实部取极值时的频率比。因为频率比μ始终为正，所以舍去负频率，得到

$$\mu_x^{\mathrm{Re}}=\sqrt{1\pm2\zeta} \tag{6-61}$$

将式（6-58）代入式（6-61），得到

$$\omega_p^{\mathrm{Re}}=\omega_n\sqrt{1-2\zeta} \tag{6-62}$$

$$\omega_q^{\mathrm{Re}}=\omega_n\sqrt{1+2\zeta} \tag{6-63}$$

将式（6-62）和式（6-63）分别代入式（6-56），可以得到单自由度系统位移频响函数实部的两个极值为

$$H_x^{\mathrm{Re}}(\omega_p^{\mathrm{Re}})=\frac{1}{4k\zeta(1-\zeta)} \tag{6-64}$$

$$H_x^{\mathrm{Re}}(\omega_q^{\mathrm{Re}})=\frac{-1}{4k\zeta(1+\zeta)} \tag{6-65}$$

位移频响函数实部曲线如图6-15所示，基于图中曲线可以得到如下结论：

1）位移频响函数极值对应的频率ω_p^{Re}和ω_q^{Re}不关于ω_n对称。

2）当频率为ω_n时，位移频响函数实部曲线的幅值为0；而且根据式（6-56）可以知道，无论系统阻尼比为何值，无阻尼固有频率对应的位移频响函数实部均为0。

3）位移频响函数正负极值的绝对值不相等，即$|H_x^{\mathrm{Re}}(\omega_p^{\mathrm{Re}})|\neq|H_x^{\mathrm{Re}}(\omega_q^{\mathrm{Re}})|$。

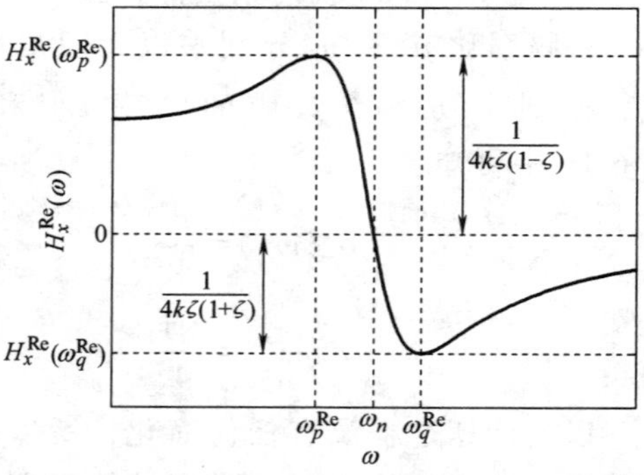

图6-15 位移频响函数实部曲线

将式（6-62）和式（6-63）分别平方，得到

$$(\omega_p^{\mathrm{Re}})^2=\omega_n^2(1-2\zeta) \tag{6-66}$$

$$(\omega_q^{\mathrm{Re}})^2=\omega_n^2(1+2\zeta) \tag{6-67}$$

所以系统阻尼比ζ可以表示为

$$\zeta=\frac{(\omega_q^{\mathrm{Re}})^2-(\omega_p^{\mathrm{Re}})^2}{4\omega_n^2} \tag{6-68}$$

所以，基于频响函数实部半功率带宽计算得到的系统阻尼比也为精确解。

4. 频响函数虚部半功率带宽

频响函数虚部曲线对应系统的半功率带宽如图6-16所示。

根据式（6-32），频响函数虚部峰值对应的频率约为

$$\omega_d=\omega_n\sqrt{1-\zeta^2} \tag{6-69}$$

所以根据频响函数虚部表达式（6-57），有

$$H_x^{\mathrm{Im}}(\omega_d)=\frac{2\sqrt{1-\zeta^2}}{k\zeta(3\zeta^2-4)} \tag{6-70}$$

需要注意的是，频响函数虚部半功率点的幅值为

$$H_x^{\mathrm{Im}}(\omega_p^{\mathrm{Im}})=H_x^{\mathrm{Im}}(\omega_q^{\mathrm{Im}})=\frac{H_x^{\mathrm{Im}}(\omega_d^{\mathrm{Im}})}{2} \tag{6-71}$$

由式（6-31）可知，基于频响函数虚部计算半功率带宽很难得到精确解，所以根据频响函数虚部计算得到的阻尼比也是近似解。

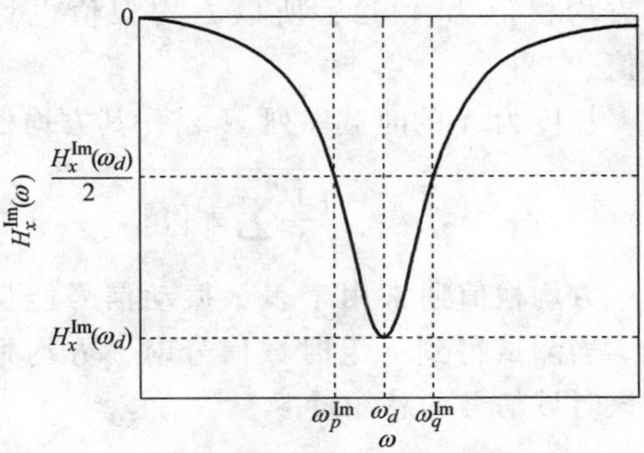

图 6-16　频响函数虚部半功率带宽示意图

6.4.3　获取振型

频响函数除包含系统固有频率信息和模态阻尼比信息外，还包含系统的振型信息。以悬臂梁为例，对其设置 3 个测点进行模态试验。试验选取的测点位置和悬臂梁的前 3 阶振型如图 6-17 所示。

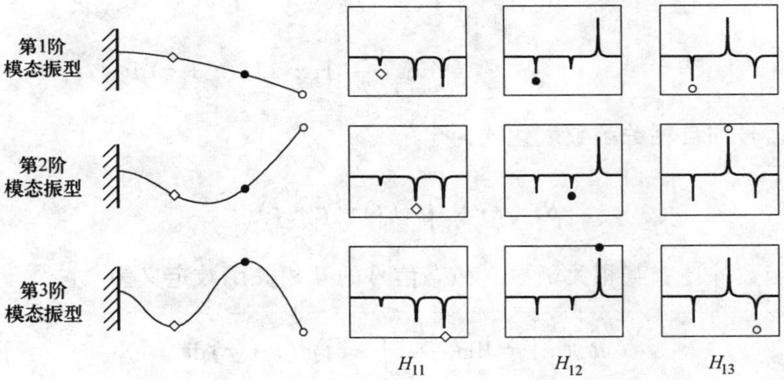

图 6-17　振型获取

以频响函数矩阵第 1 行的虚部图为例，测点振型的幅值就是频响函数共振频率下的幅值。测点振型的方向对应频响函数的相位。

从本节对频响函数的介绍可以知道，频响函数中包含了模态分析所需的固有频率、阻尼比和振型信息。所以模态试验的工作就是获取被测结构的频响函数，然后对频响函数进行分析，识别被测结构的动力学参数。

6.5　模态试验基础数据

6.5.1　方均根值

方均根（Root Mean Square）值是表示信号幅值的一种方法。如图 6-18 所示，正弦信号

的方均根值为 $A/\sqrt{2}$，所以方均根值也称为有效值。

长度为 N 的时域序列 $x[n]$，其方均根值为

$$x_{\mathrm{rms}}=\sqrt{\frac{1}{N}\sum_{i=0}^{N-1}x^{2}[i]} \tag{6-72}$$

方均根值通常用于表示振动信号能量的大小。当测试得到一组时域信号时，方均根值表示该时域信号的总能量。

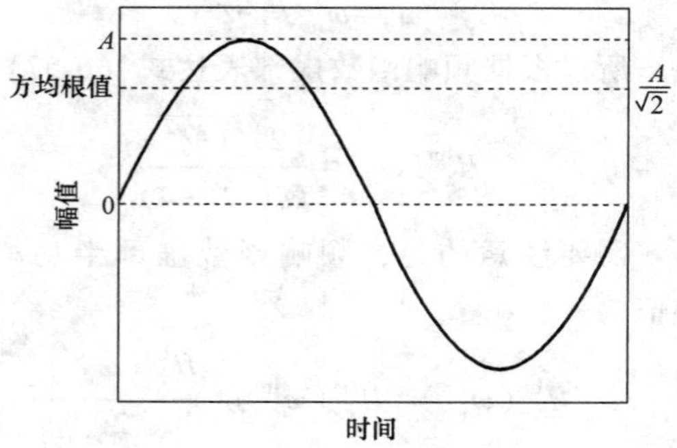

图 6-18　方均根值

6.5.2　相关函数

相关函数是表示两组信号相似度的一种函数，多用于计算平稳随机信号的统计特性。相关函数是时域内的函数，分为自相关函数和互相关函数。

根据同一测点不同时刻的数据可以计算得到该信号的自相关函数。稳态信号 $x(t)$ 的自相关函数 $R_{xx}(\tau)$ 可以定义为，信号 $x(t)$ 和具有时延 τ 信号 $x(t+\tau)$ 乘积的数学期望，计算表达式为

$$\begin{aligned}R_{xx}(\tau)&=E[x(t)x(t+\tau)]\\&=\lim_{T\to+\infty}\frac{1}{T}\int_{-T/2}^{T/2}x(t)x(t+\tau)\mathrm{d}t\end{aligned} \tag{6-73}$$

定义瞬态信号的自相关函数表达式为

$$R_{xx}(\tau)=\int_{-\infty}^{+\infty}x(t)x(t+\tau)\mathrm{d}t \tag{6-74}$$

除自相关函数外还有互相关函数。稳态信号的互相关函数定义为

$$R_{xf}(\tau)=\lim_{T\to+\infty}\frac{1}{T}\int_{-T/2}^{T/2}x(t)f(t+\tau)\mathrm{d}t \tag{6-75}$$

瞬态信号的互相关函数定义为

$$R_{xf}(\tau)=\int_{-\infty}^{+\infty}x(t)f(t+\tau)\mathrm{d}t \tag{6-76}$$

相关函数多用于旋转机械试验中的故障诊断，在模态试验中的应用并不多。为了区分于相干函数，所以此处列出相关函数的定义式。

6.5.3　线性谱

在模态试验中，可以基于快速傅里叶变换将激励和响应的信号由时域转换到频域。以响应信号为例，即

$$X(\omega)=\mathscr{F}[x(t)] \tag{6-77}$$

式中，$x(t)$ 是响应的时域信号；$X(\omega)$ 是响应的频谱，即**线性谱**。

同理可以得到激励 $f(t)$ 的线性谱 $F(\omega)$

$$F(\omega)=\mathscr{F}[f(t)] \tag{6-78}$$

以图 6-19 所示的频率为 ω_k 的正弦信号为例，对其时域信号进行快速傅里叶变换。快速傅里叶变换算法产生的线性谱分为实部和虚部两部分，其中实部为轴对称，对称轴为竖轴，虚部关于原点中心对称。

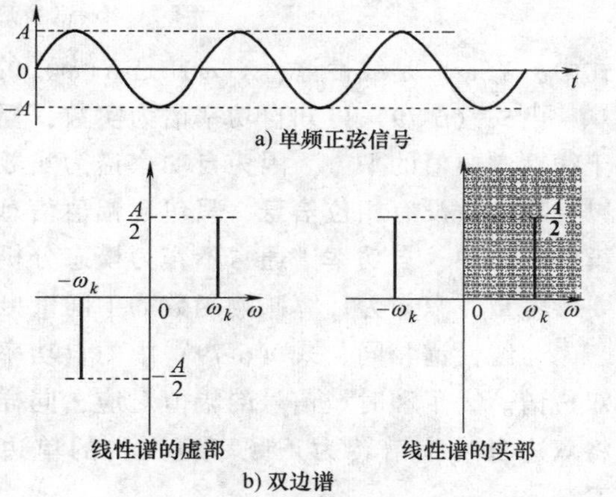

图 6-19　频率为 ω_k 的正弦信号及变换后产生的双边谱

由于线性谱为复数，所以线性谱除包含幅值信息外，还包含了时域信号的相位信息。负频率对实际工程没有意义，所以实际工程中只显示图 6-19 中的阴影部分。图 6-19 所示的频谱称为双边谱，此时阴影部分谱线的幅值为时域信号幅值的一半。

在实际工程中由于双边谱的幅值和时域信号幅值有差异，所以通常会对双边谱进行处理，转化为单边谱来进行数据后处理。除单边谱和双边谱外，还有多种频谱类型，不同类型频谱的幅值并不相同，常见的频谱类型有：

- 双边谱。
- 单边谱，也称为峰值谱。
- 有效值谱。
- 峰峰值谱。

不同类型频谱的幅值如图 6-20 所示。实际上固有频率和阻尼比的试验结果对频谱的幅值信息并不敏感，只有计算振型时需要使用信号的幅值信息，而且只要频谱类型一致，无论采用哪种频谱均可得到正确的模态分析结果。

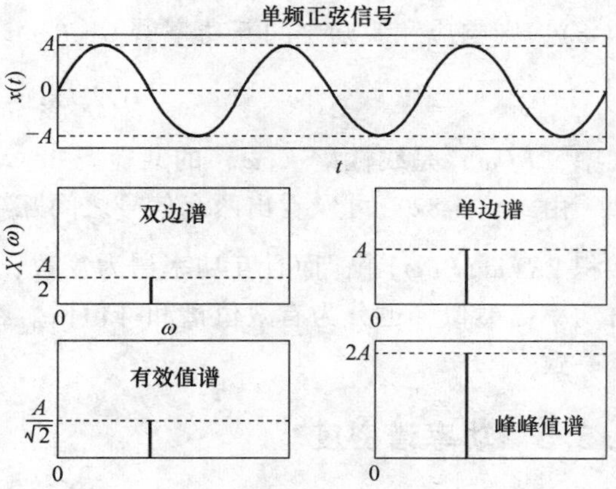

图 6-20　频谱类型

进行大型模态试验时被测结构的测点通常较多，当同一品牌的模态试验仪器采集通道数量不够时，可能会将多个不同品牌的产品并联混用。此时需要注意，不同品牌仪器对应的频谱类型是否一致。如果频谱类型不一致，那么就会得到错误的振型结果和错误的结构模态参数。

此外在进行多入多出模态试验时，有时也会移动传感器进行多批次试验。在移动传感器的位置时，通常会对试验参数进行调整。此时必须注意，修改的试验参数不应影响信号的频谱类型，以避免频谱类型不一致造成的计算错误。

6.5.4　功率谱

功率谱可以分为自功率谱和互功率谱，自功率谱表示信号随频率变化的平均功率。在频

率 ω 处自功率谱 $G_{XX}(\omega)$ 的计算方法为

$$G_{XX}(\omega)=X(\omega)\overline{X}(\omega) \tag{6-79}$$

式中，$X(\omega)$ 是线性谱；$\overline{X}(\omega)$ 是 $X(\omega)$ 的共轭。

由式（6-79）可知自功率谱为实数，幅值等于线性谱幅值的平方。因为自功率谱为实数，所以自功率谱没有相位信息，只包含幅值信息。在模态试验中，自功率谱通常不作为模态分析的主要参考量，只作为计算频响函数的中间量出现。

与线性谱相同，式（6-79）中的自功率谱为双边谱。为了和时域信号的幅值对应，同样可以将双边自功率谱转为正频率范围内的单边自功率谱。

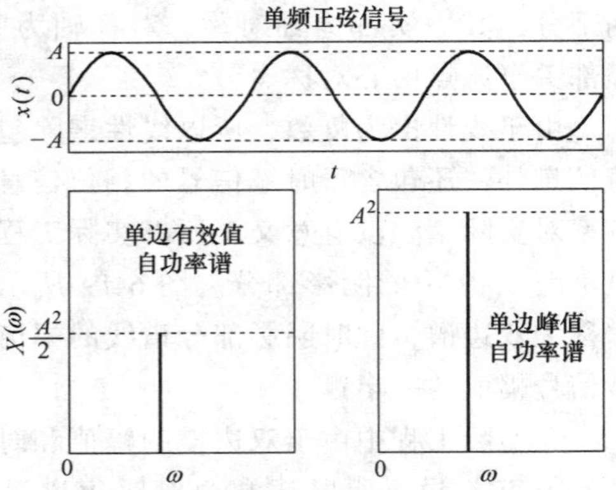

图 6-21　自功率谱

以图 6-21 所示的幅值为 A 的单频正弦信号为例，其单边有效值自功率谱 $G_{\mathrm{rms}}(\omega)$ 的幅值大小为

$$G_{\mathrm{rms}}(\omega)=|X_{\mathrm{rms}}(\omega)|^2=\left(\frac{A}{\sqrt{2}}\right)^2=\frac{A^2}{2} \tag{6-80}$$

单边峰值自功率谱 $G_{\mathrm{peak}}(\omega)$ 的幅值大小为

$$G_{\mathrm{peak}}(\omega)=|X_{\mathrm{peak}}(\omega)|^2=A^2 \tag{6-81}$$

互功率谱用来表示试验中任意两个信号在分析频带内的互功率，在模态试验中通常需要计算激励和响应之间的互功率谱。假设测得系统响应的线性谱为 $X(\omega)$，激励的线性谱为 $F(\omega)$，则响应和激励之间互功率谱 $G_{XF}(\omega)$ 的计算方法为

$$G_{XF}(\omega)=X(\omega)\overline{F}(\omega) \tag{6-82}$$

式中，$\overline{F}(\omega)$ 是线性谱 $F(\omega)$ 的共轭。

由式（6-82）可以看出两个信号之间互功率谱的幅值 $|G_{XF}(\omega)|$ 为两信号线性谱幅值的乘积 $|X(\omega)\overline{F}(\omega)|$；而且互功率谱为复数，包含两个信号之间相位差的信息。互功率谱和自功率谱类似，也分为有效值谱和峰值谱。在进行模态分析时，同样需要注意频谱的类型是否一致。

6.5.5　功率谱密度

对于平稳随机信号来说，功率谱密度在模态试验中作为评价信号能量分布的函数，经常在预试验中用来检验激励的能量是否能够覆盖模态分析频带内的所有频率，能否将分析频带内的结构模态全部激励出来。

信号 $x(t)$ 的平均功率 $\widetilde{x}_t^2$ 可以表示为

$$\widetilde{x}_t^2=\lim_{T\to+\infty}\frac{1}{T}\int_{-T/2}^{T/2}|x(t)|^2\mathrm{d}t \tag{6-83}$$

式中，定义 $|x(t)|^2$ 为信号 $x(t)$ 的瞬时功率。

根据能量守恒定律，信号在时域的总能量等于该信号在频域的总能量，即信号经傅里叶变换后其总能量保持不变，所以有

$$\int_{-\infty}^{+\infty} |x(t)|^2 \mathrm{d}t = \int_{-\infty}^{+\infty} |X(\omega)|^2 \mathrm{d}\omega \tag{6-84}$$

将式（6-84）代入式（6-83）得到

$$\begin{aligned} \tilde{x}_t^2 &= \int_{-\infty}^{+\infty} \lim_{T\to+\infty} \frac{1}{T} |X(\omega)|^2 \mathrm{d}\omega \\ &= \int_{-\infty}^{+\infty} \lim_{T\to+\infty} \frac{1}{T} X(\omega)\overline{X}(\omega)\mathrm{d}\omega \\ &= \int_{-\infty}^{+\infty} P_{XX}(\omega)\mathrm{d}\omega \end{aligned} \tag{6-85}$$

式中，$P_{XX}(\omega)$ 是**双边自功率谱密度**，其表达式为

$$P_{XX}(\omega) = \lim_{T\to+\infty} \frac{1}{T} X(\omega)\overline{X}(\omega) \tag{6-86}$$

根据维纳-辛钦定理可以知道，双边自功率谱密度和自相关函数为傅里叶变换对，即

$$P_{XX}(\omega) = \int_{-\infty}^{+\infty} R_{xx}(\tau)\mathrm{e}^{-\mathrm{j}\omega t}\mathrm{d}\tau \tag{6-87}$$

因为负频率没有实际工程意义，所以需要在正频率范围内表示信号的频域能量分布。不难证明双边自功率谱密度为偶函数，基于能量守恒，平均功率可以写为

$$\begin{aligned} \tilde{x}_t^2 &= \int_{0}^{+\infty} \lim_{T\to+\infty} \frac{2}{T} X(\omega)\overline{X}(\omega)\mathrm{d}\omega \\ &= \int_{0}^{+\infty} S_{XX}(\omega)\mathrm{d}\omega \end{aligned} \tag{6-88}$$

式中，$S_{XX}(\omega)$ 称为**单边自功率谱密度**，其幅值和双边自功率谱密度的关系为

$$S_{XX}(\omega) = 2P_{XX}(\omega) \tag{6-89}$$

除自功率谱密度外，还有互功率谱密度，定义**双边互功率谱密度**为

$$P_{XF}(\omega) = \lim_{T\to+\infty} \frac{1}{T} \overline{X}(\omega)F(\omega) \tag{6-90}$$

与自功率谱密度相同，互功率谱密度和互相关函数为傅里叶变换对，即

$$P_{XF}(\omega) = \int_{-\infty}^{+\infty} R_{xf}(\tau)\mathrm{e}^{-\mathrm{j}\omega t}\mathrm{d}\tau \tag{6-91}$$

但是与自功率谱密度不同，互功率谱密度一般不是偶函数，所以理论上并不一定存在单边互功率谱密度。为了工程需要，规定非负频率下的互功率谱密度为

$$\begin{aligned} S_{XF}(\omega) &= 2P_{XF}(\omega) \\ &= 2\int_{-\infty}^{+\infty} R_{xf}(\tau)\mathrm{e}^{-\mathrm{j}\omega t}\mathrm{d}\tau \end{aligned} \tag{6-92}$$

注意，虽然对非负频率下的幅值做了规定，但实际上不能保证互功率谱密度是偶函数，所以积分的上下限仍然为（$-\infty$，$+\infty$）。

与自功率谱密度不同的是，互功率谱密度除幅值信息外还包含相位信息，可以通过互功率谱密度的相位信息判断不同信号间的相位关系。

6.6 试验频响函数的特性

6.6.1 计算方法

理论计算系统频响函数时均假设输入为简谐激励，所以输出也是简谐振动。因为输入和输出都满足狄利克雷条件，所以直接计算激励和响应傅里叶变换的比值得到系统的频响函数。理论定义的频响函数的表达式为

$$H(\omega)=\frac{X(\omega)}{F(\omega)} \tag{6-93}$$

实际结构频响函数的计算方法不同于理论频响函数，试验使用的输入信号不仅是理论假设中的简谐激励，还有冲击和随机等信号。当输入信号不是简谐激励时，需要重新定义频响函数的表达式。

模态试验中常用的激励设备有力锤和激振器。当使用力锤敲击被测结构时，激励信号为脉冲信号。激振器则可以提供正弦、随机和冲击等激励信号。如果系统的输入是平稳随机信号，那么系统的输出也是随机信号。假设线性多自由度系统在受平稳随机信号 $\boldsymbol{f}(t)$ 激励下的响应为 $\boldsymbol{x}(t)$，分别对激励和响应信号做傅里叶变换得到频域内的激励 $\boldsymbol{F}(\omega)$ 和响应 $\boldsymbol{X}(\omega)$。

因为系统是线性系统，所以输出和输入满足线性关系

$$\boldsymbol{X}(\omega)=\boldsymbol{H}(\omega)\boldsymbol{F}(\omega) \tag{6-94}$$

将式（6-94）两端同时右乘激励向量的共轭转置 $\boldsymbol{F}^{\mathrm{H}}(\omega)$，并对等式两端同时计算数学期望，得到

$$\lim_{T\to+\infty}\frac{1}{T}E[\boldsymbol{X}(\omega)\boldsymbol{F}^{\mathrm{H}}(\omega)]=\boldsymbol{H}(\omega)\lim_{T\to+\infty}\frac{1}{T}E[\boldsymbol{F}(\omega)\boldsymbol{F}^{\mathrm{H}}(\omega)] \tag{6-95}$$

因为频响函数 $\boldsymbol{H}(\omega)$ 是线性振动系统的固有属性，所以根据功率谱密度的定义将式（6-95）写为

$$\boldsymbol{P}_{XF}(\omega)=\boldsymbol{H}(\omega)\boldsymbol{P}_{FF}(\omega) \tag{6-96}$$

式中，$\boldsymbol{P}_{XF}(\omega)$ 是系统输入和输出的单边互功率谱密度矩阵；$\boldsymbol{P}_{FF}(\omega)$ 是系统输入的单边自功率谱密度矩阵。

当$\boldsymbol{P}_{FF}(\omega)$ 可逆时，系统的频响函数矩阵为

$$\boldsymbol{H}(\omega)=\boldsymbol{P}_{XF}(\omega)\boldsymbol{P}_{FF}^{-1}(\omega) \tag{6-97}$$

式（6-97）即线性系统在平稳随机激励下计算频响函数的原理表达式。

6.6.2 估计方式

在模态试验中，测试信号经常会被噪声污染，所以本节介绍频响函数的三种估计方法。

在进行模态试验时可以根据噪声污染的方式，选择对应的估计方法提高频响函数的可信度。

通常噪声污染振动信号的方式有三种。

- 响应输出有噪声污染。
- 激励输入有噪声污染。
- 输入和输出都有噪声污染。

噪声引入的三种方式分别对应频响函数的三种估计方法：

- H_1 估计。
- H_2 估计。
- H_v 估计。

1. H_1 估计

单入单出系统输出有噪声的情况如图 6-22 所示。系统的响应由两部分组成，分别是激励引起的系统响应和噪声信号。

此时测试得到的响应表达式为

$$X(\omega)=H(\omega)F(\omega)+N(\omega) \tag{6-98}$$

式中，$N(\omega)$ 是噪声；$X(\omega)$ 和 $F(\omega)$ 分别是响应和激励的频谱。

基于最小二乘原理，极小化噪声对输出信号的影响，可以定义频响函数的 H_1 估计为

$$H_1(\omega)=\frac{X(\omega)\overline{F}(\omega)}{F(\omega)\overline{F}(\omega)} \tag{6-99}$$

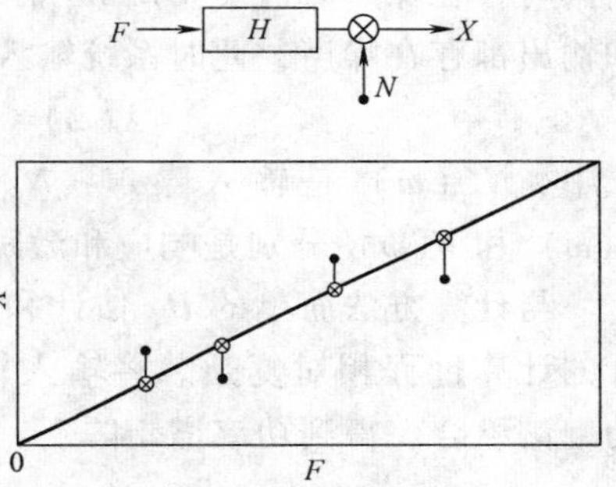

图 6-22　H_1 估计

式中，$\overline{F}(\omega)$ 是激励 $F(\omega)$ 的共轭。

式（6-99）是将理论频响函数的分子分母同时乘以激励线性谱的共轭 $\overline{F}(\omega)$，所以频响函数的 H_1 估计就是系统输出、输入互功率谱与输入自功率谱的比值

$$H_1(\omega)=\frac{G_{XF}(\omega)}{G_{FF}(\omega)} \tag{6-100}$$

由于 H_1 估计的分母为实数，所以计算效率比较高。通常在试验室进行的部件级模态试验都采用 H_1 估计来作为频响函数的估计方式。

2. H_2 估计

单入单出系统输入有噪声的情况如图 6-23 所示。系统的输入为激励和噪声，系统的输出为激励和噪声共同作用引起的响应。

对于系统输入含有噪声的情况，系统响应的表达式可以写为

$$X(\omega)=H(\omega)[F(\omega)+N(\omega)] \tag{6-101}$$

式中，$N(\omega)$ 是噪声；$X(\omega)$ 和 $F(\omega)$ 分别是响应和激励的频谱。

同样为了极小化噪声对测试结果的影响，可以定义频响函数的 H_2 估计为

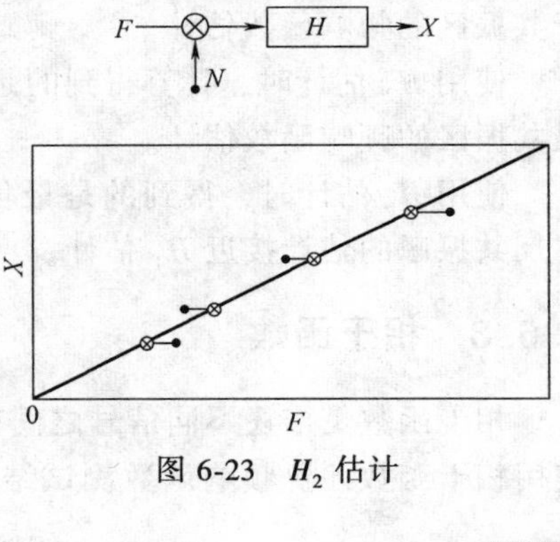

图 6-23　H_2 估计

$$H_2(\omega)=\frac{X(\omega)\overline{X}(\omega)}{F(\omega)\overline{X}(\omega)} \tag{6-102}$$

式中，H_2 估计就是将理论频响函数的分子分母同时乘以响应线性谱的共轭 $\overline{X}(\omega)$。

从式（6-102）可以看出，H_2 估计频响函数的分母为复数，所以 H_2 估计的计算效率比 H_1 估计的要低。因为 H_2 估计的频响函数 $H_2(\omega)$ 为系统输出自功率谱 $G_{XX}(\omega)$ 和输出输入互功率谱 $G_{FX}(\omega)$ 的比值，所以 H_2 估计的频响函数可以进一步简写为

$$H_2(\omega)=\frac{G_{XX}(\omega)}{G_{FX}(\omega)} \tag{6-103}$$

3. H_v 估计

H_1 估计和 H_2 估计分别对应输出和输入有噪声情况时频响函数的估计方式。当输入和输出同时存在噪声时需要使用 H_v 估计来计算频响函数。如图 6-24 所示，单入单出系统的输入和输出都存在噪声，此时系统输入和输出的关系可以表示为

$$X(\omega)=H(\omega)[F(\omega)+N_{\text{in}}(\omega)]+N_{\text{out}}(\omega) \tag{6-104}$$

式中，$N_{\text{in}}(\omega)$ 是输入噪声；$N_{\text{out}}(\omega)$ 是输出噪声；$X(\omega)$ 和 $F(\omega)$ 分别是响应和激励的频谱。

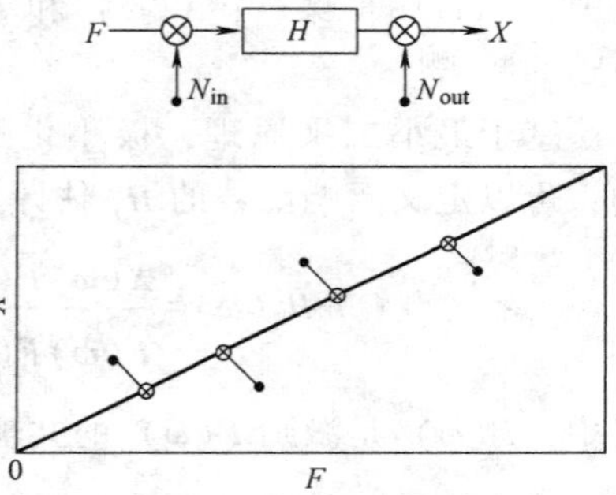

图 6-24　H_v 估计

与计算方法简单的 H_1 估计和 H_2 估计不同，H_v 估计的计算过程相对复杂。将输入输出的自功率谱和互功率谱组合，得到功率谱矩阵

$$\boldsymbol{G}_{XXF}(\omega)=\begin{bmatrix} G_{XX}(\omega) & G_{XF}(\omega) \\ G_{FX}(\omega) & G_{FF}(\omega) \end{bmatrix} \tag{6-105}$$

H_v 估计的计算过程是，求解式（6-105）中功率谱矩阵$\boldsymbol{G}_{XXF}(\omega)$ 的最小特征值，然后通过最小特征值对应的特征向量得到 H_v 估计的系统频响函数。使用 H_v 估计可以从总体上极小化噪声对频响函数的影响，降低试验结果中的噪声成分。由于 H_v 估计需要计算矩阵的特征值和特征向量，所以其计算效率是三种估计方法中最低的一种。

本节采用单入单出的系统模型对 H_1 估计、H_2 估计和 H_v 估计进行了介绍。实际试验中多数被测系统为单入多出系统或多入多出系统，估计频响函数的计算方式也将变为矩阵运算，但是各估计方式的计算原理不变，计算效率顺序也没有变化。

使用 H_1 估计时，计算得到的是欠估计频响函数，其特点是反共振区的频响函数估计优于共振区的频响函数估计。

使用 H_2 估计时，计算得到的是过估计频响函数，其特点是共振区的频响函数估计优于反共振区的频响函数估计。

使用 H_v 估计时，得到的是最佳总体估计频响函数，其在共振区的估计接近 H_2 估计，在反共振区的估计接近 H_1 估计。

6.6.3　相干函数

相干函数是描述不同信号之间因果关系的函数，如图 6-25 所示，在模态试验中，经常使用相干函数评价频响函数测试结果的数据质量。有四种常见的相干函数：常相干、重相

干、偏相干和虚拟相干。因为重相干、偏相干和虚拟相干在模态试验中应用并不多，所以本节主要介绍常相干函数。

假设系统输入和输出的时域信号为 $f_p(t)$ 和 $x_q(t)$，则系统的常相干函数 $\mathrm{Cov}_{pq}^2(\omega)$ 的表达式为

$$\mathrm{Cov}_{pq}^2(\omega)=\frac{|G_{pq}(\omega)|^2}{G_{pp}(\omega)\cdot G_{qq}(\omega)} \tag{6-106}$$

式中，$G_{pq}(\omega)$ 是互功率谱；$G_{pp}(\omega)$ 和 $G_{qq}(\omega)$ 是自功率谱。

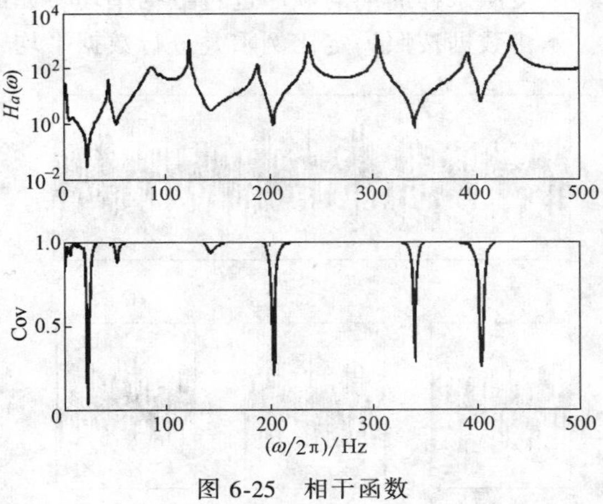

图 6-25　相干函数

设输入的幅值为 F，输出的幅值为 X，当系统没有其他参数影响时，输入和输出的常相干函数为

$$\begin{aligned}\mathrm{Cov}_{pq}^2(\omega)&=\frac{|G_{pq}(\omega)|^2}{G_{pp}(\omega)\cdot G_{qq}(\omega)}\\&=\frac{(XF)^2}{X^2F^2}\\&=1\end{aligned} \tag{6-107}$$

从式（6-107）中可以看出，常相干函数的最大值为 1，说明此时的输出完全由输入引起，频响函数的信噪比和数据质量非常高。当常相干函数较低时，说明输出不只和参与相干函数计算的输入有关，还与其他输入有关。那些未参与相干函数计算的输入有可能是被忽略的其他输入，也有可能是外界噪声或前次激励的残余振动。

此外，频响函数反共振频率下的相干函数幅值会比较小，所以通过相干函数和频响函数的对比可以找到系统反共振频率的准确数值。

6.6.4　数据平均

1. 平均方式

试验频响函数曲线有时会充满毛刺，其原因可能是环境噪声、导线噪声或电磁干扰。为了削弱这些噪声对频响函数的污染，在模态试验中需要对频响函数进行平均处理，如图 6-26 所示。

通过图 6-26 可以看出，平均处理技术可以明显改善频响函数的数据质量，因为噪声信号的相位是随机的，多次平均后随机噪声的均值会趋于 0，所以通过平均处理技术可以减小噪声信号对频响函数的影响。

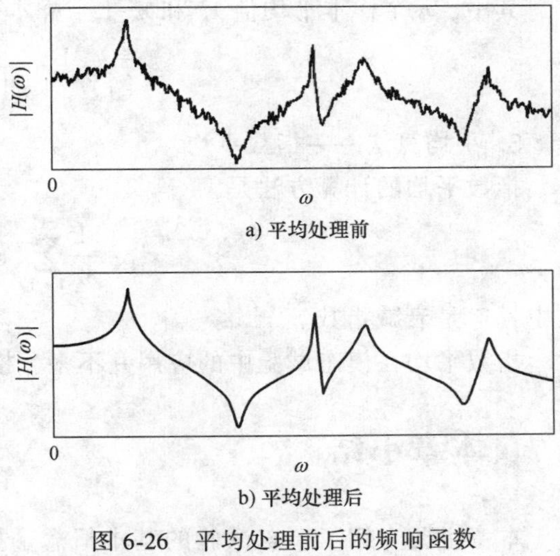

图 6-26　平均处理前后的频响函数

模态试验中常用的平均方式有两种：

- 按照采样周期的顺序进行数据平均，如图 6-27 所示。
- 将数据按照一定比例重叠进行数据平均，如图 6-28 所示。

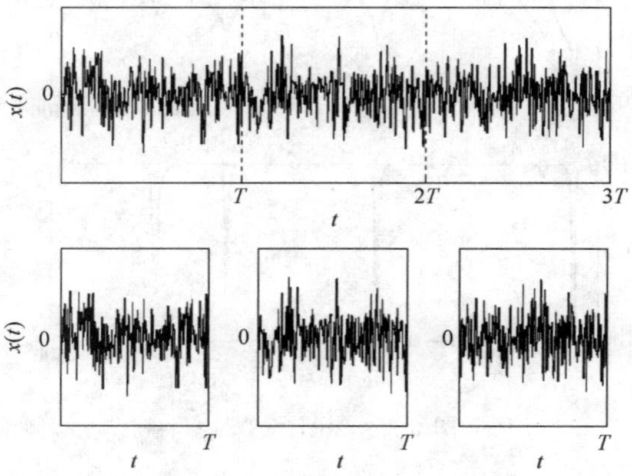

图 6-27　顺序平均

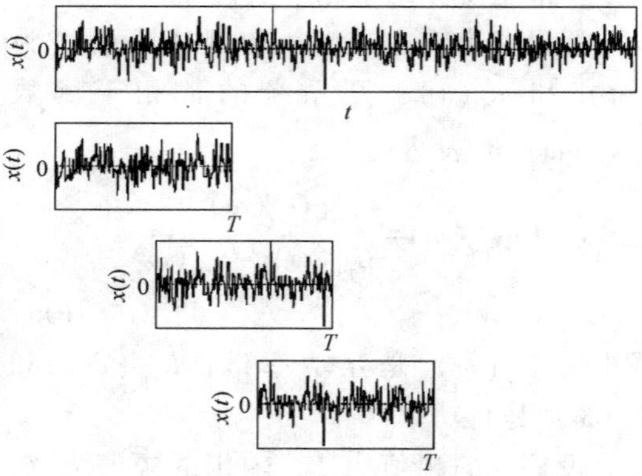

图 6-28　数据重叠

按照采样周期的顺序进行数据平均的技术称为顺序平均。顺序平均的计算方法是，首先将采集到的信号按照采样周期进行分块，然后根据分块后的信号计算系统的频响函数，最后将多次计算得到的频响函数进行平均。

除顺序平均外，也可以按照图 6-28 中所示的，以一定重叠率对信号进行分块，这样可以充分利用数据的信息，提高试验数据的使用效率。

2. 平均算法——线性平均

线性平均是指每一个样本的数据对最终的平均结果都有完全相同的影响。

假设试验进行了 n 次采样，每次采样的样本为 x_i，那么线性平均值的计算方法是

$$\bar{x}_n = \frac{1}{n}\sum_{i=1}^{n} x_i \tag{6-108}$$

其中，n 个样本平均值 $\bar{x}_n$ 和 $n-1$ 个样本平均值 $\bar{x}_{n-1}$ 之间的递推关系是

$$\bar{x}_n = \frac{1}{n}[(n-1)\bar{x}_{n-1} + x_n] \tag{6-109}$$

3. 平均算法——指数平均

指数平均的计算方法是

$$\bar{x}_n = \frac{1}{W}\sum_{i=1}^{n}\left[x_i\left(\frac{W-1}{W}\right)^{n-i}\right] \tag{6-110}$$

式中，W 是衰减指数。

指数平均在模态试验中的应用并不多，模态试验的平均算法以线性平均为主。

6.7　本章小结

本章主要介绍了模态试验的基本概念、模态试验的基本数据类型、理论频响函数的特征、试验频响函数的特征和频响函数的作用。

1）本章明确了模态试验和模态实验的区别。模态试验以获得被测结构的动力学参数为目的；模态实验主要关注模态参数辨识的算法是否高效、准确。

2）介绍了模态试验的目的、边界条件的类型和试验方法的分类。

3）明确了实际工程中容易混淆的共振频率、有阻尼固有频率和无阻尼固有频率的定义和物理意义。频响函数的共振频率和系统的阻尼模型有关，当阻尼模型改变时，频响函数的共振频率和无阻尼固有频率的关系会随之发生变化。

4）通过对频响函数幅频特性曲线求极值的方法，介绍了位移、速度和加速度频响函数幅频特性曲线的特点。而且通过频响函数特征的对比，从理论上得出位移响应适合低频测试，加速度响应适合高频测试的结论。

5）介绍了频响函数的作用，即可以从频响函数中获取被测结构的固有频率、阻尼比和振型的信息。

6）介绍了模态试验涉及的基础数据类型，以及相干函数的计算方法和作用。

7）介绍了试验频响函数的特征、计算方法、估计方式和平均方法。

第7章　模态试验设备

7.1　引言

模态试验需要使用多种仪器和设备，仪器指标的高低和设备性能的好坏对试验结果有直接的影响。图 7-1 所示是模态试验中需要使用的仪器和设备。

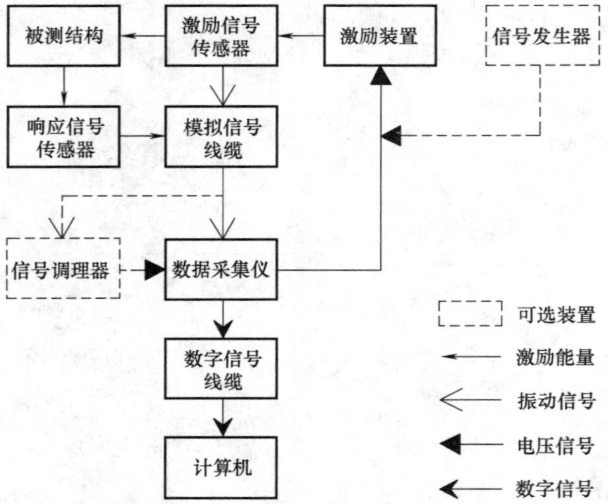

图 7-1　模态试验中需要使用的仪器和设备

模态试验需要的仪器和设备有：

- 激励设备。
- 振动采集传感器及线缆。
- 数据采集仪和计算机。

以下具体介绍每种设备的原理、功能、参数和使用注意事项。

7.2　激励装置

7.2.1　力锤

由单自由度系统的强迫振动可以知道，系统受到脉冲激励后将按其自身固有频率进行自由振动。力锤正是基于这一原理设计的一种简单的模态试验激励装置。

力锤分为锤头、锤体、锤柄、手柄、配重和线缆接头几个部分，如图 7-2 所示。锤头和锤体之间串联力传感器，通过锤头和锤体的挤压使力传感器产生脉冲激励信号。脉冲激励信号由手柄下方的线缆接头输出，连接力传感器和接头的导线预埋在手柄和锤柄中。通常力锤会预配软硬度不同的多个锤头以及配重，以便满足不同模态试验对分析带宽和激励量级的需求。

力锤的锤头具有弹性，可以将锤头等效为图 7-3 所示的弹簧。

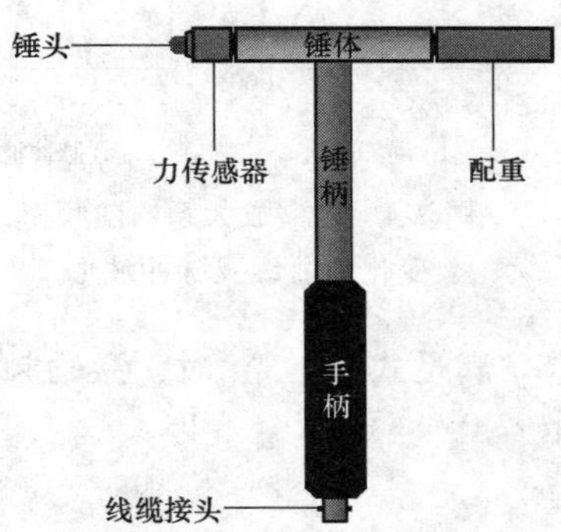

图 7-2　力锤

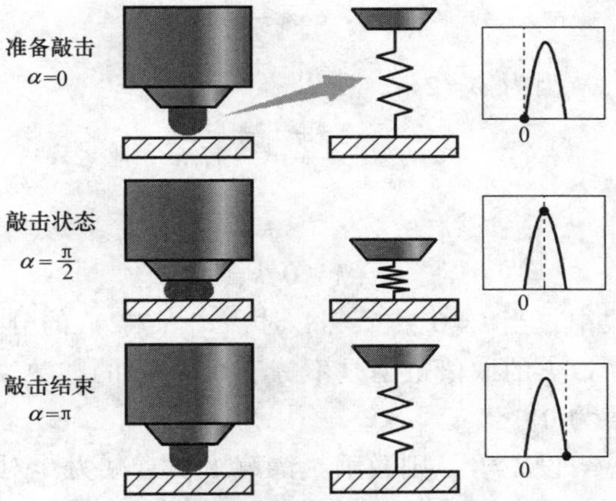

图 7-3　敲击过程中锤头的变化过程及等效

根据图中所示，可以将力锤的激励过程分为三个阶段：

1）未敲击时，等效锤头的弹簧可以视为处于平衡位置。以锤头和结构接触的时刻为起始时间 0，此时等效弹簧的相位记为 0。

2）力锤敲击结构，当锤头的变形量达到最大时，等效弹簧距离平衡位置最远，等效弹簧的相位记为 $\pi/2$。

3）力锤敲击结束，在锤头和结构分离的瞬时，锤头恢复到未变形状态，此时等效弹簧恢复到平衡位置，且相位为 π。

所以力锤激励的信号类似脉冲激励，根据图 7-3 所示的力锤敲击过程，可以将力锤激励的脉冲等效为半正弦波，力锤的敲击力函数 $\delta(t)$ 可以表示为

$$\delta(t)=F_0\sin\frac{\pi t}{\tau} \tag{7-1}$$

式中，τ 是脉冲宽度；F_0 是敲击力幅值，为常数；t 是作用时间，且 $t\in[0,\tau]$。

力锤激励脉冲频谱的幅值为

$$\begin{aligned}|F(\omega)|&=|F[\delta(t)]|\\&=\left|\frac{2\pi F_0\tau\cos(\omega\tau/2)}{\pi^2-\omega^2\tau^2}\right|\end{aligned} \tag{7-2}$$

以力谱在 0Hz 的幅值为基准，定义力谱放大系数 $\gamma(\omega)$ 的表达式为

$$\gamma(\omega)=20\lg\frac{F(\omega)}{F(0)} \tag{7-3}$$

式中，圆频率 ω 和频率 f 的关系是 $\omega=2\pi f$。

将横坐标转为频率，得到图 7-4 所示的力谱放大系数随频率变化的曲线。

力锤激励的时域波形和频域谱线如图 7-4 所示，其中脉冲宽度 $\tau=1\text{ms}$。从图中可以看出，激励脉冲频谱的幅值随频率的增加振荡衰减。因为激励脉冲的幅值 F_0 和脉冲宽度 τ 不为 0，所以脉冲频谱衰减为 0 的条件是式（7-2）的分子为 0，即

$$\cos\frac{\omega\tau}{2}=0 \tag{7-4}$$

因为 $\omega=2\pi f$，所以

$$\frac{2\pi f\tau}{2}=\frac{\pi}{2}+k\pi \tag{7-5}$$

$$k\in \mathrm{Z}$$

$$k\neq 0, k\neq -1$$

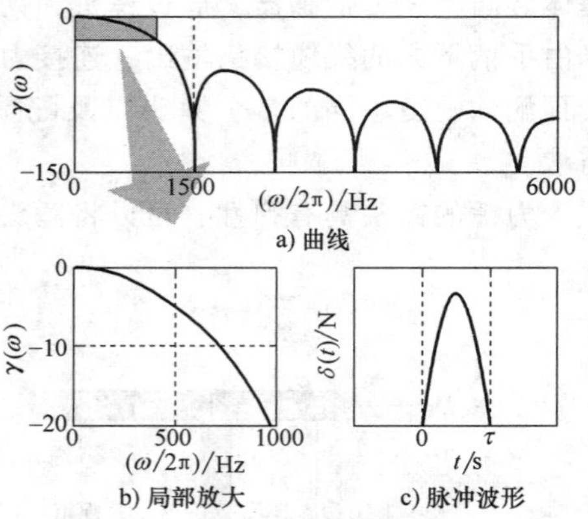

图 7-4 力谱放大系数随频率变化的曲线及脉冲波形

式中，当 $k=0$ 或 $k=-1$ 时，式（7-2）的分子为 0，所以 k 的取值范围是不等于 0 或−1 的整数。即如果频率 f 满足式（7-5）时，激励频谱的幅值为 0。

设 $k=1$，则激励频谱第 1 次衰减为 0 对应的频率为

$$f_0=\frac{3}{2\tau} \tag{7-6}$$

力锤激励能量实际能够覆盖的频率范围比 f_0 小。在模态试验中，激励频谱最大衰减不应超过 20dB。从图 7-4 中的激励谱缩放图可以看出，激励谱幅值−20dB 对应的频率为 900Hz 左右，这表示该力锤的激励能量主要集中在 900Hz 以内。如果要增大激励能够覆盖的频域带宽，就要减小激励在时域内的脉冲宽度。力锤锤头的材质越硬激励脉冲的宽度就越小，所以需要根据模态试验的分析带宽选择合适硬度的锤头。

当试验所需的敲击力较大时，可以在锤体的后方安装配重块以增加力锤的惯性力，或者更换质量更大的力锤来提高敲击力。力锤激励的带宽会随力锤质量的增加而减小，所以力锤的质量越大，激励的有效带宽越小；力锤越轻，激励的有效带宽越大。

7.2.2 激振器

力锤激励的瞬时能量较大，但是平均能量比较低。如果被测结构非常复杂、连接较多、阻尼较大，那么力锤激励的能量就无法满足模态试验对数据信噪比的要求。所以在复杂结构或大型结构的模态试验中通常使用激振器对被测结构进行激励。激振器的类型较多，如偏心式激振器、液压激振器、电磁激振器等。目前模态试验中最常用的是电磁激振器，其外观如图 7-5 所示。

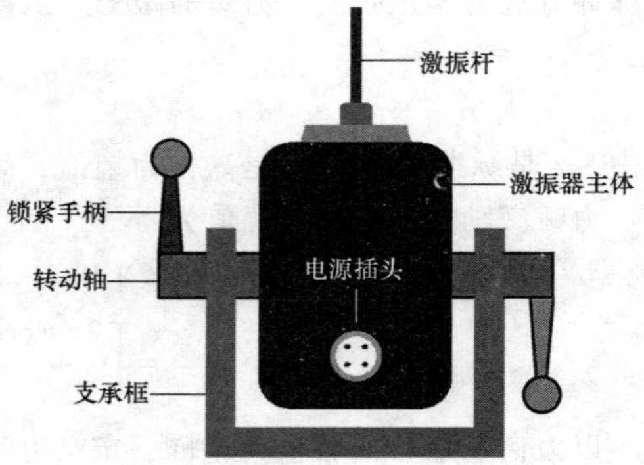

图 7-5 电磁激振器的外观图

电磁激振器包括激振器主体、支承框、转动轴、锁紧手柄和激振杆。激振器主体包括动圈、永磁体和外壳，是产生激振力的主要部分。激振器通过转动轴与支承框连接，激振器可以绕转动轴转动。当测点所在的结构表面与地面存在夹角时，可以将激振器转到合适角度后固定，以保证激励方向与结构表面垂直。激振器通过支承框与地面或安装架连接，通过激振杆对被测结构施加激振力。

电磁激振器产生激振力的过程是：

1）由动圈导线内不断变化的电流产生电磁感应。

2）通过动圈的电磁感应与永磁体磁场之间的相互作用产生激振力。

3）通过与动圈相连的激振杆将激振力传递到被测结构。

1. 激振器的安装方式

在使用激振器的模态试验中，为了得到准确的试验结果，试验人员应该按照正确的方式安装激振器。根据被测结构边界条件的不同，激振器可以分为固定和悬挂两种安装方式，安装示意图如图 7-6 和图 7-7 所示。

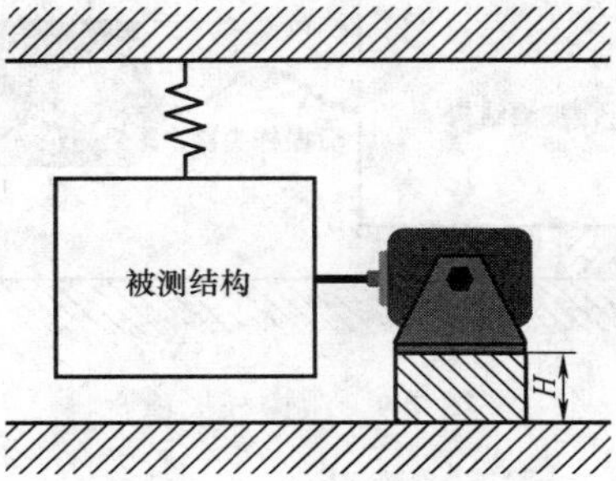

图 7-6 固定安装激振器

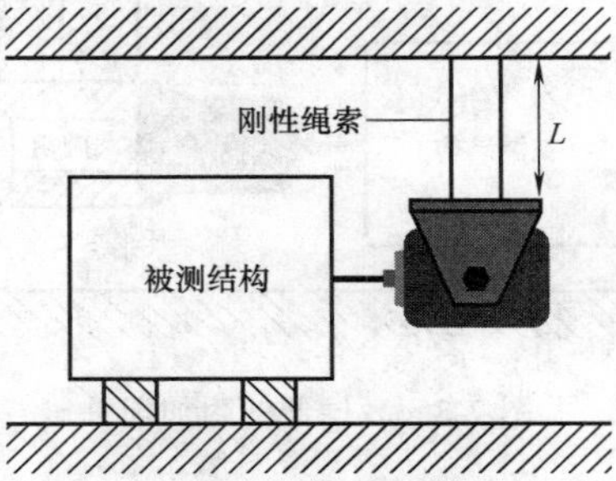

图 7-7 悬挂安装激振器

固定安装激振器时，激振器的刚体固有频率必须高于模态试验的最高截止频率。模态试验中有时使用支架固定安装激振器，调整激振器位置时应该尽量减小激振器与地面的高度 H。如果激振器安装高度过高，支架横向的抗弯刚度就会降低，那么激振器和支架整体的固有频率会随 H 的增大而降低。为了避免激振器及支架整体的固有频率和模态试验截止频率相近或低于截止频率，激振器的安装高度 H 应该尽量小。

当采用图 7-7 所示的悬挂安装激振器时，吊装激振器的绳索必须是刚性绳索，而且应该采用多点悬挂，这样才可以保证激振器提供轴向激振力的同时不会产生俯仰的非轴向运动。绳索吊装激振器横向运动的固有频率应该低于被测结构第 1 阶弹性模态的固有频率。因为激振器横向运动的固有频率和绳索长度 L 有关，所以原则上刚性绳索越长越好。刚性绳索长度 L 越大，激振器横向运动的固有频率就越低。

2. 激振器的附加配重

当采用悬挂安装激振器时，激振器在低频区提供的激振力会受其自身质量的限制，而无法达到标称的最大激振力。根据牛顿第二定律，激振器的激振力 F 是其自身质量 m 与加速度 A 的乘积

$$F = mA \tag{7-7}$$

根据加速度和位移的关系可以知道，激振器的加速度幅值 A 是其振动位移的幅值 X 和

激励圆频率平方 ω^2 的乘积，即

$$A = X\omega^2 \tag{7-8}$$

所以当激励频率较低时，激振器的加速度会比较小。如果激振器的质量也较小，那么当采用悬挂方式安装激振器时，激振力的幅值就会受到限制。如果需要较大量级的激振力，就必须更换大推力激振器或采用图 7-8 所示的方式，在激振器的工装上添加配重。

增加配重就可以增大激振器的整体惯性质量，改善激振器在低频区的激励性能。所以，增加配重的方式多在激励频率较低时使用。

3. 激振杆失稳

在安装激振器时，激振杆伸出的长度不应过长。因为激振杆属于细长结构，在施加激励时，激振杆容易产生图 7-9 所示的失稳现象。

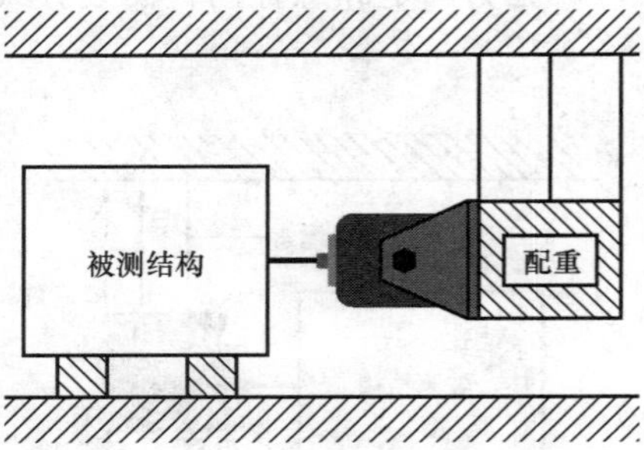

图 7-8　激振器的附加配重

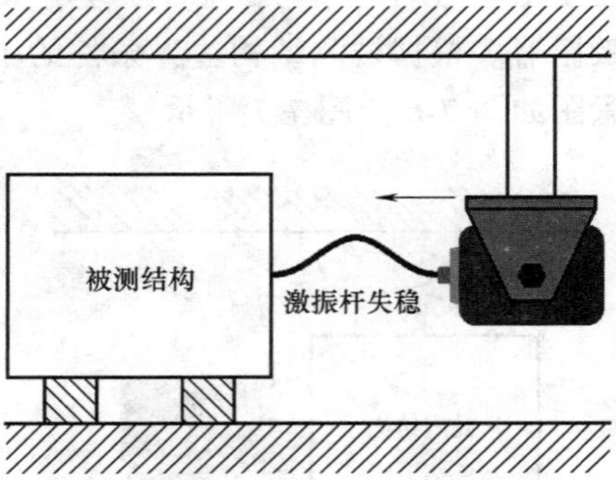

图 7-9　激振杆失稳

当激振杆失稳时，激振力的波形会随之发生改变。当对被测结构施加简谐激励时，激振杆的拉力信号为幅值正常的正弦信号，而压力信号可能会因为失稳而导致正弦幅值降低或正弦波形失真，如图 7-10 所示。

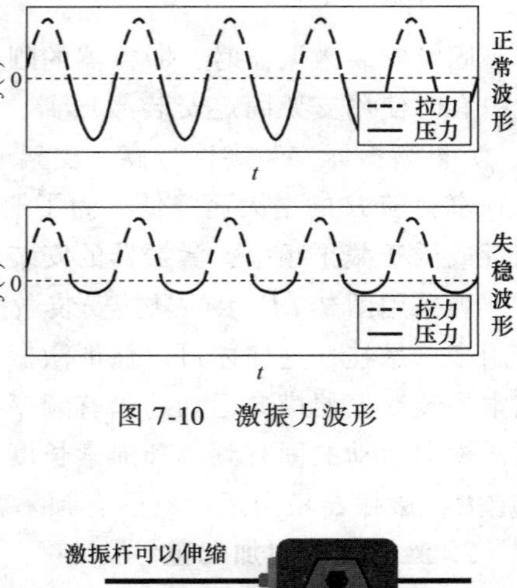

图 7-10　激振力波形

为避免激振杆失稳导致的信号失真，应该尽量缩短激振杆的长度。在确保激振杆对中的前提下，激振杆的长度越短越好，刚度越大越好。所以在选择激振器时应该尽量选用可以通孔安装激振杆的激振器，如图 7-11 所示。在能够保证激振杆与被测结构准确安装的同时，可以方便地调整激振杆的长度。

4. 其他注意事项

除上述介绍的问题以外，在选择激振器时还需要注意以下事项：

- 激振器的激励带宽应该尽量大，而且激励器应该支持 DC 信号输入，保证激振器在低频区的激励性能。

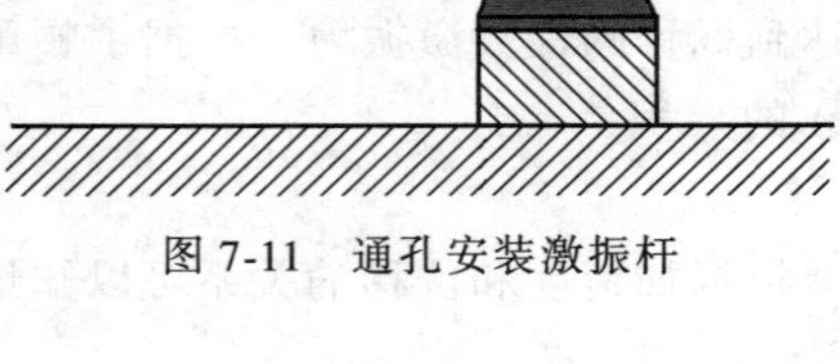

图 7-11　通孔安装激振杆

• 在最大激振力指标相同的前提下，应该选择动圈质量较小的激振器，避免附加质量太大，影响被测结构固有频率的试验结果。

• 有些激振器在运行时产生的热量较多，需要使用冷却风机对其进行散热冷却。如果冷却风机的振动噪声过大，就需要对风机进行隔振处理，避免其振动噪声污染试验结果。

激振器的选择和安装对试验结果精度的影响非常大，只有根据被测结构的特点选取合适的激振器并采用正确的安装方式，才能保证试验结果的质量和试验数据的精度。

7.2.3　功率放大器

激振器激励被测结构的能量由功率放大器（以下简称功放）提供，而且激励的频率也由功放控制。如图 7-12 所示，功放的面板应该包括：

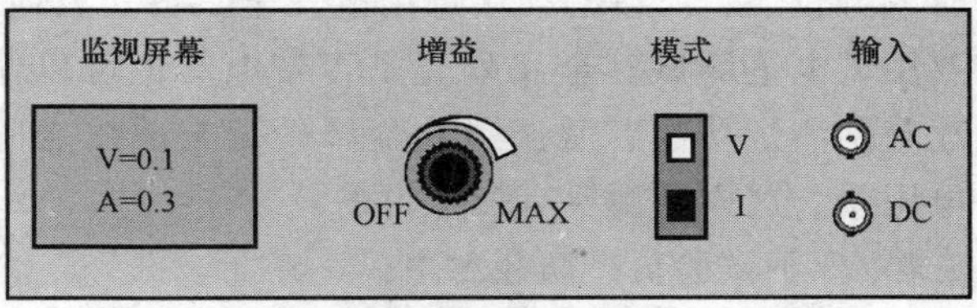

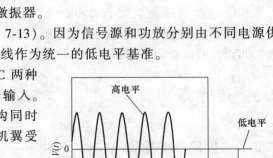

图 7-12　功放面板示意图

1）监视屏幕，用来显示功放运行时的电压和电流。

2）增益旋钮，用来调节功放对激励信号的放大倍数。

3）电压和电流模式选择，用来适应不同模态试验方法对功放输出信号的要求。

4）信号源输入接头，至少应有 AC 输入。

功放驱动激振器产生激振力的步骤是：

1）信号源生成特定波形的激励信号。

2）由功放的输入端口接收信号源的激励信号。

3）按功放的增益将激励信号进行比例放大。

4）通过线缆将放大后的激励信号传输给激振器。

信号源产生的激励信号为电压信号（见图 7-13）。因为信号源和功放分别由不同电源供电，所以低电平的基准必须相同，一般采用地线作为统一的低电平基准。

目前用于模态试验的功放均具有 AC 和 DC 两种输入模式，DC 模式支持具有直流偏置的信号输入。如果选择 DC 模式，激振器就可以对被测结构同时加载静态力和动态力，比如模拟飞机飞行时机翼受到的静态升力和气动弹力的合力。

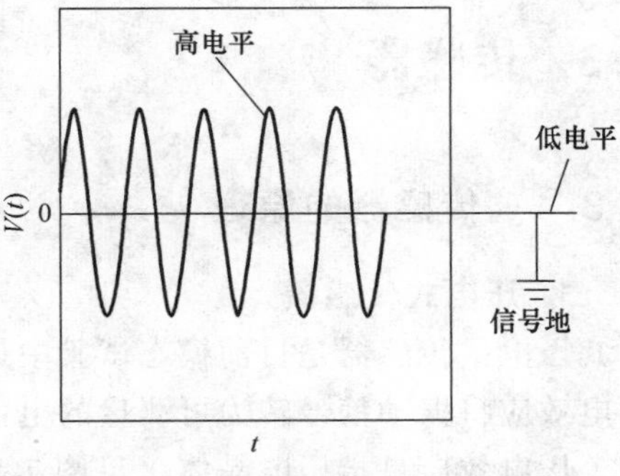

图 7-13　功放输入信号

通常功放的面板有电压和电流两个可选模式。电压模式是指功放的输出电流不变，输出电压 U_o 和功放的输入电压 U_i 成比例，即

$$U_o = kU_i \tag{7-9}$$

式中，k 是放大倍数。

电流模式是指功放的输出电压不变，输出电流 I_o 和功放的输入电压 U_i 成比例，即

$$I_o = kU_i \tag{7-10}$$

这两种模式适用的模态试验分别是：

1）电流模式用在正弦信号激励的模态试验中。

2）电压模式用在随机信号激励的模态试验中。

激振器的激振力实际上是动圈的电磁力和永磁体的磁场相互作用的结果。电磁力的表达式为

$$F = BIL \tag{7-11}$$

式中，F 是电磁力；B 是磁场强度；I 是电流；L 是动圈内线缆的长度。

因为磁场强度和动圈内线缆的长度不变，所以从式（7-11）可以看出，激振器输出的激振力与功放的输出电流成正比。当使用电流模式时，正弦信号的激励效果会比电压模式下的激励结果更好。

激振器和功放的连接方式如图 7-14 所示。功放在工作时电流较大，所以必须注意用电安全。将功放通电后，需要用试电笔测试其金属外壳是否带电。也可以使用万用表分别测量功放、激振器的金属外壳与地线之间是否有电压差。这样做主要有三个目的：

1）保护试验员，防止触电。

2）保护试验仪器，防止漏电将仪器损坏。

3）保证信号精度，防止工频干扰。

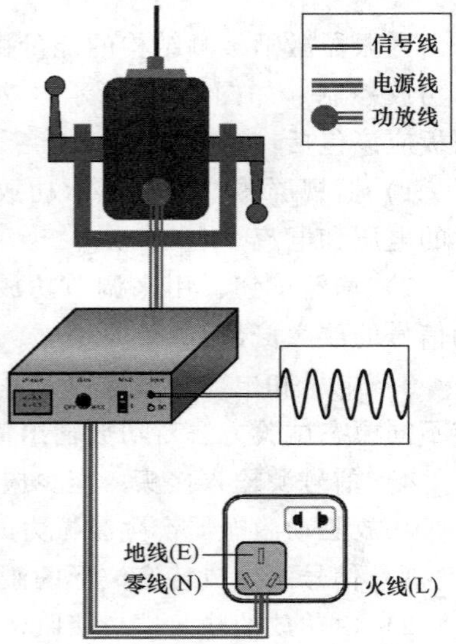

图 7-14　激振器接线示意图

在试验前应该测试电源零线的对地电压，并确保电源有可靠接地。如果电源未安装插座，可以根据线缆的颜色来粗略判断电源线的类型：

1）火线（Live）：一般为红色或黄色。

2）零线（Neutral）：一般为蓝色。

3）地线（Earth）：一般为黄绿双色线。

如果电源有插座，那么 220V 电源的插座一般为“左零右火”。因为使用右手插拔电源插头时，右手拇指更容易接触到金属插片，“左零右火”可以尽量降低因为手指误触金属插片产生的触电危险。

7.3 传感器

7.3.1 传感器的原理

1. 压电式传感器

压电式传感器是目前模态试验中最常用的传感器。压电传感器的原理是利用压电晶体的压电效应将振动信号转为可测量的电信号。

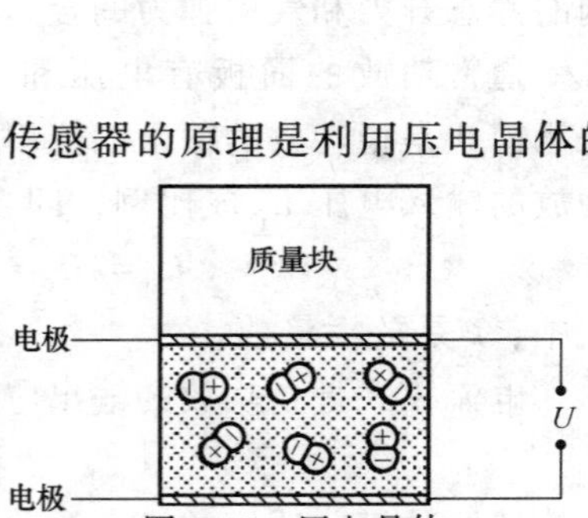

图 7-15　压电晶体

压电效应是指压电晶体（见图 7-15）受到固定方向的外力作用（见图 7-16）后，内部的极化效应使压电晶体的表面产生与外力成正比，且符号相反的电荷。当外力卸载后，晶体内部恢复原状，晶体表面的电荷消失。压电晶体的加载方向不同时，电荷的极性也随之改变。压电效应有

正压电效应和逆压电效应，压电传感器是基于正压电效应原理进行设计的。

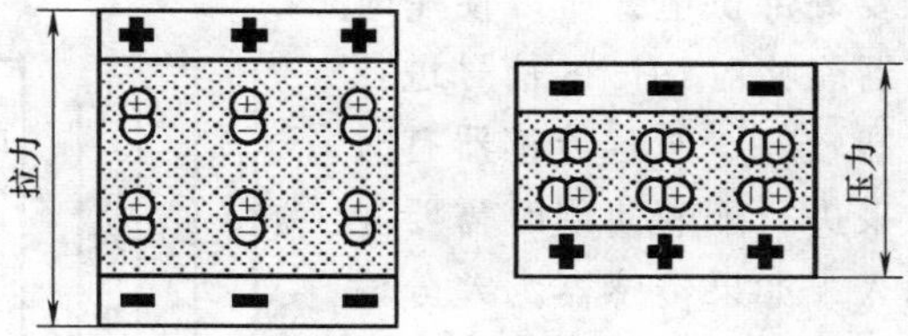

图 7-16　外力加载

在压电晶体的表面加镀电极，压电晶体承载时电荷会通过电极对外输出（见图 7-15）。因为输出的电荷量和载荷的大小成正比，所以通过采集电荷量的大小即可推算出载荷的幅值。压电加速度传感器就是在压电晶体上附加标准质量块，当传感器拾取结构振动时，质量块的惯性力对压电材料施加载荷使压电晶体产生电荷，这就是压电传感器的基本原理。

2. 电容式传感器

电容式传感器是基于电容器的原理进行设计的。图 7-17 所示为平行板电容器示意图，其中平行板之间的电荷量 c 为

$$c=\frac{\varepsilon S}{d} \tag{7-12}$$

式中，ε 是介电系数；d 是平行板的间距；S 是平行板的面积。

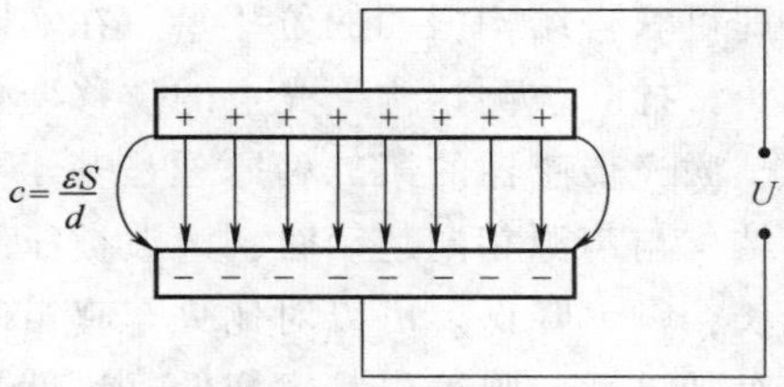

图 7-17　平行板电容器示意图

模态试验所用的电容传感器主要分为两类：

1）可变间距电容传感器。

2）可变面积电容传感器。

基于平行板电容器变间距原理（见图 7-18），单极可变间距电容传感器由两个极板组成，其中一个极板为固定极板，另一个为可动极板。当没有外界扰动时，极板的初始间距为 d_0，对应的初始电容为 c_0。如果有外力加载，那么极板间距就会发生变化。根据极板间距变化引起的电容变化量 Δc 即可计算出外界载荷的数值。

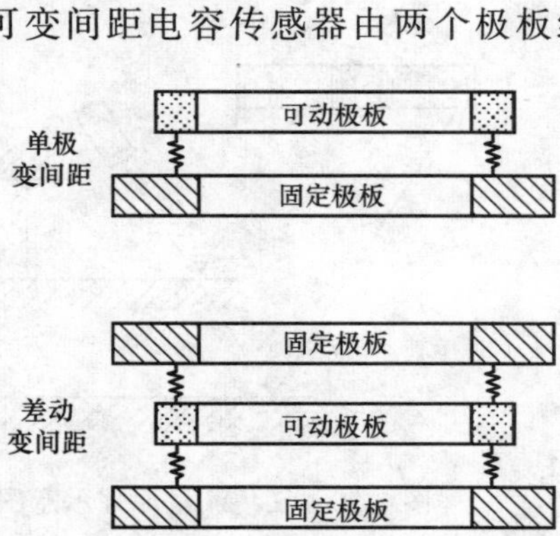

图 7-18　变间距原理

因为单极平行板电容器具有较大的非线性，采用差动可变间距传感器可以降低由非线性引起的测量误差，而且差动传感器比单极传感器的灵敏度高一倍，所以实际使用的电容传感器基本采用差动可变间距的原理。

由式（7-12）可知，电容器的面积也可以影响电容的大小，所以还有基于改变电容面积原理的可变面积电容式传感器。如图 7-19 所示，可变面积电容分为平板式和圆筒式，极板分为固定极板和可动极板。当外载荷引起可动极板振动时，电容器极板之间重合的面积 S 就会发生改变。由于外载荷的大小和电容变化量 Δc 呈线性关系，所以测量电容的变化量就可

以推算出外载荷的幅值大小。

因为电容型传感器需要外部供电，所以使用时并不方便。但是电容传感器能够对 0Hz 的信号进行识别，所以在低频区的性能较好。电容传感器有时为差分输出，所以在与数采进行配套使用时需要注意，数采是否支持差分输入。如果传感器为差分输出，数采为单端输入，那么测试得到的信号就可能是错误信号。

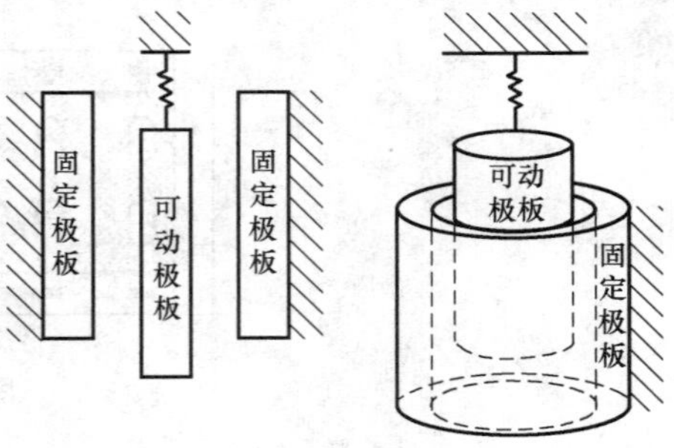

图 7-19　变面积原理

3. **激光传感器**

激光传感器是常见的非接触式传感器。因为没有附加质量，所以激光传感器经常是测量轻薄结构振动响应的首选。常用激光传感器的测试原理主要有两种：

1）三角测量原理。

2）多普勒效应。

图 7-20 所示就是三角测量原理的示意图。固定光的入射角度，当被测结构振动时，入射光被不同距离的界面反射。反射光在传感器标尺上对应不同的刻度，通过对标尺刻度的读取即可获得结构振动的位移量。在实际使用中传感器的入射光多与被测结构垂直，采用特殊镜头来捕获被测结构上光点的位移变化，但是测试原理和图 7-20 相同。

激光传感器的第二种原理是基于光波的多普勒效应。以图 7-21 所示的声波为例，当被测结构与声源相向运动时，声波被压缩，频率升高。当被测结构与声源反向运动时，声波被拉长，频率降低。可以对比火车鸣笛时的情况，首先当火车对向驶来，鸣笛声频率较高。当火车驶过后，鸣笛声频率变低，这就是声波的多普勒效应。因为光具有波粒二象性，所以可以基于光的多普勒效应测量被测结构的振动响应。

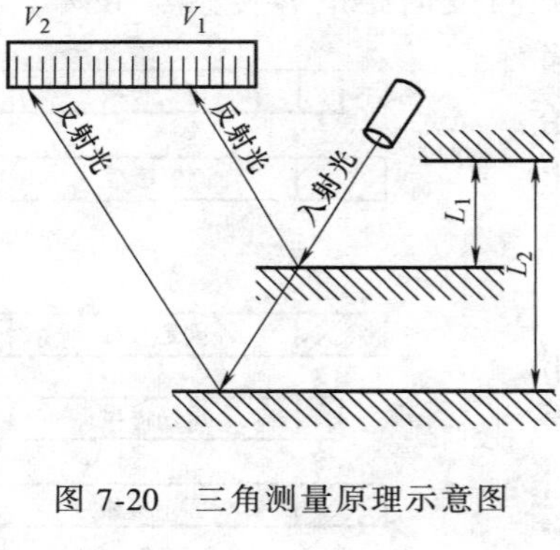

图 7-20　三角测量原理示意图

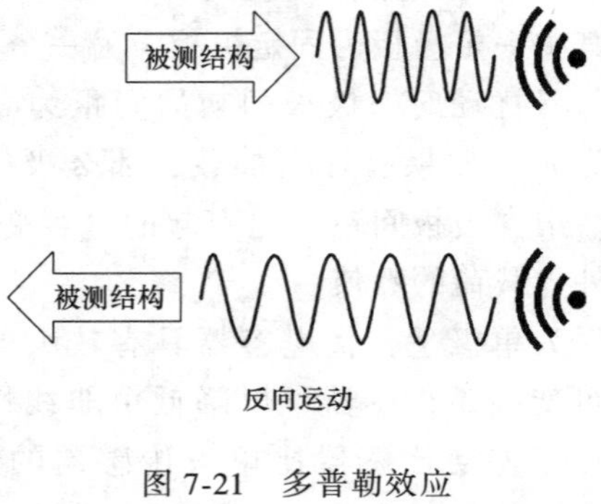

图 7-21　多普勒效应

4. **电涡流传感器**

在模态试验中有时会用到电涡流传感器，其工作原理如图 7-22 所示。

金属线圈通电后会产生磁场。如果将金属板向线圈靠近，线圈等效电感的感抗就会减小，线圈内的电流就会增大，由此可以根据线圈内电流的改变量来计算金属板的位移幅值。

电涡流传感器属于非接触式测量传感器，可以不增加结构的附加质量。因为只有金属才能引起磁场变化，所以电涡流传感器不适用于非金属结构的振动测试。

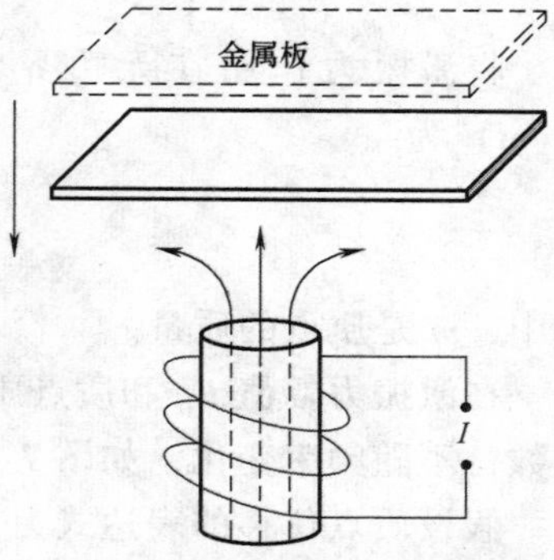

图 7-22 电涡流传感器工作原理

5. 应变片

应变测试是通过对结构微小变形的测量来反推结构内部应力的一种测试方法，也是结构试验中非常基础的测试方法。如图 7-23 所示，将粘贴在结构上的应变片组成惠斯通电桥，当结构发生变形时应变片的电阻会产生变化，桥路电压会随之出现不平衡的现象。通过测量桥路中的输出电压 U_o 就可以得到结构在外载荷作用下产生的应变量。

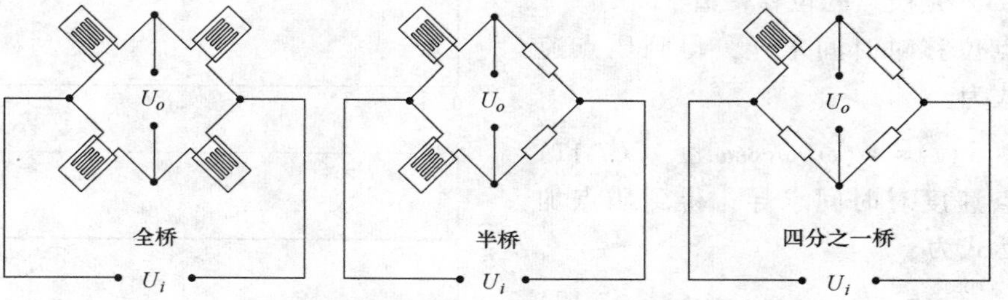

图 7-23 桥路测试

桥路类型可以分为全桥、半桥和四分之一桥（见图 7-23），测试复杂度与测试精度均依次降低。因为结构受热会膨胀，而且温度升高后应变片的电阻率也会有所变化，所以在使用四分之一桥时，测试结果容易引入由温度变化引起的测量误差。因为全桥的应变片同时受热，桥路的电阻变化量基本相同，所以温度对全桥的测量结果影响较小。

应变和结构的位移相关，位移对低频区的结构振动较为敏感。频率升高后，结构振动的位移幅值变小，应变对结构振动的反应灵敏度也有所降低。

虽然应变测试是非常基础的测试方式，但是对被测结构表面的处理、应变片的粘贴以及应变片线脚的焊接有非常高的要求。如果被测结构表面没有清理干净，那么粘贴应变片时就容易发生空鼓的现象。老式应变片的线脚通常为裸露状态，所以当环境电磁干扰较大时，容易通过线脚引入电磁噪声。在选购应变片时应尽量选用自带引出线脚的应变片，且引出的线脚应该为双绞线，尽量减小电磁干扰对应变信号的影响。

7.3.2 传感器的选择

传感器的类型非常多，但是并不是所有传感器都适用于模态试验。不同目的、不同类型的模态试验需要选用特定类型的传感器才能得到信噪比较高的测试结果。下面按照不同的试验要求分别介绍选择传感器的原则。

1. 按频带选择

首先介绍在频带不同的条件下，如何选择合适的传感器。假设激振力的表达式为

$$f(t)=F_0\sin(\omega t+\alpha) \tag{7-13}$$

式中，F_0 是激振力的幅值，为定值。

对力 $f(t)$ 进行傅里叶变换，得到激振力的频谱表达式为

$$F(\omega)=\mathscr{F}[f(t)]=F_0 \tag{7-14}$$

将激振力作用在无边界约束的质点上，由牛顿第二定律可知质点的加速度响应 $A_a(\omega)$ 为

$$A_a(\omega)=\frac{F(\omega)}{m} \tag{7-15}$$

式中，m 是质点的质量。

在激振力幅值 F_0 和质点质量 m 不变的条件下，质点加速度响应 $A_a(\omega)$ 的幅值也是定常数，不随频率变化，如图 7-24 所示。

假设质点位移的表达式为

$$x(t)=A_x(\omega)\sin\omega t \tag{7-16}$$

式中，$A_x(\omega)$ 是质点的位移幅值。

将质点位移对时间求导，得到质点速度的表达式为

$$\dot{x}(t)=A_x(\omega)\omega\cos\omega t \tag{7-17}$$

将质点速度对时间求导，得到质点加速度的表达式为

$$\ddot{x}(t)=-A_x(\omega)\omega^2\sin\omega t \tag{7-18}$$

因为质点加速度的幅值为 $A_a(\omega)$，所以质点位移的幅值 $A_x(\omega)$ 可以表示为

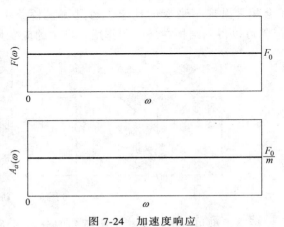

图 7-24　加速度响应

$$A_x(\omega)=\frac{A_a(\omega)}{\omega^2} \tag{7-19}$$

由式（7-19）可以看出，质点的位移响应和加速度响应不同，不再是定值。假设激励幅值 $F_0=1\text{N}$，质点质量 $m=1\text{kg}$，将圆频率 ω 转为频率 $\omega/2\pi$，得到质点位移幅频特性曲线，如图 7-25 所示。

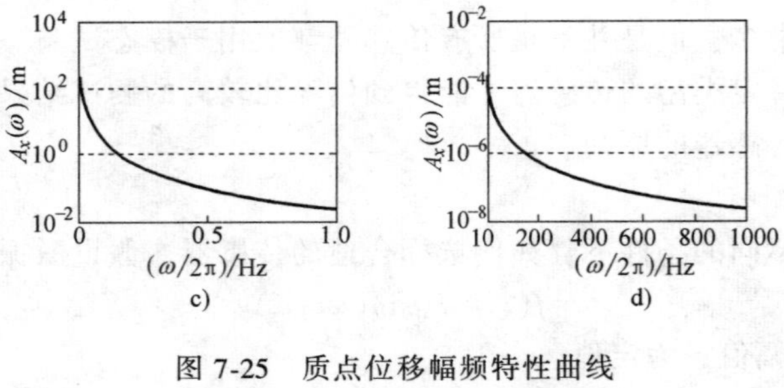

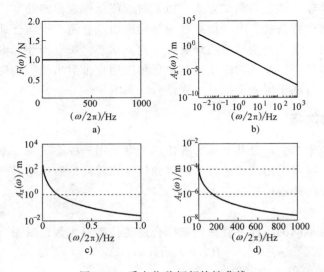

图 7-25　质点位移幅频特性曲线

如图 7-25b 所示，将位移幅值图的横坐标和纵坐标都设为对数显示。从图中可以看出，随频率的增大，位移的幅值单调递减。将频率范围缩放到［0, 1］，则从图 7-25c 中可以看出，在 1Hz 以下，位移幅值的衰减非常快，位移的量级从 10^2 快速衰减到 10^{-2}。将频率范围缩放到［10, 1000］，则从图 7-25d 中可以看出，当频率大于 10Hz，位移幅值的量级已经衰减到 10^{-4}，这对传感器精度的要求非常高。而加速度传感器则没有随频率增大而衰减的特性，所以当被测结构的固有频率较高时，一般选用加速度传感器而不选用位移传感器采集结构的振动响应。

反之，当结构的固有频率较低时，应该使用位移传感器采集结构的响应信号。以响应频率为 1Hz 为例，1g 加速度对应的位移量为 $9.8/(2\pi)^2\text{m}\approx 0.248\text{m}$，位移响应的峰峰值接近 0.5m。显然位移响应的信噪比要优于加速度响应的信噪比，所以从原理上来说位移传感器更适用于低频振动的测量。

因为在黏性阻尼系统中速度频响函数的共振频率和无阻尼固有频率相同，所以速度传感器也是常用的传感器，尤其是非接触式的激光速度传感器。同样假设激振力和质点质量不变，得到图 7-26 所示的质点速度幅频特性曲线。从图中可以知道速度幅频特性曲线的变化规律与位移幅频特性曲线相同，随频率的增大，振动的幅值都是单调递减。所以速度传感器在高频区同样会有幅值衰减的情况。根据不同响应幅值随频率变化的特点，建议在不同频带内选择对应类型的传感器采集结构的振动响应，见表 7-1。

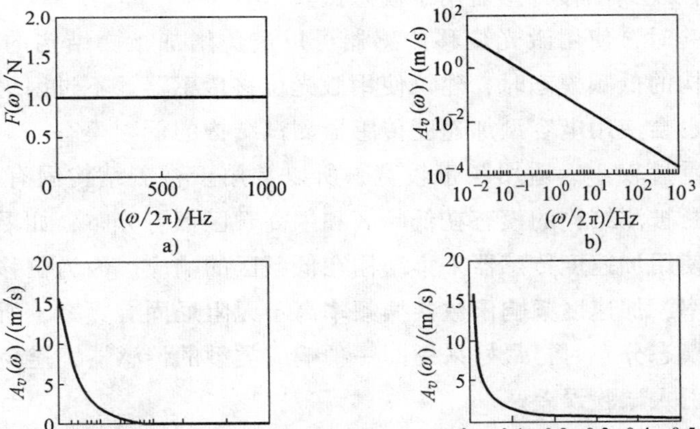

图 7-26 质点速度幅频特性曲线

表 7-1 不同响应类型适用的测试频段

频带	响应类型
低频	位移
中低频	速度
中高频	加速度

2. 按目的选择

试验目的不同，选用的传感器类型也不一样。图 7-27 所示为悬臂梁的振型图，其中 a

图为基于位移频响函数的振型，b 图为基于应变频响函数的振型。

以第 1 阶模态振型为例，位移振型幅值的最大点在悬臂端，而固支端的幅值为 0；而应变振型则与位移振型相反，悬臂端应变的幅值为 0，固支端应变的幅值最大。

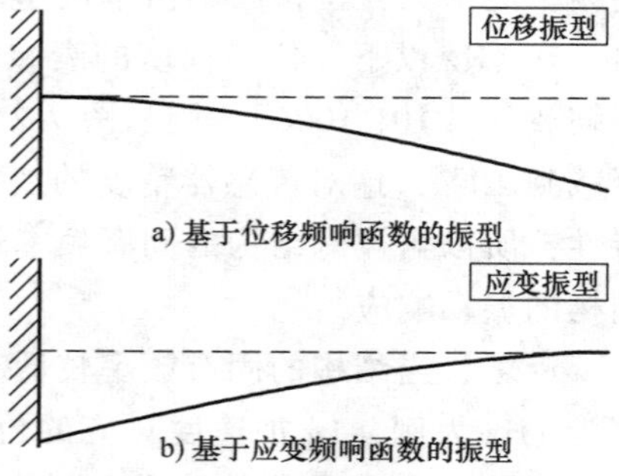

图 7-27 不用响应类型的振型

结构振动时位移响应与噪声直接相关，而应力应变是评价结构强度的主要指标。如果关注结构的辐射噪声，那么可以使用加速度传感器测试结构的模态；如果关心结构强度，就应使用应变片对结构进行应变模态测试。

3. 按原理选择

在模态试验中，即使测试的物理量相同，传感器的原理也可能不同。以测试结构的位移为例，位移传感器有拉线式位移传感器、电涡流位移传感器和激光位移传感器。电涡流传感器只对金属结构有效，如果被测结构为非金属，就要选择其他类型的传感器。

模态试验中通常不使用拉线式位移传感器，因为该种传感器需要通过拉力将传感器的引出线收回，如果将此种传感器用于模态试验，就会增加被测结构的附加刚度。只有被测结构的固有频率较低时才需要使用位移传感器，而在低频区结构的固有频率对刚度的变化较为敏感，所以极少选用拉线式位移传感器用于模态试验。

在进行模态试验时，使用激光位移传感器可以避免增加被测结构的附加质量和附加刚度，所以当测试结构的低频模态时，建议使用激光位移传感器。不过因为价格和安装空间等原因的限制，有时也会使用电容型加速度传感器测试结构的低频模态。

加速度传感器重量较小、适用频带较宽，所以常用于被测结构固有频率较高的模态试验。有一种情况是，被测结构的模态在低频区和中高频区都有分布，如果要同时分析结构的所有模态，就应该使用加速度传感器采集结构在低频区的响应。因为位移频响函数共振频率低于无阻尼固有频率，加速度频响函数共振频率高于无阻尼固有频率，所以当被测结构在低频区和高频区都有模态分布时，最好采用同一种响应类型的传感器，避免由不同类型频响函数共振频率的差异引入试验误差。

常用的加速度传感器有两种：压电式加速度传感器和电容型加速度传感器。压电式加速度传感器在中高频区的性能较好；电容型加速度传感器则主要用于结构的低频测试。且这种传感器比较重，需要注意其是否满足被测结构对附加质量的限制要求。如果被测结构的模态参数对质量的灵敏度较高，就必须采用其他类型的传感器进行模态试验。

速度传感器的选择比较简单，因为多数速度传感器的重量都比较大，所以不适用于模态试验。在模态试验中大多采用激光速度传感器，但是激光速度传感器的价格较高，而且有频率限制，所以只有在中低频区对结构附加质量和附加刚度有要求的条件下才使用激光速度传感器。

4. 试验条件

非接触式传感器不会引入附加质量，而且在中低频区模态试验中表现较好，但是该种传感器通常尺寸较大，比如激光传感器，有光源、镜头、信号调理等结构。当被测结构比较紧凑或者需要测试结构的内部振动时，非接触式传感器就不再适用，只能采用尺寸较小的传感器进行接触式测量。

7.3.3 传感器的参数

1. 单端和差分

传感器的信号输出有单端和差分两种基本方式，如图 7-28 和图 7-29 所示，单端输出型传感器在拾取振动信号后只输出高电平信号，数采采集的电压为传感器输出的高电平与地线之间的电势差。压电式传感器多为单端输出。差分输出型传感器同时输出高电平和低电平，数采通过高电平与低电平之间的压差来计算结构振动的大小。电容型传感器多为差分输出。模态试验中使用较多的是单端输出型传感器。

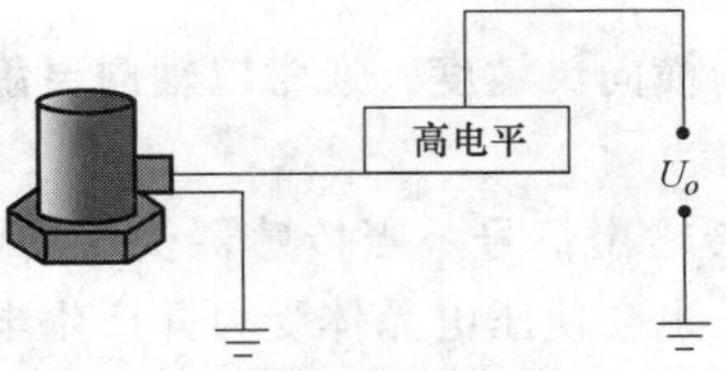

图 7-28 单端输出

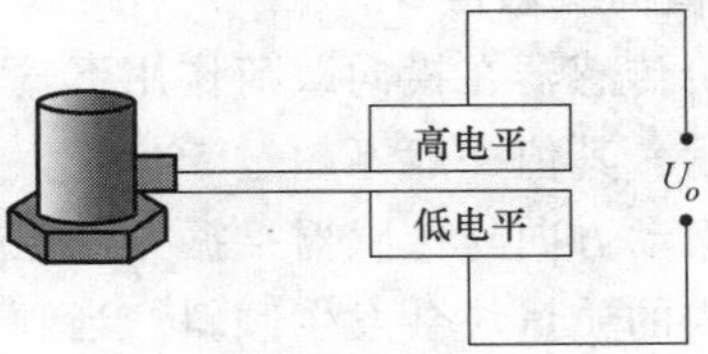

图 7-29 差分输出

2. 频响范围

每个传感器都有对应的频响函数，通常使用传感器频响函数的线性段拾取结构的振动响应。以压电传感器为例，压电材料具有弹性，将其简化为弹簧，所以压电传感器内部可以等效为单自由度弹簧-振子系统，如图 7-30 所示。

根据单自由度系统的特性，系统具有共振区。因为传感器在共振区内的输出不稳定，所以不能采用共振区的信号用于测试。压电传感器通常需要直流供电，必须使用高通滤波器滤除直流分量，所以传感器的输出信号在低频区有明显的衰减。在低频衰减区内的信号因为线性度差所以同样不能用于测试。传感器频响函数在衰减区和共振区之间的线性区内幅值线性度较好，所以一般采用线性区的信号用于振动采集。

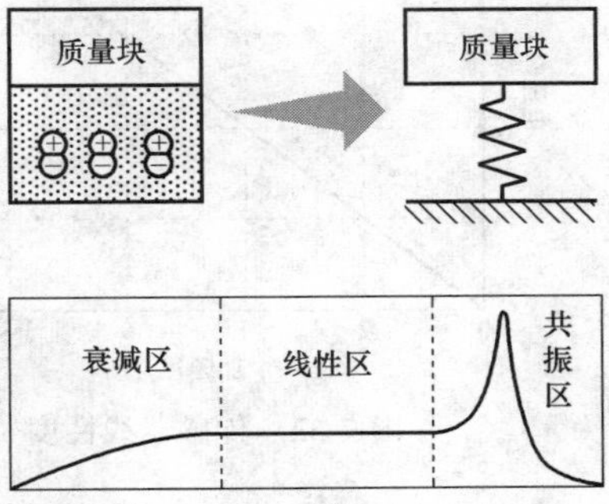

图 7-30 压电传感器内部等效及其频响函数

3. 灵敏度和量程

传感器的灵敏度是结构振动和传感器输出的比例系数，通常为传感器输出物理量和振动单位量的比值。以图 7-31 所示的压电传感器为例，当 1g 加速度可以使传感器输出 100pC 的电荷量时，传感器的灵敏度就是 100pC/g。当采用电压输出时，如果 1g 加速度可以使传感器输出 100mV 的电压，那么传感器的灵敏度就是 100mV/g。

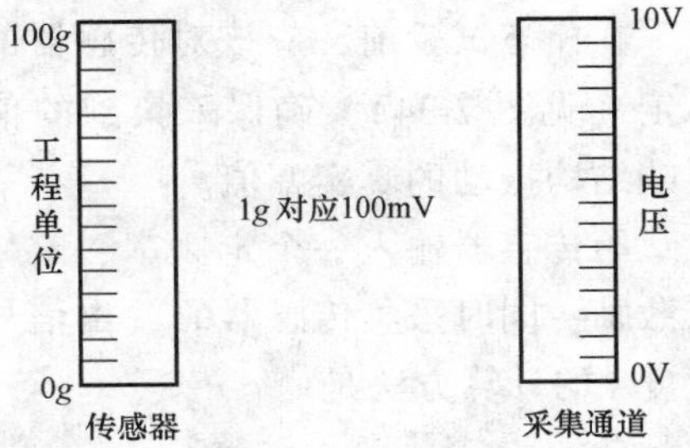

图 7-31 灵敏度

模态试验中需要激励被测结构，并采集结构的响应信号完成频响函数的计算，不建议使用灵敏度过小或过大的传感器进行模态试验。以压电传感器为例，如果采用灵敏度较小的传感器，当结构承受同样量级的激励时，虽然结构的响应不变，但是传感器的输出信号则是非常微弱的，容易受到环境噪声或电噪声的干扰，数据的信噪比会降低。灵敏度高的传感器通常重量较大，所以建议选择模态试验专用的传感器。

量程表示传感器能够采集到的最大振动幅值，通常量程和灵敏度是匹配的。比如典型的压电加速度传感器，量程为 50g，灵敏度为 100mV/g。

4. 线性度

传感器输出信号的数值应该和振动输入的幅值呈线性关系，如图 7-32 所示，当振动的幅值改变时，传感器输出的数值也应成比例变化。输入和输出曲线的斜率就是传感器的线性度。输入和输出曲线的斜率变化越小，说明传感器的线性度越高。

5. 横向灵敏度

评价传感器在横向载荷作用下输出信号的参数称为横向灵敏度，通常以轴向灵敏度的百分比表示，其值一般不超过 5%。

当振动方向与传感器拾振方向正交时，传感器也会输出信号。当传感器受横向激励时，传感器内的质量块会发生倾斜。当倾斜的角度较大时，也会使压电晶体受力并产生电荷，如图 7-33 所示。

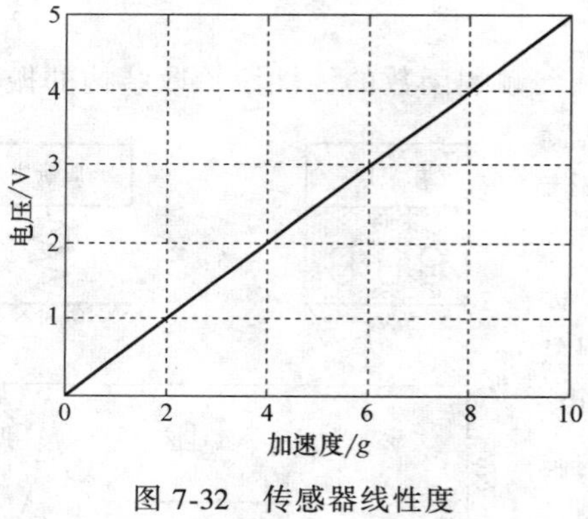

图 7-32　传感器线性度

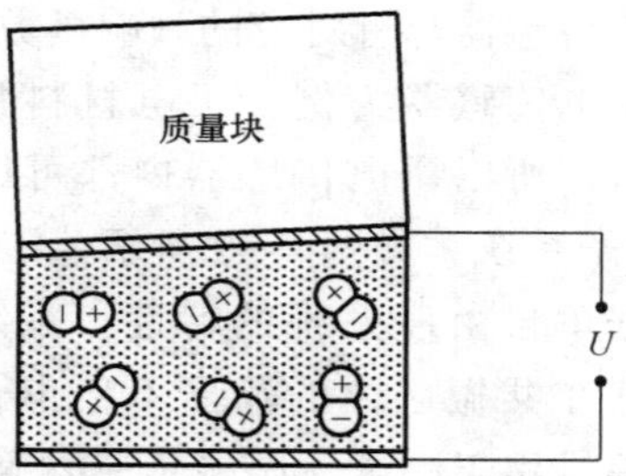

图 7-33　横向灵敏度示意图

在模态试验中，振动载荷并不一定沿传感器的拾振方向，当振动方向与传感器拾振方向有夹角时，就会产生图 7-33 中所示质量块倾斜的现象。

7.3.4　传感器的标定

在模态试验前，应该对传感器的灵敏度进行标定（见图 7-34），确保采集到的信号数值能够反映结构振动的真实幅值。

给传感器输入一个定频率、定幅值的标准正弦激励，同时采集传感器的输出信号。传感器灵敏度 s 的计算方法是

$$s=\frac{V_0}{a_0} \tag{7-20}$$

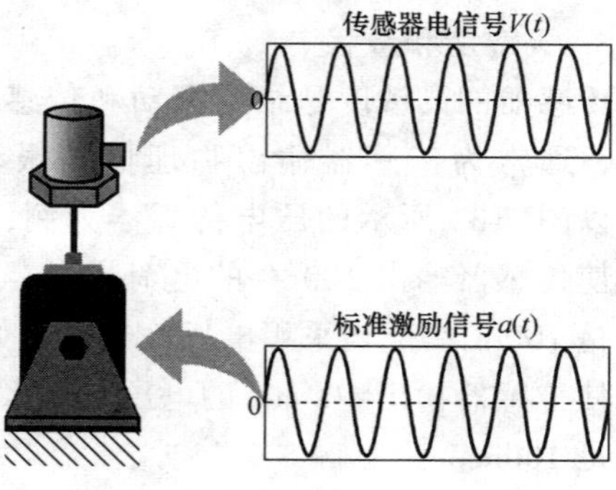

图 7-34　传感器标定示意图

式中，a_0 是标准输入的激励幅值；V_0 是传感器响应信号的幅值。

这样就可以通过计算传感器输出和输入的比值来标定传感器的灵敏度。除定频标定外，还可以采用多频率扫描的方式进行传感器标定。

7.3.5 安装与拆卸

非接触式传感器通常安装在支承架或专用工装上，而且有些传感器厂商在传感器到货后会对使用者进行相关培训，所以本节不再介绍这类传感器的拆装方法。传统接触式传感器的结构比较简单，厂商在传感器售出后一般不会提供专门的安装培训，但是大多数传感器的损坏发生在安装和拆卸过程中，而且传感器的安装方式会直接影响试验结果的精度，所以本节主要介绍接触式传感器的安装与拆卸方法。

1. 传感器的安装方式

接触式传感器的外观如图 7-35 所示，传感器通过线缆接头与线缆连接，绝缘底座为传感器的附件。

常用的传感器安装方式见表 7-2，可以在传感器绝缘底座上涂抹石蜡或胶水将传感器粘贴在被测结构上，也可以通过底座将传感器与被测结构进行螺栓连接。

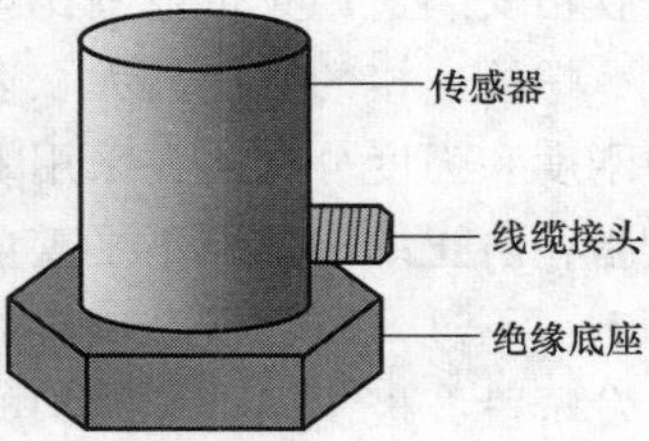

图 7-35 接触式传感器外观图

表 7-2 安装方式

安装方式	适用频带	对结构的影响
石蜡粘贴安装	中低频	无影响
胶粘安装	中高频	无影响
螺栓连接安装	高频	需打孔安装

表 7-2 中仅列出模态试验中比较常用的传感器安装方法，实际试验中安装传感器并不限于表中所列出的三种方式。不同的传感器安装方法对模态试验结果的影响比较大，主要影响的是测试频率范围。每种安装方法适用的测试频带不同，而且不同传感器使用同一种安装方法的测试频带也不相同。

石蜡粘贴安装方式的适用频带较低，其优点是安装和拆卸非常方便，不会损坏被测结构，残留物比较容易清理。在传感器公司给出的资料中，该种安装方式适用的最高截止频率常在 1kHz 以上。不过图 7-36 给出的适用截止频率远小于传感器公司给出的数值，原因是石蜡会随温度升高而变软，石蜡的最高许用温度为 40℃，但是在试验时工程人员极少注意环境温度对石蜡的影响。

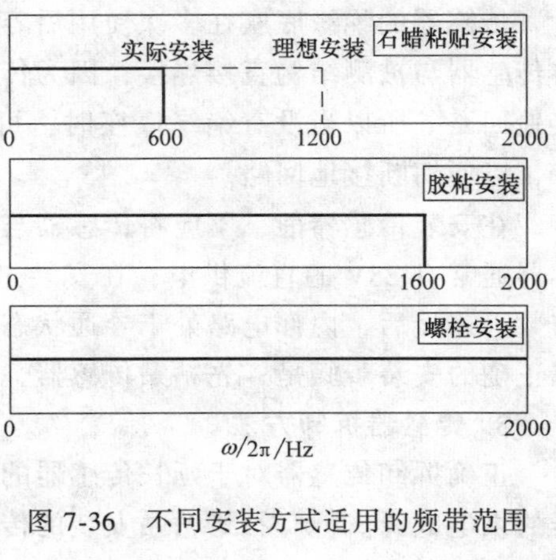

图 7-36 不同安装方式适用的频带范围

石蜡的使用要求是“涂抹较薄的一层”，在实际测试中石蜡的涂抹数量无法做到和理想状态完全一致。模态试验的实际条件和传感器公司的标准试验环境有差异，当石蜡涂抹数量较多且试验环境温度较高时，石蜡实际适用的频率范围不会达到传感器公司给出的理想数值。当环境温度较高时石蜡会变软融化，不但会增加传感器脱落的风险，而且还会增加传感器的边界阻尼，引入不必要的试验噪声。

胶粘安装是模态试验中较为理想的传感器安装方法，胶粘的主要缺点是安装和拆卸不方便，而且在被测结构表面容易留下残留物，不易清理。粘贴传感器的黏结剂有很多种，建议使用脆性胶粘贴传感器。因为脆性胶的刚度比较大，所以传感器适用的测试频带相对比较宽。

在试验结束后应该将传感器绝缘底座上的黏结剂残渣清理干净，以保证下次粘贴时不会产生虚粘和空鼓。但是在实际试验中，很难做到每次试验后都对绝缘底座进行彻底清理。如果清理不彻底，胶水残渣就会降低传感器与被测结构之间的连接刚度。所以图 7-36 中给出的胶粘安装适用频带范围比理想胶粘条件下的频带范围要低。

螺栓连接的刚度较大，适用频带范围也较宽，缺点是需要在被测结构上打孔，破坏结构的刚度和强度分布。在采用螺栓连接安装时，需要打磨结构表面，而且需要涂抹一层较薄的硅脂，防止结构表面不平整降低连接刚度。理想状态下螺栓连接安装的频率上限在 10kHz 以上，不过大多数模态试验的频带范围不大于 3kHz，加上模态试验的被测结构多处于设计研发阶段，极少以破坏结构的方式获取结构的动力学参数，所以螺栓连接安装在模态试验中的使用比较少。

2. 安装注意事项

除表 7-2 列出的安装方式外，还有磁座的安装方式。磁座使用方便，可以快速安装传感器，而且在被测结构表面没有残留物，但是磁座也有比较多的缺点：

1）磁座为金属，传感器通过磁座与被测结构导通，容易形成接地回路。

2）磁座比较重，引入过多的附加质量会降低模态试验结果的精度。

3）磁座的磁力极大，所以磁座和被测结构很容易发生碰撞。因为碰撞时传感器承受的冲击力远大于传感器的许用范围，所以磁座安装极易损坏传感器。

传感器公司在产品介绍中会提供磁座的使用说明：“请务必小心使用磁座，由于磁力会给传感器造成过冲击，所以推荐磁座从测试物体的边沿开始安装，然后轻轻推动磁座到测试位置。或者先将磁座安装到测试物体上，然后连接磁座和传感器。”但是在使用过程中，偶尔会有忘记的情况发生，加上磁座本身的导电特性和附加质量问题，所以在模态试验中不建议使用磁座安装的方式。

传感器的绝缘底座在多次使用后容易损坏，而且容易丢失。当绝缘底座丢失后，不建议将传感器与被测结构直接连接，因为传感器的外壳多为金属材质，容易和被测结构导通形成接地回路。所以当没有绝缘底座时，可以在传感器和被测结构之间串联云母等材料用来绝缘，以便切断接地回路。

在安装传感器前，不应将传感器与数采连接，更不能在通电状态下安装传感器。压电传感器通常有 28V 的直流供电，在安装过程中如果操作不当就会有短路的风险；而且传感器与数采连接后，内部电路处于导通状态，安装时因操作不慎产生的冲击极易烧穿传感器，所以正确的安装步骤是，先粘贴传感器，然后将传感器与数采连接。

3. 传感器拆卸方法

正确拆卸传感器对于延长传感器的使用寿命非常重要。在拆卸传感器前，应该切断传感器的供电电源。拆卸石蜡粘贴安装的传感器较为简单，只需将传感器取下即可，但是必须避免传感器滑落。因为石蜡粘贴安装并不牢固，如果传感器跌落到硬质地面上，瞬间冲击产生的加速度可达1000g以上，极易损坏传感器。

使用脆性胶粘贴的传感器，应该使用塑料扳手卡住绝缘底座，然后转动扳手将传感器拆下，如图7-37所示。脆性胶的特性是抗拉不抗剪，所以只需扭转绝缘底座即可安全拆卸传感器。

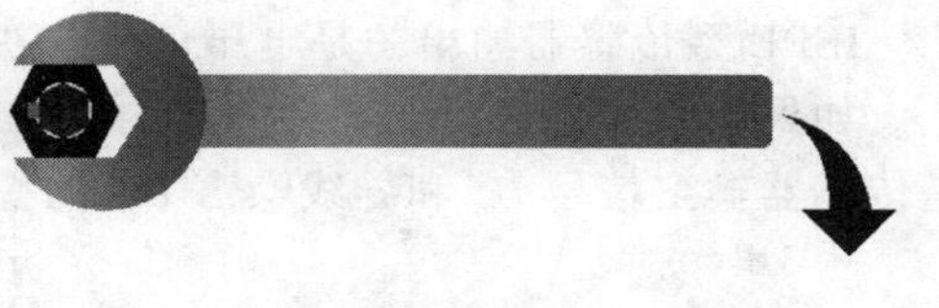

图7-37　拆卸传感器

注意：不能使用敲击绝缘底座的方式拆卸传感器。

7.4　传感器线缆

7.4.1　噪声的来源

模态试验中的噪声绝大多数都是从线缆部分引入的。在信号传输时从线缆部分引入的噪声主要有三种：导线噪声、电磁噪声、接地回路，如图7-38所示。

导线噪声是指线缆电阻变化引起的噪声干扰信号。电磁噪声是电磁环境对线缆内部电流的干扰。接地回路是由电路中不同地线之间的电位差引起的干扰信号。在将传感器输出信号U_o传输给数采的过程中，U_o会受到导线噪声U_m、电磁噪声U_e和接地回路U_g的污染，最终数采采集到的信号就变为

$$\widetilde{U}_o = U_o + U_m + U_e + U_g \tag{7-21}$$

为了保证振动信号的信噪比，就要根据噪声产生的原理找到对应的抗干扰方法。本节主要介绍三种噪声的产生原理。

1. 导线噪声

导线的电阻和导线的长度成正比，如果连接传感器的线缆过长，那么导线的电阻也会随之增大。长度不变的导线其阻值也不是定值，当导线发生振动时，导线电阻也会随之变化。可以将导线电阻等效为阻值随线缆振动变化的滑动变阻器，如图7-39所示。

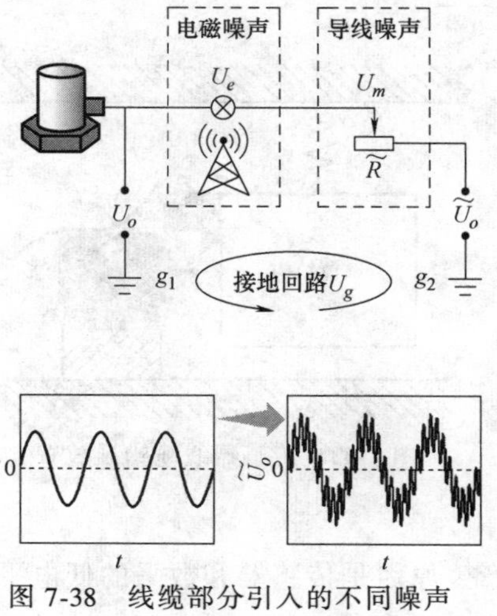

图7-38　线缆部分引入的不同噪声

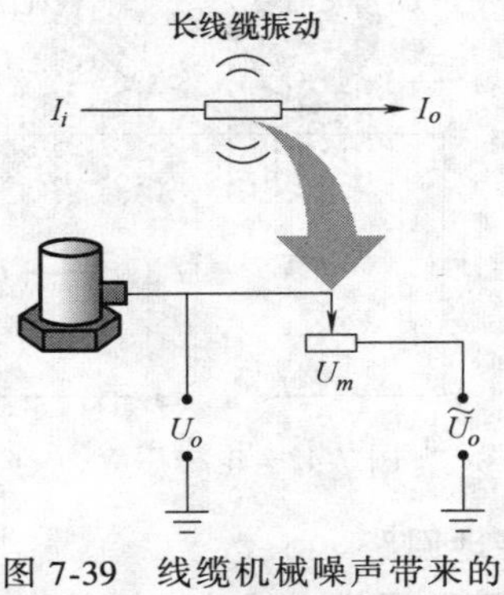

图7-39　线缆机械噪声带来的振动引起的电阻变化示意图

IEPE 型传感器输出的是电压信号，在信号传输时会有一部分电压降散落在导线的电阻上。如果导线发生振动，导线内部的电阻就会产生变化，那么线缆输出端的电压信号 $\widetilde{U}_o$ 就是传感器输出信号 U_o 和导线噪声 U_m 的叠加，即

$$\widetilde{U}_o = U_o + U_m \tag{7-22}$$

所以在模态试验中应该避免使用长导线，避免导线阻值变化引入导线噪声。

2. 电磁噪声

模态试验中电磁噪声引入的方式主要有两种：电磁干扰和电磁感应。

电磁干扰的原理是，干扰源以辐射方式向外传播电磁波，传感器信号线受到干扰后，其内部产生感应电流形成电磁噪声。电磁干扰分为外部干扰（见图 7-40）和线缆之间的内部串扰。如果传感器导线处在强电场环境中，那么线缆中的信号就是传感器的输出信号 I_s 和电磁噪声信号 I_n 的叠加。

除外部强电场会引起电磁干扰外，传感器线缆之间还会发生信号串扰。如图 7-41 所示，当 1 号传感器的信号 I_1 为非直流信号时，2 号传感器在线缆输出端的信号实际是 2 号传感器输出的振动信号 I_2 和 1 号传感器干扰信号 $\widetilde{I}_1$ 的叠加。只有传感器输出信号为非直流信号时才存在线缆之间的串扰，如果传感器信号为静态直流信号则不存在线缆之间的信号干扰。

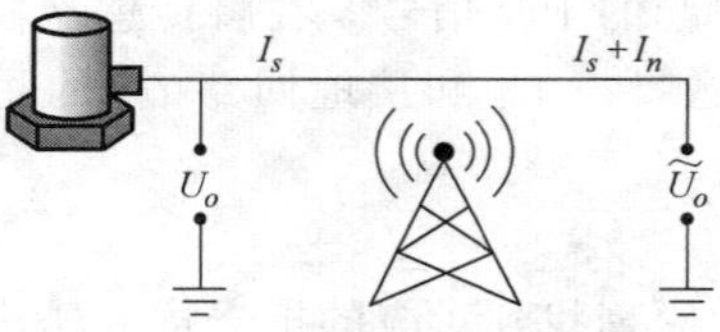

图 7-40　外部电磁干扰

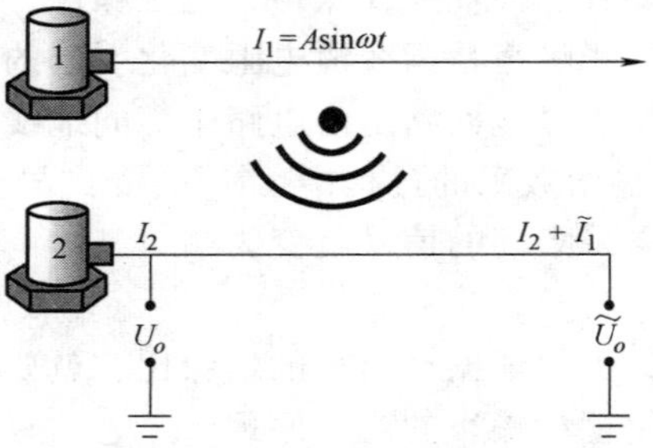

图 7-41　信号串扰

除电磁干扰外，还有线缆在磁场中运动产生的电磁感应噪声。如图 7-42 所示，导线在磁场中切割磁感线会产生感应电势。

激振器通常内置永磁体，当导线散落在激振器附近时，如果导线发生振动，那么导线内部就会出现由电磁感应产生的电磁噪声，如图 7-43 所示。

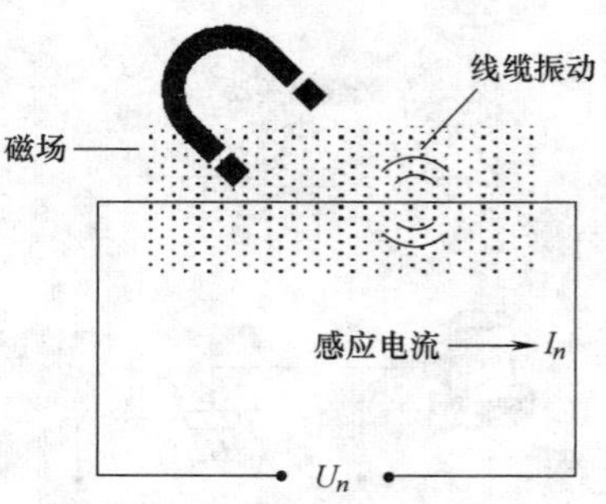

图 7-42　电磁感应

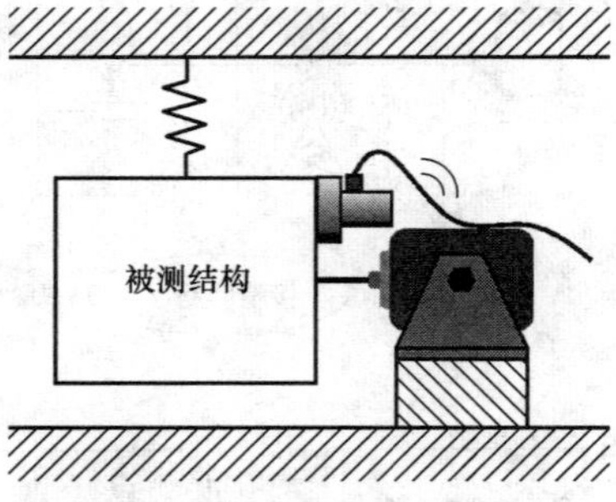

图 7-43　传感器线缆错误放置

3. 接地回路

接地回路是模态试验中极其常见的噪声类型，产生原因是传感器和数采的低电平基准之

间存在电势差，如图 7-44 所示。

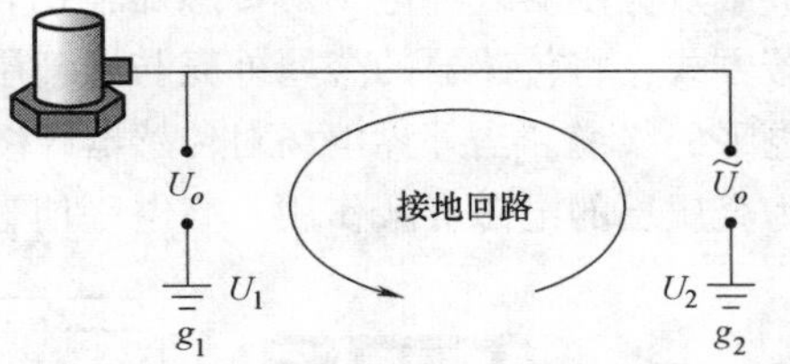

图 7-44　接地回路

模态试验中常以地线作为低电平基准。地线有不同的功能，试验时不同功能的地线之间可能存在电压差。一般来说模态试验中用到的地线主要有工作接地、安全接地和信号接地三种类型。

1）工作接地，是为电器正常工作提供一个基准电位。当该基准电位不与大地连接时，视为相对的零电位。

2）安全接地，是将设备的外壳与大地连接，防止设备金属外壳与地线之间存在电压导致漏电，避免造成人员触电事故。人体的电阻一般大于 2000Ω，为了保证人员安全，安全接地的接地电阻应小于 4Ω。

3）信号接地，是指将信号低电平与信号地连接，是传感器低电平的基准，因为信号本身较弱，所以极易受到外界干扰。不同地线之间的电位不一定相同，所以当不同地线之间的电位有差异时，就会形成接地回路。即使连接相同的工作地线和安全地线，不同品牌数采信号地的电位也会有差异。所以在混用不同品牌数采时，需要在试验前确定信号地是否一致，避免基准电位的差异引入噪声。

7.4.2　抗干扰措施

1. 导线噪声

振动会引起导线电阻变化，如果传感器线缆过长，很容易因为线缆振动引入导线噪声，通常有两种情况需要使用长导线进行试验：

1）试验工况环境恶劣，为保障试验人员安全，需要远离被测结构。

2）被测结构尺寸较大，传感器和数采之间的距离较远。

当试验环境比较恶劣，需要试验人员远离试验现场时，可以将数采放置在距离被测结构较近的位置处，并将数采和计算机之间的线缆延长，如图 7-45 所示。如果数采和计算机之间使用网线传输数据，则可以将信号进行电-光转换，用光纤替代网线传输试验数据。在光纤中数字信号的衰减比较小，理论上数字信号在单模光纤中可以传输几十千米无明显衰减，所以图 7-45 所示的采集方式适合远程试验数据采集。

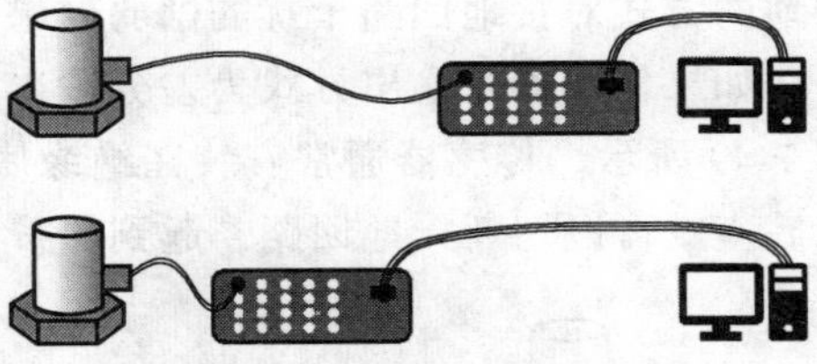
图 7-45　远距离采集方法

如果被测结构尺寸较大，比如大型客机，那么可以使用分布式采集方式，如图 7-46 所示。分布式采集是将被测结构进行分段，每段使用单独的数采采集结构的振动信号。数采分为主机和从机，主从机之间采用光纤连接。与从机连接的传感器将模拟信号输出后，由从机将模拟信号转为数字信号。数字信号通过光纤传输给主机，所有振动信号由主机统一传输给计算机。由于数采距离测点比较近，所以减小了传感器与数采之间线缆的长度，这样就可以避免试验结果被导线噪声所污染。

2. 电磁屏蔽

为了屏蔽外界电场对线缆内信号的干扰，可以在线缆外部增加金属屏蔽层，利用金属层的屏蔽效应削弱外界电场对传感器输出信号的干扰。目前传感器电缆基本采用图 7-47 所示的屏蔽方式，将传感器的金属外壳与屏蔽层相连，屏蔽层与信号地连接，屏蔽层包裹传感器输出高电平的线缆。当外界电场对传感器线缆产生干扰时，感应电荷会经过屏蔽层导入信号地中，因为金属层的电磁屏蔽作用，高电平信号不会受到外界电场干扰，保证了振动信号的信噪比。

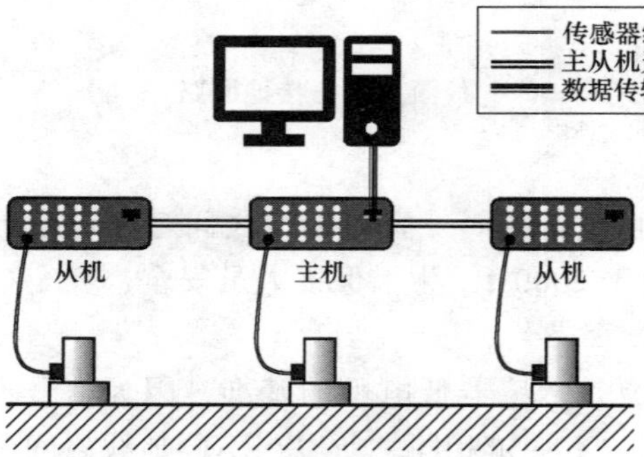

图 7-46　分布式采集

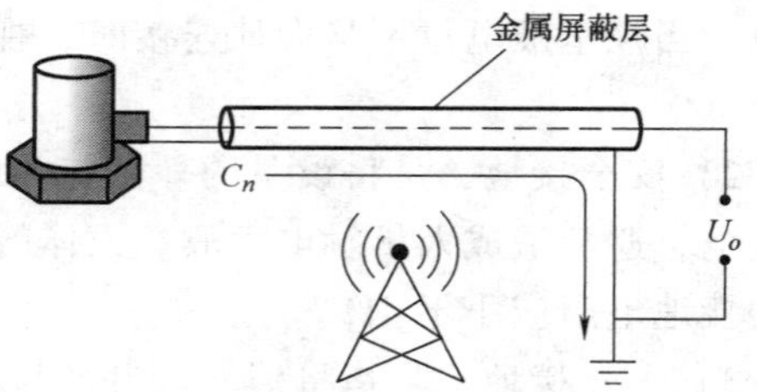

图 7-47　金属屏蔽层

传感器线缆外屏蔽层必须为电阻率低的金属良导体，而且屏蔽层应该连续无断点、无泄漏点。如果屏蔽层存在断点，则电场干扰引起的电流无法导入信号地，那么金属屏蔽层就无法起到屏蔽干扰的作用。此外如果金属屏蔽层有破损，破损处的泄漏点也会削弱金属屏蔽层的抗干扰效果。

3. 接地回路

当试验工况存在弱接地回路时，可以根据传感器的输出方式采用共地或浮地的方法采集传感器的输出信号。如果传感器的输出方式是单端，那么可以采用共地的方法采集传感器的输出信号，如图 7-48 所示。当不同信号地之间存在电位差时，可以使用阻值较小的线缆进行共地连接，将所有信号地进行统一。这样就可以切断由地线之间电位差产生的接地回路。共地方法具有一定的局限性，当模态试验现场的电路非常复杂或者接地回路的干扰较强时，共地的方式对接地回路干扰的削弱效果有限。

如果传感器的输出方式为差分输出，那么可以采用浮地的方式将地线与传感器断开，如图 7-49 所示。传感器通常安装在绝缘底座上，如果被测结构和数采之间有电位差，通过绝缘底座就可以切断接地回路，起到保护传感器输出信号的作用。

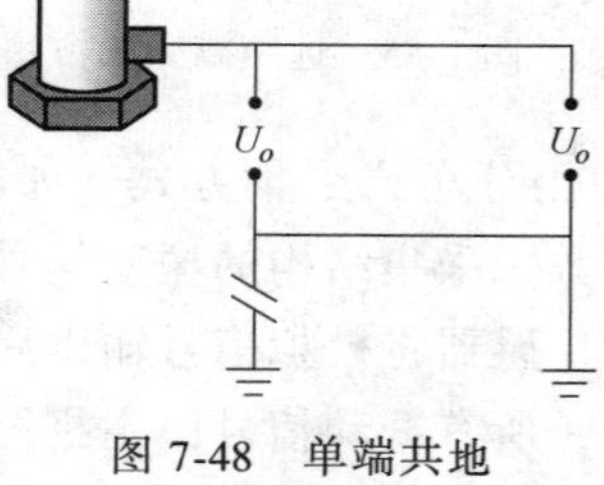

图 7-48　单端共地

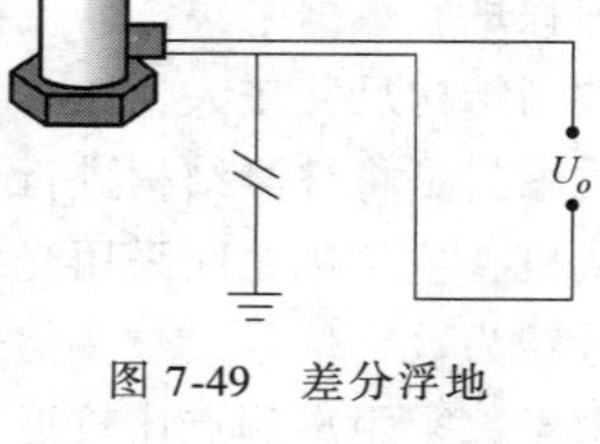

图 7-49　差分浮地

7.4.3　线缆的布置

在进行大型模态试验时，被测结构的尺寸通常比较大，传感器线缆较长且线缆数量非常多。因为布线时长线缆容易彼此缠绕，而且试验结束后收理线缆的工作量非常大，所以当长线缆数量较多时，可以采用集束线缆的方式进行布线。

使用短导线分别将传感器、数采与集线器连接，然后使用集束线缆连接集线器，如图 7-50 所示。通常试验场会固定集线器和集束线缆，不会经常移动其安装位置。

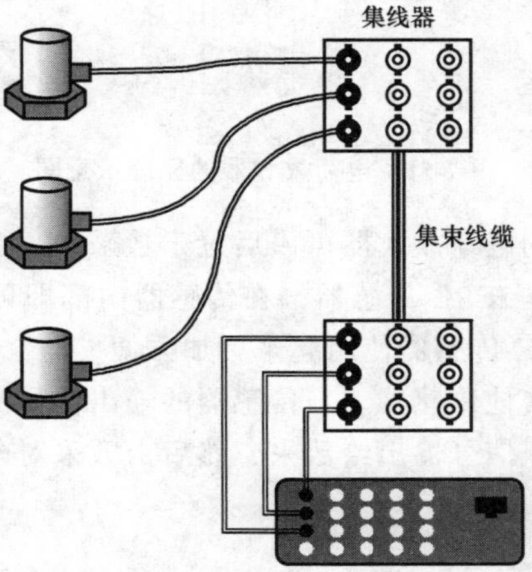

图 7-50 线缆的布置

所以在试验结束后，只需拆卸收理短导线。这样就可以减少每次试验后大量的长线缆清理工作，提高试验人员的工作效率。

7.5 数据采集仪

7.5.1 信号调理

在模态试验中，经常使用压电传感器拾取结构的振动信号。当压电传感器与被测结构同步振动时，其内部的质量块会对压电材料施加载荷，压电材料受力后会向外输出电荷，电荷信号必须转为电压信号才便于后续的信号处理。在信号采集过程中，将电荷信号转为电压信号的过程称为信号调理。

将电荷信号调理为电压信号的仪器称为电荷放大器。图 7-51 所示是电荷放大器的原理示意图，将电荷传感器等效为电动势 u_s 和电容 C_s 的串联，传感器产生的电荷量 q 和电动势 u_s 的关系可以表示为

$$q = u_s C_s \tag{7-23}$$

集成运放 A 的输出电压 u_o 可以表示为

$$u_o = -\frac{C_s}{C_f} u_s \tag{7-24}$$

将式（7-23）代入式（7-24），得到电压和电荷的关系

$$u_o = -\frac{q}{C_f} \tag{7-25}$$

电荷信号经过电荷放大器的调理之后转为电压信号，数采根据电压信号的变化来获取结

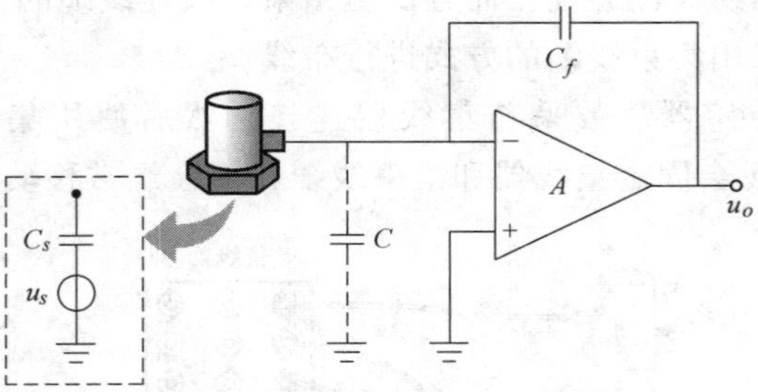

图 7-51　电荷放大器的原理示意图

构振动的信息。压电传感器的电荷放大器可以后置于数采中，也可以集成到传感器中。集成前置电荷放大器的传感器就是 IEPE 传感器，在传感器内部即可完成电荷到电压的转换，所以相比传统电荷传感器，IEPE 传感器使用起来更加方便。

除电荷传感器外，还有其他传感器。当传感器的输出信号不是电压时，通常需要对信号进行调理，将原信号转为电压信号输出给数采，然后由数采对电压信号进行采样和模数转换等后续工作。

7.5.2　A/D 位数

A/D 位数表示数采对信号幅值细化的程度，是评价数采性能的一个重要指标。振动信号经过信号调理后进入模数转换器进行幅值量化，不同位数的 A/D 对信号幅值量化的结果不同。图 7-52 所示为 A/D 位数对信号精度的影响。

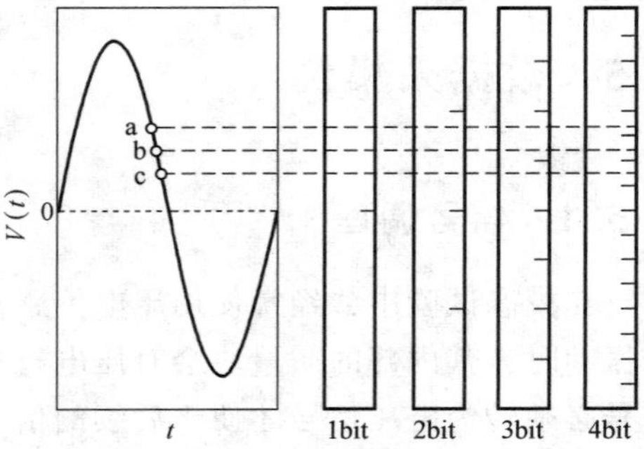

图 7-52　A/D 位数对信号精度的影响

图 7-52 中三个采样点 a、b、c 的幅值是等差的，从图中可以看出，当 A/D 为 1 位和 2 位时虽然信号幅值不同，但是经过 A/D 量化后的幅值读数是相同的。将 A/D 位数增加到 3 位，可以将三个信号的幅值量化为两种读数，但是 a 点和 b 点的幅值仍然无法区分。当进一步将 A/D 增大到 4 位时，幅值量化的精度进一步提高，可以将三个信号的幅值完全区分为不同的读数。所以 A/D 的位数越高，幅值量化就越精细，目前数采大多采用 24 位 A/D。

7.5.3　采样频率

采样频率也称采样率，是数采每秒从连续信号中采样的次数，单位是赫兹（Hz）。采样率的倒数为采样周期。采样率限制的是信号频谱分析的上限频率，而且还会影响振动信号波形的准确度。

分别以 5120Hz、10240Hz 和 20480Hz 的采样率对 2000Hz 的正弦信号进行采样，采样后的波形如图 7-53 所示。从图中不难看出，以 5120Hz 采样率采集到的信号波形并不完整。将采样率扩大一倍，以 10240Hz 的采样率进行采样，采集到的信号波形更加清晰，但是对信号幅值的描述仍然有缺失。继续将采样率提高到 20480Hz，此时采样后的信号基本能够反映原信号的幅值和相位信息。所以得出结论，采样率越高，信号波形的描述就越完整。

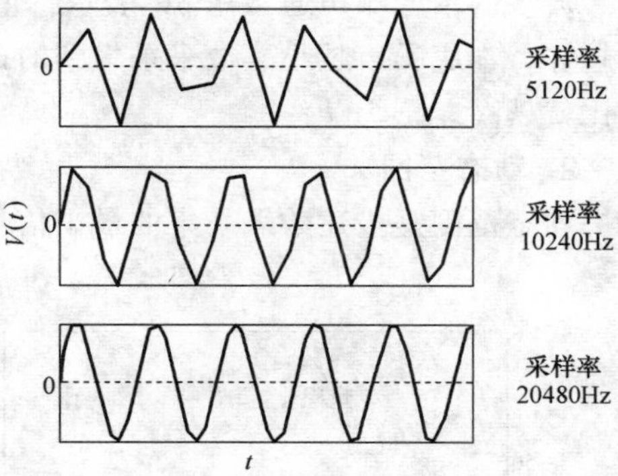

图 7-53　不同采样率下的振动波形

7.5.4　采集量程

在模态试验中需要设置数采的采集量程，因为数采量程设置错误会降低模态试验结果的精度。量程对试验结果精度的影响主要体现在：①量程对幅值精度的影响；②量程对信号波形的影响。

1. 量程对幅值精度的影响

在稳态信号测试中如果使用大量程采集量级较小的信号，就只有少量刻度参与信号幅值的量化，标尺大部分的刻度都会被浪费。正确的量程设置方法是，量程稍大于信号的最大值，充分利用 A/D 的精度准确量化信号的幅值，如图 7-54 所示。

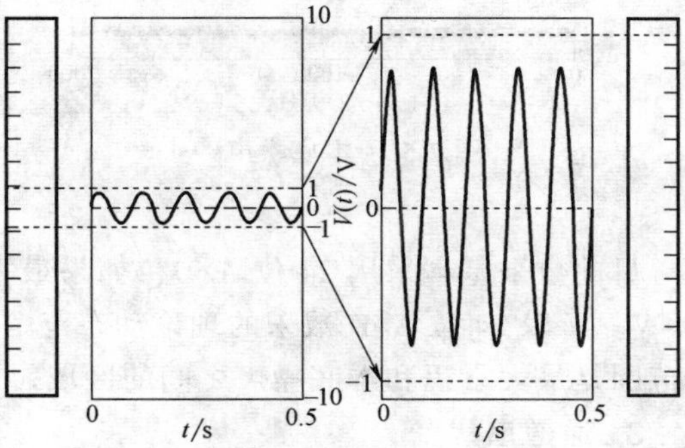

图 7-54　量程对幅值精度的影响

所以在正式试验之前，应该通过示波器对信号的量级进行预估，并调整数采的量程。正确的量程设置应该满足：

1）在采集稳态信号时，数采能够采集到振动信号的最大值。

2）在采集稳态信号时，量程不应超过振动信号的最大值过多。

上述原则仅在采集稳态信号时适用，因为稳态信号的最大值较为稳定、波动不大，所以可以调整量程，利用 A/D 精度准确量化信号的幅值。

2. 量程对信号波形的影响

在采集非稳态信号时，比如正弦扫频试验，结构振动响应在共振频率附近的峰值远高于其他频率下响应的幅值。

当量程小于波形的最大值时，正弦波的峰值会被削掉形成折线波，如图 7-55 所示。如果对折线波进行信号后处理，就会得到错误的幅值信息和频率信息。这种幅值超过量程，信号被削去峰值的现象称为削波。为了避免信号被削波，应该在正式试验前进行预试验，通过预试验的响应幅值来预估正式试验时量程的大小。

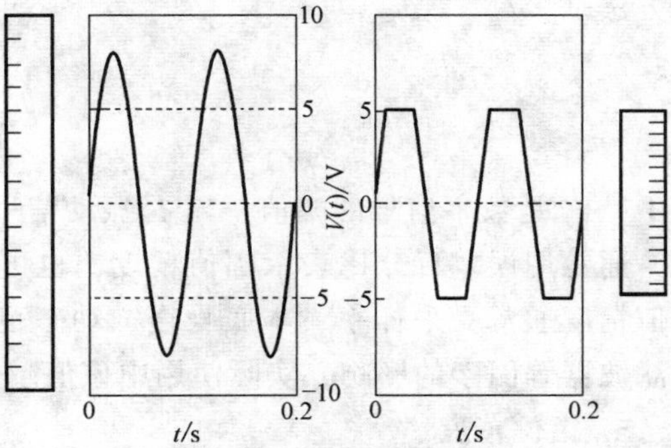

图 7-55　量程对信号波形的影响

7.5.5　精度参数

1. 本底噪声

本底噪声是指当数采不连接任何传感器时，其自身的电噪声水平，如图 7-56 所示。

数采的本底噪声通常用 dB 表示，量程最大值为 0dB。对于数采来说，本底噪声的值越小越好。本底噪声越小，数采采集到的振动信号中本底噪声的比例就会越低，振动信号的信噪比就越高。

2. 动态范围

动态范围是描述数采采集的最小信号与最大信号之间范围的参数，如图 7-57 所示。

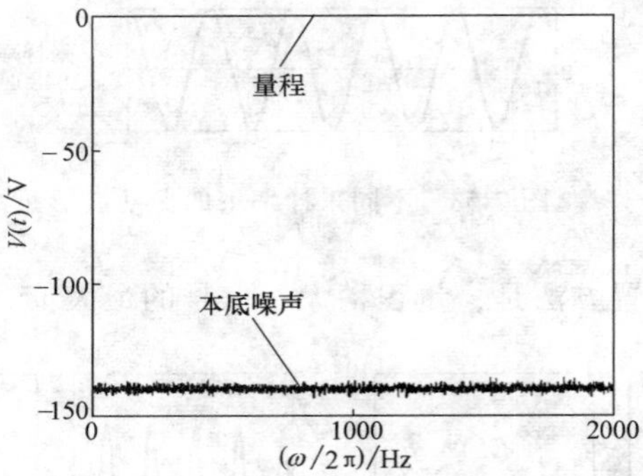

图 7-56　本底噪声

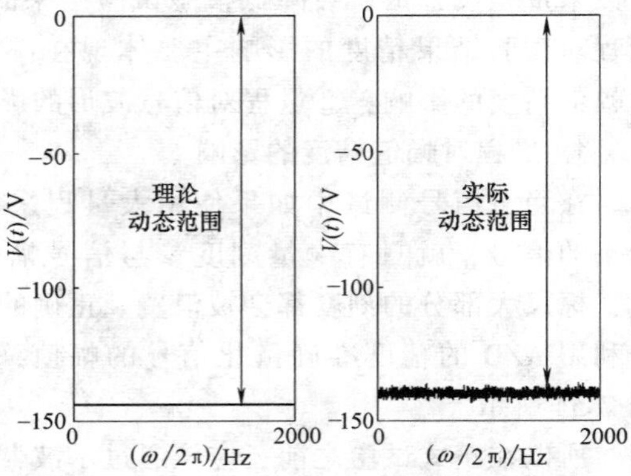

图 7-57　动态范围

目前数采基本采用 24 位 A/D，如果最大量程为 10V，数采能够分辨的最小信号为 10×2^{-24}V。所以 24 位 A/D 数采的理论动态范围约为 144dB。由于数采有本底噪声，所以实际动态范围是最大量程和本底噪声之间的区域。

3. 通道串扰

由于数采的采集模块为集成电路，所以电路间存在相互干扰。通道串扰是描述数采不同采集通道间相互干扰程度的参数，通常用 dB 表示。在进行多通道采集时，通道串扰越低，信号之间相互干扰就越弱，信号的信噪比也相对越高。

4. 幅值精度

幅值精度是描述数字信号与实际振动信号之间幅值误差程度的参数。幅值精度 A_a 的计算方法是

$$A_a=\frac{V_e-V_a}{V_a}\times 100\% \tag{7-26}$$

式中，V_e 是数字信号的幅值；V_a 是振动信号的实际幅值。

通常用误差百分比表示幅值精度，也可以用 dB 表示。幅值精度通常受采样率、本底噪声、动态范围、通道串扰和滤波器等因素的影响，实际使用中该值越低越好。

5. 相位精度

相位精度是描述数字信号与结构振动信号之间相位误差程度的参数，如图 7-58 所示。

影响数采相位精度的因素有采样率、本底噪声和滤波器等。

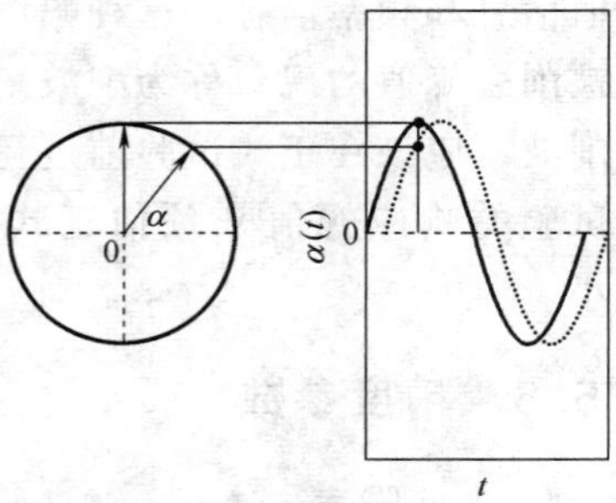

图 7-58　相位精度

7.6　本章小结

本章介绍了模态试验中需要使用的仪器和设备，其中主要介绍了激励装置、振动采集传感器和数据采集仪。

1）主要介绍了力锤和激振器两种模态试验中常用的激励装置。力锤结构简单，试验效率较高，适用于小型、轻型结构的模态试验。激振器的激励能量较大，适用于大型复杂结构的模态试验。因为激振器由功率放大器提供激励能量，所以在试验时需要注意用电安全，避免出现人员触电或漏电烧毁仪器的事故。

2）介绍了模态试验中常用传感器的原理、参数和选择方法。只有根据模态试验的条件、结构的特征和试验目的选用合适的传感器，才能得到准确的振动信号。要注意传感器的安装方式是否能够满足试验频带的要求。在拆卸传感器时不要敲击传感器，避免过大的冲击力对传感器造成损坏。

3）振动信号在线缆中传输时容易受到噪声的污染，所以本章介绍了常见的噪声类型以及对应的抗干扰方法。

4）介绍了大型试验中传感器线缆的布置方法，目的是减少试验人员的工作量，提高试验效率。

5）介绍了数据采集仪的性能和精度指标，并简单介绍了模态试验中设置数采参数的注意事项。

本章所述内容受技术限制，仅代表当前的设备技术水平。随着技术的发展，试验设备会更新换代，请各位读者以最新的技术为准，不要局限于本书所述内容。

第8章 锤击法模态试验

8.1 引言

锤击法模态试验是最基础、最简单的模态试验方法，可以基于互易性原理使用移动力锤法对结构进行模态测试，在使用少量的传感器采集结构振动响应的同时，可以快速更换激励点，试验效率比较高。

除移动力锤法外，还可以使用移动传感器法进行锤击法模态试验，该方法多用于不方便进行敲击被测结构测点的情况。移动力锤法和移动传感器法使用的试验设备相同，而且试验的流程相似。

锤击法模态试验的流程如图 8-1 所示。试验人员使用力锤激励被测结构，激励的同时使用数采采集力锤的激励信号和结构的响应信号，最后在计算机中完成试验数据的计算，得到最终的模态试验结果。

锤击法模态试验所用的设备比较简单，由数采、力锤、响应传感器和计算机组成，设备之间的连接如图 8-2 所示。

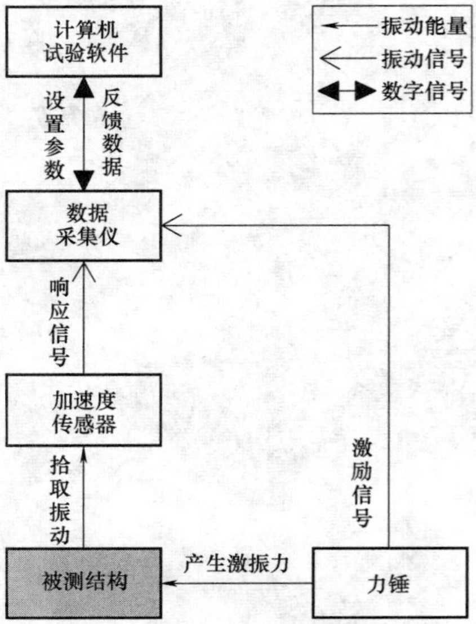

图 8-1 锤击法模态试验的流程

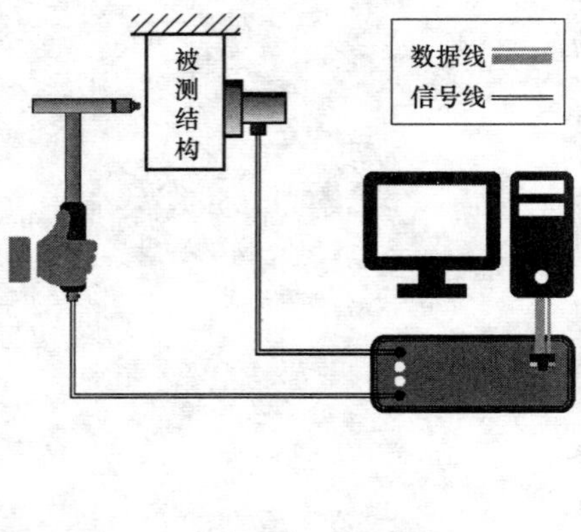

图 8-2 设备连接图

8.2 测试方法基础

8.2.1 测试的原理

当使用力锤激励被测结构时，力锤的激励信号可以视为脉冲信号，理想单位脉冲激励的时域波形如图 8-3 所示。

用 $\delta(t)$ 函数表示图 8-3 中的单位脉冲激励，将 $\delta(t)$ 函数定义为

$$\delta(t-\tau)=\begin{cases}+\infty,t=\tau\\0,t\neq\tau\end{cases} \tag{8-1}$$

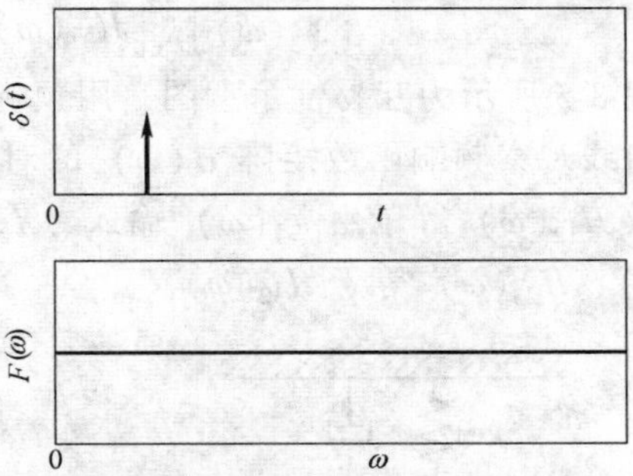

图 8-3 理想单位脉冲激励的时域和频域示意图

经过傅里叶变换得到 $\delta(t)$ 函数的频域表达式

$$\mathscr{F}[\delta(t-\tau)]=\int_{-\infty}^{+\infty}\delta(t-\tau)\mathrm{e}^{\mathrm{j}\omega t}\mathrm{d}t=\mathrm{e}^{-\mathrm{j}\omega r} \tag{8-2}$$

式中，$\mathscr{F}[\delta(t-\tau)]$ 是函数 $\delta(t-\tau)$ 的傅里叶变换。

通过式（8-2）可知，当 $\tau=0$ 时，$\mathscr{F}[\delta(t-\tau)]=1$。通过图 8-3 可以清楚地看到，当脉冲时间 τ 无限短时，单位脉冲激励的频谱 $\mathscr{F}[\delta(t-\tau)]$ 在频率 $[0,+\infty)$ 内的幅值始终为 1。所以在理想状态下，锤击法模态试验可以激发出被测结构的所有模态。单位脉冲响应函数 $h(t)$ 的傅里叶变换就是结构的频响函数 $H(\omega)$，即

$$H(\omega)=\mathscr{F}[h(t)] \tag{8-3}$$

以上就是锤击法模态试验的基本原理。

8.2.2 互易性原理

建立三自由度系统模型（见图 8-4），并列出系统的运动微分方程

$$\boldsymbol{M}\ddot{\boldsymbol{x}}+\boldsymbol{C}\dot{\boldsymbol{x}}+\boldsymbol{K}\boldsymbol{x}=\boldsymbol{f} \tag{8-4}$$

式中，$\boldsymbol{x}$ 是位移；$\boldsymbol{f}$ 是激励；质量矩阵 $\boldsymbol{M}$、刚度矩阵 $\boldsymbol{K}$ 和阻尼矩阵 $\boldsymbol{C}$ 分别为

$$\boldsymbol{M}=\begin{bmatrix}m_1 & & \\ & m_2 & \\ & & m_3\end{bmatrix} \tag{8-5}$$

$$\boldsymbol{K}=\begin{bmatrix}k_1+k_2 & -k_2 & \\ -k_2 & k_2+k_3 & -k_3\\ & -k_3 & k_3\end{bmatrix} \tag{8-6}$$

$$\boldsymbol{C}=\begin{bmatrix}c & & \\ & 0 & \\ & & 0\end{bmatrix} \tag{8-7}$$

将方程（8-4）中的激励和响应做傅里叶变换，得到频域内响应和激励的关系式

$$\boldsymbol{X}(\omega)=\boldsymbol{H}(\omega)\boldsymbol{F}(\omega) \tag{8-8}$$

式中，$\boldsymbol{H}(\omega)$ 是系统的频响函数矩阵。

将方程（8-8）展开，得到系统输出和输入的关系表达式

$$\begin{bmatrix} X_1(\omega) \\ X_2(\omega) \\ X_3(\omega) \end{bmatrix}=\begin{bmatrix} H_{11}(\omega) & H_{12}(\omega) & H_{13}(\omega) \\ H_{21}(\omega) & H_{22}(\omega) & H_{23}(\omega) \\ H_{31}(\omega) & H_{32}(\omega) & H_{33}(\omega) \end{bmatrix}\begin{bmatrix} F_1(\omega) \\ F_2(\omega) \\ F_3(\omega) \end{bmatrix} \tag{8-9}$$

图 8-5 所示为互易性示意图，用频响函数的幅频特性曲线表示系统的固有特性。通过图中的曲线观察频响函数矩阵 $\boldsymbol{H}(\omega)$ 的对称性，不难看出由 $F_2(\omega)$ 输入、$X_1(\omega)$ 输出的频响函数 $H_{12}(\omega)$ 等于由 $F_1(\omega)$ 输入、$X_2(\omega)$ 输出的频响函数 $H_{21}(\omega)$，而且 $H_{13}(\omega)$ 等于 $H_{31}(\omega)$，$H_{23}(\omega)$ 等于 $H_{32}(\omega)$。

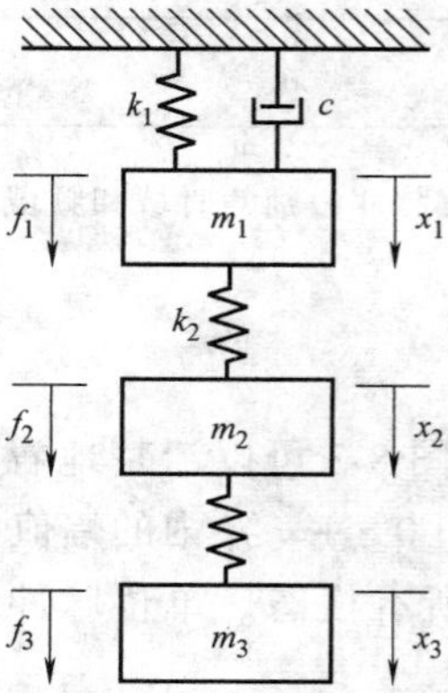

图 8-4　三自由度系统模型

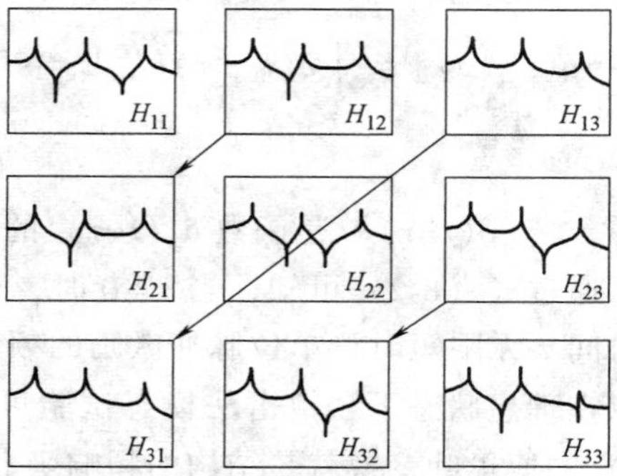

图 8-5　互易性示意图

因为频响函数矩阵 $\boldsymbol{H}(\omega)$ 可以表示为

$$\boldsymbol{H}(\omega)=(-\omega^2\boldsymbol{M}+\omega\boldsymbol{C}+\boldsymbol{K})^{-1} \tag{8-10}$$

而且从式（8-5）~式（8-7）中也可以看出，质量矩阵、刚度矩阵和阻尼矩阵均为对称矩阵，所以频响函数矩阵 $\boldsymbol{H}(\omega)$ 也是对称矩阵。

如果被测结构满足 A 点输入 B 点输出的频响函数等于在 B 点输入 A 点输出的频响函数，那么就称该被测结构满足**互易性**原理。当被测结构满足互易性原理时，可以将响应点和激励点互换，单入多出的模态试验就可以变换为多入单出，这就是移动力锤法的基本原理。所以，在进行锤击法模态试验时可以先固定响应传感器的位置，然后使用力锤依次激励结构的测点进行结构频响函数的测试。

8.2.3　激励的方法

为了减少传感器附加质量对模态试验结果的影响，在使用锤击法进行模态试验时，可以采用两种基本的试验方法：移动力锤法或移动传感器法。移动力锤法是固定响应点，并使用力锤依次激励所有测点来测试结构的频响函数，如图 8-6 所示。也可以固定激励点，通过移动传感器的方式测试结构的频响函数，如图 8-7 所示。移动力锤法得到的是频响函数矩阵的

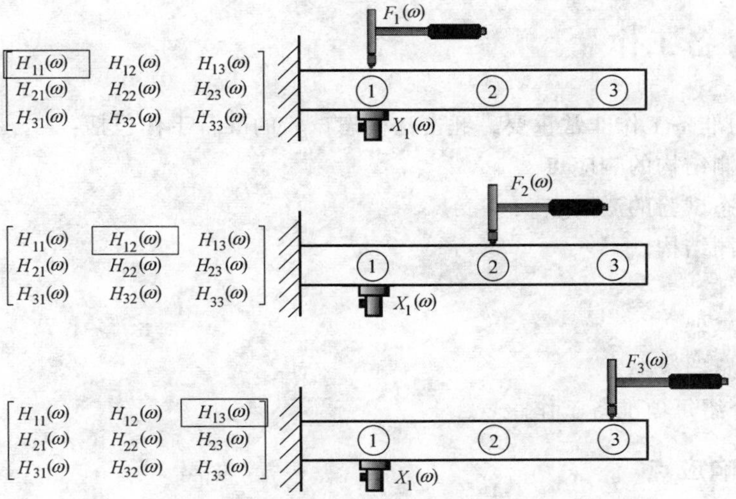

图 8-6　移动力锤法

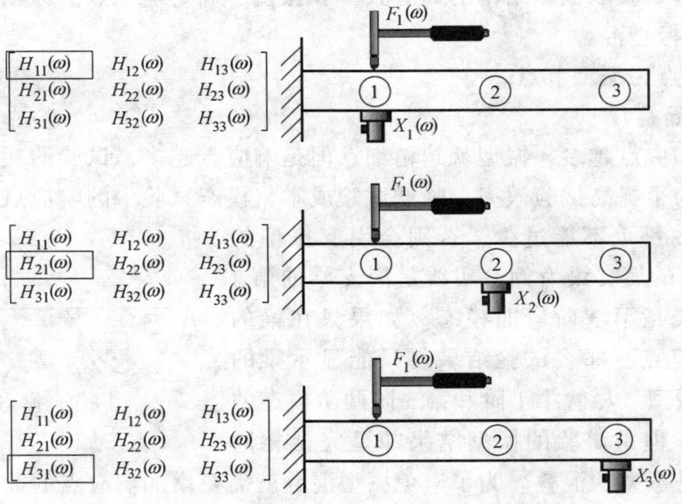

图 8-7　移动传感器法

一行，移动传感器法得到的是频响函数矩阵的一列。在被测结构满足互易性原理时，两种试验方法的结果相同。

在使用移动力锤法进行模态试验时，因为更换激励点的速度较快，所以试验效率比较高。需要注意的是，当同一测点的自由度较多时，移动力锤法并不适用。比如图 8-8 中的测点 A，虽然 A 点有三个平动方向的振动，但是力锤只能激励立方体表面的法线方向，无法进行多个方向的敲击。为保证被测结构振型的完整性，在这种情况下只能使用移动传感器的方式进行模态试验。

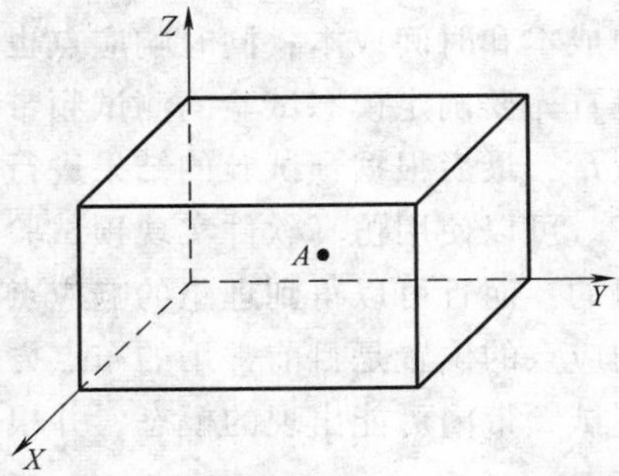

图 8-8　移动传感器测点示意图

8.3 试验准备工作

模态试验的准备工作非常重要，锤击法模态试验的准备工作包括：

1）确定被测结构的响应点。

2）确定模态试验的激励点。

3）安装被测结构。

4）选择力锤。

5）安装传感器。

6）安装传感器线缆。

下面分别介绍每项准备工作。

8.3.1 确定响应点

在模态试验之前，首先需要确定的就是被测结构响应点的位置和数量。只有合理地设置响应点，才能正确地获取被测结构的固有频率和振型。确定响应点的原则是：

1）避免模态振型混叠。

2）避免响应点为振型节点。

1. 模态振型混叠

描述振型的响应点越多，振型就越精细。但是响应点越多，试验的耗时就越长，试验成本也越大。所以为了提高试验效率，降低试验成本，模态试验中的响应点越少越好。

但是响应点数量也不能过少，否则会引起振型的混叠。以图 8-9 中的简支梁为例，实线是简支梁的第 1 阶弯曲模态，虚线是第 3 阶弯曲模态。如果只在梁的中点布置一个响应点，那么试验结果就只能显示梁的第 1 阶弯曲模态振型。尽管第 1 阶和第 3 阶两阶模态的固有频率不相等，但是试验的振型结果却是完全相同的，这个现象就是振型的混叠。为了避免振型混叠就需要增加响应点的数量，将不同模态的振型加以区分。

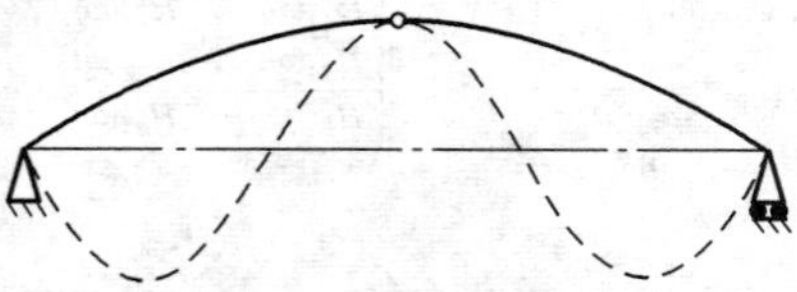

图 8-9 模态振型的混叠

然而在模态试验时，响应点的数量又不能太多，因为过多的响应点会增加设备成本、人力成本和时间成本；同时响应点也不能过少，否则会引起振型的混叠，达不到试验目的。所以首先要确定模态试验的测试频带，然后通过预试验确定测试频带内能够被激发出来的模态数量，最后根据预试验的结果进行响应点的布置。

可以使用仿真软件实现预试验的功能，通过仿真和试验的紧密配合可以达到省时省力的目的，而且可以得到理想的响应点布置方案。所以，基于被测结构的仿真结果确定模态试验响应点的位置是目前常用的布点方法。基于仿真计算的结果，试验人员可以提前预判结构在测试频带内可能出现的模态，并根据模态振型选取数量最少且能完整描述被测结构振型的响应点。

2. 响应点应避开节点

在布置结构的响应点时还需要注意，响应点的位置应该避开被测结构的模态节点或节线。模态节点或节线是被测结构在共振频率下，振动幅值为 0 的点或线。如果将响应点布置在节点上，那么即使结构共振，传感器拾取到的结构振动响应也是 0。

简支梁的第 5 阶模态如图 8-10 所示。图中的圆点是第 5 阶模态的节点，如果在图中圆点位置布置响应点，那么在该阶模态下响应点的振动幅值为 0，模态试验结果也就无法反映被测结构在该阶模态下的正确振型。所以应该避免在模态振型的节点或节线上布置响应点。

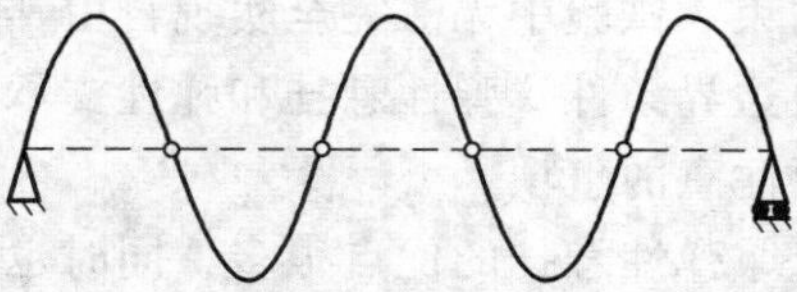

图 8-10　简支梁的第 5 阶模态

8.3.2　确定激励点

确定被测结构激励点的原则是激励点应该能够激励起被测结构在测试频带内的所有模态。以图 8-11 中悬臂梁为例，将激励点分别布置在图中的圆点位置，其中黑色圆点是悬臂梁第 2 阶模态振型的节点。以悬臂梁作为模态试验的被测对象，分别在图中的三个激励点处激励悬臂梁，试验得到的频响函数如图 8-12 所示。

从图 8-12 中可以看出，如果激励点为被测结构模态振型的节点，模态试验的结果就会出现丢失模态的现象。根据悬臂梁的试验结果可以知道，为了能够获得被测结构在测试频带内的所有模态，试验激励点的位置应该避开被测结构的模态节点。

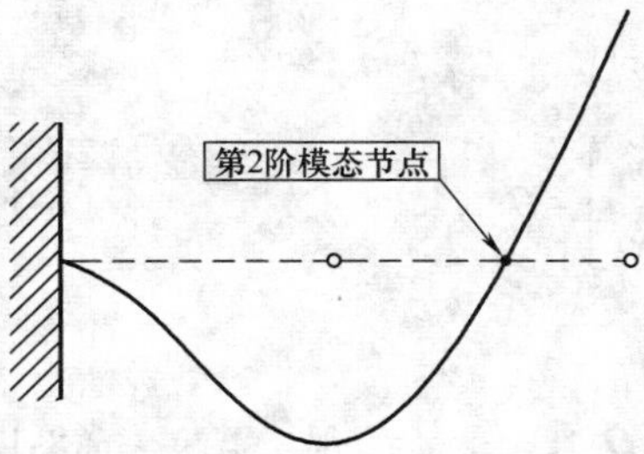

图 8-11　在节点处布置激励点

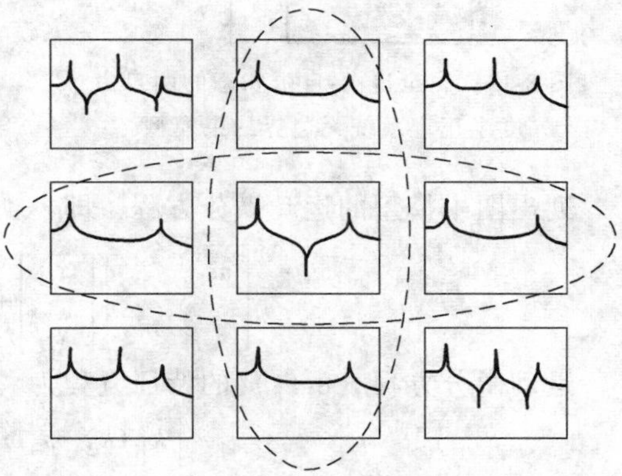

图 8-12　激励点的频响函数

激励点的数量和位置通常不是孤立的，目前仿真软件在试验之前可以给出预试验结果，试验人员可以根据预试验结果确定试验时激励点的位置和数量。所以应该充分利用仿真工具，提升模态试验的效率。

8.3.3　结构的安装

因为锤击法适合小型结构的模态试验，所以经常会使用弹性悬挂作为被测结构的安装方式。弹性悬挂的边界条件比固定支承简单，可以避免引入过多的附加刚度，而且可以减少接触、摩擦等非线性因素对试验结果的影响，试验结果的重复性较好。所以，本节主要介绍使用弹性悬挂安装被测结构的相关内容。

1. 约束刚度

当使用仿真软件计算结构的固有频率时，经常采用自由-自由的边界条件，即结构没有约束。试验中无法完全实现自由-自由边界条件，只能以弹性绳悬挂或弹簧支承模拟自由-自由边界条件。弹性悬挂和弹性支承的原理相同，下面以弹性悬挂为例介绍安装被测结构时需要注意的事项。

弹性悬挂的优点很多，同时也有一定的限制条件。首先，弹性悬挂的刚度可以影响结构的固有频率。如图 8-13 所示，以完全自由-自由状态的两自由度半正定系统无边界约束模型为例，系统的第 1 阶固有频率为 0，而实际试验时，这种理想的情况是不存在的，因为无论是弹性悬挂还是弹性支承，约束边界始终有附加刚度存在。

为了讨论边界附加刚度对被测结构固有频率的影响，在两自由度半正定系统上增加边界条件的约束，如图 8-14 所示。

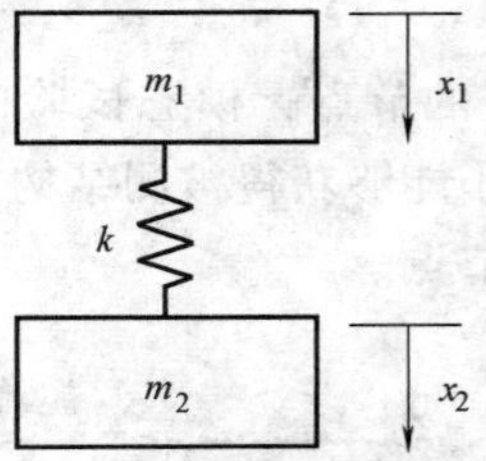

图 8-13　完全自由-自由状态的两自由度半正定系统无边界约束模型

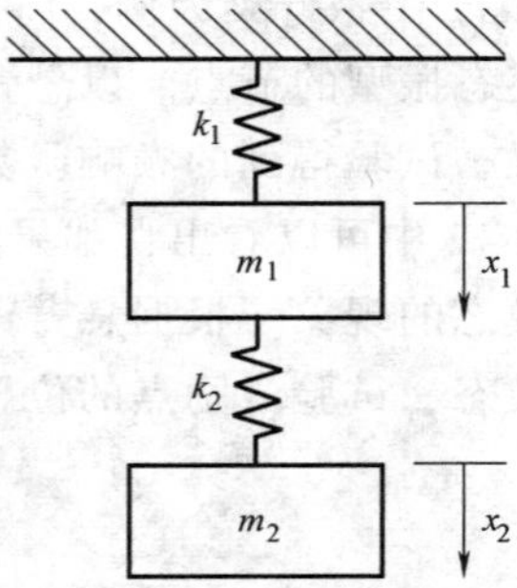

图 8-14　两自由度半正定系统有边界约束模型

列出图中模型的运动微分方程，即

$$\begin{bmatrix} m_1 & \\ & m_2 \end{bmatrix}\begin{bmatrix} \ddot{x}_1 \\ \ddot{x}_2 \end{bmatrix}+\begin{bmatrix} k_1+k_2 & -k_2 \\ -k_2 & k_2 \end{bmatrix}\begin{bmatrix} x_1 \\ x_2 \end{bmatrix}=\boldsymbol{O} \tag{8-11}$$

运动微分方程（8-11）的特征方程为

$$\begin{bmatrix} k_1+k_2-m_1\omega^2 & -k_2 \\ -k_2 & k_2-m_2\omega^2 \end{bmatrix}\boldsymbol{\phi}=\boldsymbol{O} \tag{8-12}$$

求解行列式

$$\begin{vmatrix} k_1+k_2-m_1\omega^2 & -k_2 \\ -k_2 & k_2-m_2\omega^2 \end{vmatrix}=0 \tag{8-13}$$

得到有边界约束条件下的结构固有频率

$$\omega_{1,2}^2=\frac{-B\pm\sqrt{B^2-4AC}}{2A} \tag{8-14}$$

式中，参数 A、B、C 的表达式分别为

$$A=m_1m_2$$
$$B=-(k_1m_2+k_2m_2+k_2m_1)$$
$$C=k_1k_2$$

通过式（8-14）可以看出，当边界条件有附加刚度时，系统的第 1 阶固有频率大于 0。与图 8-13 中完全自由-自由状态系统的第 1 阶固有频率对比可知，边界条件的附加刚度会使系统的固有频率增大。所以在弹性悬挂或弹性支承的边界条件下，被测结构固有频率的试验结果不仅与其自身的质量和刚度相关，还与悬挂或支承的刚度有关。随着边界刚度的增加，被测结构固有频率的试验结果也会随之增大。

试验时应该选择刚度比较小的弹性绳索或弹簧。不要使用刚性绳索直接悬挂被测结构，否则试验得到的固有频率和结构实际的固有频率之间会存在巨大的差异。

如果弹性绳索刚度较小，绳索的伸长量不易控制，那么可以采用图 8-15 中串联绳索的方式悬挂被测结构。将刚度比较大的绳索和一小段弹性绳索串联，弹性绳的长度不必过长。这样做的好处是，可以方便地控制绳索的总长度。绳索串联后的等效刚度小于其中任意一段绳索的刚度，在不增加边界附加刚度的同时，可降低安装被测结构的难度。

2. 边界阻尼

在悬挂被测结构时，约束边界除了提供影响固有频率试验结果的约束刚度外，还会引入边界阻尼影响试验结果的阻尼比。在弹性悬挂的边界约束上增加阻尼（见图 8-16），讨论边界阻尼对模态试验结果的影响。

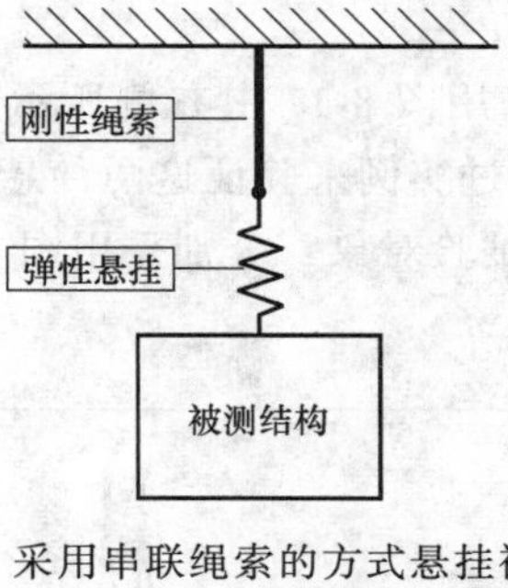

图 8-15　采用串联绳索的方式悬挂被测结构

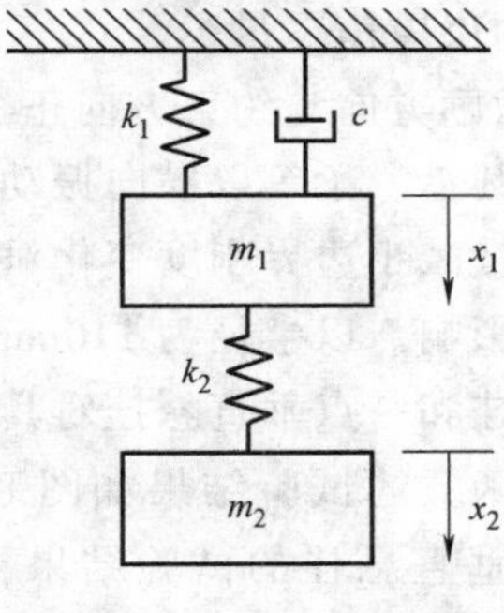

图 8-16　在弹性悬挂的边界约束上增加阻尼

当系统没有阻尼时，如果对系统施加一个不为 0 的初始条件，系统就会按照其自身的固有频率持续振动。如果给无阻尼系统的边界增加阻尼，那么系统自由振动的能量就会被阻尼吸收并耗散。所以在选择被测结构的安装方式时，应尽量选择弹性悬挂而不要选择弹性支承，因为使用弹性支承安装被测结构时，至少要有三个支承点才能保证结构稳定。在结构振动时，结构和弹性支承的边界会发生摩擦，摩擦阻尼会被引入模态试验结果中。所以当被测结构的边界刚度相同时，弹性支承方式对应的阻尼试验结果经常高于弹性悬挂对应的阻尼试验结果。

在实际工程中，锤击法多用于纯金属部件的模态试验。金属阻尼的主要来源是金属原子间的摩擦，阻尼通常很小。用于弹性悬挂的弹性绳等均为橡胶材质，橡胶是典型的黏弹性材料，提供弹性的同时也提供阻尼。使用橡胶绳悬挂金属结构，相当于将无阻尼半正定系统变为含有阻尼的正定系统，金属结构振动的能量会被橡胶绳耗散，此时试验得到的阻尼不是金属结构本身的阻尼，而是橡胶绳引入的边界阻尼。所以在实际试验中，不要过于追求纯金属元件本身的阻尼，因为试验得到的结果基本是边界约束的阻尼。

3. 约束方向

在模态试验中，悬挂方向对试验结果有非常大的影响。典型的悬挂错误如图 8-17 中左图所示，图中的悬挂有两个错误：

1）约束过多。

2）激励方向与约束方向相同。

如果水平悬挂被测结构，那么为了保持结构平衡通常会使用两个或更多的约束点对被测结构进行悬挂，然而多余的约束会增加结构的附加刚度，在这种情况下，被测结构固有频率的试验结果会随之增大。

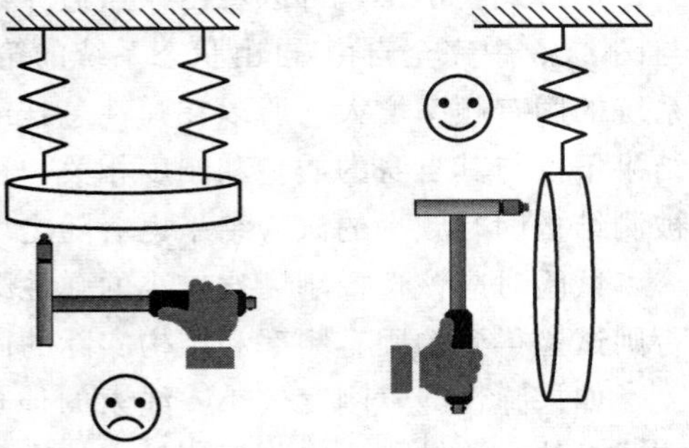

图 8-17　悬挂方向

水平悬挂被测结构的第二个缺点是激励方向和约束方向相同。如果激励水平吊挂的被测结构，那么弹性绳索的长度会随结构的振动不停地变化，同时，其刚度也会随之改变，这就造成了边界约束刚度的不稳定。虽然在工程中通常将弹性绳等弹性元件等效为线性元件，但是实际上这是理想化的假设。当结构振动时，弹性绳索的刚度会有微小的变化，其后果就是增加固有频率试验结果的不确定性。所以，对于被测结构的悬挂方向，有两个基本原则：

1）约束应该尽量少。

2）激励方向与约束方向正交。

对于圆盘、梁等以横向振动为主的结构，应该尽量采用图 8-17 中右侧所示的竖直悬挂方式，尽量减小边界刚度变化对试验结果的影响。下面通过实例来验证这两种悬挂方式对试验结果的影响。以半径为 110mm，厚度为 2mm 的钢盘为试验对象，分别采用图 8-17 中的两点水平悬挂和一点垂直悬挂对其进行锤击法模态试验。

频响函数的试验结果如图 8-18 所示，图中实线是钢盘垂直悬挂的试验结果，虚线是钢盘水平悬挂的试验结果。钢盘水平悬挂需要两个约束点，引入的边界阻尼比垂直悬挂时多，所以从图中可以明显看出虚线的峰值比实线的峰值低。

从图 8-18 中还可以看出当约束增多时，结构的固有频率发生了漂移，说明约束刚度会影响结构固有频率的试验结果。此外，当水平悬挂钢盘时，结构振动方向与约束方向相同，钢盘的振动会引起弹性绳的伸缩。因为弹性绳的刚度不是完全线性，其不断变化的伸长量会导致约束刚度不稳定，所以水平悬挂对应的固有频率试验结果一致性稍差。

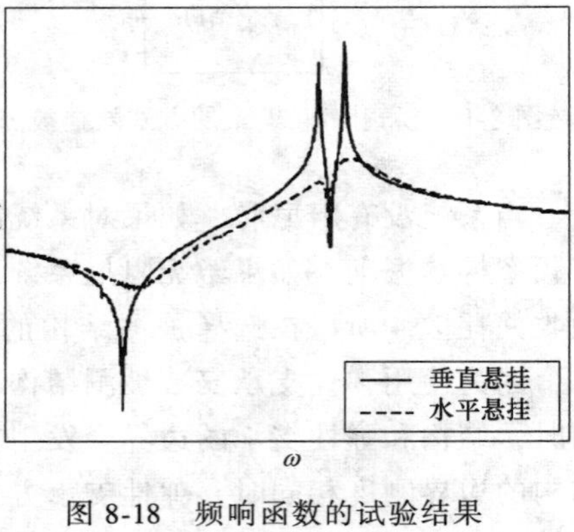

图 8-18　频响函数的试验结果

8.3.4　力锤的选择

在 8.2.1 节中介绍了锤击法模态试验的激励原理，即单位脉冲的能量可以覆盖频域内所有频率。因为试验中不存在时间无限短、幅值无穷大的单位脉冲激励，所以模态试验中的脉冲信号多为脉冲宽度较小的半正弦波。模态试验中通过力锤敲击结构产生脉冲激励，不同材质锤头产生的脉冲宽度不同，如图 8-19 所示。当使用软质锤头敲击结构时，力锤和被测结构接触时间较长，脉冲宽度相对大。随着锤头硬度的增大，锤头接触结构的时间随之缩短，脉冲宽度减小。

在时域内锤头硬度与激励的脉冲宽度成反比，在频域内锤头硬度与脉冲力谱能够覆盖的频带范围成正比。图 8-20 所示是不同硬度锤头能够覆盖的频带范围。与图 8-19 对应，激励时间短的硬质锤头能够覆盖较宽的频带。因为能量守恒，硬质锤头在测试频带内的力谱幅值低于软质锤头的力谱幅值。试验常见的锤头材质有钢质、铝质、塑料和橡胶，这些锤头能够激励的频带宽度依次降低。试验中，可以根据试验的测试频带选择合适的锤头。

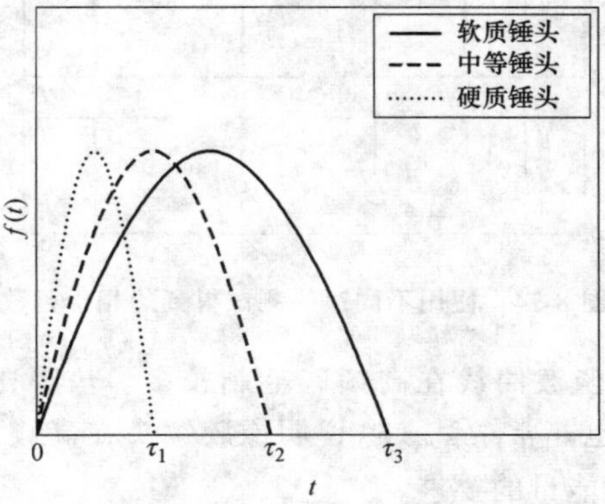

图 8-19　不同锤头对应脉冲时间示意图

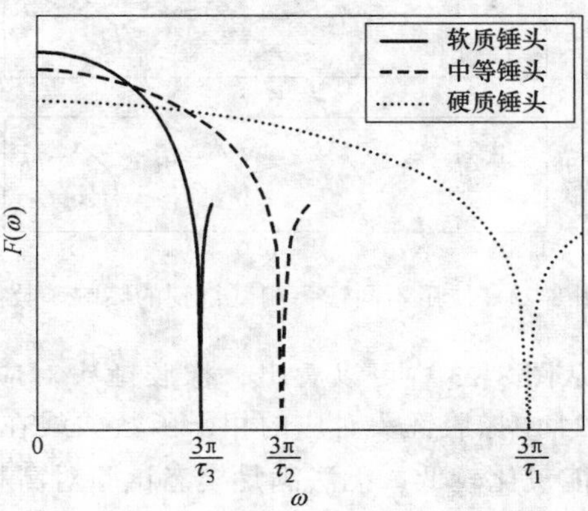

图 8-20　不同锤头对应激励带宽示意图

当模态试验只关注被测结构的低频模态时，应该选择软质锤头。当激励被测结构的高频模态时，应该选择硬质锤头，而且还要注意被测结构的材质。如图 8-21 所示，如果被测结构的硬度小于钢质锤头的硬度，那么使用钢质锤头也无法激励起结构的高频模态。

选择锤头时要保证力谱在测试频带内尽量平直，测试频带以外的力谱应该迅速衰减，目的是使激励能量集中在测试频带以内，提高测试频带内频响函数的信噪比，同时减小高频模态的上残余量对测试频带内频响函数的影响。根据工程经验，一般力谱衰减 10～20dB 以上就无法保证频响函数的信噪比，所以工程中力谱信号衰减的判断标准通常采用 15dB。如图 8-22 所示，从力谱 0dB 对应的频率到衰减至 15dB 的截止频率，中间的频带范围就是力锤能够保证频响函数信噪比的有效频带。

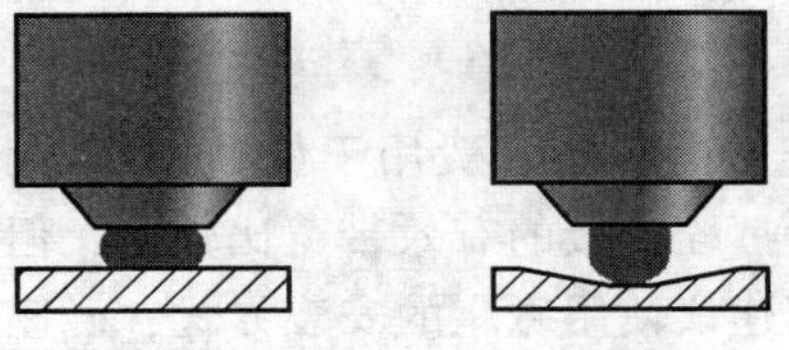

图 8-21　敲击变形

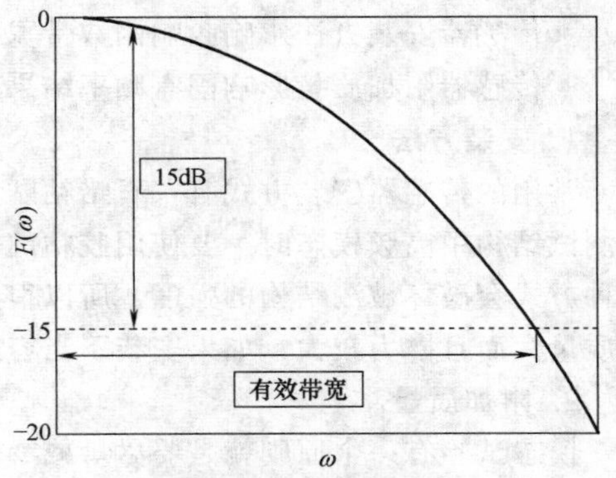

图 8-22　激励的有效频带

同样以半径为110mm，厚度为2mm的钢盘为例，对比不同硬度的锤头对频响函数测试结果的影响。对比试验选择三种不同硬度的锤头，分别是橡胶、塑料和钢质锤头。依次使用三种锤头对钢盘施加激励，得到图8-23所示的频响函数曲线以及图8-24所示的相干函数曲线。

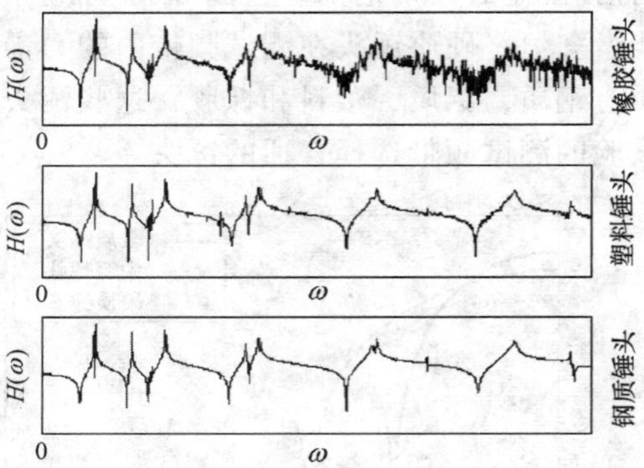

图8-23　使用不同锤头测试得到的频响函数曲线

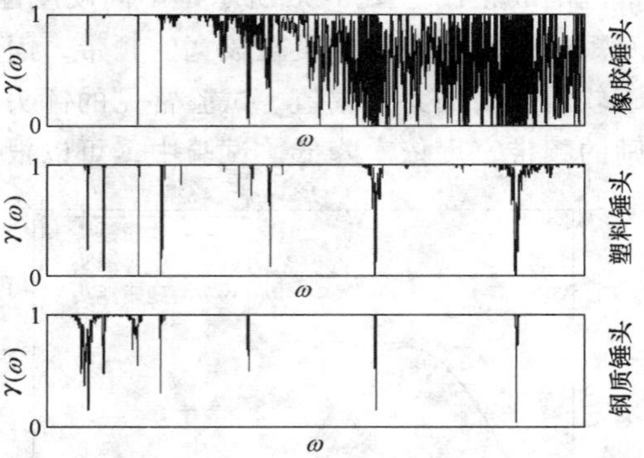

图8-24　使用不同锤头测试得到的相干函数

从图8-23中可以看出，橡胶锤头对应的频响函数曲线在高频区毛刺较多、信噪比差。图8-24中橡胶锤头对应的相干函数曲线在高频区也非常杂乱。这说明橡胶锤头在高频区的激励能量比较低，无法满足模态试验对高频区激励能量的要求。

图8-23中钢质锤头对应的频响函数曲线在高频区非常光滑，但是在图8-24中钢质锤头对应的相干函数曲线在低频区的表现较差，说明硬质锤头在低频区的激励效果并不好。对于固有频率比较低的结构来说，不应该选择硬度较大的锤头对结构进行激励。

在进行锤击法模态试验之前，应该检验力锤是否能够满足试验要求：

1）力锤激励的能量必须能够覆盖测试频带。

2）力锤激励的能量在最高截止频率外应该快速衰减。

只有选择合适的力锤对被测结构进行激励，才能得到精确的模态试验结果。

8.3.5　安装传感器

传感器的安装方式是影响模态试验结果精度的因素之一。传感器的安装对试验结果精度的影响主要体现在：

- 传感器安装方法影响频响函数带宽。
- 传感器附加质量影响固有频率结果。

1. 安装方法

常用的传感器安装方式有：石蜡粘贴、胶粘和螺栓连接。石蜡一般用于低频模态试验，当测试结构中高频模态时，要使用胶粘的安装方式。虽然螺栓连接的有效带宽比较大，但是这种方式会破坏被测结构的强度，所以很少采用。此外不建议使用磁座的安装方式，磁座附加质量大而且磁力较大，如果安装不当容易损坏传感器。

2. 附加质量

模态试验有一个原则就是要尽量减少传感器的使用数量，目的是减小传感器的附加质量对固有频率试验结果的影响。对于锤击法模态试验来说，通常使用一个加速度传感器即可。

如果测试对称结构的重根，只需更换传感器的位置，不必同时安装多个传感器。

以半径为110mm，厚度为2mm的钢盘为例，验证多个传感器对模态试验结果的影响。采用图8-25中的传感器布置方式，在3点钟和6点钟方向分别粘贴两个加速度传感器，传感器导线由钢盘顶端引出。

图8-26所示是布置不同数量传感器的频响函数测试结果。其中实线对应的传感器位置在钢盘的3点钟方向。从图中可以看出，虚线频响函数的共振频率明显低于实线频响函数的共振频率。说明传感器的附加质量会降低钢盘固有频率试验结果的数值。

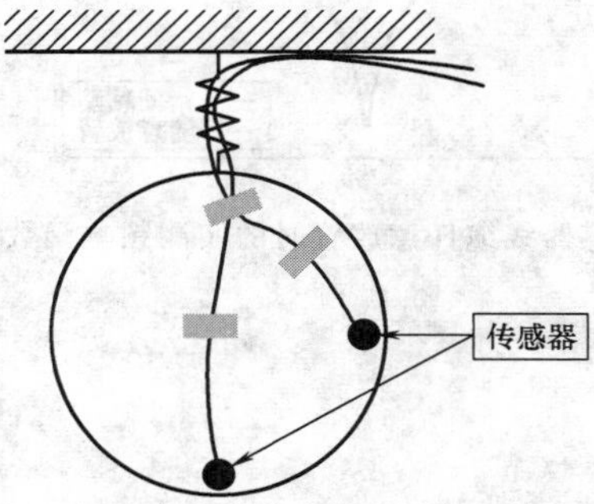

图8-25 传感器布置方式

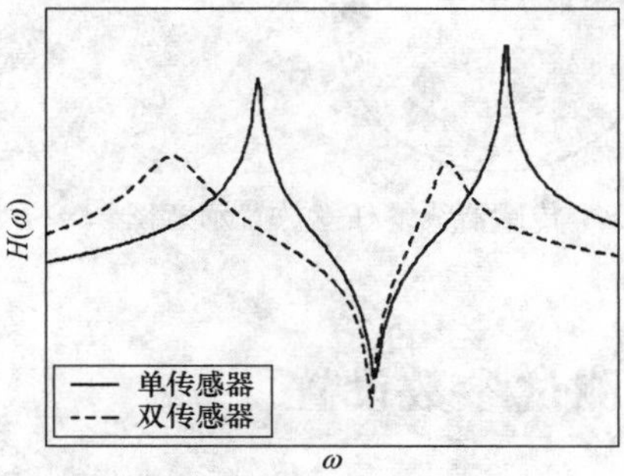

图8-26 布置不同数量传感器的频响函数曲线

钢盘的总质量约为592.7g，单个传感器和线缆的总质量不超过15g，传感器和钢盘的质量比约为1∶40。通过试验结果可以证明，无论多小的附加质量都会对固有频率的试验结果产生影响。所以实测时，应该尽量减少传感器的使用。

8.3.6 传感器的线缆

传感器的线缆应该与被测结构紧密粘贴，并由结构的振动最小端引出。正确的导线引出方式是，使用胶带将导线粘贴在被测结构上，而且要在振动最小的A端将线缆引出，如图8-27所示。如果线缆从B端引出，线缆的质量会完全附加在悬臂梁的自由端，影响悬臂梁固有频率的测试结果。

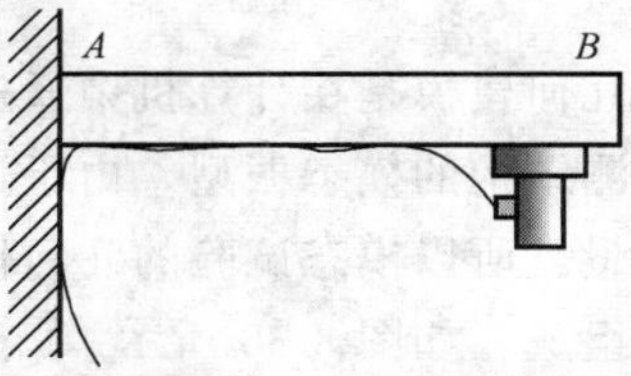

图8-27 传感器线缆的正确引出方式

如果将传感器线缆随意放置，那么散开的线缆会改变被测结构的系统特性。此时若对结构施加激励，则散开的线缆也会随结构晃动，线缆刚度不满足线性假设，所以这种晃动必然会降低模态试验结果的精度。

仍然以钢盘为例验证传感器线缆任意放置对频响函数测试结果的影响。如图8-28将传感器的线缆自由放置，然后对钢盘进行模态试验，测试得到的频响函数曲线如图8-29所示。其中，实线频响函数是将传感器线缆粘贴在钢盘上的试验结果，虚线是将传感器线缆自由放置得到的试验结果。

从试验结果中可以看出两条曲线峰值对应的频率不同，幅值也不一样。说明随意放置线缆对试验结果的影响具有随机性。这种随机性的原因除线缆引入的附加质量和附加刚度外，还与线缆随结构同步振动有关。这种对频响函数随机性的影响相当于频响函数被噪声污染，试验结果的精度必然降低。所以在进行模态试验时，必须将线缆粘贴在被测结构上，并由结构振动的最小端引出，这样才能避免线缆安装方式对试验结果精度的影响。

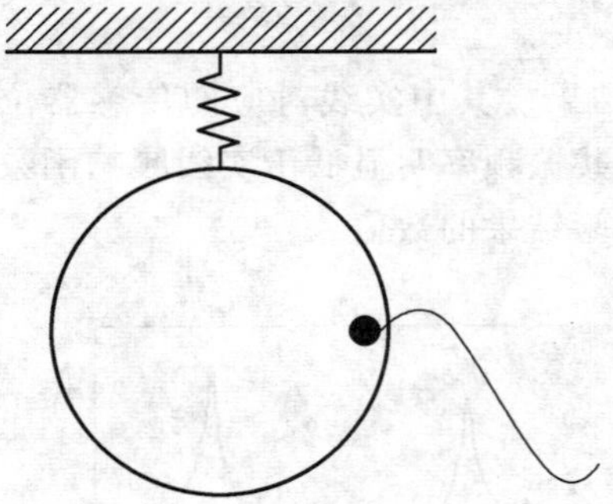

图 8-28　传感器线缆任意放置示意图

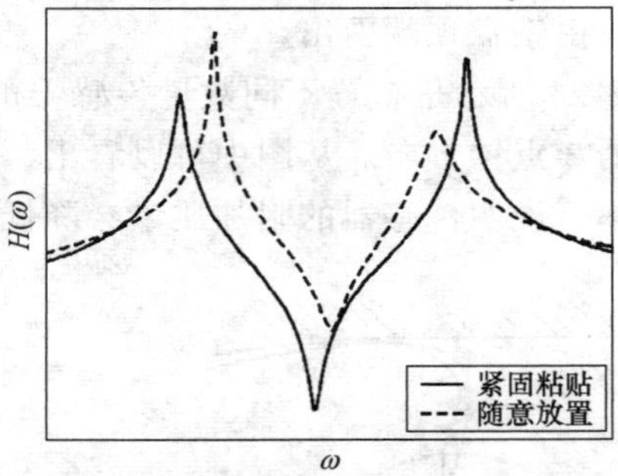

图 8-29　传感器线缆任意放置时的实测频响函数曲线

8.4　测试参数设置

模态试验参数主要在试验软件中进行设置，模态试验参数的设置流程大致可分为以下几个步骤：

1）建立结构几何模型。
2）设置信号采集通道。
3）设置力锤触发量级。
4）设置响应采集参数。
5）力锤激励信号加窗。

下面依次介绍试验参数的设置方法和注意事项。

8.4.1　几何建模

几何建模是在计算机中通过可视化的方法描述被测结构的外形特征，目的是在软件中显示被测结构的模态振型。由于过多测点会增加不必要的工作量，所以模态试验的几何模型通常由有限的离散点和线组成，如图 8-30 所示。

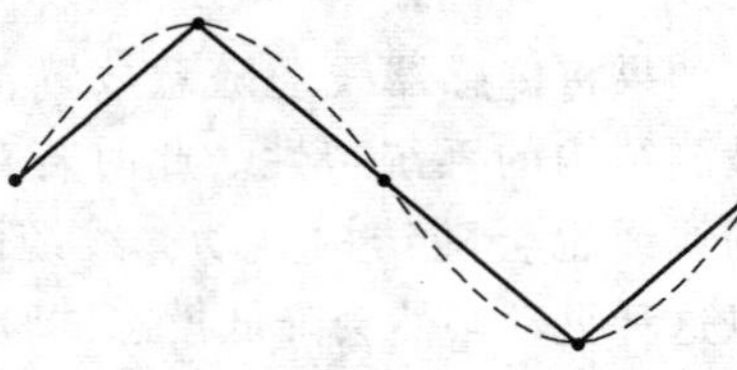

图 8-30　模态试验几何建模

几何建模在模态试验流程中的位置并不固定。可以先建模，然后关联几何模型与测试通道，也可以在模态试验之后进行模型关联，实际功能没有区别。但是需要注意的是，在使用三向传感器测试时，建议对被测结构和传感器进行拍照记录，以备后续关联几何模型时可以正确设置传感器的方向。

目前有些商用软件有振型插值功能，比如有三个连续测点 A，B，C。A 点和 C 点的数据为实测数据，而 B 点的数据因为传感器不便安装或其他原因无法得到实测数据，为了振型显示平滑，可以对 A 点和 C 点的数据进行插值得到 B 点的振型。

这种插值方法具有一定的风险。如图 8-31 所示，结构的真实振型为 $AbCdE$。如果使用 A

点和 C 点插值得到 B 点，使用 C 点和 E 点插值得到 D 点，那么插值后的振型为 $ABCDE$。插值后的振型明显是错误的，所以在试验时不建议使用该功能。

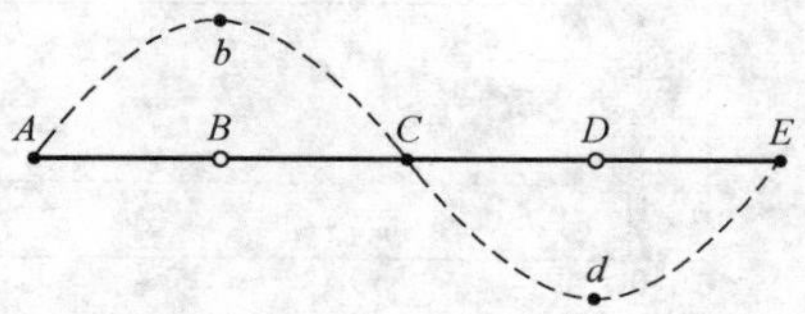

图 8-31　几何线性差值

8.4.2　采集通道

采集通道参数的设置可以分为以下几个步骤：

- 设置通道耦合方式。
- 设置传感器灵敏度。
- 设置采集通道量程。

1. 通道耦合方式

采集通道的耦合方式通常包括 AC，DC 和 IEPE。其中 AC 和 IEPE 耦合方式必须设置高通滤波器。在模态试验中，高通滤波器的 3dB 截止频率一般为 0.5Hz。如果关注结构 1Hz 以下的模态应该使用 DC 的耦合方式。

2. 传感器灵敏度

因为固有频率、模态阻尼和振型都与频响函数的幅值关系不大，所以在很多模态试验中并没有正确设置传感器的灵敏度。这种错误设置灵敏度的做法在粗略评估结构模态特性的情况下是可以采用的。

但是在修正有限元模型时，**必须正确设置传感器的灵敏度**。因为使用试验数据修正仿真模型时需要准确的模态参数，包括模态质量、模态阻尼和模态刚度。以模态质量为例，由牛顿第二定律 $F=ma$ 可以看出，如果激振力和响应的幅值不正确，那么计算得到的模态质量就是错误的结果。

所以在模态试验中应该正确输入传感器的灵敏度，当传感器使用年限较长时还需要在试验前标定传感器的灵敏度，保证试验结果的准确性。

3. 采集通道量程

模态试验一般采用加速度传感器采集结构振动响应，传感器的灵敏度一般为 100mV/g。如果被测结构尺寸较小，那么在锤击法模态试验中基本不需要调整量程。如果响应信号较弱，可以更换力锤增大敲击力或采用其他激励方法提高响应的信噪比。

8.4.3　触发设置

频响函数是响应信号和激励信号傅里叶变换的比值，所以采集到的信号必须包含激励和响应的信号特征。由于力锤敲击结构的时刻为随机量，当采集周期固定时，为了能够完整记录响应的振动波形，必须确定采集的起始时刻。通常以力锤激励超过某一量级的时刻作为采样周期的起点，然后记录激励和结构响应的时域信号，如图 8-32 所示。

在图 8-32 中 f_0 为触发级，在力锤超过触发量级的同时数采开始记录激励和响应的信号。将图 8-32 中的阴影部分放大得到图 8-33。从图 8-33 中可以看出，如果以力锤触发的时刻作为采样周期的起点，那么力锤刚接触到结构时的一部分脉冲和响应信号就会被截断。所以除了设置触发级以外，在试验时还需要在力锤触发时刻之前设置一个预触发时间 τ，以触发时刻前移 τ 为采样周期的起始时刻，这样就可以充分利用采样周期记录结构的振动信号，而且能够保证信号波形的完整性。

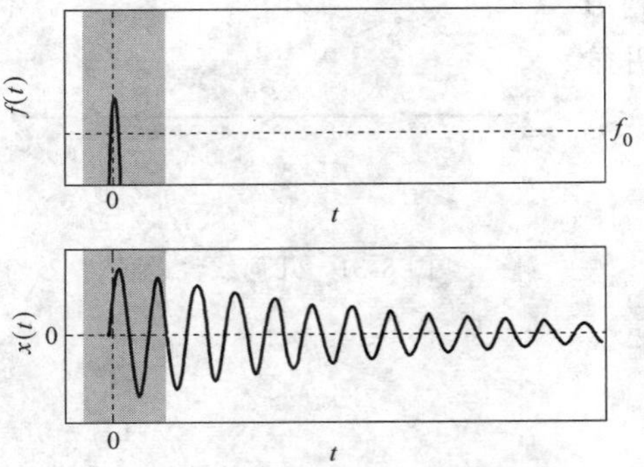

图 8-32　激励信号和响应信号

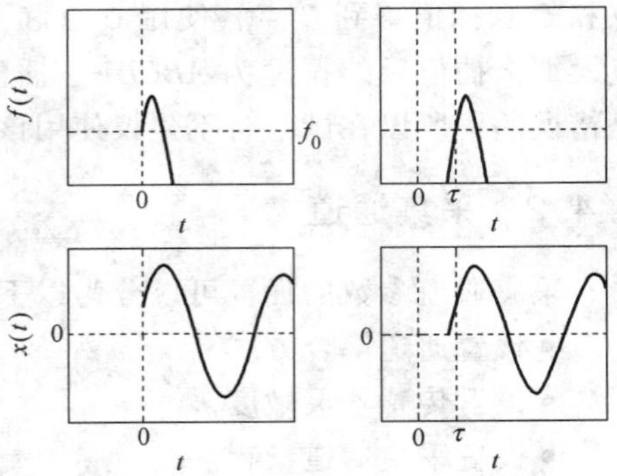

图 8-33　力锤预触发时间

8.4.4　采集参数

在锤击法模态试验中，与振动信号采集相关的参数有采样频率 f_s、谱线数 s_l、频率分辨率 r 和采样周期 T_s。

如图 8-34 所示，谱线数 s_l 和分辨率 r 满足关系

$$f_b = rs_l \tag{8-15}$$

式中，f_b 是测试带宽。

将采样率 f_s 设置为测试带宽 f_b 的 2 倍，即

$$f_s = 2f_b \tag{8-16}$$

则图 8-35 中采样周期 T_s 和频率分辨率 r 的关系为

$$T_s = \frac{1}{r} \tag{8-17}$$

当采样率 f_s 固定时，增加谱线数 s_l 可以提高分辨率 r 的精度，同时增大采样周期 T_s。

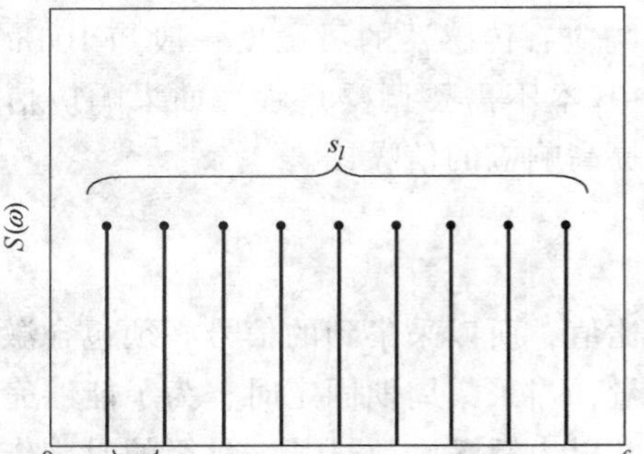

图 8-34　谱线数和分辨率

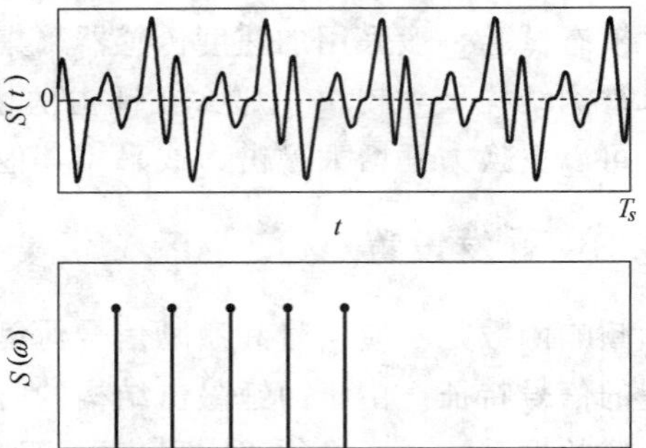

图 8-35　采样周期和分辨率

8.4.5　信号加窗

当被测结构的阻尼较小时，结构的振动响应在一个采样周期内无法衰减到 0，不满足快速傅里叶变换的周期性要求。为了减小时频变换时信号能量泄露对频响函数幅值的影响，可以对响应信号加窗强制信号满足周期性要求。锤击法模态试验中一般使用指数函数对响应信

号进行加窗处理，如图 8-36 所示。

由于加窗后响应信号的幅值信息和阻尼信息都发生了改变，即使对信号进行修正也无法准确还原信号的原始信息，所以在模态试验中应该尽量避免对响应信号进行加窗。为了避免能量泄露，可以采用图 8-37 中的方法，增大采样周期使被测结构的振动响应自由衰减到 0。这样做的好处是避免窗函数改变响应信号的幅值，也使模态阻尼的试验结果更接近真实值。

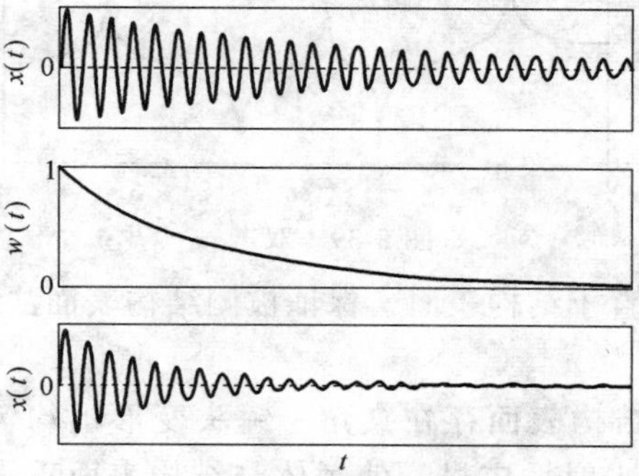

图 8-36 对响应信号进行加窗处理

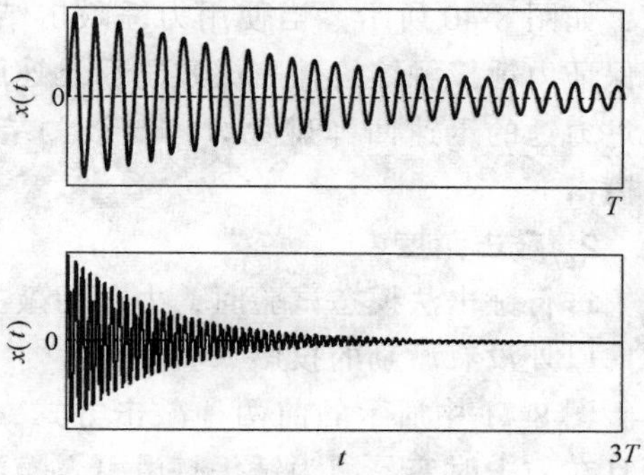

图 8-37 增大采样周期

与结构的响应信号不同，在锤击法模态试验中需要对力锤的激励信号进行加窗。由于锤头本身也具有弹性，在力锤敲击结构并弹起后，锤头会按照其固有频率进行衰减振动。如图 8-38 所示，在激励脉冲之后会有锤头振荡衰减的信号。

这些衰减的振动没有作用到结构上，如果参与频响函数的计算就会成为噪声。所以在试验时需要对激励设置力窗，截断锤头的衰减振动信号，只保留有效的脉冲信号。

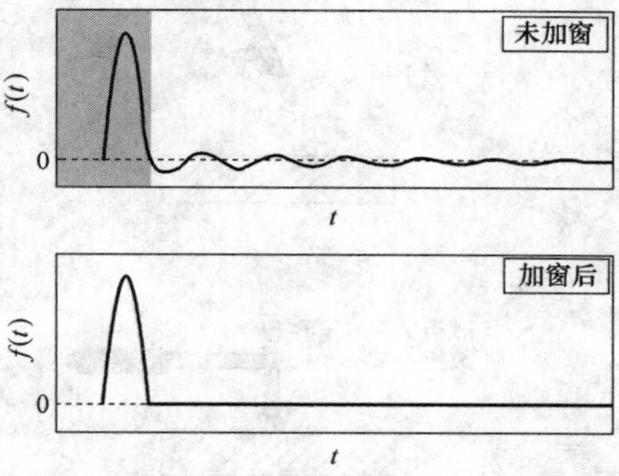

图 8-38 力窗

8.4.6 敲击测试

1. 双击影响

每次敲击过程中的敲击力 F_0 须为常数，而且在整个敲击过程中应只有力锤和结构之间的相互作用，没有其他外力输入。敲击产生的力应该由力锤的动量和接触时间决定，即敲击产生的冲量应该等于力锤的动量

$$F_0 t = m_h v_h \tag{8-18}$$

式中，m_h 是力锤的质量；v_h 是力锤接触被测结构的瞬时速度。

如果试验人员在敲击过程中手臂一直保持紧张状态，那么力锤接触被测结构时的敲击力就是力锤惯性力和试验员臂力的合力

$$F_0 = F_{\text{hammer}} + F_{\text{hand}} \tag{8-19}$$

式中，F_{hammer} 是力锤的惯性力；F_{hand} 是试验员的臂力。

因为人的臂力是非线性力，所以不能用线性函数表示其随时间变化的特征。如果敲击力有臂力参与，那么结构受到的激励脉冲波形就不再是半正弦波，而是根据每次施力时间的不同产生不满足时不变假设的复杂波形。双击是锤击法模态试验中比较典型的错误激励，双击

测试得到的频响函数会充满噪声，如图 8-39 所示。

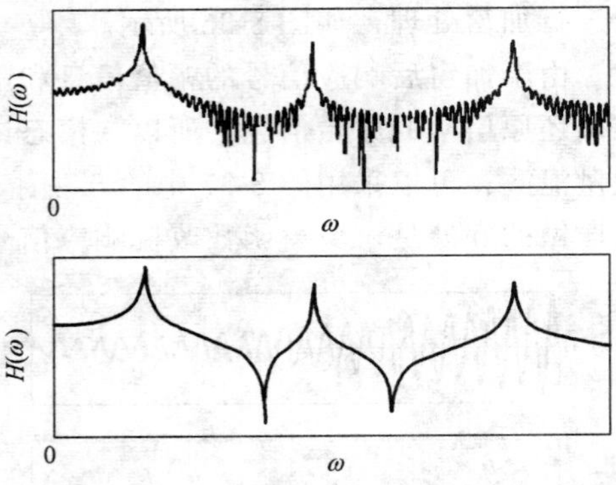

图 8-39　双击

正确的力锤敲击方法是，在力锤即将接触被测结构时试验员需要释放臂力，激励完全由力锤自身的惯性产生，这样才能保证激励信号的线性度，如图 8-40 所示。当使用力锤敲击结构时，需要保证力锤接触结构并完成激励后迅速脱离结构，通过力锤的迅速回弹避免力锤与被测结构发生二次撞击。

2. 敲击角度

进行锤击法模态试验时，力锤的敲击方向应该垂直于结构表面，保证被测结构表面法线方向以外没有激励的投影。

图 8-41 中所示的前两种敲击方式，力锤与被测结构表面存在夹角，锤头变形不均匀，而且在敲击时容易因为锤头打滑引入噪声。所以在敲击时，应尽量使锤体与结构表面垂直，使锤头均匀变形，以便得到高质量的脉冲信号。

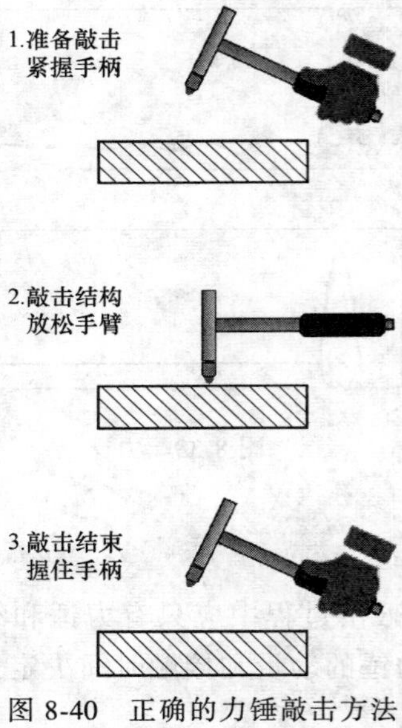

图 8-40　正确的力锤敲击方法

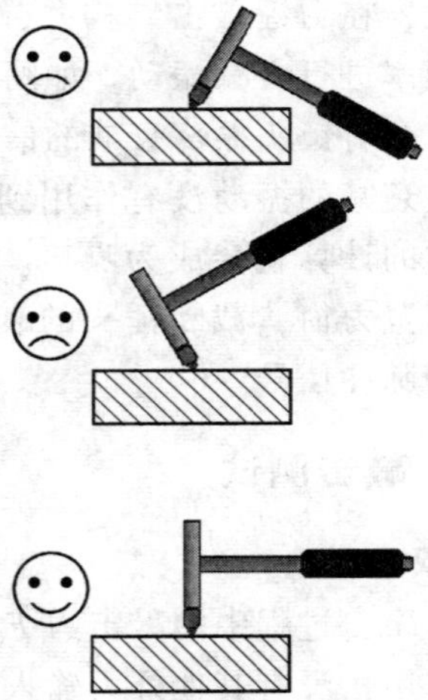

图 8-41　力锤敲击方法示意图

8.5　本章小结

本章介绍了锤击法模态试验的基本原理及试验流程，并在介绍过程中通过实例说明了试验中的注意事项。

因为锤击法常用于小型结构的模态试验，所以要尽量减少传感器的使用，同时还要留意悬挂和布线方式。在试验过程中要根据测试频带选择锤头的类型，而且要注意被测结构的硬度，避免锤头硬度高于被测结构。

在设置信号采集参数时，要注意窗函数的设置。通常无须对结构的响应信号加窗，目的是减少窗函数对阻尼试验结果的影响。但是对力锤的敲击信号需要加窗，以便截断锤头衰减振动的噪声信号。

锤击法是最基础的模态试验方法，但是激励能量有限。如果结构复杂、阻尼较大就需要更换力锤或使用其他试验方法，以增大激励能量，提高试验结果的信噪比。

第9章　多入多出模态试验

9.1　引言

锤击模态试验方法一般适用于小型结构或元件的模态试验，当被测结构尺寸较大且结构连接较为复杂时，锤击法试验结果的信噪比通常比较差。所以，对于尺寸和重量比较大、结构连接复杂的被测结构来说，主要使用激振器对其施加激励。使用激振器进行模态试验时通常会采用多个激振器激励，多个传感器采集，所以使用激振器激励的模态试验也叫作多入多出模态试验。

多入多出模态试验方法常用于部件级子系统和整机级的模态试验，目的是获得结构连接的刚度、模态阻尼和固有频率漂移等结构特性。

图 9-1 所示是使用激振器进行多入多出模态试验的流程图。

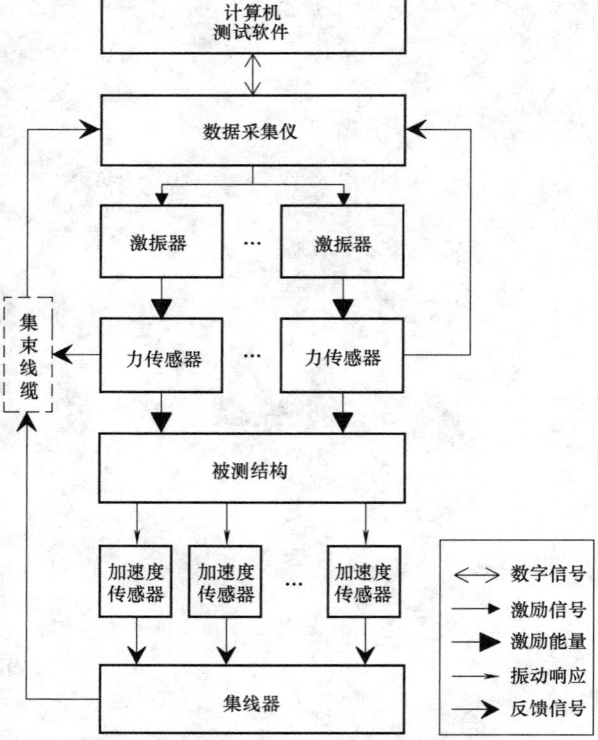

图 9-1　使用激振器进行多入多出模态试验的流程图

试验流程可以归纳为：

1）计算机将激励信号的类型、频率、采样频率、采集启停时间、传感器类型、灵敏度、量程等信息传输给数采。

2）由信号发生器发出模态试验所需的随机激励或正弦扫频信号，并通过线缆将激励信号传输给功放。目前数采都具备信号发生器的功能，而且由数采发出激励信号可以更好地控制采集时间以及激励的初始相位。在正弦扫频和步进正弦等需要精确控制激励幅值的试验中，则必须采用这种信号生成方式，因为数采需要根据结构振动的反馈实时修正输出信号的幅值。

3）功放在接收到激励信号后，会按照一定比例对信号进行放大，然后将放大后的激励信号传输给激振器。

4）激振器按照激励信号的波形和频率对被测结构进行激励，激励波形和频率由数采控制，激励的放大倍数由功放的增益决定。激振器的数量可以是一个或多个，根据结构的尺寸和复杂程度而定。如果响应信号的信噪比较低，则需要增加激振器的数量或增加激励的量级来提高信号的信噪比。

5）力传感器用来采集模态试验中的激励信号。力传感器安装在激振器和被测结构之间，通过底部的螺纹与激振杆连接，一般采用胶粘的方式与被测结构连接。

6）完成频响函数的测试还需要采集被测结构的响应信号，拾取振动响应的传感器可以是加速度传感器，也可以是速度传感器或位移传感器，视响应信号的频率范围而定。

7）大型模态试验的传感器数量较多，可以采用集束线缆的方式进行布线，减少布线及收线的工作量。也可以省略集束线缆，将传感器与数采直接相连。力传感器可以接入集束线缆，但是力传感器的数量比较少，即使与数采直接相连，收线的工作量也不大。

8）数采对采集到的激励和响应信号进行快速傅里叶变换，然后将变换后的频域数据以数字信号的形式传输给计算机，由计算机完成模态分析的工作。

多入多出模态试验方法非常多，本章只介绍基础的模态试验方法。以下具体介绍多入多出模态试验的具体流程和试验中的注意事项。

9.2　试验准备工作

9.2.1　模态试验的安全

多入多出模态试验不同于锤击法，试验设备的功率比较大，在试验前一定要确保试验的安全性，包括：人员安全、结构安全和信号安全。

1. 人员安全

工厂中的大型用电设备会由图 9-2 所示的 380V 三相交流电进行供电。380V 电压为有效值，是三相电源中任意两相之间的电压差。三相交流电的任意一相与中性线之间的电压为 220V。与 380V 电压相同，220V 也是有效值。三相交流电会将中性线接地，即中性线对地电压为 0V。三相交流电的波形图和插座示意图如图 9-3 所示。

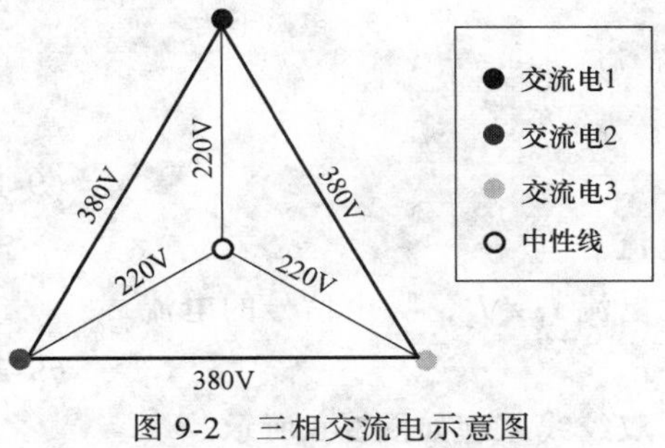

图 9-2　三相交流电示意图

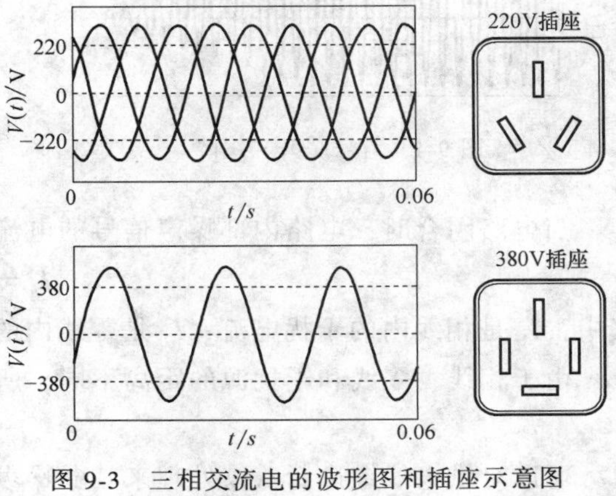

图 9-3　三相交流电的波形图和插座示意图

中性线是220V交流电的零线，当三相交流电负载平衡时，中性线的对地电压为0V。但是，中性线的零电位并不稳定，当电路接入380V的用电设备并起动运行时，不平衡的负载会造成中性线偏移。负载越不平衡，中性线偏移也就越大。

因为工厂中使用380V电压供电的设备较多，三相交流电不会做到绝对平衡。所以在设备使用380V电压供电的试验现场需要注意，220V交流电零线的对地电压有可能不是0V，需要使用万用表测试零线的对地电压，注意零线的带电情况。

有些试验场会将零线和地线混接，在这种情况下试验设备的金属外壳就可能会带电，不但会引入很大的电噪声，而且会威胁试验人员和试验设备的安全。为了避免人员触电或漏电损坏仪器，试验现场必须有可靠的接地以确保试验安全。

所有模态试验都必须将设备接地来确保试验的用电安全，包括锤击法模态试验。锤击法模态试验基本在试验室进行，试验室的接地情况相对较好，所以在第8章中没有单独介绍接地对试验的影响。当使用激振器进行模态试验时，现场的供电情况相对复杂，而且容易忽略电源的接地情况，所以在本节特别强调了电源的接地。

2. 结构安全

为了保证被测结构不会因为激励的突然加载或卸载而造成损坏，数采的信号源在发出激励信号或紧急停机时应该有信号缓升和缓降的功能。

如图9-4所示，信号源输出的信号幅值由0V加载到满量级应该能够设置缓冲时间。同样在紧急停机时，应该具有信号缓降的功能，保证被测结构不会因为反冲击造成损坏。

3. 信号安全

功率放大器向激振器传输电能的供电线缆没有屏蔽层，所以容易受到电磁干扰产生噪声。如图9-5所示，当供电线缆受到外部强电磁干扰时，线缆内部会产生感应电动势。当电路闭合时，电路内会产生干扰电流。

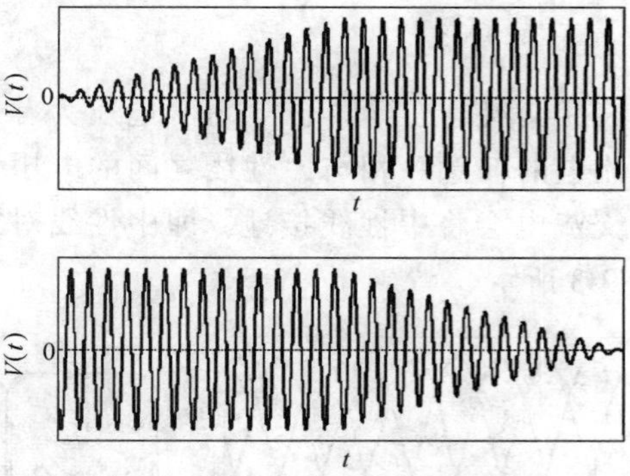

图9-4　信号缓升和缓降

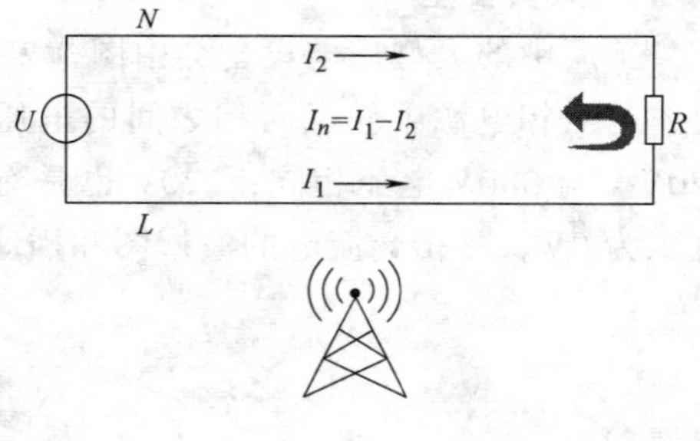

图9-5　电磁干扰

当电路闭合时，电路内部噪声信号的电流 I_n 为

$$I_n = I_1 - I_2 \tag{9-1}$$

式中，I_1 是相线内的干扰电流；I_2 是零线内的干扰电流。

由于相线、零线和干扰源的距离不同，所以干扰电流 $I_1 \neq I_2$，噪声信号的电流

$$I_n \neq 0 \tag{9-2}$$

可以对供电线缆进行双绞处理来减弱噪声干扰，双绞线原理如图9-6所示。

外界干扰在双绞线电路内引起的噪声电流 I_n 为

$$I_n = I_{L1} + I_{L2} - I_{N1} - I_{N2} \tag{9-3}$$

式中，I_{L1} 和 I_{L2} 是相线内的干扰电流；I_{N1} 和 I_{N2} 是零线内的干扰电流。

线缆经过双绞处理后，根据相线、零线和干扰源的距离可以知道，相线和零线内的干扰电流满足

$$I_{L1} = I_{N2} \tag{9-4}$$

$$I_{L2} = I_{N1} \tag{9-5}$$

所以双绞线路内噪声的总干扰电流

$$I_n = 0 \tag{9-6}$$

在试验中需要将激振器的供电线缆多次扭绞，以减弱外界电磁干扰对供电线路内电流的影响。而且在采集应变信号时，应变片引出的线脚也应该使用双绞线（见图 9-7），目的同样是减弱外界电磁场对应变信号的干扰。

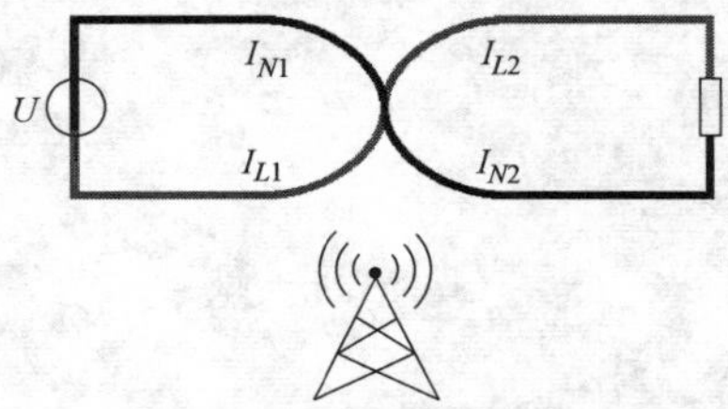

图 9-6　双绞线原理

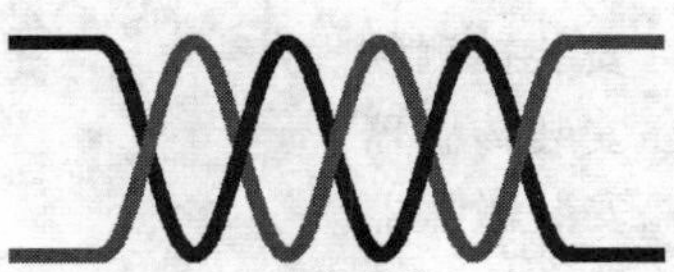
图 9-7　双绞线

9.2.2　连接试验设备

图 9-8 所示是多入多出模态试验的设备连接示意图。

试验前可以参考图 9-8，使用对应的线缆连接被测结构、激振器、传感器、数采和计算机。对于设备的连接有几点说明：

1）试验前应确定电源是否存在零地混接现象，是否有可靠接地，确保供电安全。

2）如果功率放大器、数采和计算机分别由不同的电源供电，那么所有电源需要进行共地处理。

3）通常 UPS 电源没有地线，如果使用 UPS 电源供电，需要单独为设备接地。

4）所有线缆（包括传感器信号线）的连接工作必须在关闭设备电源开关的条件下进行，**严禁设备运行时插拔线缆**。

5）设备通电后应使用万用表测量不同设备金属外壳之间是否存在电压差，比如功率放大器与数采之间。如果设备内部的电路

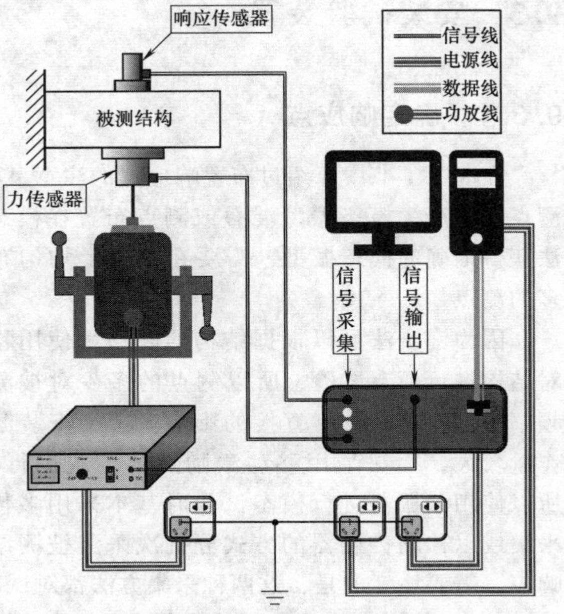

图 9-8　多入多出模态试验的设备连接示意图

有损坏或者整体电路中有循环接地，那么不同设备的金属外壳之间就会有电势差。

6）当被测结构需要供电时，需要确定被测结构和数采之间是否存在接地回路。此外，还需要确定计算机和数采之间是否存在电压差。

7）响应传感器可以选用加速度传感器，也可以使用其他响应类型的传感器，视测试频带、结构特性和试验条件而定。

8）多入多出模态试验中的响应传感器数量较多，与数采连接时通常由第 1 个通道依次向后排列。

9）力传感器从数采的最后 1 个通道依次向前排列。因为激振器数量较少，所以从后向前排列时采集通道和力传感器匹配起来比较容易。

9.2.3 模态试验的流程

多入多出模态试验的流程和锤击法模态试验略有不同，一般需要以下几个步骤：

1）确定响应点。

2）确定激励点。

3）安装被测物。

4）安装传感器。

5）安装激振器。

6）传感器布线。

7）设置试验参数。

8）采集试验数据。

其中步骤 1）到步骤 6）为被测结构和试验设备的安装，步骤 7）和步骤 8）为试验软件的操作。下面依次详细介绍多入多出模态试验的步骤和注意事项。

9.3 安装试验装置

9.3.1 确定响应点

在 8.3.1 节中介绍过布置响应点的注意事项。以图 9-9 所示的平板结构为例，为了避免测点过少产生模态振型混叠或测点布置在模态节点上无法获得准确的模态振型，需要在平板上均匀布置数量较多的测点。

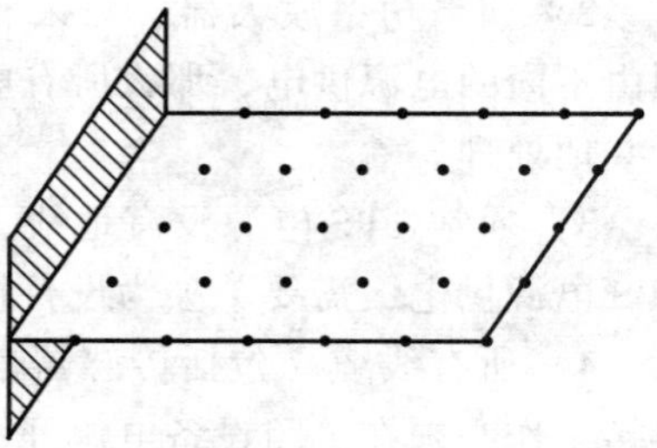

图 9-9 平板结构上的测点布置

因为锤击法可以根据结构的互易性使用移动力锤法对结构进行模态试验，所以测点的多少对被测结构固有频率的试验结果没有直接的影响。由于安装激振器的工作量较大，无法采用移动激励点的方式进行模态试验，所以使用激振器进行模态试验时基本采用多传感器同时采集或以移动传感器的方式分批次采集被测结构的振动响应。需要注意的是，这两种采集方法都对试验结果有不利影响。

1）当使用多传感器同时采集被测结构的振动响应时，传感器的附加质量必然会改变被测结构固有频率的试验结果。

2）因为分批次移动传感器的方式会引起结构质量分布的变化，所以分析不同批次的试验数据时，容易出现在同一阶模态下频响函数共振频率不一致的现象。

所以在多入多出模态试验中，正确的测点布置方法是在不丢失模态的前提下，尽可能减少测点数量。在正式试验之前应该进行预试验，当前仿真工具非常高效，可以使用仿真软件优化测点位置并提供布点方案。这样就可以去掉不必要的测点，提高试验效率，同时降低试验成本。比如，测试平板结构前两阶弯曲模态和前两阶扭转模态，经过仿真软件对测点的优化，可以采用图 9-10 所示的布点方案。如果仅需要测试结构的第 1 阶弯曲模态和第 1 阶扭转模态，还可以进一步减少测点的数量。

比如在基于图 9-10 所示的布点方案得到结构的前四阶振型后，如果需要获取结构第 1 阶弯曲模态的准确固有频率，可以将响应的测点按照图 9-11 所示的方式进行布置。将图 9-11 与图 9-10 两种布点方式测试得到的频响函数曲线进行对比，如图 9-12 所示。通过对比频响函数的共振峰值找到对应模态并记录结构的准确固有频率数值。

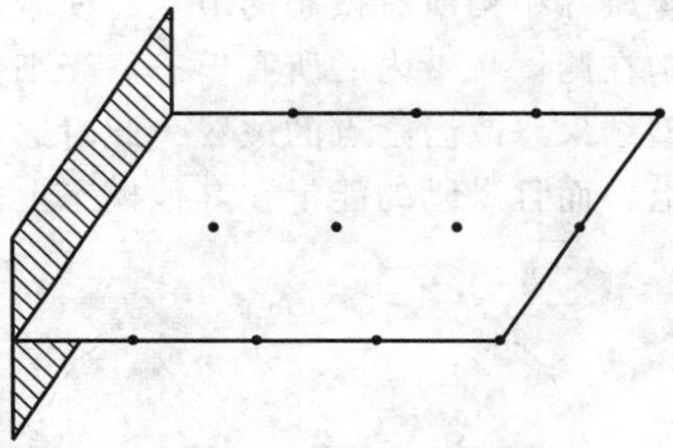

图 9-10　布置 12 个测点

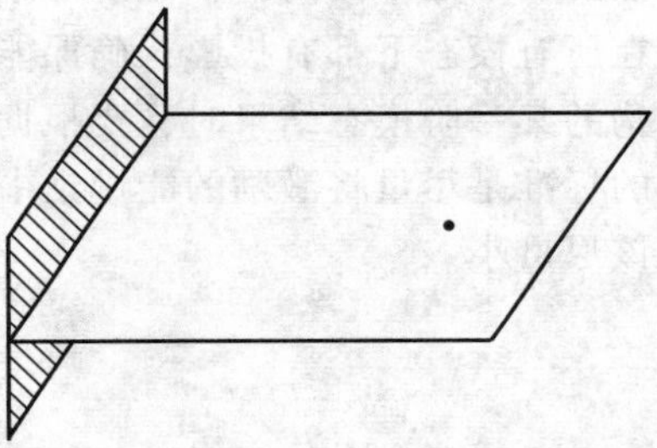

图 9-11　布置 1 个测点

不同阶模态的测点布置方案不一定相同，比如，测试平板的第 1 阶扭转模态，就需要采用图 9-13 所示的布点方法。

根据上述实例的对比和介绍，总结得到多入多出模态试验中布置响应测点的步骤：

1）在仿真软件中对被测结构进行预试验。因为仿真软件可以计算被测结构各点对质量的灵敏度，所以根据仿真计算的结果可以优化响应测点的布置方案。

2）如果不能使用仿真软件进行预试验，就需要通过实测的方法预估被测结构的模态。可布置相对较多的响应测点得到被测结构的模态振型。

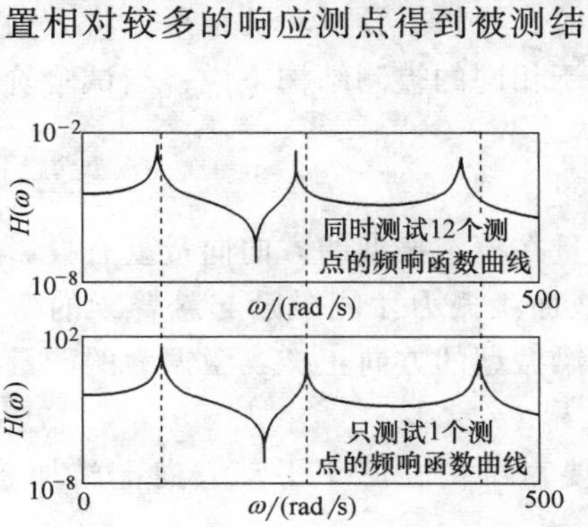

图 9-12　不同数量测点的频响函数曲线对比

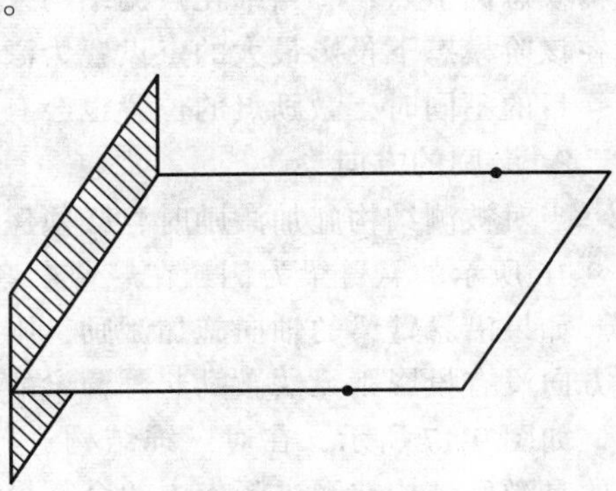

图 9-13　第 1 阶扭转模态的测点

3）根据预试验得到的结构模态振型缩减响应测点的数量，并再次进行模态试验。

4）对比测点缩减前后频响函数曲线的形状确定结构的固有频率，并检验测点数量的改变对模态试验结果是否有影响。

9.3.2 确定激励点

在进行模态试验时激励点的参数不是一成不变的，要根据不同的试验目的及时修改激励点的参数。激励点的参数包括：激励点的位置、激励的方向和多点激励的相位。

下面分别介绍如何确定激励点的相关参数。

1. 激励点的位置

以图 9-14 所示的简支梁为例，当进行结构预试验时不应该将激励点设于结构的对称点上，应避免以激励点作为结构模态的节点，否则会导致模态丢失。

在对简支梁进行预试验后，可以知道简支梁的大致振型。如果需要进一步细化简支梁奇数阶的模态参数，就需要将激励点放置在梁的几何中心处，如图 9-15 所示。这与预试验对激励点的要求是不同的，预试验对激励点的要求是尽量避开结构所有模态的节点，使激励的能量在所有模态下都有投影，确保能够激励起被测结构在测试频带内的所有模态。当细化被测结构的某一阶模态结果时，要根据预试验得到的振型结果修改激励点的位置，此时选择激励点的标准是尽量将激励的能量集中在所关心的模态上，而且激励的能量在其他模态上的投影应该尽量小。

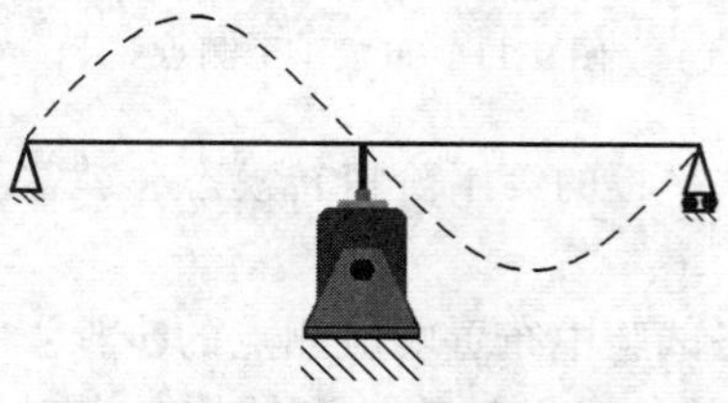

图 9-14 预试验错误的激励点

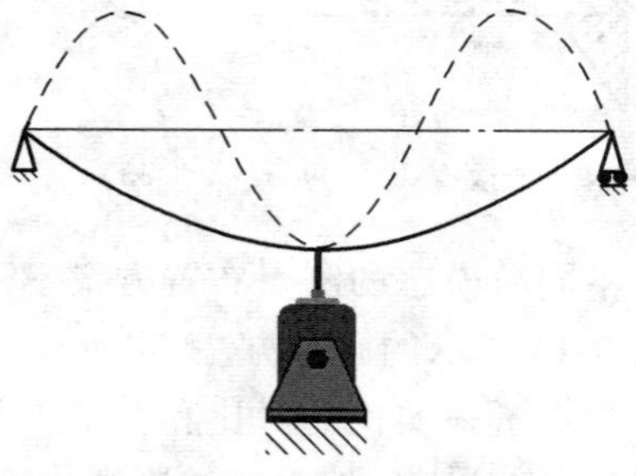

图 9-15 奇数阶模态激励点的位置

根据简支梁的例子可知，设置模态试验激励点位置的原则是：①预试验中激励点应避开结构模态的节点；②当细化被测结构某一阶模态参数时，要根据预试验的结果，将激励的能量在该阶模态下投影最大的点设置为激励点。所以对于相同的被测结构来说，当试验阶段不同、目的不同时，激励点的位置也会有所差别。

2. 激励的方向

当对被测结构施加激励时，必须保证激振力的能量在模态振型的方向向量上有投影。以图 9-16 所示的悬臂梁为例，在悬臂梁弯曲的方向上施加激振力才能激励起悬臂梁的弯曲模态。如果沿悬臂梁的轴向施加激励，则激振力与悬臂梁振型的方向正交，激振力的能量在振型方向没有投影则无法激励起悬臂梁的弯曲模态。

如图 9-17 所示，在对三维结构进行预试验时需要对结构在三个平动方向上施加激励，目的是激发结构在测试频带内的全部模态。

结构的自由端一般不是节点，可以按照图 9-18 中的激励方式对结构三个平动方向施加激励。这种激励方式的优点是：

1）能够激发出结构在测试频带内的所有模态。且不同激励之间彼此正交，可以减少激振力之间的相互作用，提高试验效率。

2）因为激励的延长线不通过被测结构的质心，所以激励相对质心有弯矩，在激励结构平动模态的同时还可以激励出结构的扭转模态。

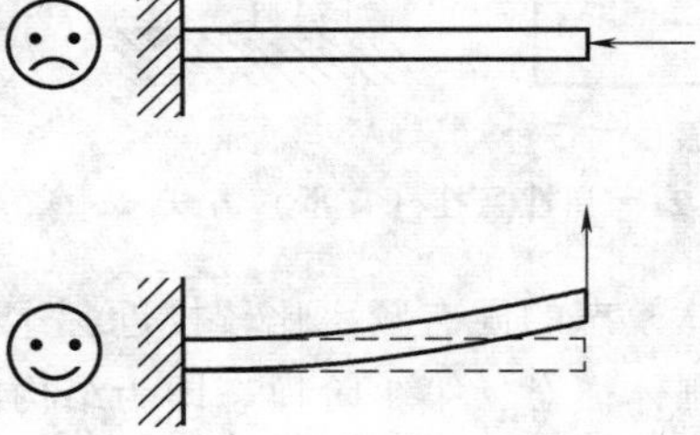

图 9-16　激励的方向

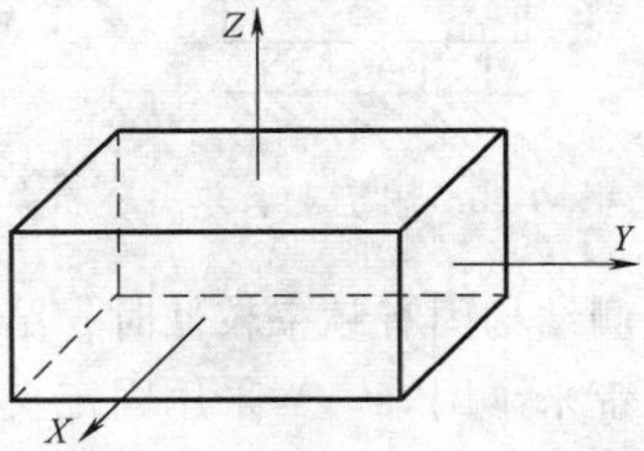

图 9-17　对三维结构在三个平动方向上施加激励

图 9-18 中三个方向的激励都会引起结构绕质心的转动，所以任意一个激励都会有少部分能量分散在其他两个方向上。通过预试验得到结构在测试频带内的全部模态后，可以根据振型确定结构在共振时的主要振动方向。比如结构的某阶振型向量主要沿 x 轴方向，那么细化该阶模态固有频率和振型时可以撤掉 y 轴和 z 轴的激励，只需单独激励 x 轴。这样结构模态完全由 x 轴激励，振型的信噪比更高。而且减少激励就意味着减少了被测结构的附加质量，固有频率的试验结果也就更加准确。

3. 多点激励的相位

以图 9-19 所示的简支梁为例，当使用正弦信号激励简支梁的第 3 阶模态时，可以使用 3 个激振器对简支梁施加激励，激励的位置与相位如图中所示。

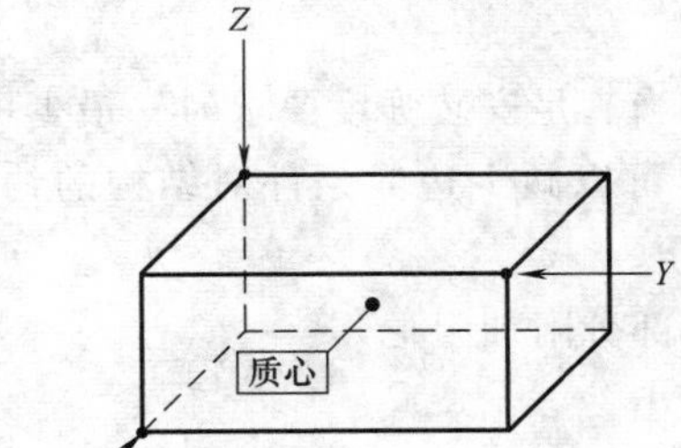

图 9-18　三维结构的实际激励点及方向

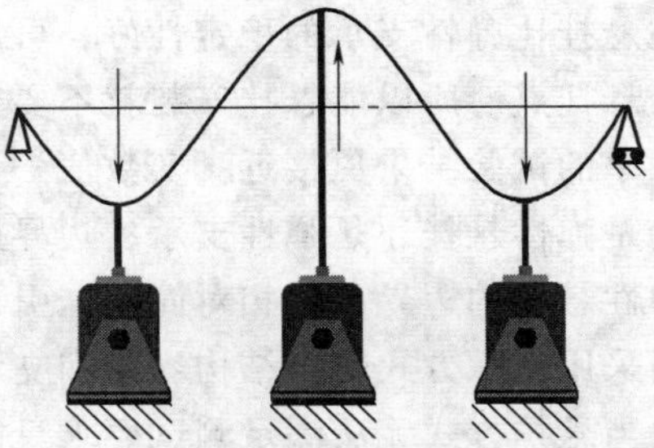

图 9-19　被施加激励的简支梁激励的位置与相位

其中左右两个激振器的激励相位是相同的，中间激振器的相位和两侧激振器的相位相反。仅在使用正弦信号进行多点激励时需要考虑不同激励的相位关系，当使用随机信号对结构进行多点激励时无须考虑相位设置。激振器的位置和相位设置对模态试验结果的影响分别在 9.5.4 节，9.6.2 节和 9.6.4 节举例介绍。

9.3.3　安装被测结构

多入多出模态试验中有两种常见安装被测结构的方式：固定支承方式和弹性悬挂（支

承）方式，如图 9-20 和图 9-21 所示。

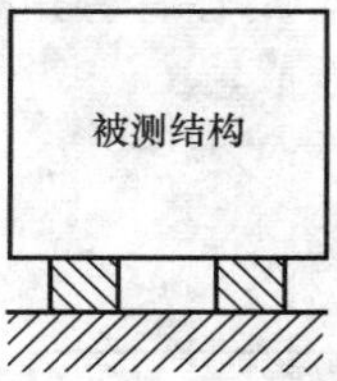

图 9-20　固定支承方式

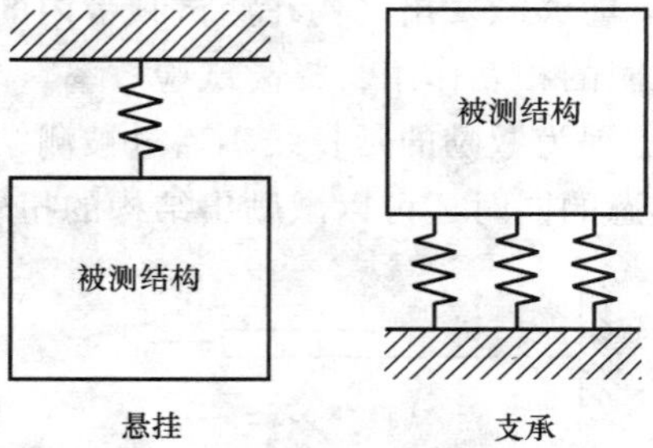

图 9-21　弹性悬挂（支承）方式

当被测结构固有频率较低时，结构的刚体模态和弹性体模态的固有频率比较接近，这给模态分析带来了困难。当采用固定支承结构时，结构没有刚体模态，第 1 阶模态即为结构的弹性体模态。所以，固定支承多用于测试结构的低频模态。

当采用固定支承结构时，需要注意边界条件是否满足时不变假设。有些结构在不同时间段测试得到的数据结果会有差异，很可能是因为温湿度的变化对结构的边界产生了影响，比如边界刚度或边界阻尼产生了变化。以翼面、舵面等轻薄结构的固定安装为例，如果工装不能满足预紧力的一致性条件，那么不同批次试验对应的边界约束刚度就会存在差异。所以在对比不同批次的模态试验结果时，数据结果和测试曲线就会发生无法对应的情况。

与固定支承相反，图 9-21 所示的弹性悬挂（支承）方式多用于被测结构质量较轻、固有频率较高的情况，而且试验中较多采用弹性悬挂的安装方式。

使用弹性支承安装被测结构时，为了保证结构稳定，支承点最少为 3 个。以图 9-21 中同一被测结构为例，假设悬挂刚度和支承的总刚度相同，分别采用 1 点悬挂和 3 点支承方式安装被测结构。支承的 3 个弹性元件需要两两拉开一定距离才能保证结构的稳定支承，但是这样会限制结构的弯曲变形，人为地增加了结构的刚度。

弹性悬挂比弹性支承的稳定性好，可以减少约束点。当满足安装强度要求时，最少可以采用 1 个悬挂点。所以能悬挂安装就不要支承安装，这样可以减少边界条件对结构的约束，使固有频率的试验结果更接近真实数值。

无论是弹性悬挂还是弹性支承，边界条件都会引入一部分附加阻尼。

- 弹性悬挂的边界条件相对简单，引入的边界阻尼较小。
- 当采用支承方式时，结构容易和支承元件产生摩擦，引入的边界阻尼较大。

所以当悬挂方式无法满足测试要求只能选择弹性支承时，应尽量减小支承元件与被测结构的接触面积，减小摩擦阻尼。

9.3.4　传感器的安装

在多入多出模态试验中，需要安装的传感器有响应传感器和力传感器。响应传感器的安装方法可以参考锤击法模态试验中介绍的内容。采集激励信号的力传感器串联在激振器和被测结构之间，对安装强度要求较高。力传感器的具体安装步骤是：

1）清理结构和力传感器的粘接表面。

2）在力传感器安装底座上涂抹胶水。

3）粘贴传感器，使胶水充分凝固。

4）连接激振杆。

1. 清理粘接面

被测结构的表面通常有灰尘，金属结构的表面还会有锈迹，灰尘和锈迹会降低粘接强度。所以需要打磨粘接面，增加粘接强度，如图 9-22 所示。

当被测结构表面有喷漆时，不能将力传感器直接粘接在漆面上，因为漆面的附着力较低，激振力增大时漆面会脱离结构，所以需要将喷漆打磨干净。打磨结构表面时需要用目数较高的砂纸，砂纸的目数不应该低于 100 目（0.15mm）。

力传感器的底座同样需要打磨，而且不要留下前次粘接的胶水残渣。可以先用解胶剂将残余胶水融化擦净后再进行打磨，打磨完毕后用酒精或丙酮将表面碎屑擦拭干净。

2. 涂抹胶水

可以使用 502 和 454 等快干胶粘接传感器，胶水应该涂抹在力传感器底座的中心，如图 9-23 所示。

注意：胶水不要涂抹太多，过多的胶水不易风干凝固，而且粘接面的中心容易出现空鼓和虚粘，影响粘接强度。

3. 粘贴力传感器

粘贴力传感器时，需要先将力传感器和结构上的测点对准，然后将力传感器按压在被测结构上，如图 9-24 所示。按压力传感器时要将多余的胶水挤出，而且需要保持一定时间，待胶水充分凝固后再进行下一步操作。

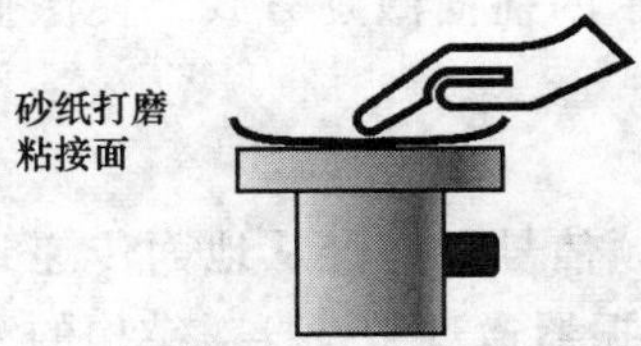

图 9-22　打磨粘接面

图 9-23　涂抹胶水

图 9-24　粘贴传感器

测试环境的温湿度会影响胶水凝固的速度，有时胶水外层凝固后，粘接面中心的胶水仍然是液态，所以在气温较低，环境湿度较大的测试环境中，粘接力传感器的时间要稍长，确保粘接面之间的胶水充分凝固，保证连接强度。

4. 连接激振杆

当胶水充分凝固后，就可以连接力传感器和激振器。激振器通过激振杆与力传感器连接，如图 9-25 所示。

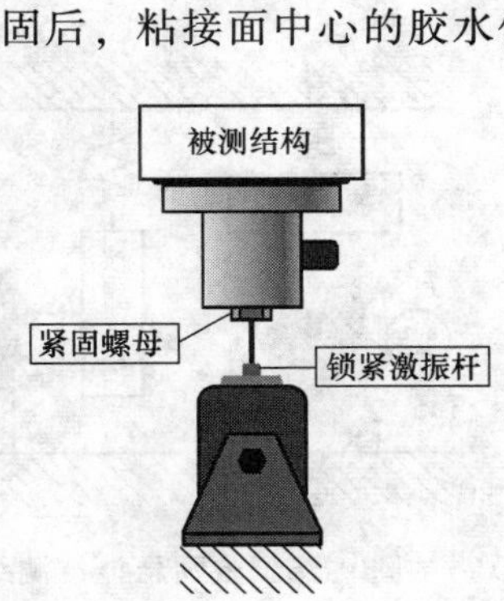

图 9-25　连接激振杆

安装激振杆的具体步骤是：

1）将激振器与力传感器对中，目的是使激振力完全沿激振杆的轴向。

2）激振杆顶端和力传感器有匹配的螺纹，二者通过螺纹进行连接。

3）用紧固螺母锁定激振杆与力传感器，保证固定连接。

4）将激振杆和激振器动圈之间的紧固螺母锁紧，保证二者之间没有相对位移。

安装过程中有两点注意事项：

1）在锁紧螺母时需要用扳手固定力传感器的底座，避免紧固螺母的扭力超过胶水粘接的需用剪力使力传感器脱落。

2）激振杆表面不能有油污，安装前应该用酒精擦拭激振杆表面，提高激振杆表面的摩擦力，保证激振杆和激振器的固定连接。

9.3.5 激振器的安装

在介绍试验设备的第 7 章中介绍了激振器的安装方法。除基本的安装方法外，在实际试验中还有一些容易被忽视的问题，比如：

1）悬挂结构时激励的方向。

2）高频振动沿地面的传播。

3）垂直激励时激振器的安装。

4）不稳定安装引入边界噪声。

5）水平吊装时激振杆的失稳。

1. 悬挂结构时激励的方向

当采用图 9-26 所示的弹性悬挂方式安装被测结构时，不推荐垂直安装激振器。如果沿重力方向激励结构，那么悬挂绳索会因为振动产生弹性伸缩，这种弹性伸缩会使结构的边界条件产生变化。当改变激励的量级时，固有频率的试验结果就有可能会发生漂移。此外，不断变化的边界条件还会引入边界噪声。

所以当激励悬挂的被测结构时，建议采用图 9-26 中右图所示的横向激励方式，使激振力与约束力正交，避免二者之间发生相关干扰。

2. 高频地面传播

如果采用图 9-27 所示的激励方式，那么需要注意激励的高频信号可能会从地面传递到被测结构。被测结构受到的激励能量是两部分能量的叠加：①激振器通过激振杆对结构的激励；②激振器沿地面传递的高频振动。

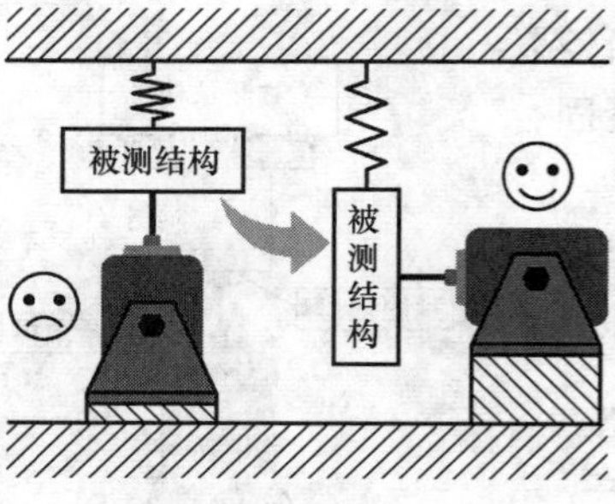

图 9-26 激励悬挂被测结构

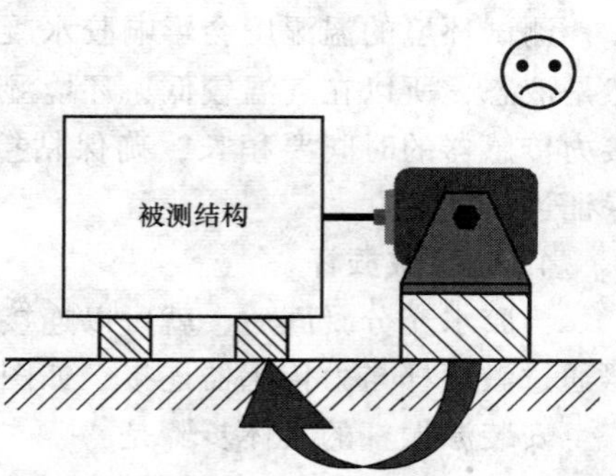

图 9-27 激振器沿地面传递的高频振动

此时被测结构的响应 $X(\omega)$ 就是两部分激励共同作用的结果

$$X(\omega)=X_s(\omega)+X_g(\omega)$$
$$=H_s(\omega)F_s(\omega)+H_g(\omega)F_g(\omega) \tag{9-7}$$

式中，$F_s(\omega)$ 是力传感器采集到的力信号；$F_g(\omega)$ 是激振器沿地面传播的高频振动。$X_s(\omega)$ 和 $X_g(\omega)$ 分别是 $F_s(\omega)$ 和 $F_g(\omega)$ 引起的结构响应。

试验中被测结构频响函数 $H(\omega)$ 的计算方法是

$$H(\omega)=\frac{X_s(\omega)+X_g(\omega)}{F_s(\omega)} \tag{9-8}$$

从式（9-8）中可知，结构频响函数的试验结果只考虑了力传感器的反馈，忽略了激振器沿地面传递的高频振动能量。所以沿地面传递的高频振动就成了模态试验中的噪声，频响函数的测试曲线就会充满毛刺，相干函数也会偏低。

激振器振动能量沿地面传递有两个必要条件：

1）固定结构和激振器的地面刚度较大，比如铁地板。

2）激励的频率较高。

如果激振器固定点与结构固定点的距离较远或地面刚度较低，激励能量沿地面无法传递时，就可以忽略地面振动的影响。如果确认激振器的振动会沿地面传递，那么要将激振器悬挂起来或采用图 9-28 所示的方式进行激励，以切断振动的传递路径。

当激励频率较低时，也可以忽略地面振动的影响。比如大型无人机机翼的固有频率较低，在这种情况下即使不切断振动的传递路径也可以采用图 9-27 所示的方式进行机翼的模态试验。

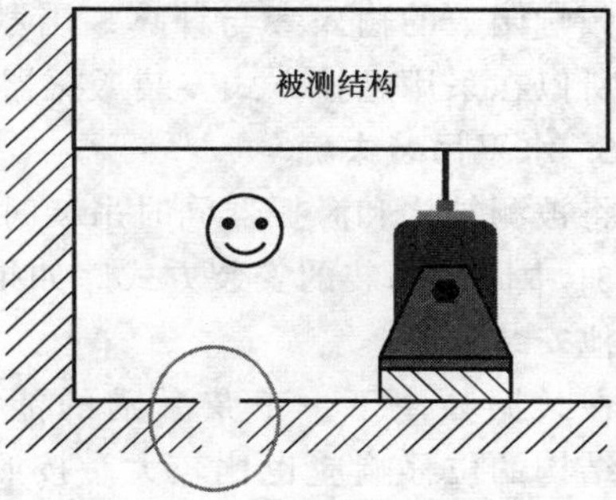

图 9-28　切断传递路径

3. 竖直固定安装

如图 9-29 左侧所示，当激振器的激励方向和重力方向平行时，不应该使用刚性绳索吊装激振器，更不能使用弹性悬挂的方式安装激振器。

与图 9-26 中竖直激励悬挂结构的情况相同，当使用绳索吊装激振器并竖直激励被测结构时，激振器的边界条件是不稳定边界条件。这种不稳定的边界会随激振器的振动产生变化，所以图 9-29 中左侧所示的激振器边界条件很难满足时不变假设。以这种方式激励被测结构时，不稳定的边界条件会引入噪声，相干函数的试验结果会比较差。

所以当竖直安装激振器时，需要将激振器的边界完全固定，确保边界条件的稳定和试验结果的可重复性。

4. 边界噪声

因为激振器重量较大，所以很多试验室会为激振器制作工装，并在工装底部安装滚轮方便激振器的移动。需要注意的是，在进行模态试验时需要将工装与地面完全固定，不应该采用图 9-30 中左侧所示的安装方式，在未约束滚轮的条件下对结构施加激励。

如果不固定工装，那么当激振器激励结构时，激振器与地面之间就会发生相对位移，滚轮的滚动摩阻和轴承的摩擦阻尼会被计入被测结构的阻尼试验结果中。此外，轴承中滚珠与轴套之间有间隙存在，加上滚轮与地面之间的摩擦力线性度较低，这样就会引入很多不稳定因素降低模态试验结果的信噪比。

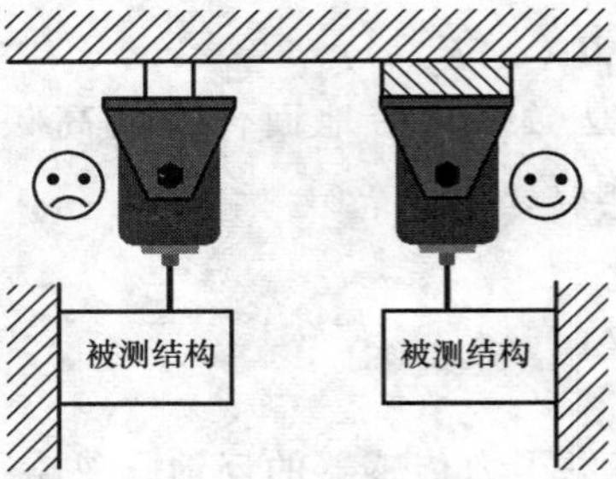

图 9-29 竖直固定安装激振器

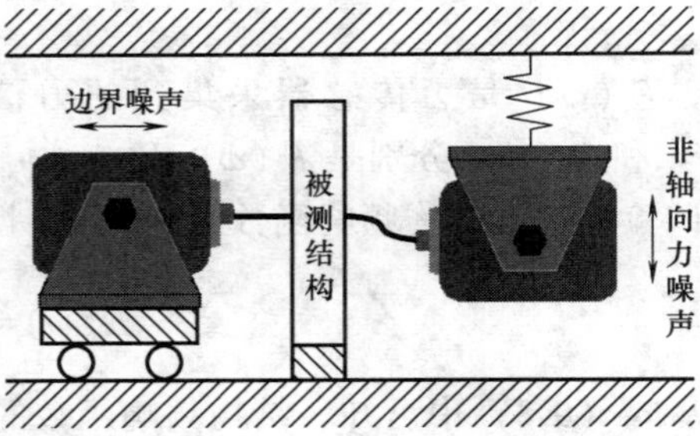

图 9-30 错误的安装方式

在吊装激振器时，不应采用弹性绳索。因为激振器本身有偏心现象存在，在施加激励时很容易引起激振器上下晃动。如果使用弹性绳索吊装激振器，激振器的上下振动就会导致激振杆弯曲。如果激振杆弯曲，那么激振器激励被测结构时，激振力与被测结构表面法线方向就会产生夹角，因为力传感器对轴向力灵敏度较高，所以非轴向力只能作为噪声信号，不能作为频响函数的输入参与计算。当激振器沿竖直方向晃动过大时，还会导致激振杆失稳折断。所以在采用悬挂方式安装激振器时，必须使用刚性绳索吊装激振器。

5. 水平吊装失稳

将被测结构和激振器同时吊装时需要注意，如果使用随机信号激励结构，那么可以采用图 9-31 中同时吊装的安装方式。如果激励信号是扫频正弦或步进正弦信号，就应该尽量采用其他安装方式。

在共振频率下，正弦激励的能量非常集中，被测结构的位移响应也比较大。按照图 9-31 所示的方式安装激振器，很难保证激振力能够刚好穿过被测结构的质心。在结构共振时，由于激励对被测结构的质心有弯矩，所以被测结构会绕其自身的铅垂线产生转动，此时激振力的方向也会产生变化。当被测结构的转动角度过大时，力传感器容易脱落。所以，为了保证试验的安全，当使用正弦扫频或步进正弦信号激励被测结构时，不应采用图 9-31 中所示的安装方式。

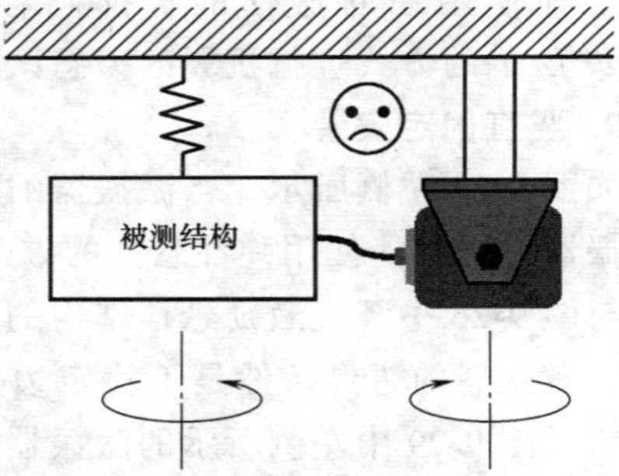

图 9-31 水平吊装失稳

9.3.6 安装连接线缆

在多入多出模态试验中可以使用集束线缆的方式进行布线。集束线缆的结构如图 9-32 所示。需要注意的是，在选择线缆接插方式时，公头应该安装在线缆一侧，母头应该安装在数采一侧。

如图 9-33 所示，公头为有探针的一侧。当线缆多次接插时，探针可能会折断。如果将公头安装在数采一侧，那么当探针折断后就需要拆开数采并更换新的插头。如果在试验时探针损坏就会影响试验的进度。如果将公头安装在线缆一侧，即使探针折断，也可以快速更换线缆继续试验，不会影响试验的进度。

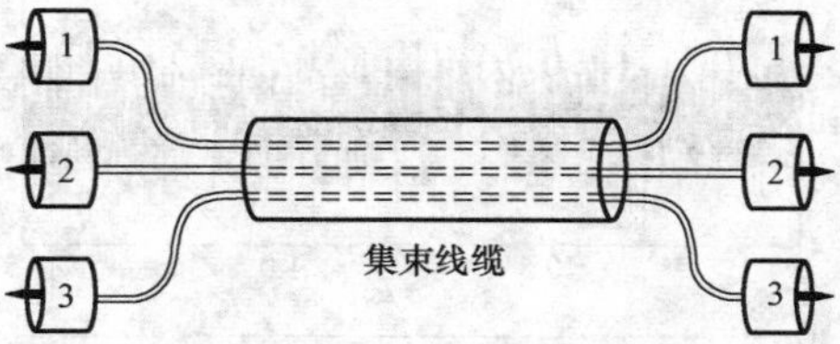

图 9-32　集束线缆

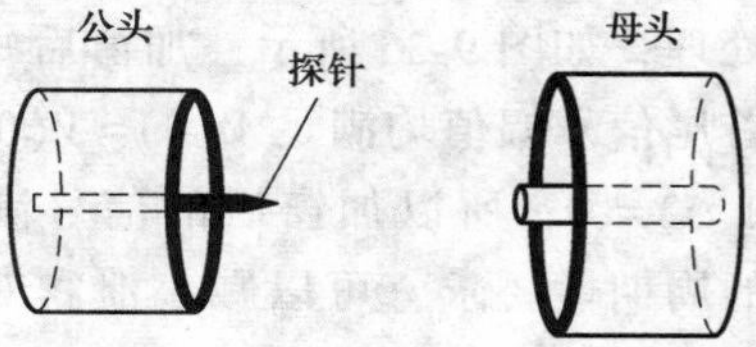

图 9-33　线缆接头示意图

9.4　随机信号激励

模态试验的激励信号有多种类型，不同类型的激励信号性质各异，适用场景也不相同。多入多出模态试验常用的激励信号类型有两种：随机信号和正弦信号。本节主要介绍随机信号时域和频域的特征。根据信号的时域、频域特点，随机信号可以分为：①纯随机；②伪随机；③猝发随机。下面依次介绍这三种类型随机信号的特点。

9.4.1　纯随机信号

纯随机信号是一种持续的平稳随机信号。纯随机信号的幅值在频域内服从正态分布，而且纯随机信号的相位也呈随机分布，如图 9-34 所示。

纯随机信号的特点是任意两个采样周期内信号的幅值和相位都不相同，其激励能量可以覆盖模态试验的测试频带。纯随机信号的激励效率比较高，理论上在一个采样周期内即可激励出被测结构在测试频带内的所有模态。

图 9-35 所示是以 0.5s 为一个采样周期的纯随机信号时域波形图。从图中可以看出，每个采样周期内的信号都不相同。在采样周期的首尾时刻，纯随机信号的幅值并不相等。当时间 $t=0.5\text{s}$ 时，信号的幅值 $V(0.5)$ 是负数。当 $t=1$ 时信号的幅值 $V(1)$ 为正数

$$V(0.5) \neq V(1) \tag{9-9}$$

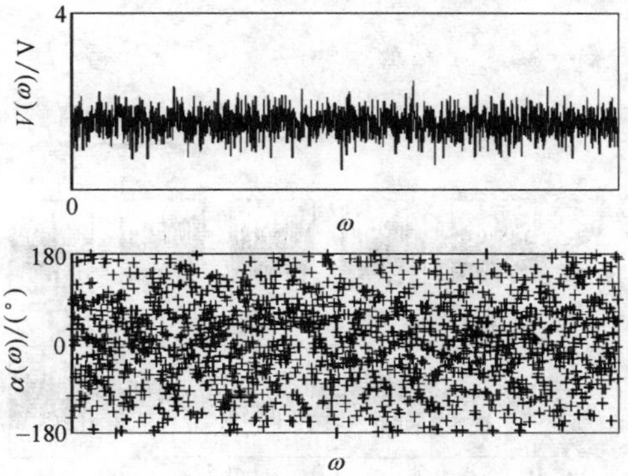

图 9-34　纯随机信号的频域幅值和相位

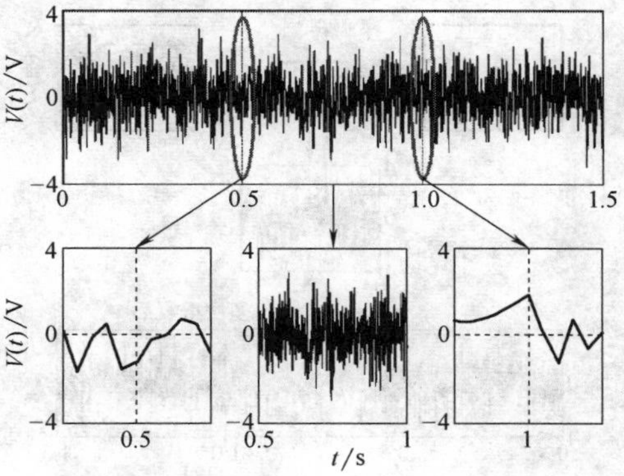

图 9-35　纯随机信号的时域波形

由式（9-9）可知纯随机信号不满足周期信号特征，所以通过傅里叶变换将纯随机信号由时域变换到频域时会发生能量泄露。为了减小泄露对信号幅值的影响，必须对信号进行加窗处理。

对每一个采样周期内的纯随机信号进行加窗处理，如图 9-36 所示，加窗后每个采样周期的首尾信号幅值均满足 $V(0)=V(0.5)=V(1)=V(1.5)=0$，所以加窗后的信号满足傅里叶变换的周期性要求，可以减小泄露对信号频谱幅值的影响。纯随机信号的优点是可以一直保持激振器对被测结构的激励，测试得到的频响函数信噪比较高。缺点是需要通过加窗将纯随机信号转换为周期信号。

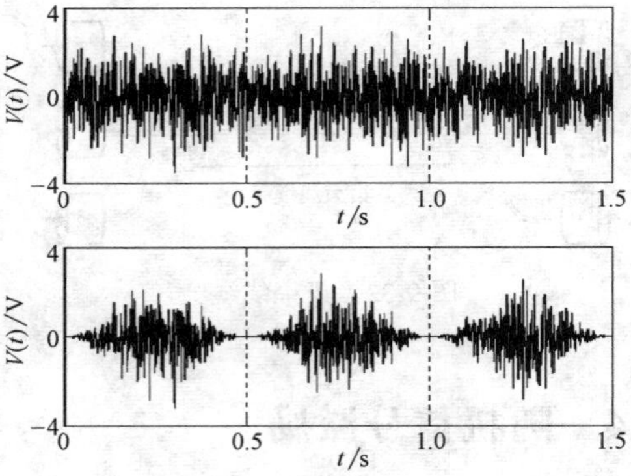

图 9-36　对纯随机信号进行加窗处理

对信号加窗相当于人为给信号增加了阻尼，虽然可以得到更加光滑的频响函数，但是试验结果中的阻尼信息并不准确；而且加窗后的信号频谱幅值和真实的信号频谱幅值并不相等。虽然窗函数对信号的幅值有对应的修正系数，但是**任何修正过的信号幅值都是不准确的**。如果模态试验对信号幅值精度有要求，比如当使用试验结果修正仿真模型时，不建议选择纯随机作为模态试验的激励信号。

9.4.2　伪随机信号

图 9-37 所示是伪随机信号的生成方式和时频域特征。伪随机信号的频谱幅值为常数，相位为随机分布。使用傅里叶逆变换将常幅值和相位随机的信号变换为一个采样周期的时域随机信号。伪随机信号的全部时域历程就是将该采样周期内的随机信号不断重复。

伪随机信号在每个采样周期内的信号都是相同的，可以将伪随机信号视为周期信号。结构受到周期信号激励时响应也是周期信号。根据这个性质，可以得到试验中采集伪随机信号的方法，如图 9-38 所示。首先对结构施加多个采样周期的伪随机激励使结构的响应趋于稳定，稳定后的响应信号和激励信号就具有周期信号的特征，可以在不加窗的情况下对信号进行傅里叶变换，而且可以保证信号的频谱没有能量泄露。

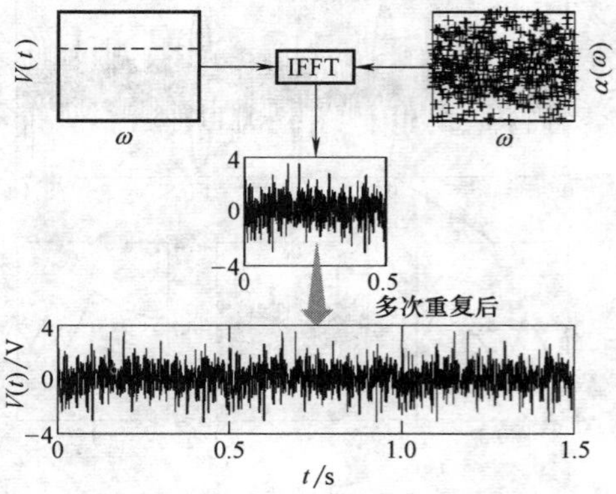

图 9-37　伪随机信号的生成方式和时域特征

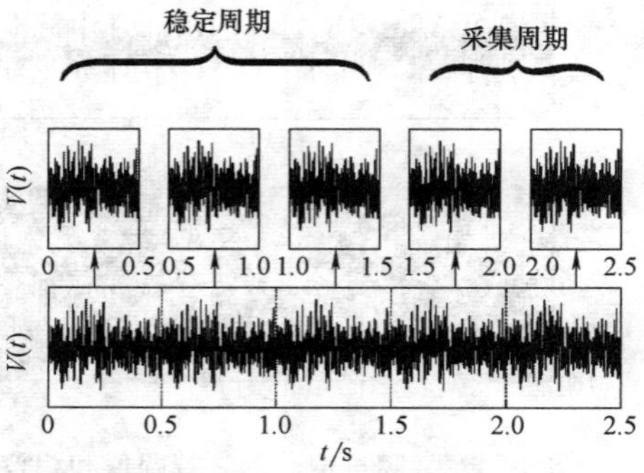

图 9-38　伪随机信号采集示意图

伪随机信号的特征是，在一个采样周期内观测，信号是平稳随机的，但是在多个采样周期内观测，信号是重复出现的。这种信号在模态试验中有较大缺陷，如果信号发生器生成的伪随机信号缺少某一频带的能量，且该频带内含有被测结构某阶模态的固有频率，那么这阶模态在试验中是无法被激发的。

为了避免丢失模态，就要重新生成伪随机信号，并再次进行结构激励和频响函数的测试。如图 9-39 所示，通常要对结构进行多轮激励。因为每轮激励时结构都要经过多个采样周期后响应信号才能稳定，所以伪随机信号的测试效率较低。

除信号频谱幅值为常数的伪随机信号以外，还有频谱幅值和相位都呈随机分布的周期随机信号，如图 9-40 所示。周期随机信号时域波形的生成方式和频响函数的测试方法与伪随机信号相同，所以不再赘述。

伪随机信号和周期随机信号对结构响应的稳定性要求较高。当被测结构的稳定性不佳时，响应信号就无法满足周期性要求。此时对信号进行傅里叶变换就会发生能量泄露，所以在响应稳定性差的模态试验中仍然需要对信号进行加窗。

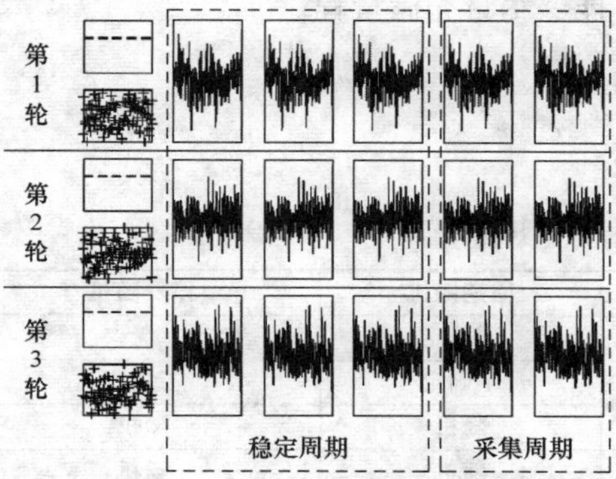

图 9-39　多轮伪随机信号激励

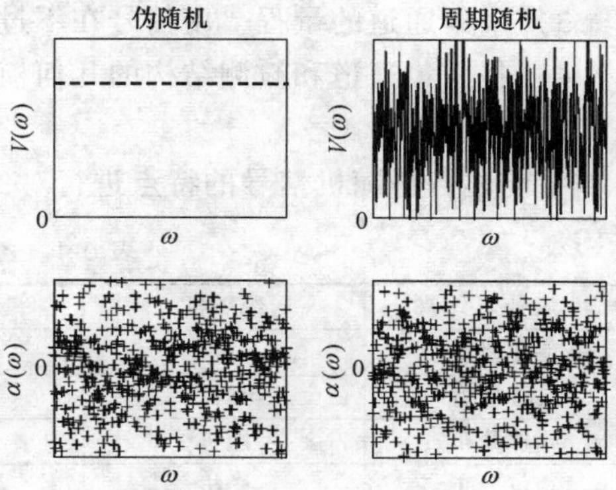

图 9-40　伪随机信号的频域特征

9.4.3　猝发随机信号

猝发随机信号是一种幅值从 0 开始，激励一段时间之后中止的随机信号，如图 9-41 所示。

激励时间 T_e 由采样周期 T_s 和占空比 e 决定

$$T_e = eT_s \tag{9-10}$$

式中，占空比 $e \in [0, 1]$。当占空比 $e=1$ 时，猝发随机相当于纯随机。

猝发随机信号和纯随机信号的频域特征相同，而且每个采样周期内的信号波形都不相同。被测结构在采样周期内受猝发随机信号激励产生响应，激励信号经过时间 T_e 后中止，结构的响应在时间 $T_s(1-e)$ 内衰减为 0。因为在一个采样周期内激励和响应时域信号首尾处的幅值都是 0，所以猝发随机信号满足周期性要求，无须对信号进行加窗。这样就保证了激励信号和响应信号频谱幅值的准确性。

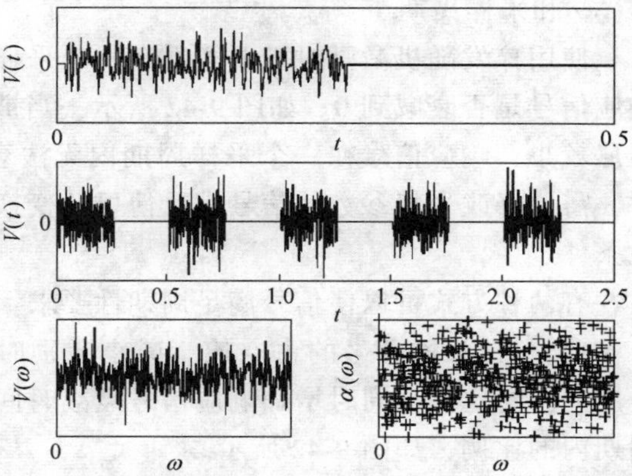

图 9-41　猝发随机信号

当被测结构阻尼较小，响应信号在采样周期内无法衰减到0时，可以将采样周期延长。这样就可以避免加窗对信号频谱幅值的影响。因为猝发随机信号既能保证激励能量在测试频带内都有分布，又无须加窗，所以猝发随机信号是模态试验中常用的激励信号。

9.4.4 试验参数设置

在模态试验时，需要在试验软件中设置试验参数。设置试验参数的步骤有：①设置采集通道；②选择激励信号；③设置采样参数；④设置激励电压。

1. 设置采集通道

在采集通道设置中需要正确设置：

1）传感器耦合方式，比如AC，DC或IEPE。

2）传感器的灵敏度，比如100mV/g。

3）采集通道的量程，使信号在不过载的情况下能够尽量充满量程。

4）将采集通道和被测结构的几何模型进行关联。

2. 选择激励信号

将前述各种随机信号的特点进行对比，见表9-1。

表9-1 各种随机信号的特点对比

信号类型	纯随机	伪随机	周期随机	猝发随机
能量泄露	有	不确定	不确定	无
是否加窗	加窗	不确定	不确定	不加窗
幅值分布	随机	常数	随机	随机
相位分布	随机	随机	随机	随机
信噪比	好	好	好	一般
测试时间	短	长	长	短
适用场景	较少	较少	较少	多

在试验中可以根据被测结构的特点选择合适的随机信号类型。

3. 设置采样参数

在使用随机信号激励的模态试验中，与采集相关的参数有：分析带宽f_b、谱线数s_l、分辨率r和采样周期T_s等。

使用猝发随机激励时需要查看在一个采样周期内响应信号是否衰减到0。如图9-42所示，当被测结构阻尼较小，响应信号在一个采样周期内无法衰减到0时，需要修改采集参数使信号满足傅里叶变换的周期性条件。

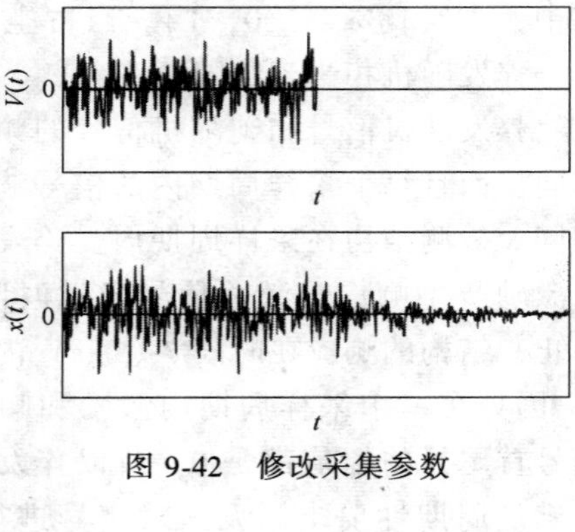

图9-42 修改采集参数

有两种方式可以使信号满足周期性要求：

1）修改激励信号的占空比。减小激励时间在采样周期内的比例，同时增加响应信号衰减时间在采样周期内的比例，如图9-42所示。

2）增大采样周期。当采样周期不足以让响应信号充分衰减为0时，就要增大采样周期，使被测结构的响应自由衰减到0，如图9-43所示。

相比调节激励信号的占空比，增大采样周期的方法可以给被测结构提供充足的激励能量，所以频响函数测试曲线的信噪比要更高。

4. 设置激励电压

在调节激振力的幅值时，需要同时考虑信号发生器和功率放大器的设置。目前信号发生器的功能基本集成在数采中，如图 9-44 所示，激振力的幅值为数采输出信号的幅值和功率放大器增益的乘积（见图 9-45）。所以当功率放大器的增益过大时，信号输出源的可调范围就会减小，如图 9-46 所示。受到信号源变化范围的限制，激振力幅值的控制精度就会降低。

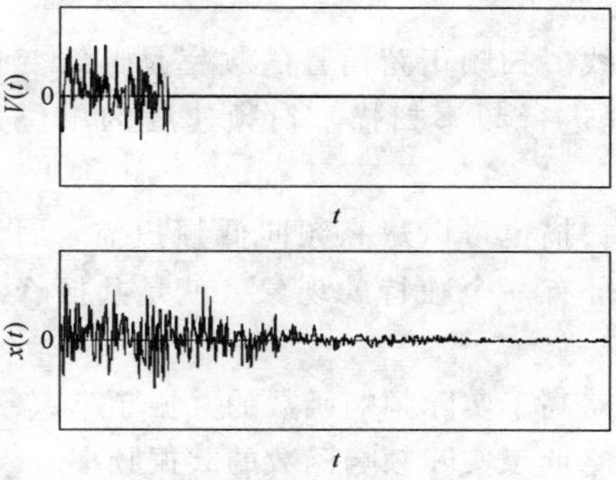

图 9-43　修改占空比

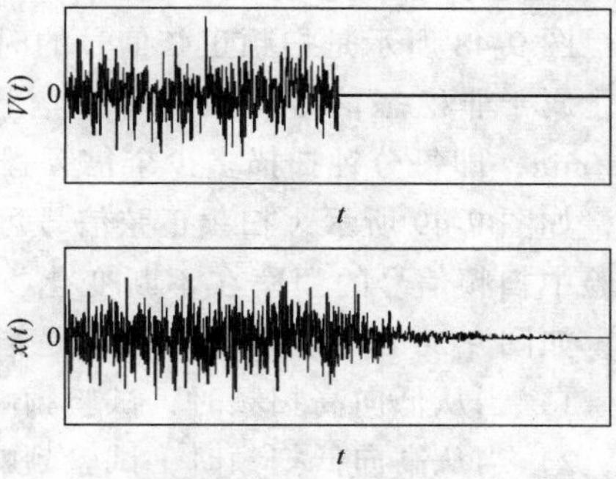

图 9-44　增大采样周期

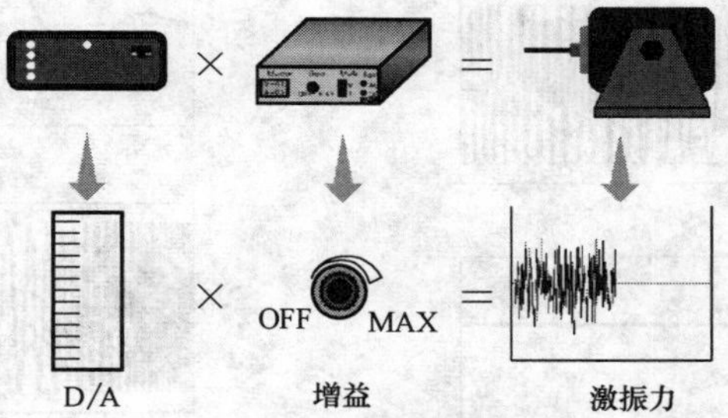

图 9-45　激励示意图

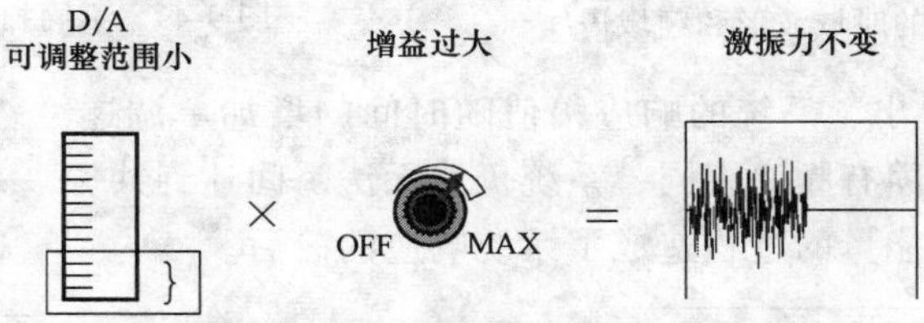

图 9-46　功率放大器的增益过大

所以应该在试验前先将信号源的激励电压稳定到合适范围后，再由小到大调节功率放大器的增益，使激振力的幅值满足试验要求，如图 9-47 所示。

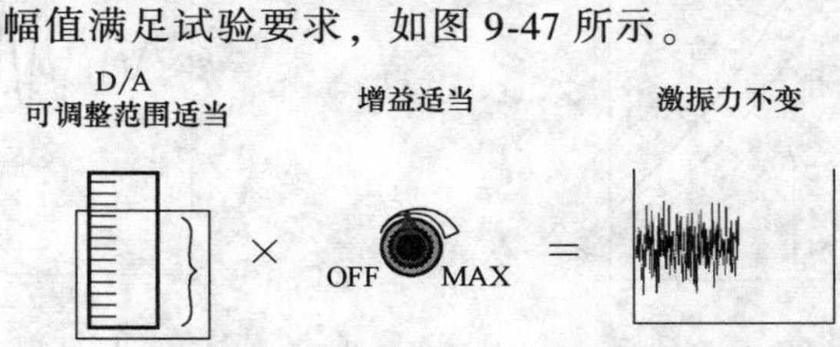

图 9-47　信号发生器可调整范围

9.5 正弦信号激励

9.5.1 扫频正弦信号

因为正弦信号对时间的微分和积分仍然是同频率的正弦信号，而且正弦信号的能量集中，频响函数测试曲线的信噪比高，所以在模态试验中经常使用正弦信号作为激励信号。正弦信号的种类比较多，本节主要介绍扫频正弦信号的特点。

图 9-48 所示是扫频正弦信号的时域波形和频域谱线。扫频正弦信号的频率是连续变化的，属于非稳态信号。扫频正弦信号可以按照倍频程进行频率扫描，扫频速度的单位是 oct/min，即每分钟扫描多少个倍频程。

如图 9-49 所示，扫频正弦信号可以从低频向高频扫描也可以从高频向低频扫描。因为试验中扫频信号的频率在不断变化，所以扫频正弦信号有一个独特的现象，就是共振峰漂移，如图 9-50 所示。共振峰漂移是指：

1）当从低向高扫频时，试验频响函数的共振频率略高于实际频响函数的共振频率。

2）当从高向低扫频时，试验频响函数的共振频率略低于实际频响函数的共振频率。

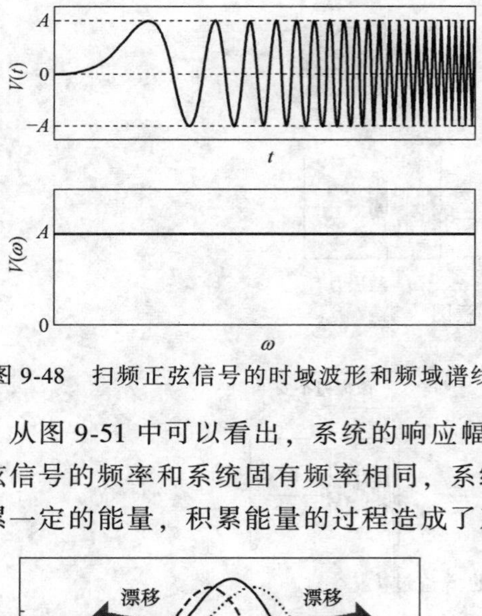

图 9-48 扫频正弦信号的时域波形和频域谱线

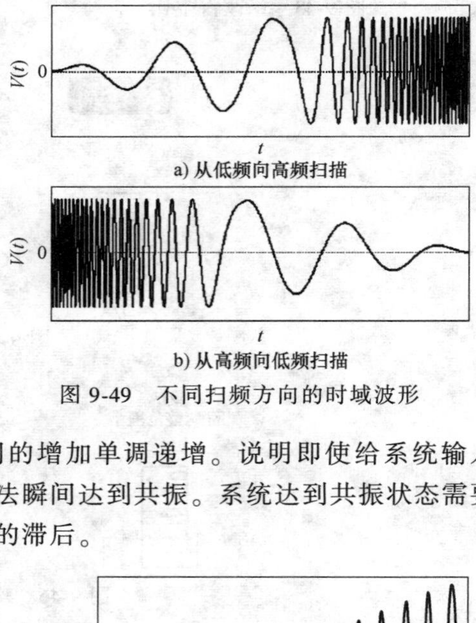

图 9-49 不同扫频方向的时域波形

从图 9-51 中可以看出，系统的响应幅值随时间的增加单调递增。说明即使给系统输入正弦信号的频率和系统固有频率相同，系统仍然无法瞬间达到共振。系统达到共振状态需要积累一定的能量，积累能量的过程造成了系统响应的滞后。

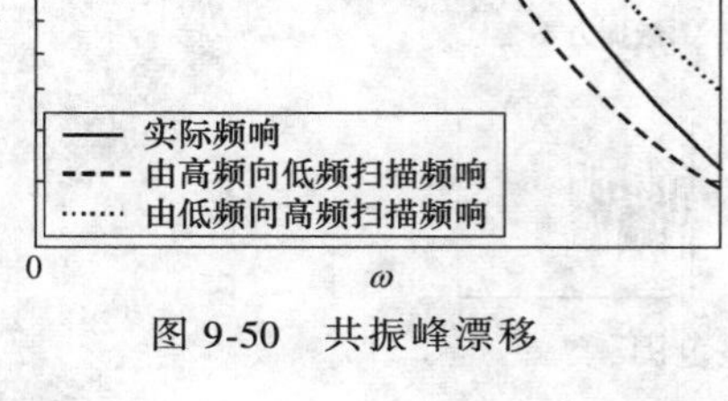

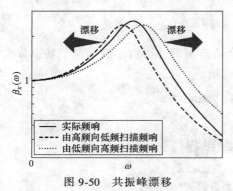

图 9-50 共振峰漂移

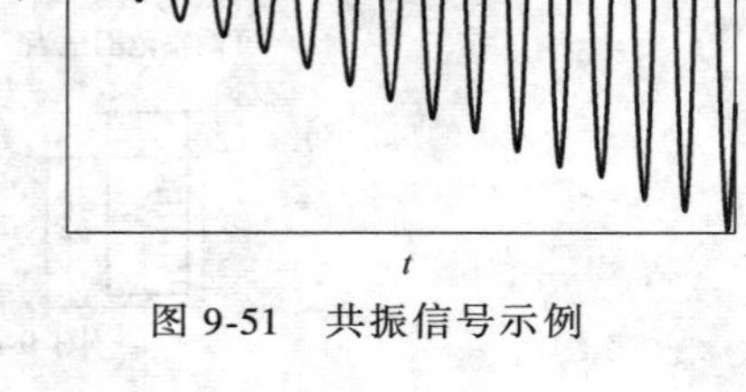

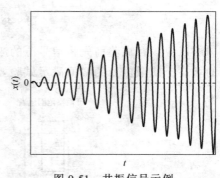

图 9-51 共振信号示例

在正弦信号扫频过程中，如果扫频速度比被测结构共振积累能量的速度快，就会出现图 9-50 所示的共振峰漂移现象。共振峰漂移的程度和扫频速度成正比，也就是扫频越快漂移越大。如果要减小频率漂移程度就需要在共振频率附近降低扫频速度，这样就可以减小频响函数共振峰漂移的程度。

9.5.2　步进正弦信号

步进正弦信号也是模态试验中常用的正弦激励信号。步进正弦信号的时域波形和频谱特征如图 9-52 所示。不同于扫频正弦信号，步进正弦信号按照一定的频率步长进行频率扫描。在激励周期 T_s 内发出当前频率的单频正弦信号，在过渡周期 T_d 后发出下一频率的步进正弦信号。步进正弦信号在每一个频率上都可以驻留一段时间，有充足的时间让结构响应达到稳定状态，所以使用步进正弦信号激励结构可以避免出现共振峰漂移的现象。

由于步进正弦信号按照一定的频率步长进行频率变化，所以其频谱为离散谱线。相比扫频正弦信号，步进正弦信号的能量更加集中，而且有充分的时间让结构响应达到稳定状态，所以步进正弦信号的信噪比更加优秀。

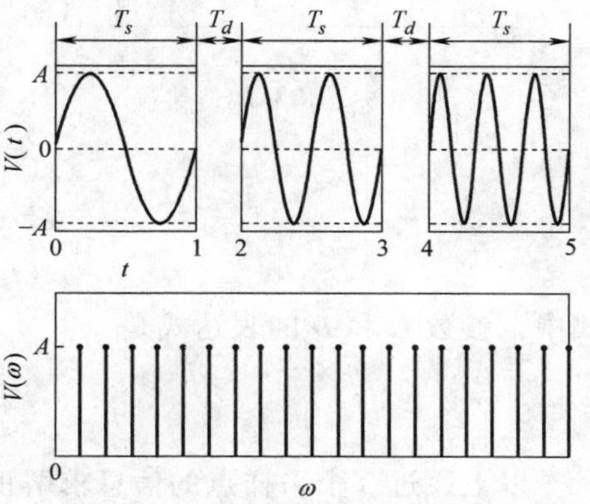

图 9-52　步进正弦信号的时域波形和频谱特征

9.5.3　信号时频变换

在对正弦信号进行时频变换时需要注意，扫频正弦信号和步进正弦信号都为非稳态信号，不满足快速傅里叶变换的使用条件。如果对非稳态的正弦信号进行傅里叶变换，就可能会发生错误。

图 9-53 所示的时域信号为 1Hz、2Hz 和 3Hz 正弦信号的组合。对图中的时域信号进行快速傅里叶变换，变换后得到的信号频谱幅值小于信号的实际幅值。虽然信号满足傅里叶变换的周期性要求，但是信号为非稳态信号，所以变换后的频谱幅值仍然是错误的。因此，对扫频正弦信号和步进正弦信号进行时频转换时不能使用快速傅里叶变换算法，应该使用谐波估计的方式对这两种正弦信号进行时频转换。

将正弦信号表示为

$$x(t)=A\sin(\omega t+\alpha) \tag{9-11}$$

试验数据中已知的参数为时间 t 和 t 对应的信号幅值 $x(t)$。未知参数为信号的振幅 A，频率 ω 和相位 α。共有 3 个未知数，所以需要 3 个方程来求解未知数。

分别将图 9-54 中 3 个连续采样点的信息代入式（9-11），得到方程

$$x(t_1)=A\sin(\omega t_1+\alpha) \tag{9-12}$$

$$x(t_2)=A\sin(\omega t_2+\alpha) \tag{9-13}$$

$$x(t_3)=A\sin(\omega t_3+\alpha) \tag{9-14}$$

将方程组联立求解即可得到正弦信号的振幅 A、频率 ω 和相位 α。因为三角方程不便求解，可以将方程整理为代数方程，有

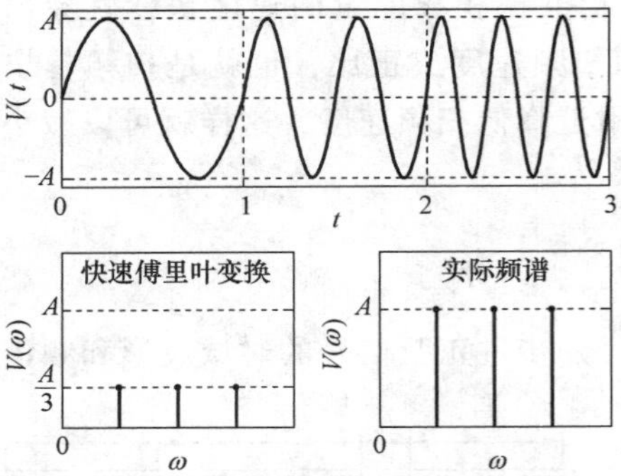

图 9-53　信号幅值错误

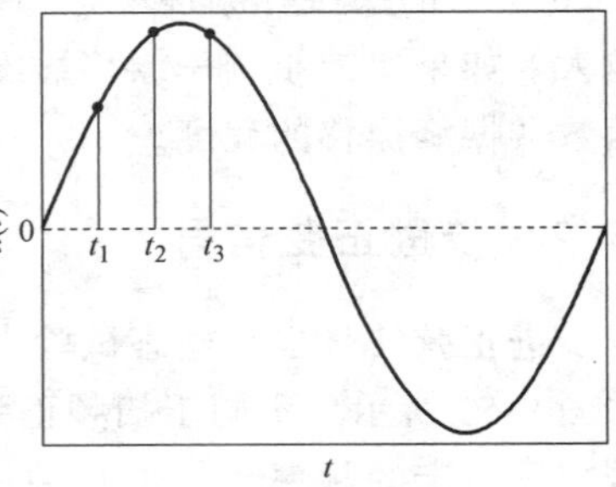

图 9-54　谐波估计

$$x(t_1)=C\sin\omega t_1+D\cos\omega t_1 \tag{9-15}$$

$$x(t_2)=C\sin\omega t_2+D\cos\omega t_2 \tag{9-16}$$

$$x(t_3)=C\sin\omega t_3+D\cos\omega t_3 \tag{9-17}$$

式中，参数 C 和 D 的表达式是

$$C=A\cos\alpha \tag{9-18}$$

$$D=A\sin\alpha \tag{9-19}$$

以上通过 3 个采样点的信息求解正弦信号振幅、频率和相位的方法就是谐波估计。由于谐波估计只需要 3 个采样点即可得出正弦信号的相关信息，所以计算效率非常高。当信号是不满足快速傅里叶变换原理的非稳态正弦信号时，谐波估计也可以保证计算得到的频谱结果和信号的真实频谱相符。

9.5.4　试验参数设置

使用扫频正弦信号和步进正弦信号进行模态试验时，需要设置的试验参数包括：

1）设置采集通道。与 9.4.4 节中介绍的方法相同。

2）当有多个信号输出时，要设置不同信号输出的相位。

3）设置频率范围、激励幅值、扫描方向、扫描次数和扫频速度。

当采用多点激励时，需要设置不同激振器的相位。以测试简支梁模态为例，如果对称安装激振器，那么在测试简支梁奇数阶模态时需要将激振器设置为同相位激励，如图 9-55 所示。如果测试简支梁的偶数阶模态就需要将激振器设置为反相位激励，如图 9-56 所示。如果在扫频时激振器的相位保持同相，图 9-56 所示的结构模态得不到充分的激励，那么试验结果就会有丢失模态的风险。

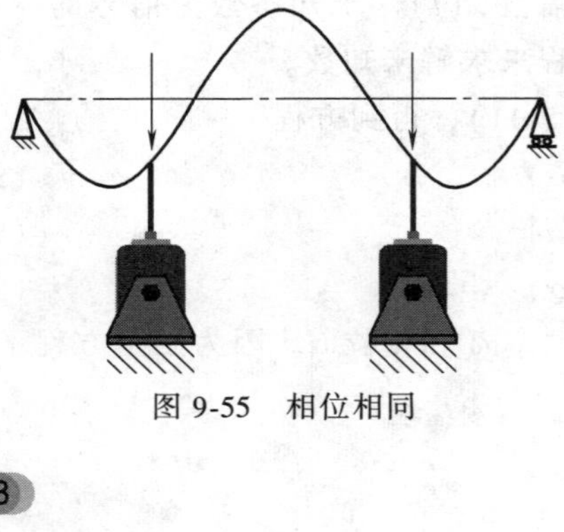
图 9-55　相位相同

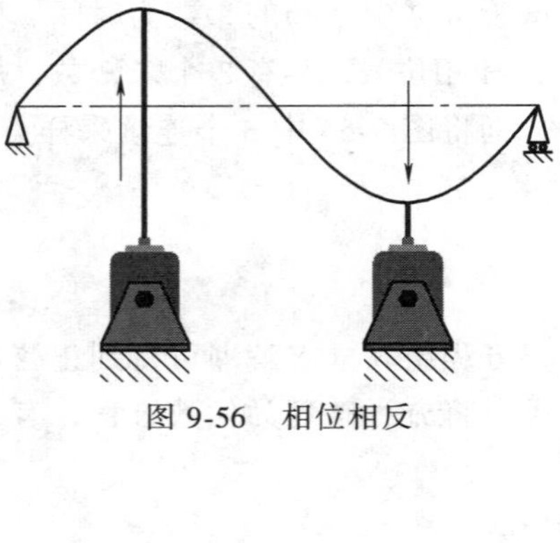
图 9-56　相位相反

在使用扫频正弦信号和步进正弦信号激励的模态试验中需要对频率进行多次扫描，其目的在于：

1）当使用扫频正弦信号激励时，分别进行向上扫频和向下扫频，通过共振峰漂移的范围找到结构共振频率的区间。

2）采用多激振器进行正弦激励时，对激励信号需要设置不同的相位组合，确保可以激发出被测结构的全部模态。

9.6　纯模态试验法

9.6.1　试验基本原理

前面介绍的锤击法以及多入多出模态试验方法都是先测试结构的频响函数，然后通过频响函数的幅值和相位识别被测结构的动力学参数。将这种基于频响函数的模态试验方法称为**相位分离法**。本节介绍一种使被测结构处于共振状态的模态试验方法——纯模态试验法。纯模态试验法不测试结构的频响函数，所以为了区别于相位分离法，将纯模态试验法归类于**相位共振法**。模态试验方法的分类如图 9-57 所示。

纯模态的试验原理是，使用激振器输入一个频率与被测系统共振频率相同的正弦激励。激振器输入的能量与被测系统阻尼耗散的能量互相抵消（见图 9-58），使被测系统处于准自由振动的状态。试验时，系统的输入能量和耗散能量达到平衡，可以将被测系统等效为无阻尼系统。所以纯模态试验和仿真中实模态分析的英文都是 Normal mode。

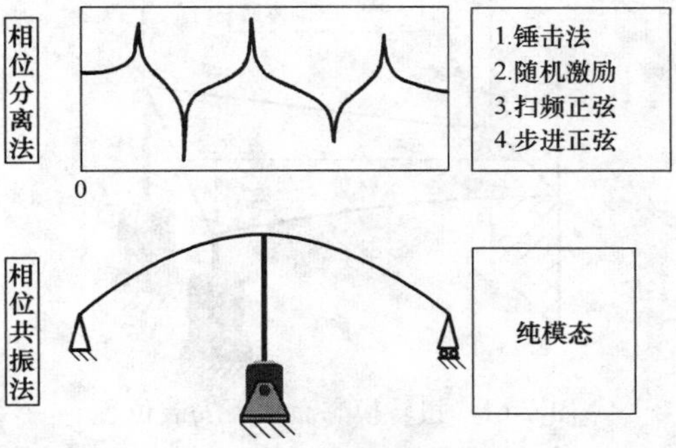

图 9-57　模态试验方法的分类

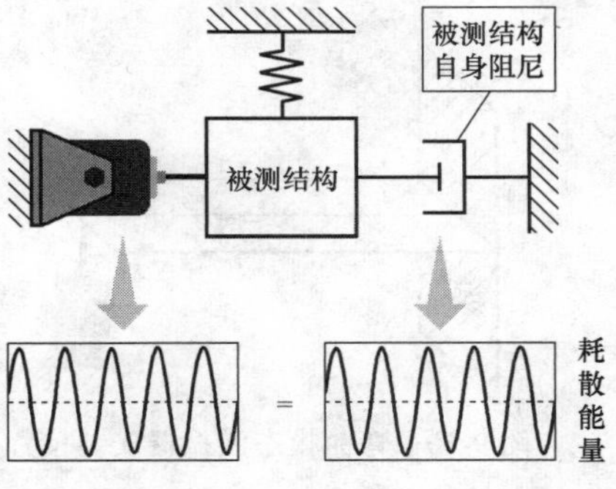

图 9-58　纯模态激励能量示意图

纯模态试验的输入为单频正弦信号，激励和响应信号的信噪比都非常高。纯模态的频率分辨率可以达到千分之一赫兹，所以试验结果的精度也非常高。纯模态试验法在航空、航天领域有广泛的应用，比如飞机在进行颤振分析前需要对机翼进行纯模态试验，获取机翼的模态参数及其随激振力幅值变化的规律。

因为纯模态使结构处于共振状态，所以使用纯模态对飞行器进行模态试验的方法又称为**地面共振试验**（Ground Resonance Testing，GRT）。纯模态试验的耗时较长，为了提高飞行器模态试验的效率，在实际试验时也会使用相位分离法。将这些获取飞行器模态参数的模态试验统称为**地面振动试验**（Ground Vibration Testing，GVT）。由于纯模态是飞行器模态试验的主要方法，所以试验人员习惯称 GVT 为地面共振试验。

图 9-59 所示为纯模态激励，纯模态方法的试验步骤是：

1）使用单频正弦信号激励被测结构。

2）调节正弦信号的频率，使其不断接近结构的共振频率。

3）当结构处于共振时，激励信号的频率就是结构的共振频率。

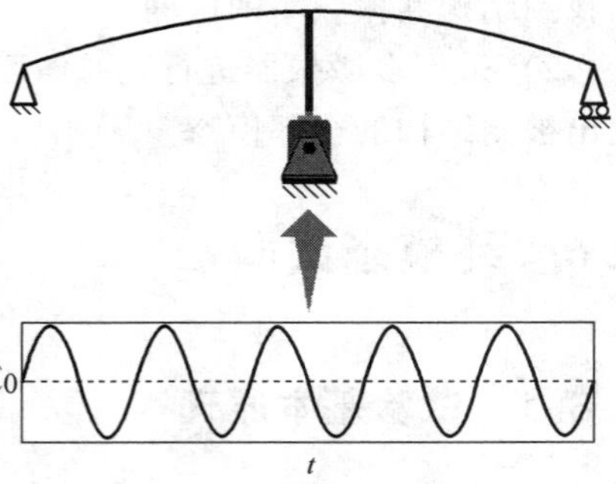

图 9-59　纯模态激励

9.6.2　激励参数设置

纯模态试验的激励参数包括：激励数量、激励位置、激励相位、激励幅值和激励频率。

纯模态试验对激励的要求非常严格，下面分别介绍纯模态试验的激励参数设置。

1. 激励数量、位置和相位

理论上纯模态试验法要求被测结构有多少个自由度就应该设置多少个激励，而且激励的位置和相位应该和结构的模态振型保持一致。

以平板结构的第 1 阶弯曲模态为例，该阶模态应该使用 1 个激励，而且激励点应该在平板结构的中线上，如图 9-60 所示。

当测试平板结构的第 1 阶扭转模态时，需要在平板边缘分别设置两个激励。在激励平板时，两个激励的相位必须相反，如图 9-61 所示。

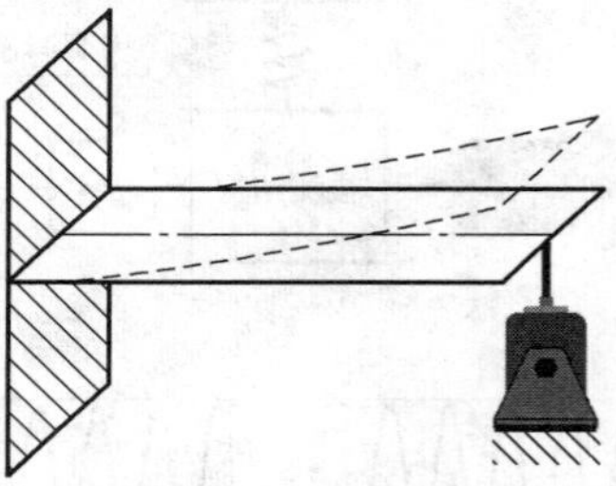

图 9-60　弯曲模态激振器安装位置

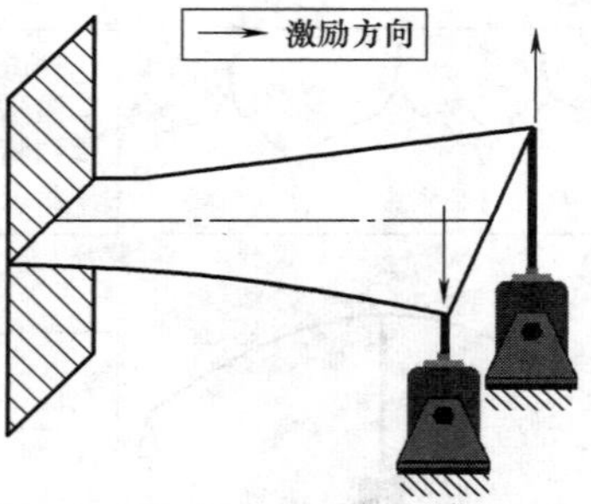

图 9-61　扭转模态激振器安装位置

2. 激励幅值比

以测试简支梁的第 2 阶弯曲模态为例，激励应该以梁的中线为对称轴，在中线两侧对称放置。但是在安装激振器时，很难保证激振器完全对称放置。

在图 9-62 中，激振器的激励点距离被测结构中线的距离分别是 L_1 和 L_2。如果激励第 2 阶弯曲模态，则激振力对结构施加的弯矩应该相等，即

$$F_1L_1 = F_2L_2 \tag{9-20}$$

根据弯矩相等，可以计算出激励该阶模态时的激励幅值比 e

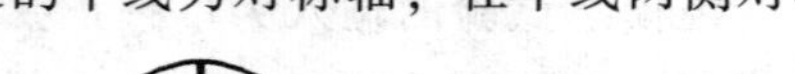

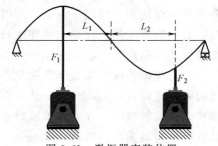

图 9-62　激振器安装位置

$$e = \frac{F_1}{F_2} = \frac{L_2}{L_1} \tag{9-21}$$

在模态试验时通常先使用相位分离法得到不同激励对应的结构频响函数，然后通过计算共振频率下频响函数的幅值比得到纯模态试验的激励幅值比。

3. 激励频率

纯模态试验要求被测结构处于共振状态。当被测结构阻尼较小时，试验得到的共振频率可以视为被测结构的无阻尼固有频率。需要注意的是，当结构阻尼较大且**以响应峰值为共振判据**时，要考虑传感器类型对共振频率试验结果的影响。

以黏性阻尼系统为例，如果使用加速度传感器采集被测结构的响应，那么使结构响应幅值达到最大值的激励频率 ω_i 实际是结构加速度频响函数的共振频率 ω_a，即

$$\omega_i = \omega_a \tag{9-22}$$

加速度频响函数的共振频率 ω_a 略大于结构的无阻尼固有频率 ω_n

$$\omega_a > \omega_n \tag{9-23}$$

如果使用位移传感器采集被测结构的响应，那么共振频率 ω_x 的试验结果略小于结构的无阻尼固有频率 ω_n

$$\omega_x < \omega_n \tag{9-24}$$

在使用速度传感器采集结构响应时，频响函数的共振频率 ω_v 就是结构的无阻尼固有频率 ω_n。如果响应达到最大值，确定结构达到共振，那么激励的频率 ω_i 就等于被测结构的无阻尼固有频率 ω_n。

9.6.3　频率调谐设置

确定激励的位置、相位和激励的幅值比后，调节激励的幅值和频率使结构达到共振状态的过程称为**频率调谐**。试验中频率调谐的过程可以分为以下几个步骤：

1）输入激励幅值比。

2）保持激励幅值比不变，并缓慢调节激励幅值达到目标量级。

3）保持激励幅值不变，调节激励频率使结构达到共振。

4）当结构阻尼较大时，还需要微调激励相位。

判定频率是否调谐可以参考以下几种方法：

- 李萨如（Lissajous）图。
- 逆模态指示函数（IMIF 值）。
- 振型的实部图和虚部图。
- 激励和响应的相位图。

1. 李萨如图

在频率调谐过程中，最直观的判定方法就是参考李萨如图。图 9-63 所示是在频率调谐过程中李萨如图的不同形态。

在纯模态试验中李萨如图表示的意义是：

- 在频率未调谐时，李萨如图中的曲线为椭圆，如图 9-63a 所示。

• 当频率接近调谐时，椭圆长短轴的比值增大，椭圆面积减小，如图 9-63b 所示。

• 当频率完全调谐时，李萨如图为一条倾斜的直线，如图 9-63c 所示。

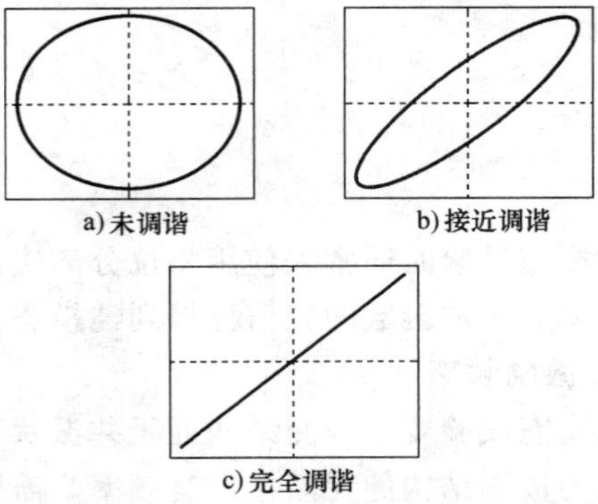

图 9-63　在频率调谐过程中李萨如图的不同形态

2. 逆模态指示函数

逆模态指示函数（Inverse Mode Indicator Function，IMIF）是纯模态试验中判断频率是否调谐的重要参数。IMIF 的计算方法是

$$\mathrm{IMIF}=\frac{[\mathrm{Im}\,|x_i|]^{\mathrm{T}}[\mathrm{Im}\,|x_i|]}{[\,|x_i|\,]^{\mathrm{T}}[\,|x_i|\,]} \tag{9-25}$$

式中，$[\,|x_i|\,]$是各点响应幅值组成的向量；$[\mathrm{Im}\,|x_i|]$是各点响应虚部求模组成的向量。当频率完全调谐时，响应的实部为 0，响应的幅值和虚部的模相等，此时 IMIF 值等于 1。

3. 振型图

当频率完全调谐时，振型实部为 0，同时振型虚部的变形达到最大，如图 9-64 所示。

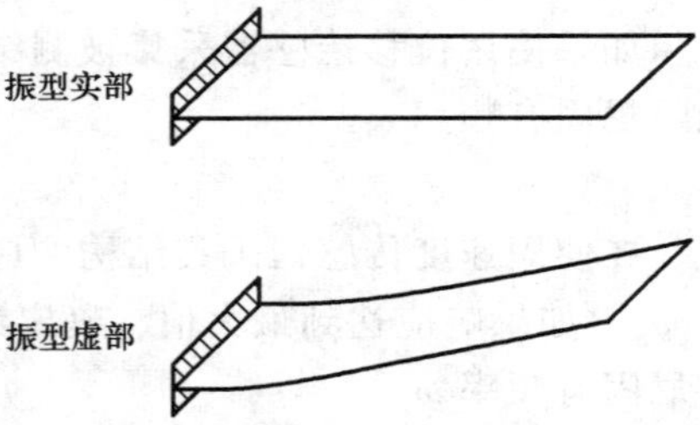

图 9-64　频率调谐时结构振型图

此外还可以通过结构响应和激励的相位差判定频率是否调谐。如果加速度或位移响应和激励的相位差为 90°，则可以判定频率已经调谐。

9.6.4　影响调谐的因素

1. 激励位置的影响

如果只安装一个激振器激励平板结构的扭转模态，那么结构无法达到完全调谐，如图 9-65 所示。激励在对平板施加扭力的同时产生一个使平板弯曲的分力，所以在振型虚部为扭转变形时，振型实部为弯曲变形，如图 9-66 所示。

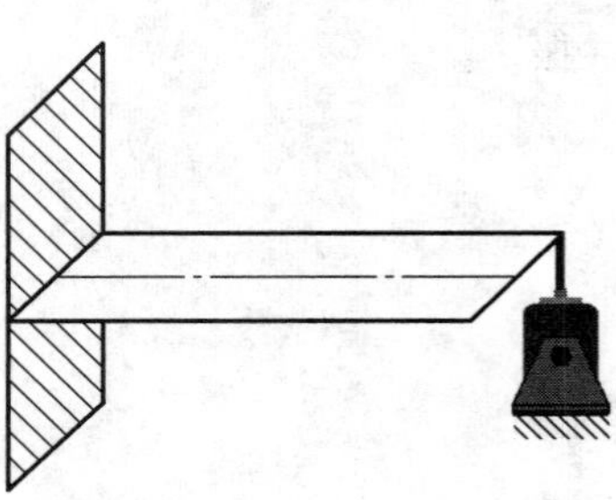

图 9-65　激励扭转模态时激振器错误的安装位置

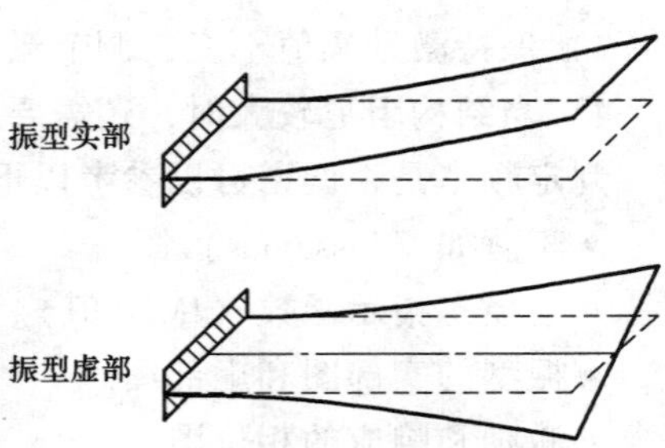

图 9-66　振型的实部与虚部

因为激励的数量和位置错误，即使激励频率等于被测结构的共振频率，IMIF 值依然不高，振型实部的变形也不会归 0。如果要改善试验结果就需要增加激振数量，同时调节激励的相位，使平板完全受扭力作用，见图 9-61。

2. 激励相位的影响

在频率调谐过程中，有时需要对激励的相位进行微调。不同激励间的相位差不完全是0°或 180°。如果被测结构不含阻尼，那么结构振型节点的位置始终不变。当被测结构含有阻尼时，不同相位下振型节点的位置会有所变化，如图 9-67 所示。

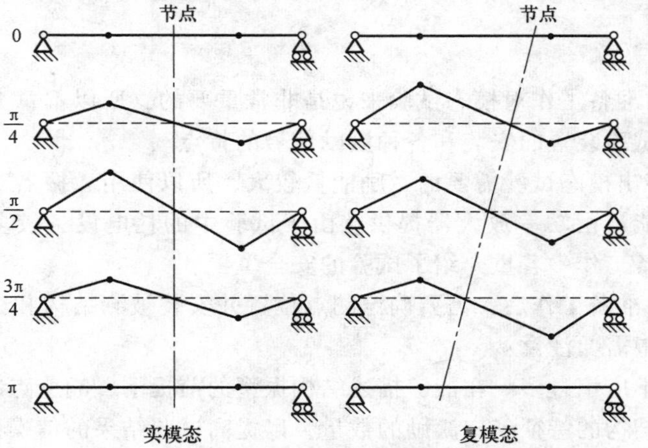

图 9-67　实模态和复模态振型的节点位置

对于复模态来说，即使将激励的相位差设置成 0°或 180°也无法让 IMIF 值达到最大，不能让振型的实部归 0。此时应该将激励的相位进行微调，比如将激励相位设置为 0°和 170°或0°和 190°，这样就可以提高 IMIF 的数值，改善频率调谐的状态。

3. 激励幅值的影响

在进行纯模态试验时，需要观察激励的时域波形。正常的激励时域波形应该是平滑饱满的正弦波，如图 9-68 所示，如果正弦波充满毛刺，那么频率调谐会非常困难。

产生图 9-68 中噪声的原因有很多，最常见的两个原因是：

- 激励量级不够，导致激励信号的信噪比过低。
- 结构有间隙等非线性因素。在结构振动的同时，间隙处不停地发生碰撞导致信号有噪声干扰。

9.6.5　阻尼测试方法

在频率调谐后可以测试结构的阻尼。纯模态试验中有多种阻尼测试方法，比如图 9-69 所示的半功率带宽法和响应衰减法。

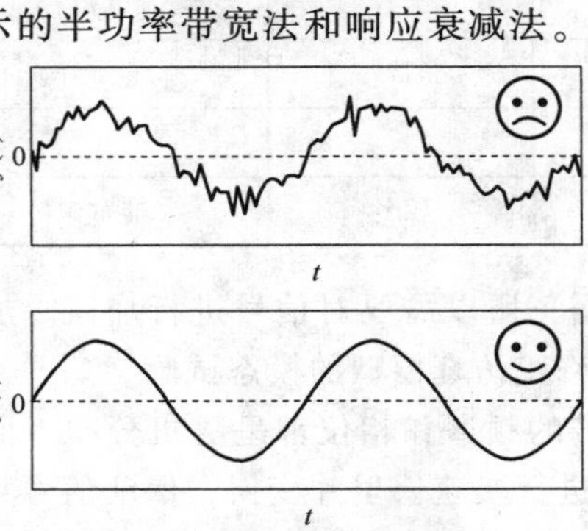

图 9-68　激励的时域波形

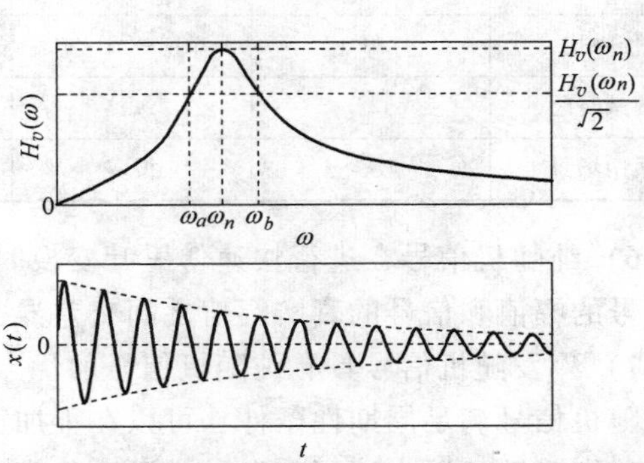

图 9-69　阻尼测试方法之半功率带宽法和响应衰减法

除图 9-69 所示的阻尼测试方法外还可以使用复功率法和正交力法。需要注意的是被测结构的阻尼会随激励幅值的变化发生改变，所以在测试阻尼时需要将激励的幅值设为定值，然后再进行结构的阻尼测试。

9.7 本章小结

1）做好试验的准备工作对模态试验来说是非常重要的，所以本章介绍了多入多出模态试验的准备工作，试验装置的安装和各种激励信号的特点。

2）因为多入多出模态试验需要的激励能量较大，所以使用激振器对被测结构施加激振力。激振器的激励能量由功率放大器提供。由于试验中的耗电设备较多，而且功率都比较大，所以在试验准备工作中着重介绍了试验的安全事项。

3）完成试验的准备工作后，需要确定测点位置并安装被测结构和试验装置。在确定被测结构测点的过程中需要注意：

- 响应点数量不应该过多。在能够描述结构振型的前提下，响应点越少越好。
- 要根据被测结构的特征确定激励的数量，以提高试验结果的信噪比。
- 同一被测结构，当试验目的改变时，激励点的位置也要做相应的调整。

4）安装被测结构和试验装置时需要注意：

- 应该尽量采用简单的边界条件约束被测结构，减少边界噪声对试验的干扰。
- 粘贴力传感器前应该将传感器底座的胶水残渣清理干净。
- 打磨结构和力传感器底座的粘接面，提高胶水的粘接力。
- 需要根据被测结构和试验环境的特点选择激振器的最佳安装方式，避免因错误安装引入噪声。

5）多入多出模态试验的常用激励信号见表 9-2。

表 9-2　多入多出模态试验的常用激励信号

信号类型	纯随机	猝发随机	扫频正弦	步进正弦	纯模态
是否加窗	加窗	不加窗	不需要	不需要	不需要
时频变换	FFT	FFT	谐波估计	谐波估计	谐波估计
幅值分布	随机	随机	常数	常数	常数
相位分布	随机	随机	常数	常数	常数
信噪比	好	一般	非常好	非常好	非常好
测试时间	短	短	较长	长	长
适用场景	较少	很多	较多	较多	非常少

6）纯随机信号在进行快速傅里叶变换时有能量泄露，所以需要对信号进行加窗。加窗后信号的幅值和信号的真实幅值之间有差异，不应用于修正仿真模型的模态试验。

7）猝发随机信号具有纯随机信号的优点，激励信号的频谱和相位都呈随机分布。而且猝发随机信号满足周期性条件，可以在不加窗的条件下进行快速傅里叶变换，保证信号频谱幅值的正确性。因为使用猝发随机激励的模态试验效率较高，所以猝发随机信号是模态试验中常用的激励信号。

8）扫频正弦是激励频率连续变化的信号，当扫频速率较快时，会产生共振峰漂移的现象。使用步进正弦信号激励可以避免共振峰漂移，但是会增加试验时间，降低试验效率。

9）扫频正弦信号和步进正弦信号不能采用快速傅里叶变换算法进行时频转换。二者属于非稳态信号，必须使用谐波估计的方式计算激励信号的频谱。

10）纯模态试验的操作较为复杂，注意事项较多，试验效率较低。但是纯模态激励信号的信噪比高，可以保证试验结果的精度，是地面共振试验的重要组成部分。

第10章　模态参数辨识

10.1　引言

模态试验和模态实验都可以分为模态测试和模态分析两部分。模态分析又可以分为计算模态分析和实验模态分析。前述第 2 章~第 4 章介绍的是计算模态分析方法，主要内容是根据已知的系统物理参数计算系统的固有频率、阻尼和振型等模态参数。实验模态分析是根据模态测试得到的频响函数辨识被测结构模态参数的过程，所以模态参数辨识是实验模态分析的核心。

模态实验的主要内容是验证模态相关的理论是否正确，所以验证模态参数辨识的算法是否准确高效在模态实验中占有非常大的比重。模态试验的主要工作是准确快速地获取被测结构的模态参数。相比模态实验，模态参数辨识算法在模态试验中的重要性远不及模态测试。

本书重点是模态试验方法而不是模态实验方法，所以不花过多篇幅介绍模态参数辨识算法。由于实验模态分析是获得被测结构模态参数的最后一个步骤，所以本章通过对有理多项式方法的推导，简单介绍实验模态分析的大致流程。

10.2　模态参数辨识算法

10.2.1　有理多项式辨识法

有理多项式法是比较基础的模态参数辨识算法，其核心是使用有限阶有理多项式拟合逼近测试得到的频响函数，根据误差函数最小化得到被测结构的理论频响函数，所以有理多项式法是频域算法。多自由度黏性阻尼系统的振动微分方程可以写为

$$\boldsymbol{M}\ddot{\boldsymbol{x}}+\boldsymbol{C}\dot{\boldsymbol{x}}+\boldsymbol{K}\boldsymbol{x}=\boldsymbol{f}(t) \tag{10-1}$$

应用拉普拉斯变换，将多自由度系统的运动微分方程（10-1）转换到拉氏域，有

$$(s^2\boldsymbol{M}+s\boldsymbol{C}+\boldsymbol{K})\boldsymbol{X}=\boldsymbol{F}(s) \tag{10-2}$$

系统的机械阻抗矩阵 $\boldsymbol{Z}(s)$ 可以写为

$$\boldsymbol{Z}(s)=s^2\boldsymbol{M}+s\boldsymbol{C}+\boldsymbol{K} \tag{10-3}$$

系统的传递函数矩阵 $\boldsymbol{H}(s)$ 是机械阻抗矩阵的逆，即

$$
\begin{aligned}
\boldsymbol{H}(s) &= \boldsymbol{Z}^{-1}(s) \\
&= \frac{\operatorname{adj}[\boldsymbol{Z}(s)]}{\det[\boldsymbol{Z}(s)]} \\
&= \frac{\boldsymbol{N}(s)}{D(s)}
\end{aligned}
\tag{10-4}
$$

式中，矩阵 $\boldsymbol{N}(s)$ 是机械阻抗矩阵 $\mathbf{Z}(s)$ 的伴随矩阵 adj $[\mathbf{Z}(s)]$；$D(s)$ 是机械阻抗矩阵的行列式。

设矩阵 $\boldsymbol{N}(s)$ 的第 p 行第 q 列元素 $N_{pq}(s)$ 的表达式为

$$
\begin{aligned}
N_{pq}(s) &= \widetilde{a}_{0,pq}+\widetilde{a}_{1,pq}s+\widetilde{a}_{2,pq}s^2+\cdots+\widetilde{a}_{2n-2,pq}s^{2n-2} \\
&= \sum_{i=0}^{2n-2}\widetilde{a}_{i,pq}s^i
\end{aligned}
\tag{10-5}
$$

当系统的自由度为 n，且 $n\geqslant 2$ 时，系统的机械阻抗矩阵的行列式 $D(s)$ 是最高阶数为 $2n$ 的多项式，将其表示为

$$
\begin{aligned}
D(s) &= \det[\mathbf{Z}(s)] \\
&= \widetilde{b}_0+\widetilde{b}_1 s+\widetilde{b}_2 s^2+\cdots+\widetilde{b}_{2n}s^{2n} \\
&= \sum_{i=0}^{2n}\widetilde{b}_i s^i
\end{aligned}
\tag{10-6}
$$

根据式（10-5）和式（10-6）得到传递函数矩阵第 p 行第 q 列元素的表达式

$$
\begin{aligned}
H_{pq}(s) &= \frac{N_{pq}(s)}{D(s)} \\
&= \frac{\widetilde{a}_{0,pq}+\widetilde{a}_{1,pq}s+\widetilde{a}_{2,pq}s^2+\cdots+\widetilde{a}_{2n-2,pq}s^{2n-2}}{\widetilde{b}_0+\widetilde{b}_1 s+\widetilde{b}_2 s^2+\cdots+\widetilde{b}_{2n}s^{2n}} \\
&= \frac{\sum_{i=0}^{2n-2}\widetilde{a}_{i,pq}s^i}{\sum_{i=0}^{2n}\widetilde{b}_i s^i}
\end{aligned}
\tag{10-7}
$$

为了推导方便，省去元素下角标 pq 讨论频响函数矩阵元素的拟合过程。将式（10-7）中分子分母同时除以 $\widetilde{b}_0$，并令 $s=\mathrm{j}\omega$，得到频响函数矩阵的任一元素表达式为

$$
H(\omega) = \frac{\sum_{i=0}^{2n-2}a_i(\mathrm{j}\omega)^i}{1+\sum_{i=1}^{2n}b_i(\mathrm{j}\omega)^i}
\tag{10-8}
$$

将分子分母同时除以 $\widetilde{b}_0$ 的目的是使最小二乘目标函数方程变为非齐次方程。如果不对式（10-7）进行处理，那么在计算目标函数极值条件的方程时就会出现齐次方程。所以，只有将式（10-7）中分子分母同时除以 $\widetilde{b}_0$ 才能够得到非零解。

令向量 $\boldsymbol{u}(\omega)$ 和分子中的待定系数向量 $\boldsymbol{a}$ 分别为

$$\boldsymbol{u}(\omega)=\begin{bmatrix} u_0(\omega) \\ u_1(\omega) \\ \vdots \\ u_{2n-2}(\omega) \end{bmatrix}, \boldsymbol{a}=\begin{bmatrix} a_0 \\ a_1 \\ \vdots \\ a_{2n-2} \end{bmatrix} \tag{10-9}$$

式中，向量 $\boldsymbol{u}(\omega)$ 的元素的表达式为 $u_i(\omega)=(\mathrm{j}\omega)^i$；角标 $\forall i=0, 1, 2, \cdots, 2n-2$。

式（10-7）中的多项式 $N(\omega)$ 可以表示为

$$N(\omega)=\boldsymbol{u}^{\mathrm{T}}(\omega)\boldsymbol{a} \tag{10-10}$$

令向量 $\boldsymbol{v}(\omega)$ 和分母中的待定系数向量 $\boldsymbol{b}$ 分别为

$$\boldsymbol{v}(\omega)=\begin{bmatrix} v_1(\omega) \\ v_2(\omega) \\ \vdots \\ v_{2n}(\omega) \end{bmatrix}, \boldsymbol{b}=\begin{bmatrix} b_1 \\ b_2 \\ \vdots \\ b_{2n} \end{bmatrix} \tag{10-11}$$

式中，向量 $\boldsymbol{v}(\omega)$ 的元素的表达式为 $v_i(\omega)=(\mathrm{j}\omega)^i$；角标 $\forall i=1, 2, 3, \cdots, 2n$。

式（10-7）中的多项式 $D(\omega)$ 可以表示为

$$D(\omega)=1+\boldsymbol{v}^{\mathrm{T}}(\omega)\boldsymbol{b} \tag{10-12}$$

将式（10-10）和式（10-12）代入式（10-8），得到频响函数的表达式

$$H(\omega)=\frac{\boldsymbol{u}^{\mathrm{T}}(\omega)\boldsymbol{a}}{1+\boldsymbol{v}^{\mathrm{T}}(\omega)\boldsymbol{b}} \tag{10-13}$$

所以，对于频响函数矩阵 $\boldsymbol{H}(\omega)$ 的任一元素均存在一维分子待定系数向量 $\boldsymbol{a}=[a_i]_{\forall i=0,1,2,\cdots,2n-2}$ 和一维分母待定系数向量 $\boldsymbol{b}=[b_i]_{\forall i=0,1,2,\cdots,2n}$。

如果测试并辨识频响函数矩阵一列所有元素，那么待定系数向量扩展到实数域二维空间 $\mathbb{R}^{L\times S}$。如果测试并辨识频响函数矩阵的所有元素，那么待定系数拓展到实数域三维空间 $\mathbb{R}^{L\times M\times S}$。实数域 $\mathbb{R}$ 各维度的阶数分别表示系统共有 L 个输出，M 个输入。阶数 S 由模态辨识的最高阶数决定。

10.2.2 构造频响误差函数

设 $\widetilde{H}(\omega_r)$ 为实测频响函数，其中 $\forall r=1, 2, \cdots, k$。则频响函数的理论值和实测值之间的误差 $\xi(\omega_r)$ 可以表示为

$$\xi(\omega_r)=H(\omega_r)-\widetilde{H}(\omega_r) \tag{10-14}$$

为了处理方便，将误差函数乘以 $D(\omega)$，得到加权后的误差函数

$$\begin{aligned}\varepsilon(\omega_r)&=D(\omega_r)\xi(\omega_r)\\&=N(\omega_r)-D(\omega_r)\widetilde{H}(\omega_r)\end{aligned} \tag{10-15}$$

将式（10-10）和式（10-12）代入式（10-15），得到

$$\varepsilon(\omega_r)=\boldsymbol{u}^{\mathrm{T}}(\omega_r)\boldsymbol{a}-\widetilde{H}(\omega_r)[1+\boldsymbol{v}(\omega_r)\boldsymbol{b}] \tag{10-16}$$

则误差向量的矩阵表达式为

$$\boldsymbol{\varepsilon}=\boldsymbol{U}\boldsymbol{a}-\boldsymbol{V}\boldsymbol{b}-\widetilde{\boldsymbol{H}} \tag{10-17}$$

误差函数向量为

$$\boldsymbol{\varepsilon}=[\varepsilon(\omega_1)\quad \varepsilon(\omega_2)\quad \cdots\quad \varepsilon(\omega_k)]^{\mathrm{T}} \tag{10-18}$$

式（10-17）中试验频响函数向量为

$$\widetilde{\boldsymbol{H}}=[\widetilde{H}(\omega_1)\quad \widetilde{H}(\omega_2)\quad \cdots\quad \widetilde{H}(\omega_k)]^{\mathrm{T}} \tag{10-19}$$

矩阵 $\boldsymbol{U}$ 的表达式为

$$\boldsymbol{U}=\begin{bmatrix} u_0(\omega_1) & u_1(\omega_1) & \cdots & u_{2n-2}(\omega_1) \\ u_0(\omega_2) & u_1(\omega_2) & \cdots & u_{2n-2}(\omega_2) \\ \vdots & \vdots & \ddots & \vdots \\ u_0(\omega_k) & u_1(\omega_k) & \cdots & u_{2n-2}(\omega_k) \end{bmatrix} \tag{10-20}$$

矩阵 $\boldsymbol{V}$ 的表达式为

$$\boldsymbol{V}=\begin{bmatrix} \widetilde{H}(\omega_1)v_1(\omega_1) & \widetilde{H}(\omega_1)v_2(\omega_1) & \cdots & \widetilde{H}(\omega_1)v_{2n}(\omega_1) \\ \widetilde{H}(\omega_2)v_1(\omega_2) & \widetilde{H}(\omega_2)v_2(\omega_2) & \cdots & \widetilde{H}(\omega_2)v_{2n}(\omega_2) \\ \vdots & \vdots & \ddots & \vdots \\ \widetilde{H}(\omega_k)v_1(\omega_k) & \widetilde{H}(\omega_k)v_2(\omega_k) & \cdots & \widetilde{H}(\omega_k)v_{2n}(\omega_k) \end{bmatrix} \tag{10-21}$$

根据最小二乘法，构造误差目标函数

$$E=\sum_{r=1}^{k}\overline{\varepsilon}(\omega_r)\varepsilon(\omega_r)=\boldsymbol{\varepsilon}^{\mathrm{H}}\boldsymbol{\varepsilon} \tag{10-22}$$

式中，$\overline{\varepsilon}(\omega_r)$ 是 $\varepsilon(\omega_r)$ 的共轭；向量 $\boldsymbol{\varepsilon}^{\mathrm{H}}$ 是向量 $\boldsymbol{\varepsilon}$ 的共轭转置。

由式（10-16）可知，误差函数可以表示为复数形式

$$\varepsilon(\omega_r)=\varepsilon^{\mathrm{Re}}(\omega_r)+\mathrm{j}\varepsilon^{\mathrm{Im}}(\omega_r) \tag{10-23}$$

所以目标函数 E 可以表示为

$$E=\sum_{r=1}^{k}[\varepsilon^{\mathrm{Re}}(\omega_r)]^2+[\varepsilon^{\mathrm{Im}}(\omega_r)]^2 \tag{10-24}$$

由式（10-24）可知，目标函数 E 为正实数。将目标函数 E 对向量 $\boldsymbol{a}$ 求偏导得到目标函数 E 最小值的极值条件

$$\frac{\partial E}{\partial \boldsymbol{a}}=\left[\frac{\partial E}{\partial a_i}\right]=\boldsymbol{O} \tag{10-25}$$

式中，$\forall i=0, 1, 2, \cdots, 2n-2$。

将目标函数 E 对向量 $\boldsymbol{b}$ 求偏导得到目标函数 E 最小值的极值条件

$$\frac{\partial E}{\partial \boldsymbol{b}}=\left[\frac{\partial E}{\partial b_i}\right]=\boldsymbol{O} \tag{10-26}$$

式中，$\forall i=0, 1, 2, \cdots, 2n$。

将式（10-17）代入式（10-22）并展开，得到目标函数的矩阵表达式

$$\begin{aligned} E &=[\boldsymbol{Ua}-\boldsymbol{Vb}-\widetilde{\boldsymbol{H}}]^{\mathrm{H}}[\boldsymbol{Ua}-\boldsymbol{Vb}-\widetilde{\boldsymbol{H}}] \\ &=\boldsymbol{a}^{\mathrm{T}}\boldsymbol{U}^{\mathrm{H}}\boldsymbol{Ua}-\boldsymbol{a}^{\mathrm{T}}\boldsymbol{U}^{\mathrm{H}}\boldsymbol{Vb}-\boldsymbol{a}^{\mathrm{T}}\boldsymbol{U}^{\mathrm{H}}\widetilde{\boldsymbol{H}} \\ &\quad -\boldsymbol{b}^{\mathrm{T}}\boldsymbol{V}^{\mathrm{H}}\boldsymbol{Ua}+\boldsymbol{b}^{\mathrm{T}}\boldsymbol{V}^{\mathrm{H}}\boldsymbol{Vb}+\boldsymbol{b}^{\mathrm{T}}\boldsymbol{V}^{\mathrm{H}}\widetilde{\boldsymbol{H}} \\ &\quad -\widetilde{\boldsymbol{H}}^{\mathrm{H}}\boldsymbol{Ua}+\widetilde{\boldsymbol{H}}^{\mathrm{H}}\boldsymbol{Vb}+\widetilde{\boldsymbol{H}}^{\mathrm{H}}\widetilde{\boldsymbol{H}} \end{aligned} \tag{10-27}$$

式中，因为待定系数向量 $\boldsymbol{a}$ 和 $\boldsymbol{b}$ 均为实数向量，所以 $\boldsymbol{a}^{\mathrm{H}}=\boldsymbol{a}^{\mathrm{T}}$，$\boldsymbol{b}^{\mathrm{H}}=\boldsymbol{b}^{\mathrm{T}}$。

将式（10-27）分别对向量 a 和 b 求偏导得到

$$\frac{\partial E}{\partial \boldsymbol{a}}=[\boldsymbol{U}^{\mathrm{H}}\boldsymbol{U}+(\boldsymbol{U}^{\mathrm{H}}\boldsymbol{U})^{\mathrm{T}}]\boldsymbol{a}-\boldsymbol{U}^{\mathrm{H}}\boldsymbol{V}\boldsymbol{b}-\boldsymbol{U}^{\mathrm{H}}\widetilde{\boldsymbol{H}}-(\boldsymbol{b}^{\mathrm{T}}\boldsymbol{V}^{\mathrm{H}}\boldsymbol{U})^{\mathrm{T}}-(\widetilde{\boldsymbol{H}}^{\mathrm{H}}\boldsymbol{U})^{\mathrm{T}} \tag{10-28}$$

$$\frac{\partial E}{\partial \boldsymbol{b}}=[\boldsymbol{V}^{\mathrm{H}}\boldsymbol{V}+(\boldsymbol{V}^{\mathrm{H}}\boldsymbol{V})^{\mathrm{T}}]\boldsymbol{b}-\boldsymbol{V}^{\mathrm{H}}\boldsymbol{U}\boldsymbol{a}+\boldsymbol{V}^{\mathrm{H}}\widetilde{\boldsymbol{H}}-(\boldsymbol{a}^{\mathrm{T}}\boldsymbol{U}^{\mathrm{H}}\boldsymbol{V})^{\mathrm{T}}+(\widetilde{\boldsymbol{H}}^{\mathrm{H}}\boldsymbol{V})^{\mathrm{T}} \tag{10-29}$$

将式（10-28）和式（10-29）进行整理并分别代入极值条件式（10-25）和式（10-26），得到

$$(\boldsymbol{U}^{\mathrm{H}}\boldsymbol{U}+\boldsymbol{U}^{\mathrm{T}}\overline{\boldsymbol{U}})\boldsymbol{a}-(\boldsymbol{U}^{\mathrm{T}}\overline{\boldsymbol{V}}+\boldsymbol{U}^{\mathrm{H}}\boldsymbol{V})\boldsymbol{b}=\boldsymbol{U}^{\mathrm{H}}\widetilde{\boldsymbol{H}}+\boldsymbol{U}^{\mathrm{T}}\overline{\widetilde{\boldsymbol{H}}} \tag{10-30}$$

$$(\boldsymbol{V}^{\mathrm{H}}\boldsymbol{U}+\boldsymbol{V}^{\mathrm{T}}\overline{\boldsymbol{U}})\boldsymbol{a}-(\boldsymbol{V}^{\mathrm{T}}\overline{\boldsymbol{V}}+\boldsymbol{V}^{\mathrm{H}}\boldsymbol{V})\boldsymbol{b}=\boldsymbol{V}^{\mathrm{H}}\widetilde{\boldsymbol{H}}+\boldsymbol{V}^{\mathrm{T}}\overline{\widetilde{\boldsymbol{H}}} \tag{10-31}$$

式中，矩阵 $\overline{\boldsymbol{U}}$、$\overline{\boldsymbol{V}}$ 和向量 $\overline{\widetilde{\boldsymbol{H}}}$ 分别是矩阵 $\boldsymbol{U}$、$\boldsymbol{V}$ 和向量 $\widetilde{\boldsymbol{H}}$ 的共轭。

因为向量 $\boldsymbol{a}$ 和 $\boldsymbol{b}$ 为实数向量，所以取式（10-30）和式（10-31）的实部，并整理为矩阵形式

$$\begin{bmatrix}\mathrm{Re}(\boldsymbol{A}) & -\mathrm{Re}(\boldsymbol{B})\\ \mathrm{Re}(\boldsymbol{B}^{\mathrm{T}}) & -\mathrm{Re}(\boldsymbol{C})\end{bmatrix}\begin{bmatrix}\boldsymbol{a}\\ \boldsymbol{b}\end{bmatrix}=\begin{bmatrix}\mathrm{Re}(\boldsymbol{P})\\ \mathrm{Re}(\boldsymbol{Q})\end{bmatrix} \tag{10-32}$$

方程（10-32）中各矩阵及向量的表达式为

$$\boldsymbol{A}=\boldsymbol{U}^{\mathrm{H}}\boldsymbol{U}+\boldsymbol{U}^{\mathrm{T}}\overline{\boldsymbol{U}}$$

$$\boldsymbol{B}=\boldsymbol{U}^{\mathrm{T}}\overline{\boldsymbol{V}}+\boldsymbol{U}^{\mathrm{H}}\boldsymbol{V}$$

$$\boldsymbol{C}=\boldsymbol{U}^{\mathrm{T}}\overline{\boldsymbol{V}}+\boldsymbol{V}^{\mathrm{H}}\boldsymbol{V}$$

$$\boldsymbol{P}=\boldsymbol{U}^{\mathrm{H}}\widetilde{\boldsymbol{H}}+\boldsymbol{U}^{\mathrm{T}}\overline{\widetilde{\boldsymbol{H}}}$$

$$\boldsymbol{Q}=\boldsymbol{V}^{\mathrm{H}}\widetilde{\boldsymbol{H}}+\boldsymbol{V}^{\mathrm{T}}\overline{\widetilde{\boldsymbol{H}}}$$

求解方程（10-32）即可得到频响函数的待定系数向量 $\boldsymbol{a}$ 和 $\boldsymbol{b}$。

10.2.3 模态数据结果验证

完成模态参数辨识后应该验证模态试验的质量，以下列出几种常见的验证方法。

1. 模态置信标准

模态置信标准（见图 10-1）可以判断模态振型的正交性。如果模态试验质量较好，那么模态置信标准的主对角元应该为 1，非对角元为 0。

模态置信标准的计算步骤如下。在 p 点输出，q 点输入的系统传递函数可以表示为多项式形式

$$H_{pq}(s)=\frac{a_{0,pq}+a_{1,pq}+a_{2,pq}s^2+\cdots+a_{2n-2,pq}s^{2n-2}}{b_0+b_1s+b_2s^2+\cdots+b_{2n}s^{2n}} \tag{10-33}$$

将式（10-33）中传递函数的分母表示为

$$D_{pq}(s)=d_{2n}\prod_{i=1}^{n}(s-s_i)(s-\bar{s}_i) \tag{10-34}$$

将式（10-34）代入式（10-33），得到传递函数的

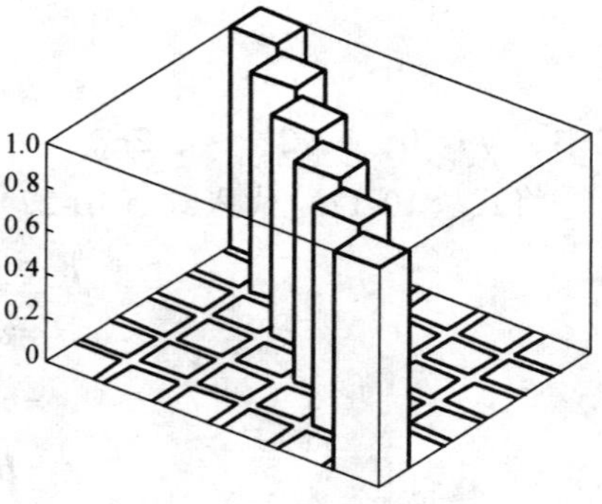

图 10-1 模态置信标准

表达式

$$H_{pq}(s)=\sum_{i=1}^{n}\left(\frac{R_{pqi}}{s-s_i}+\frac{\overline{R}_{pqi}}{s-\overline{s}_i}\right)\overline{S}_i \tag{10-35}$$

式中，s_i 和 $\overline{s}_i$ 是传递函数的极点；R_{pqi} 和 $\overline{R}_{pqi}$ 是传递函数在 s_i 和 $\overline{s}_i$ 处的留数。

留数的表达式为

$$R_{pqi}=\lim_{s\to s_i}[H_{pq}(s)(s-s_i)] \tag{10-36}$$

$$\overline{R}_{pqi}=\lim_{s\to \overline{s}_i}[H_{pq}(s)(s-\overline{s}_i)] \tag{10-37}$$

将 $s=\mathrm{j}\omega$ 代入式（10-35），得到频响函数的表达式

$$H_{pq}(\omega)=\sum_{i=1}^{n}\left(\frac{R_{pqi}}{\mathrm{j}\omega-s_i}+\frac{\overline{R}_{pqi}}{\mathrm{j}\omega-\overline{s}_i}\right) \tag{10-38}$$

根据式（10-38）得到频响函数矩阵的表达式

$$\boldsymbol{H}(\omega)=\sum_{i=1}^{n}\left(\frac{\boldsymbol{R}_i}{\mathrm{j}\omega-s_i}+\frac{\overline{\boldsymbol{R}}_i}{\mathrm{j}\omega-\overline{s}_i}\right) \tag{10-39}$$

定义模态置信标准（Modal Assurance Criterion，MAC）为

$$\mathrm{MAC}_{pqi}=\frac{(\boldsymbol{R}_{pi}^{\mathrm{H}}\boldsymbol{R}_{qi})^2}{(\boldsymbol{R}_{pi}^{\mathrm{H}}\boldsymbol{R}_{pi})(\boldsymbol{R}_{qi}^{\mathrm{H}}\boldsymbol{R}_{qi})} \tag{10-40}$$

式中，$\boldsymbol{R}_{pi}$ 和 $\boldsymbol{R}_{qi}$ 分别为留数矩阵 $\boldsymbol{R}_i$ 的第 p 列和第 q 列。

2. 模态超复性

模态超复性（Mode Overcomplexity Value，MOV）的计算方法是

$$\mathrm{MOV}_k=\frac{\sum_{i=0}^{N_0}w_i a_{ik}}{\sum_{i=0}^{N_0}w_i}\times 100\% \tag{10-41}$$

式中，k 为模态阶数；w_i 为加权因子。

当不加权时，加权因子 $w_i=1$。加权时

$$w_i=|\varphi_{ik}|^2 \tag{10-42}$$

式中，φ_{ik} 为振型系数。

式（10-41）中，a_{ik} 为系统质量灵敏度参数。

- 当系统固有频率对质量的灵敏度为负数时，$a_{ik}=1$。
- 当系统固有频率对质量的灵敏度为正数时，$a_{ik}=0$。

如果 MOV 值较高，比如100%，说明模态数据的质量较好。

3. 模态相位共线性

实模态系统共振时，不同测点间的相位只有两种状态：同相（相位差为0）或反相（相位差为180°）。

模态相位共线性（Modal Phase Collinearity，MPC）是判断模态测试结果是否满足实模态相位特征的参数。

- 当系统阻尼较小时，系统模态可以等效为实模态，MPC 值接近 100%。
- 当系统阻尼较大时，系统模态为复模态，MPC 值较低。

4. 平均相位偏差

平均相位偏差（Mean Phase Deviation，MPD）表示单个测点相位与相位均值之间的偏差。平均相位偏差表示模态振型在相位上的偏离程度。如果系统阻尼较小，那么平均相位偏差接近于 0。

10.3 本章小结

本章以频域有理多项式法为例介绍了模态参数辨识的过程，并给出了常见的模态数据验证方法。

除此之外，在工程中经常会遇到一种情况，同一结构在不同时间进行试验的数据结果之间存在差异。造成这种现象的原因有以下几种：

1）边界条件变化。

2）试验参数不同。

3）传感器类型差异。

4）被测结构老化或损伤。

1. 边界条件变化

这个原因是最常见的，通常从一个试验地点更换到另一个试验地点，被测结构的边界条件都会发生变化。

如果约束边界是自由-自由边界，那么可能是不同批次试验使用了刚度不同的弹性绳索。因为弹性绳索的材质、直径都会影响约束的刚度，所以在对比不同批次试验结果时要考虑悬挂被测结构的绳索参数是否相同。

如果是固定边界条件，可能是因为被测结构安装时的预紧力或摩擦条件发生了变化。这种情况非常普遍，经常会出现连续两天试验结果无法对应的情况。更极端的情况是，同一天不同时刻的模态试验结果有差异，比如同一天不同时段的温差较大或因为雨雪等原因引起环境湿度的变化。当试验环境的温湿度增大时，如果支座与被支承结构之间的间隙减小，那么约束被测结构的边界刚度和阻尼就会产生变化。

2. 试验参数不同

如果两次试验的试验参数不一样，那么模态分析的结果也会不同。试验参数包括试验时的软件参数和硬件参数。试验软件参数包括：滤波器类型、试验截止频率、采样频率、谱线数和窗函数等。

硬件参数包括：激振器型号、激振力大小和激励信号类型等。进行多批次模态试验时，尽量不要更换激振器和激振杆。因为不同激振器的动圈质量不同，更换激振器可能会导致被测结构的附加质量发生变化。激振杆会影响被测结构的附加刚度，所以在对比模态试验结果时，要检查试验是否使用了型号相同的激振器和激振杆。

另外在锤击法模态试验中，对比不同批次试验结果时，一定要检查力锤的型号是否相同，锤头是否更换过，窗函数的参数是否相同等。因为不同硬度的锤头在相同带宽下的激励能量不一样，所以频响函数和相干函数的结果就会有差异。如果窗函数的参数不同，那么不同批次试验的阻尼结果就可能无法对应。

3. 传感器类型差异

如果采用不同响应类型的传感器测试结构的频响函数，那么大阻尼结构的频响函数共振频率就会有差异。在黏性阻尼系统中，位移频响函数的共振频率小于结构的无阻尼固有频率，加速度频响函数的共振频率大于结构的无阻尼固有频率。所以在模态试验时应该使用相同响应类型的传感器。

4. 被测结构老化或损伤

如果两次试验间隔时间过长，那么被测结构可能会发生老化。如果拆卸结构的方法不当，也会造成结构损伤。无论结构老化或者损伤，模态试验的结果都会产生变化。但是这种情况非常不易察觉，如果排除了边界条件和试验参数的影响，就要考虑是否被测结构本身在试验过程中发生了变化。

当然，影响试验结果的因素有很多，比如环境电磁场，导线长度，环境温湿度，环境机械噪声等。有时激振器冷却风扇的安装位置不同也会导致两次试验结果存在相异。一旦出现试验结果相异，一定要对比两次试验之间的不同点。所以在每次试验结束后，尽量把该次试验的所有信息都记录在试验报告中，以备后续重复试验时可以设置相同的试验参数。

参 考 文 献

[1] 倪振华. 振动力学 [M]. 西安：西安交通大学出版社，1988.

[2] 张义民. 机械振动 [M]. 北京：清华大学出版社，2007.

[3] 师汉民，谌刚，吴雅. 机械振动系统——分析、测试、建模、对策 [M]. 武汉：华中理工大学出版社，1992.

[4] RAY. W. CLOUGH，JOSEPH PENZIEN. Dynamics of Structures [M]. Berkeley：Computers & Structures，2003.

[5] 曹树谦，张文德，萧龙翔. 结构振动模态分析——理论、实验与应用 [M]. 天津：天津大学出版社. 2001.

[6] 李德葆，陆秋海. 实验模态分析及其应用 [M]. 北京：科学出版社，2001.

[7] WARD HEYLEN，STEFAN LAMMENS，PAUL SAS. Modal Analysis Theory and Testing [M]. Leuven：Katholieke Universiteit Leuven：Departement Werktuigkunde，1997.

[8] 华成英，童诗白. 模拟电子技术基础 [M]. 北京：高等教育出版社，2006.

[9] 阎石. 数字电子技术基础 [M]. 北京：高等教育出版社，2006.

[10] 丁玉美，高西全. 数字信号处理 [M]. 西安：西安电子科技大学出版社，2001.

[11] HAYES M H. Schaum's Outlines Digital Signal Processing [M]. New York：McGraw-Hill，1999.